化妆品安全与功效评价
原理和应用

Cosmetic Safety and Efficacy Evaluation
Principles and Applications

唐颖 著

化学工业出版社
·北京·

内容简介

本书参考《化妆品安全评估技术导则》（2021年版）、《化妆品安全技术规范》（2015年版及其更新版）、欧盟SCCS《化妆品原料安全评估指南》（2021第11版）和《化妆品功效宣称评价规范》等最新文件对化妆品的安全风险、毒理学安全性进行评估，并对护肤品、发用化妆品、彩妆化妆品的功效进行评价。结合行业研究进展，建立美妆功效的主客观评价体系。

本书在化妆品风险评估方面介绍了评估方法、不良反应、评估程序等；在毒理学安全性评价方面，着重介绍了化妆品的急性毒性、皮肤刺激性和腐蚀性、眼刺激性和严重眼损伤、皮肤致敏性、重复剂量毒性、遗传毒性/致突变性、致癌性、生殖毒性、内分泌干扰性、毒物代谢动力学等；在化妆品功效评价方面着重介绍了化妆品防晒、祛斑美白、祛痘等常见功效评价的原理与方法。本书还介绍了发用化妆品和彩妆化妆品的功效评价，内容全面，可参考性较高。

本书可作为开设化妆品及相关专业的高校或研究所的教师、研究生和本科生的教材；也可作为关注化妆品质量安全和功效宣称的专业从业人员，如化妆品生产企业、注册备案机构、第三方检测检验机构和政府监管机构的工作人员的阅读参考书。

图书在版编目（CIP）数据

化妆品安全与功效评价：原理和应用/唐颖著．—北京：化学工业出版社，2022.9（2025.2重印）

ISBN 978-7-122-41844-9

Ⅰ.①化…　Ⅱ.①唐…　Ⅲ.①化妆品-安全评价②化妆品-效果-评价　Ⅳ.①TQ658

中国版本图书馆CIP数据核字（2022）第123561号

责任编辑：傅聪智　高璟卉　　装帧设计：史利平

责任校对：王　静

出版发行：化学工业出版社（北京市东城区青年湖南街13号　邮政编码100011）

印　　装：北京科印技术咨询服务有限公司数码印刷分部

710mm×1000mm　1/16　印张17½　字数331千字　2025年2月北京第1版第5次印刷

购书咨询：010-64518888　　售后服务：010-64518899

网　　址：http://www.cip.com.cn

凡购买本书，如有缺损质量问题，本社销售中心负责调换。

定　　价：88.00元

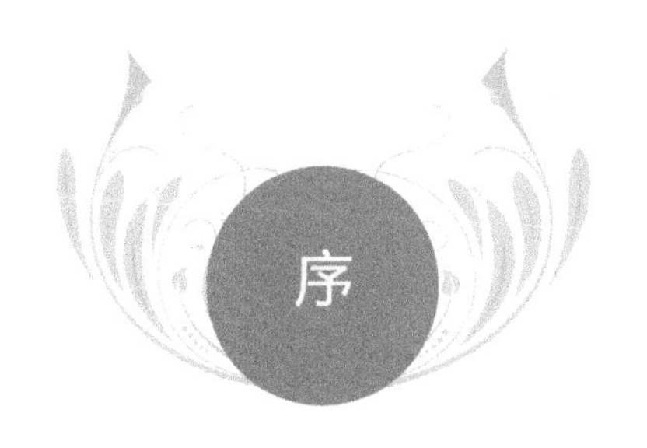

序

化妆品满足人们对美的需求，与人民群众的日常生活联系日益密切。安全、高质量的化妆品已成为人民群众追求美好生活的重要组成部分。2021年《化妆品监督管理条例》（以下简称新《条例》）及相关配套法规的实施是我国化妆品监管立法领域的一次全面提升，标志着我国化妆品行业发展进入了由高速发展向高质量发展转型的新阶段。对此，新《条例》明确要求，化妆品注册人、备案人应对化妆品的质量安全和功效宣称负责，化妆品和新原料在注册备案时应提交安全评估资料，化妆品的功效宣称应当有充分的科学依据。用科学的手段对化妆品的安全与功效宣称进行评价，切实保障化妆品质量安全和消费者权益，对全面落实新《条例》和推动行业的可持续发展具有重要现实意义。新《条例》颁布以来，国内罕有专著对化妆品安全与功效评价进行梳理与整理。本书作者唐颖博士长期从事化妆品安全和功效评价领域的教学与科研工作，主持完成多项国家级和省部级科研项目，发表SCI收录论文20余篇，并作为课程负责人为北京工商大学化妆品系学生讲授《化妆品安全与功效评价》《化妆品安全与风险评估》等课程。

本书是我国《化妆品监督管理条例》颁布后第一本全面、系统介绍新法规背景下化妆品安全与功效评价原理和应用的学术专著，融入了国内外化妆品监管的最新法规要求，多维度总结了从体外试验、动物试验到人体试验在化妆品安全与功效评价中的应用现状，充分满足了化妆品行业对新法规内容解析和技术指导方面的迫切需求，也凝聚了作者多年的教学科研成果，是一本集系统性、前瞻性、理论性、实用性为一体的学术专著，可供化妆品领域的高校师生、科研和管理人员等阅读和参考。

北京工商大学化妆品系

2022年6月

化妆品是满足人们美好生活需求、赋予人们美与梦想的日用消费品。科学可行的化妆品安全与功效评价体系的建立与完善是保障消费者用妆安全和推动中国特色化妆品产业健康、可持续发展的重要基础。2020 年 6 月 16 日，中华人民共和国国务院颁布了《化妆品监督管理条例》。国家药品监督管理局随后陆续颁布了系列二级法规与技术规范，例如《化妆品安全评估技术导则》(2021 年版）和《化妆品功效宣称评价规范》。本书瞄准新法规背景下化妆品行业对法规和技术指导方面的迫切需求，结合笔者从事化妆品安全与功效评价研究十余年的科研经验，对《化妆品监督管理条例》等系列新法规颁布后化妆品评价领域的方法更新与国外相关研究前沿和最新成果进行了较为全面的总结，系统介绍了化妆品风险评估、安全性评价和功效宣称方面国内外主要评价试验方法的原理、应用范围和标准化现状，是一部契合中国国情、与时俱进且适用面广泛的学术专著。

本书共分六章。第一章绪论是对目前新条例和评价相关法规的梳理，结合动物替代试验和人体试验伦理等研究热点，综述了目前化妆品评价的发展现状与面临挑战。第二章化妆品的安全风险评估介绍了化妆品的风险评估程序、欧盟与美国的化妆品安全评价机构和化妆品原料及配方产品在安全风险评估中的基本原则和常用方法，并包含对一些风险评估中重点关注问题的思考与探讨。第三章化妆品的毒理学安全性评价系统介绍了化妆品安全性评价的 11 种毒理学终点（急性毒性、皮肤刺激性和腐蚀性、眼刺激性和严重眼损伤、皮肤致敏性、皮肤光刺激性和光致敏性、重复剂量毒性、遗传毒性/致突变性、致癌性、生殖毒性、内分泌干扰性、毒物代谢动力学）的常用体外和体内试验方法原理、适用范围及最新技术和国内外法规接收情况。第四章护肤品的功效性评价总结了《化妆品功效宣称评价规范》提出的 12 种必须提供功效宣称依据的护肤品功效类型（防晒、祛斑美白、祛痘、控油、保湿、滋养、修护、舒缓、抗皱、紧致、去角质、宣称温和）的功效评价原理和包括体外、动物和人体试验三个不同层面常用评价方法及标准化情况。第五章发用化妆品的功效性评价综述了针对毛发纤维的生物物理学仪器分析技术、针对头皮的体外生物学模型及动物/人体体内试验在发用化妆品功效宣称与产品开发中的应用。第六章彩妆化妆品的功效性评价综述了不同类型彩妆的功效特点与主客观评价方法，为企业建立彩妆这一特殊类型产品功效宣称的评价体系提供了参考与借鉴。应该指出的是，在法规和技术标准方面，本书除了参考我国《化妆品监督管理条例》及系列二级法规，还广泛借鉴了欧美国家和地区的相关评价指南和评议报告，如欧盟消费者安全科学委员会《化妆品成分测试与安全性评价指南》（2021 第 11 版）。针对化妆品安全领域的一些热点问题（如纳米材料、内分泌干扰毒性等），介绍了国际上的技术方法前沿和参考解决方案。

本书在撰写过程中得到了北京工商大学化学与材料工程学院北京市植物资源研究与开发重点实验室和化妆品系师生的大力支持。学校化妆品学科多年基础研究的学术积淀，是本书能够付梓出版的动力源泉。本书要特别感谢化妆品系主任赵华教授对我从事化妆品评价工作的指引和鼓励，是他为我打开了这扇可以展现自己能力的大门！其次感谢化妆品专业研究生张兆伦、曹力化、熊紫怡、崔红岩和谢文静在文献查阅和校对中的辛勤付出！在本书的撰写中，参考了大量本领域科研工作者的相关研究工作，在此一并表示衷心的感谢！

本书的部分研究内容还得到了国家自然科学基金、北京市自然科学基金和北京市属高校高水平教师队伍建设支持计划的“青年拔尖人才支持计划”等项目的资助，在此特别致谢！

最后，由于笔者知识及水平有限，文中不妥之处在所难免，恳请各位老师、专家不吝赐教。

唐颖

北京工商大学化妆品系

2022 年 6 月于北京

缩略语表

英文缩写	英文全称	中文全称
ACD	allergic contact dermatitis	过敏性接触性皮炎
AD	atopic dermatitis	特应性皮炎
ADME	absorption，distribution，metabolism and excretion	吸收、分布、代谢和排泄
AEL	acceptable exposure level	可接受的暴露水平
AFM	atomic force microscopy	原子力显微镜
AhR	arylhydrocarbon receptor	芳基烃受体
ALP	alkaline phosphatase	碱性磷酸酶
ANN	artificial neural network	人工神经网络
AOP	adverse outcome pathway	有害结局路径
AQP3	aquaporin-3	水通道蛋白-3
AR	androgen receptor	雄激素受体
ARE	antioxidant reaction elements	抗氧化反应元件
BCOP	bovine corneal opacity and permeability	牛角膜浑浊和渗透性试验
BMD	benchmark dose	基准剂量
BMDL	lower limit of benchmark dose	基准剂量下限
BMDU	upper limit of benchmark dose	基准剂量上限
BMR	benchmark response	基准反应
CAM	chorioallantoic membrane	鸡胚绒毛膜尿囊膜
CAM-TB	chorioallantoic membrane - trypan blue staining	绒毛膜尿囊膜台盼蓝染色试验
CAMVA	chorioallantoic membrane vascular assay	绒毛膜尿囊膜血管试验
CAS	Chemical Abstracts Service	化学文摘社
CEL	consumer exposure level	消费者实际暴露水平
CFA	Consumer Federation of America	美国消费者联盟
CIR	Cosmetic Ingredient Review	化妆品原料评估委员会
CIT	cumulative irritation test	累积性皮肤刺激试验
CMA	China inspection body and laboratory mandatory approval	中国化妆品检验检测机构资质认定
CMC	cell membrane complex	细胞间复合物
CMR	carcinogenic germ and somatic cell mutagenic or toxic for reproduction	致癌、致突变或生殖毒性
COA/TDS	certificate of analysis/technical data sheet	原料质量规格说明
COLIPA	European Cosmetic，Toiletry and Perfumery Association	欧洲化妆品、盥洗用品和香水协会
CPT	current perception threshold	电流感知阈值
CTFA	Cosmetic Toiletry and Fragrance Association	化妆品及香水协会
CYP450	cytochrome P450	人细胞色素 P450 酶
DC	dendritic cell	树突状细胞
DHT	dihydrotestosterone	双氢睾酮
DMSO	dimethyl sulfoxide	二甲基亚砜

英文缩写	英文全称	中文全称
DPG	1,3-diphenyl guanidine	二苯胍
DPRA	direct peptide reactivity assay	直接多肽反应性试验
EC_{50}	concentration of a substance that produces 50% of the maximum	半数有效浓度
ECHA	European Chemicals Agency	欧洲化学品管理局
ECVAM	European Center for the Validation of Alternative Methods	欧洲替代方法验证中心
ED	endocrine disrupter	内分泌干扰物
EDX	energy dispersive X-ray spectroscopy	能量色散 X 射线光谱仪
EFSA	European Food Safety Authority	欧洲食品安全管理局
EGF	epidermal growth factor	表皮生长因子
EINECS	European inventory of existing commercial chemical substances	欧洲现有商业化学物质目录
ELISA	enzyme linked immunosorbent assay	酶联免疫吸附检测方法
EPA	Environmental Protection Agency	美国环境保护署
ER	estrogen receptor	雌激素受体
ET	endothelin	内皮素
ET_{50}	dose of a substance that produces 50% of the maximum	半数有效剂量
FDA	Food and Drug Administration	美国食品药品监督管理局
FFA	free fatty acid	游离脂肪酸
FFF	field flow fractionation	场流分级法
FL	fluorescein leakage test	荧光素渗漏试验
FLG	filaggrin	丝聚蛋白
FTIR	Fourier transform infrared spectroscopy	傅里叶变换红外光谱
GCP	Good Clinical Practice	药物临床试验质量管理规范
GHS	Globally Harmonized System of Classification and Labeling of Chemicals	全球化学品统一分类和标签制度
GLP	Good Laboratory Practice	良好实验室规范
HA	hyaluronic acid	透明质酸
HAase	hyaluronidase	透明质酸酶
h-CLAT	human cell line activation test	人细胞系激活试验
HESS	hazard evaluation support system	危险性评价体系
HET-CAM	hen's egg test-chorioallantoic membrane	鸡胚绒毛膜尿囊膜试验
HF	human fibroblast	人胚胎成纤维细胞
HRIPT	human repeated insult patch test	人体重复损伤性斑贴试验
HYP	hydroxyproline	羟脯氨酸
IATA	integrated approaches to testing and assessment	整合测试评估方法
ICD	irritant contact dermatitis	刺激性接触性皮炎
ICE	isolated chicken eye test	离体鸡眼试验
ICH	International Conference on Harmonization	国际人用药品注册技术协调会
ICP-MS	inductively coupled plasma mass spectrometry	电感耦合等离子体质谱
ICRP	International Commission of Radiation Protection	国际辐射防护委员会
IFRA	International Fragrance Association	国际日用香料香精协会
IL-1	interleukin-1	白细胞介素-1
IL-18	interleukin-18	白细胞介素-18
IL-1α	recombinant human interleukin-1α	重组人白介素-1α
IL-6	interleukin-6	白细胞介素-6
IL-8	interleukin-8	白细胞介素-8
INCI	international nomenclature cosmetic ingredients	国际化妆品原料命名

英文缩写	英文全称	中文全称
INV	involucrin	外皮蛋白
IPCS	International Programme on Chemical Safety	世界卫生组织国际化学品安全规划
ISO	International Organization for Standardization	国际标准化组织
ITA°	individual type angle	个体类型角
ITS	integrated testing strategy	集成测试策略
KC	keratinocyte	角质形成细胞
KE	key event	关键事件
LAST	lactic acid stinging test	乳酸刺痛试验
LC	Langerhans cell	朗格汉斯细胞
LCR	lifetime cancer risk	终生致癌风险
LD_{50}	median lethal dose 50%	半数致死剂量
LDH	lactate dehydrogenase	乳酸脱氢酶
LED	local external dose	局部外部剂量
LLNA	local lymph node assay	局部淋巴结试验
LOAEL	lowest observed adverse effect level	观察到有害作用的最低剂量水平
LOR	loricrin	兜甲蛋白
LPS	lipopolysaccharide	脂多糖
MAPK	mitogen-activated protein kinase	丝裂原活化蛋白激酶
MDA	malondialdehyde	丙二醛
MED	minimal erythema dose	最小红斑量
MHC	major histocompatibility complex	主要组织相容性复合体
MI	melanin index	黑素指数
MMP	matrix metallopeptidase	基质金属蛋白酶
MNvit	in vitro mammalian cells micronucleus test	体外哺乳动物细胞微核试验
MoS	margin of safety	安全边际值
MPPD	minimal persistent pigmentation dose	最小持续色素黑化量
MS	mass spectrometry	质谱
MTT	3-(4,5-dimethylthiazol-2-yl)-2,5-diphenyltetrazolium bromide	噻唑蓝
NAS	National Academy of Sciences	美国国家科学院
NESIL	no expected sensitization induction level	预期无诱导致敏剂量
NF-κB	transcription factor-κB	核转录因子 NF-κB
NGC	non-genotoxic carcinogen	非遗传毒性致癌物
NGRA	next generation risk assessment	下一代风险评估方法
NHEK	normal human epidermal keratinocytes	正常人表皮角质
NMF	natural moisturizing factor	天然保湿因子
NOAEL	no observed adverse effect level	未观察到有害作用的剂量
NPs	nanoparticles	纳米颗粒
Nrf2	nuclear faetor-E2-related factor 2	核因子-E2-相关因子 2
OCT	optical coherence tomography	光学相干断层扫描
OECD	Organization for Economic Cooperation and Development	经济合作与发展组织
PCA	pyrrolidone carboxylic acid	吡咯烷酮羧酸
PCPC	Personal Care Product Council	个人护理用品协会
PFA	protection factor of UVA	紫外线防护指数
PoD	point of departure	起始点
QRA	quantitative risk assessment	定量风险评估
QSAR	quantitative structure-activity relationship	定量构效关系
RBC	red blood cell	红细胞
REACH	registration,evaluation,authorization and restriction of chemicals	《化学品注册、评估、许可和限制》
RHE	reconstructed human epidermis	重建人类表皮
RIFM	Research Institute for Fragrance Materials	日用香料研究所
RIVM	National Institute for Public Health and The Environment	国家公共卫生与环境研究所
RNA	ribonucleic acid	核糖核酸

英文缩写	英文全称	中文全称
ROS	reactive oxygen species	活性氧
SAF	sensitization assessment factors	不确定因素
SAR	structure-activity relationship	构效关系
SCC	Scientific Committee on Cosmetics	化妆品科学委员会
SCCNFP	Scientific Committee on Cosmetic Products and Non-Food Products	化妆品与非食品科学委员会
SCCP	Scientific Committee on Consumer Products	消费品科学委员会
SCCS	Scientific Committee on Consumer Safety	消费者安全科学委员会
SCORAD	scoring atopic dermatitis	特应性皮炎指数
SDS/MSDS	safety data sheet/material safety data sheet	安全数据表
SED	systemic exposure dosage	全身暴露量
SEM	scanning electron microscope	扫描电子显微镜
SI	stimulation index	刺激指数
SIT	skin irritation test	皮肤刺激性单点试验
SLS	sodium lauryl sulfate	十二烷基硫酸钠
SMPS	scanning mobility particle sizer	扫描移动性粒度仪
SOD	superoxide dismutase	超氧化物歧化酶
SPF	sun protection factor	日光防护系数
SPMS	single particle mass spectrometer	单粒子质谱仪
SS	sensitive skin	敏感性皮肤
STXM	scanning transmission X-ray microscope	扫描透射 X 射线显微镜
SVHC	substances of very high concern	高度关注物质
TD_{50}	median toxic dose	半数中毒剂量
TEM	transmission electron microscopes	透射电子显微镜
TER	transcutaneous electrical resistance	经皮电阻值
TEWL	transepidermal Water Loss	经皮水分散失
TFT	trifluridine	三氟胸苷
TJP	tight junction protein	紧密连接蛋白
TLR	Toll-like receptors	Toll 样受体
TNF-α	tumor necrosis factor-α	肿瘤坏死因子-α
TPO	2,4,6-trimethylbenzoyldiphenyl phosphine oxide	三甲基苯甲酰基二苯基氧化膦
TRP	transient receptor potential	瞬时受体电位
TRPV1	transient receptor potential vanilloid subtype one	瞬时受体电位香草酸亚型 1
TSLP	thymic stromal lymphopoietin	胸腺间质淋巴细胞生成素
TTC	threshold of toxicological concern	毒性学关注阈值
TUNEL	terminal dexynucleotidyl transferase (TDT)-mediated dUTP nick end labeling	末端脱氧核苷酸转移酶介导的 dUTP 缺口末端标记测定法
TYR	tyrosinase	酪氨酸酶
UCA	uridylic acid	尿苷酸
UF	uncertainty factor	不确定因子
UVA	ultraviolet radiation A	紫外线 A 波段
UVB	ultraviolet radiation B	紫外线 B 波段
WoE	weight of evidence	证据权重方法
XME	xenobiotic substances metabolizing enzyme	外源性化合物的代谢酶
XPS	X-ray photoelectron spectroscopy	X 射线光电子能谱
3T3-NRU-PT	3T3 neutral red uptake phototoxicity test	体外 3T3 中性红摄取光毒性试验

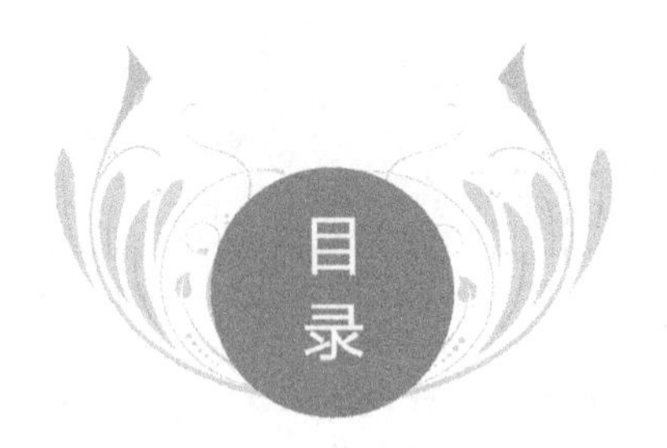
目
录

第一章

绪论

化妆品，是指以涂擦、喷洒或者其他类似方法，施用于皮肤、毛发、指甲、口唇等人体表面，以清洁、保护、美化、修饰为目的的日用化学工业产品。化妆品的研发和使用有着数千年的历史，其来源包括来自植物、动物和矿物质的各种原料。进入21世纪，通过合成和半合成等现代技术，化妆品原料的数量显著增加。随着社会经济的发展和人民生活水平的不断提高，被称为“美丽经济”的化妆品产业迅速发展，化妆品种类日趋繁多，功能也日趋复杂。如何用科学的手段对化妆品的安全性与功效性进行评价，保障消费者权益，规范化妆品市场秩序，促进民族化妆品企业的科技进步已成为化妆品行业发展与监管面临的重要课题。

2020年6月16日，国务院颁布了《化妆品监督管理条例》（以下简称为新《条例》），并于2021年1月1日起正式实施[1]。新《条例》将近年来化妆品领域的改革成果固化为法规，全面开启了化妆品监管新篇章。新《条例》是对1989年颁布的《化妆品卫生监督条例》（以下简称为旧《条例》）的首次全面修改，共80条，其中有11条分别明确提到了“化妆品质量安全”，5条明确提到了“功效宣称”。对安全和功效宣称评价是新《条例》一大亮点。为了规范和指导我国化妆品安全与功效宣称的评价工作，配合新《条例》的顺利实施，国家药品监督管理局颁布了《化妆品安全评估技术导则》和《化妆品功效宣称评价规范》，于2021年5月1日起开始实施。这两部二级法规的颁布与实施，进一步规定了现阶段化妆品安全功效宣称评价可选用的评价方法及其基本原则，已成为化妆品安全风险评估与功效宣称评价的重要标准，为化妆品行业安全与功效评价工作的开展提供科学规范的指导依据，对于整个行业的健康发展、消费者合法权益的有效保障具有重大意义。

而对化妆品从业人员而言，从原料选择、配方优化到上市后监管，化妆品的安全与功效评价更是贯穿了化妆品研发的全周期（图 1-1）。化妆品企业需要依据不同阶段的需求和目的，在考虑成本、操作难易度、实验室需求和方法科学性的前提下，选择合适的评价方法或组合策略，从而达到筛选、途径验证、实际效果评估的目的。一般来说，在原料的筛选阶段，在对其作用机制及毒理学特征有一定了解的情况下，通常采用快速、高通量的动物替代体外试验方法；在简单配方的评测阶段，可结合使用体外和体内试验，提高预测的准确性；而在最后的配方优化和验证阶段，则最好使用受控的人体试验对产品的临床安全性和功效性进行验证，保障产品质量。

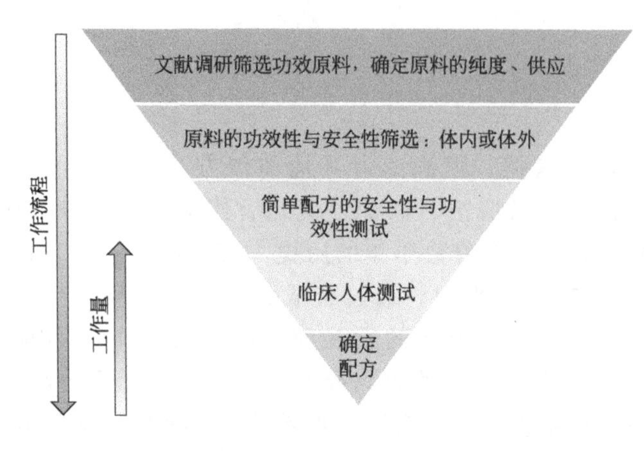

图 1-1　化妆品安全与功效评价贯穿了化妆品产品的研发过程

科学可行的化妆品安全与功效评价体系的建立与完善是保障消费者用妆安全和推动中国特色化妆品产业健康、可持续发展的重要基础。本章将从化妆品评价与法规监管、动物替代和人体试验伦理三方面概括介绍目前化妆品评价的发展现状与研究热点。

1.1　新《条例》下的化妆品评价

1.1.1　化妆品安全的相关法规与更新

2020 年，国务院颁布新《条例》，取代了 1989 年颁布的旧《条例》，成为我国化妆品监管的最新基本法。相较于旧《条例》，修订后的新《条例》内容明显增多，由共涵盖内容 6 章 35 条，增至共涵盖了 6 章 80 条。除了将牙膏和漱口水等口腔护理用品纳入化妆品管理的范围，新《条例》中关于安全监管条例的变化也是一大重点，总结如表 1-1 所示。

表 1-1　新旧《条例》中关于化妆品安全监管内容的变化

修订内容	旧《条例》	新《条例》
化妆品新原料	经批准后方可使用化妆品新原料生产化妆品。原料一经批准，任何公司都可以生产、进口和使用	对风险程度较高的化妆品新原料实行注册管理，对其他化妆品新原料实行备案管理。经注册、备案的化妆品新原料投入使用后 3 年内未发生安全问题的，方可纳入已使用的化妆品原料目录
化妆品管理	分为特殊用途化妆品和非特殊用途化妆品。 特殊用途化妆品取得批准文号方可生产。首次进口特殊用途化妆品经国务院监督管理部门批准，方可签订进口合同。非特殊用途化妆品和首次进口非特殊用途化妆品应当按照规定备案	分为特殊化妆品和普通化妆品。 对特殊化妆品实行注册管理，经国务院药品监督管理部门注册后方可生产和进口。对普通化妆品实行备案管理。国产普通化妆品应当在上市销售前向备案人所在地省、自治区、直辖市人民政府药品监督管理部门备案。进口普通化妆品应当在进口前向国务院药品监督管理部门备案
化妆品生产经营者	仅需符合卫生以及卫生质量检验要求	化妆品生产经营者应当依照法律、法规、强制性国家标准、技术规范从事生产经营活动，加强管理，诚信自律，保证化妆品质量安全。并且，国家鼓励和支持化妆品生产经营者采用先进技术和先进管理规范，提高化妆品质量安全水平
化妆品注册人及备案人	无	化妆品注册人、备案人要对化妆品的质量安全和功效宣称负责，且应当具备以下条件：是依法设立的企业或其他组织；有与申请注册、进行备案的产品相适应的质量管理体系；有化妆品不良反应监测与评价能力。境外化妆品注册人、备案人应当指定我国境内的企业法人办理化妆品注册、备案，协助开展化妆品不良反应监测和产品召回
质量安全负责人	无	化妆品注册人、备案人、受托生产企业应当设质量安全负责人，承担相应的产品质量安全管理和产品放行职责； 质量安全负责人应当具备化妆品质量安全相关专业知识，并具有 5 年以上化妆品生产或者质量安全管理经验
安全评估资料	无	申请化妆品新原料注册或者进行化妆品新原料备案，应当提交新原料安全评估资料；申请特殊化妆品注册或者进行普通化妆品备案，应当提交产品安全评估资料。且注册申请人、备案人应当对所提交资料的真实性、科学性负责
安全评估人员	无	化妆品新原料和化妆品注册、备案前，注册申请人、备案人应当自行或者委托专业机构开展安全评估。从事安全评估的人员应当具备化妆品质量安全相关专业知识，并具有 5 年以上相关专业从业经历
化妆品安全风险监测和评价制度	无	对影响化妆品质量安全的风险因素进行监测和评价，为制定化妆品质量安全风险控制措施和标准、开展化妆品抽样检验提供科学依据。国务院药品监督管理部门建立化妆品质量安全风险信息交流机制，组织化妆品生产经营者、检验机构、行业协会、消费者协会以及新闻媒体等就化妆品质量安全风险信息进行交流沟通
化妆品安全再评估	无	省级以上人民政府药品监督管理部门可以责令化妆品、化妆品新原料的注册人、备案人开展安全再评估或者直接组织开展安全再评估，再评估结果决定是否保留注册或备案

目前，我国化妆品安全风险性评估主要遵循的法规如表1-2所总结。其中《化妆品安全技术规范》(2015年版)及更新版作为我国化妆品标准体系的核心，对于保障我国上市化妆品的质量安全及提升我国化妆品产品的整体水平发挥了重要的作用。该法规由国家食品药品监督管理总局（简称国家药监局）于2015年对原卫生部的《化妆品卫生规范》(2007年版)进行修订后，又于2016、2017、2019及2021年四次对毒理学试验部分进行了方法增补和修订（表1-3)。自2016年以来，多项动物替代体外试验方法被陆续纳入《化妆品安全技术规范》，为化妆品的局部毒性与致突变毒性测试提供了体外试验解决方案，表明我国近年来对“3R”原则的重视以及在化妆品动物替代试验标准化方面与发达国家的差距正不断缩小。与此同时，国家药监局在2021年3月颁布的《化妆品新原料注册备案资料管理规定》中明确接收动物替代试验数据。随着新《条例》及系列二级法规的出台，化妆品安全性评价将从耗时、耗费的传统整体动物试验转向快速高通量、包含机制研究的体外替代试验，最终实现化妆品评价科学与动物伦理的共同进步[2]。

表1-2 我国化妆品质量安全和化妆品评价相关的主要法规

法规	时间	核心内容
《化妆品不良反应监测管理办法》	2022	不良反应监测工作规范
《儿童化妆品监督管理规定》	2021	儿童化妆品的监管
《化妆品补充检验方法管理工作规程》和《化妆品补充检验方法研究起草技术指南》	2021	化妆品补充检验方法的起草和管理
《化妆品分类规则和分类目录》	2021	化妆品分类、目录
《化妆品已使用原料目录》	2021	我国境内化妆品已使用原料的客观收录、新原料判定依据
《化妆品禁用原料目录》	2021	禁用原料补充、名称规范
《化妆品禁用植(动)物原料目录》	2021	禁用植(动)物原料补充、规范
《化妆品安全评估技术导则》	2021	化妆品安全评估要求、规范
《化妆品功效宣称评价规范》	2021	化妆品功效评价要求、规范
《化妆品新原料注册备案资料管理规定》	2021	新原料注册、备案
《化妆品注册备案资料管理规定》	2021	化妆品注册备案资料内容和规范性要求
《化妆品注册备案管理办法》	2021	化妆品注册和备案行为规范及方法
《化妆品监督管理条例》	2020	化妆品定义、质量安全主体责任
《化妆品注册和备案检验工作规范》	2019	规范注册和备案的检验项目要求
《化妆品安全技术规范》(2015年版)及更新版	2015～2021	禁用、准用组分，毒理学试验方法

表1-3 《化妆品安全技术规范》(2015年版)及更新中的毒理学试验方法变化

原有试验	增补或替换试验
急性经口、经皮毒性试验	
皮肤刺激性/腐蚀性试验	离体皮肤腐蚀性大鼠经皮电阻试验(2017)
急性眼刺激性/腐蚀性试验	体外兔角膜上皮细胞短时暴露试验(2019)

续表

原有试验	增补或替换试验
皮肤变态反应试验	局部淋巴结试验：BrdU-ELISA(2019)、DA(2019)；直接多肽反应试验(2019)
皮肤光毒性试验	3T3中性红摄取光毒性试验(2016)、皮肤光变态反应试验(2017)
鼠伤寒沙门氏菌/回复突变试验	细菌回复突变试验(2019)
体外哺乳动物细胞染色体畸变试验	
体外哺乳动物细胞基因突变试验	
哺乳动物骨髓细胞染色体畸变试验	
体内哺乳动物细胞微核试验	体外哺乳动物细胞微核试验(2021)
睾丸生殖细胞染色体畸变试验	
亚慢性经口、经皮毒性试验	
致畸试验	致畸试验(2019)
慢性毒性/致癌性结合试验	

为进一步加强化妆品原料管理，保证化妆品质量安全，国家药监局还对《化妆品安全技术规范》中的化妆品禁用组分进行了修订，形成了《化妆品禁用原料目录》和《化妆品禁用植（动）物原料目录》，新增了包括大麻二酚、大麻叶提取物等 17 种禁用原料。化妆品注册和备案人不得生产、进口产品配方中使用《化妆品禁用原料目录》规定的原料的化妆品。此外，国家药监局还于 2021 年 4 月 30 日颁布了修订后的《化妆品已使用原料目录》，增加了化妆品原料最高历史使用量。按照新法规，化妆品监管部门公布的原料最高历史使用量可作为安全评估新的证据类型，配方中使用量如果较“化妆品监管部门公布的原料最高历史使用量”相同或更低，则不需要特别对此原料给出安全评估数据。若配方中该原料使用量超过最高历史使用量，即使是已使用原料，也需要对配方根据《化妆品安全评估技术导则》进行安全评估。若该原料在美国化妆品原料评估委员会（CIR）等国际权威化妆品安全评估机构上已经有相关评估，即可应用；若未有相关评估结论，则该原料不得使用或把使用量降低到最高历史使用量或以下。这意味着对已使用原料的添加量有了明确的要求，新的证据类型的应用有助于规范化妆品原料添加量，使原料的使用量更加科学、清晰，并从源头上对原料的安全性进行把控。

在化妆品安全评估方面，2021 年 4 月，国家药监局颁布了《化妆品安全评估技术导则》（2021 年版）（以下简称《技术导则》），自 2021 年 5 月 1 日起正式实施。《技术导则》是将国际先进风险评估理念和技术与我国目前化妆品市场监管现状相结合而提出的一套具有前瞻性的化妆品安全评估体系，对保障化妆品质量安全和消费者权益，以及促进我国化妆品产业的可持续发展等方面具有重要意义。在新《条例》以前，我国的化妆品安全评估主要参考 2015 年颁布的《化妆品安全风险评估指南》（征求意见稿）（以下简称《评估指南》）及 2010 年颁布的《化妆品中可能存在的安全性风险物质风险评估指南》。与《评估指南》相比，《技术导则》中对评估人员责任的强化、风险评估程序的补充、评估方法的优化、儿童化妆品安全评估的增加及系列配方评估程序的简化是这一新法规的亮点[3]。

新《条例》及《评估指南》等二级法规的颁布给我国化妆品安全性评价带来许多变革，总结主要有以下几个方面。

（1）强调安全评估报告的真实性与科学性

《评估指南》要求安全评估人员取得大学本科以上文凭或其他正式资格证明。《技术导则》不再对安全评估人员设置学历门槛，但对于安全评估人员的责任感和专业性提出了更高的要求。《技术导则》明确规定了安全评估人员要对评估报告的科学性、准确性、真实性和可靠性负责，且评估人员的简历与签名应附在评估报告之后。与此同时，《技术导则》要求自行或委托专业机构开展安全评估的化妆品注册人、备案人也对安全评估报告的真实性与科学性负责。

（2）增加致敏风险评估，进一步完善风险评估程序

《技术导则》完善了化妆品风险评估程序的更多细节。首先，在危害识别方面，补充了光变态反应、腐蚀性、重复剂量毒性、吸入暴露等健康危害效应，使其在毒理学安全评价、风险评估等方面所采用的危害识别指标与《化妆品安全技术规范》及更新相配套；其次，在剂量反应关系评估中，对致敏性原料增加了预期无诱导致敏剂量（NESIL）的评估方法；最后，在暴露评估中，对于原料和/或风险物质透皮吸收❶实验数据的获得，采用了欧盟消费者安全科学委员会（SCCS）最新版的《化妆品原料安全性评估指南》中的透皮吸收实验方法，并增加了在缺乏透皮吸收实验数据时对不同分子量原料皮肤吸收率的估算原则。

（3）构建复杂原料评估的新方法体系

各种天然动植物提取物和生物发酵原料的研发是近年来化妆品市场的新热点，然而，其组成成分的复杂性也给化妆品原料的安全风险评估带来一定的挑战。《技术导则》在原料规格要求、安全评估方法和安全评估报告证据来源三个方面做了进一步完善，以最大程度地保障复杂生物原料的安全性，减少其在产品应用中的安全隐患。在原料规格要求方面，对于动物来源的原料，要求其理化性质报告中提供特征性成分含量，而生物技术原料需要提供原料制备的具体生物技术类型/方式。在安全评估方法方面，增补了国际上常用的毒理学关注阈值（TTC）及分组/交叉参照等新方法。其中，TTC 方法可用于缺乏系统毒理学研究数据、化学结构明确且含量较低、不包含严重致突变警告结构的原料或风险物质的安全评估；而分组/交叉参照方法可应用于缺乏毒理学数据的非功效原料或风险物质的安全评估。

---

❶ 也作经皮吸收。

（4）注重原料安全使用的历史证据

在安全评估报告证据方面，《技术导则》允许化妆品企业中将已上市（至少3年）产品中的历史使用浓度和化妆品监管部门公布的原料最高历史使用量作为安全评估报告的证据来源和参考。与之相配合，2021年4月，国家药监局颁布了修订后的《化妆品禁用原料目录》和《化妆品已使用原料目录》（2021版）。其中化妆品原料最高历史使用量的信息可作为化妆品安全评估新的参考依据。按照新法规，配方中使用量如果较“最高历史使用量”相同或更低，则不需给出安全评估数据，反之则需提供安全评估数据。这意味着我国监管部门对化妆品原料的准用类别和添加量都有了更加明确的要求。

（5）增加儿童化妆品的评估要求

2021年，国家药监局颁布了《儿童化妆品监督管理规定》，这是我国出台的第一部专门针对儿童化妆品的法规。该法规全方位地规范了儿童化妆品市场，包括生产经营活动、监督管理等方面，进一步加强了对儿童化妆品的监管力度，切实保障儿童健康。针对目前我国儿童化妆品市场鱼龙混杂、安全问题频出的现状，《儿童化妆品监督管理规定》和《技术导则》均规定儿童化妆品投放市场前，所有原料和产品皆需进行并通过安全评估[3,4]。此外，《技术导则》结合我国儿童的生理特点，明确了针对儿童化妆品安全评估的技术要求，具体包括：a. 在危害识别、暴露量计算等方面，应考虑儿童具有皮肤屏障、发育功能不全等生理特点，需进行单独评审；b. 化妆品企业需明确儿童化妆品配方设计的原则，并对配方使用原料的必要性进行说明；c. 具有长期安全使用历史的原料是儿童化妆品的首选，非必要情况一般不允许使用特殊化妆品原料及纳米技术等新技术制备的原料；若必须使用时，需说明原因，并进行安全评估。

（6）简化系列产品的评估要求

针对目前市场上多色号、多香型等系列化妆品产品，《技术导则》规定在安全评估时可只对产品基础配方中的调整组分进行评估，以确保产品安全。这一举措，在严格把控产品质量安全的同时，减少了评估的工作量，提高了对系列配方产品的安全评估效率，从而减轻了企业负担，释放了企业研发系列化妆品产品的创新活力。

总而言之，《技术导则》等系列化妆品安全评估相关法规针对我国目前化妆品市场的质量安全问题提出了解决方案和技术支持，奠定了净化化妆品市场安全环境、维护消费者权益的重要法律基础[5]。建议化妆品企业从以下几个方面积极应对：a. 关注政府的信息发布和政策解读，培养风险评估人员和提高风险评估能力。b. 建立和完善企业产品和原料的风险监测数据库，积极学习新方法（如TTC、分组/交叉参照）并应用于复杂天然原料的风险评估。c. 借鉴欧盟在化妆品新原料和新技术产品安全性评估的先进经验，如纳米材料毒性、内分泌干扰毒性和儿童化妆品风险计算等。

1.1.2 功效宣称的相关法规与更新

化妆品宣称是生产经营者向消费者推荐产品的重要窗口，是消费者了解产品的主要途径，也是行政管理部门的监管重点。欧盟化妆品法规将化妆品宣称界定为通过标签、展台和广告，以文字、名字、商标、图案、数字或其他形式，明示或暗示地传递化妆品的产品特点或功能。之后在《化妆品宣称合理性通用准则》中对化妆品宣称的基本原则进行了修订，即合法性原则、真实性原则、证据支持原则、诚实信用原则、公平原则和消费者知情原则[6]。《化妆品监督管理条例》的颁布进一步强化了对化妆品宣称的管理，要求化妆品的功效宣称应当有充分的科学依据，化妆品生产者对化妆品功效宣称负责并接受社会监督。新《条例》出台前，我国只对防晒化妆品防晒指数（SPF 值）测定、防水性能测试以及长波紫外线防护指数（PFA 值）的测定要求按照《化妆品安全技术规范》进行人体试验测定，未对其他化妆品功效宣称评价提出要求。为贯彻落实新《条例》，规范和指导化妆品分类工作，国家药监局制定了《化妆品分类规则和分类目录》（以下简称《分类规则》）和《化妆品功效宣称评价规范》（以下称《评价规范》），自 2021 年 5 月 1 日起施行。《评价规范》对功效宣称评价的定义、评价类别、基本原则、责任要求、评价机构职责与要求等方面进行了阐述与规定[7]。

1.1.2.1 功效宣称评价的定义与评价原则

新《条例》强化了对化妆品宣称的管理，强调化妆品的功效宣称应当有充分的科学依据。《评价规范》将科学依据划分为文献资料、研究数据及化妆品功效宣称评价试验结果。其中，化妆品功效宣称评价试验包括人体功效评价试验、消费者使用测试及实验室试验三类，要求其实验设计应当符合统计学原则且实验数据符合统计学要求。

① 文献资料　指通过检索等手段获得的公开发表的科学研究、调查、评估报告和著作等，包括国内外现行有效的法律法规、技术文献等。文献资料应当标明出处，确保有效溯源，相关结论应当充分支持产品的功效宣称。

② 研究数据　指通过科学研究等手段获得的尚未公开发表的与产品功效宣称相关的研究结果。研究数据应当准确、可靠，相关研究结果能够充分支持产品的功效宣称。

③ 人体功效评价试验　指在实验室条件下，按照规定的方法和程序，通过人体试验结果的主观评估、客观测量和统计分析等方式，对产品功效宣称作出客观评价结论的过程。

④ 消费者使用测试　指在客观和科学方法基础上，对消费者的产品使用情况和功效宣称评价信息进行有效收集、整理和分析的过程。

⑤ 实验室试验　指在特定环境条件下，按照规定方法和程序进行的试验，包括但不限于动物试验、体外试验（包括离体器官、组织、细胞、微生物、理化试验）等。

基于此，《评价规范》定义化妆品功效宣称评价为通过文献资料调研、研究数据分析或者化妆品功效评价试验等手段，对化妆品在正常使用条件下的功效宣称内容进行科学测试和合理评价，并做出相应评价结论的过程。

值得注意的是，尽管新《条例》按照风险程度将化妆品分为普通化妆品和特殊化妆品，但《评价规范》对于在中华人民共和国境内生产经营的化妆品（包括境内公开销售的国产和进口化妆品），无论普通功效化妆品还是特殊功效化妆品，均进行功效宣称评价，并非根据其风险程度而决定是否豁免功效评价义务。尽管如此，不同功效宣称的化妆品应按照不同的评价依据开展评价（表 1-4）。根据新法规要求，化妆品功效宣称要有科学依据，其中祛斑美白、防晒、防脱发、祛痘、修护、滋养和进行特定宣称的化妆品（如宣称适用敏感皮肤、宣称无泪配方）还必须提供人体功效评价试验或消费者使用数据。除了上述功效宣称的化妆品产品外，通过宣称原料的功效进行产品功效宣称的，也应当开展文献资料调研、研究数据分析或者功效宣称评价试验，证实原料具有宣称的功效，同时要求原料的功效宣称与产品的功效宣称具有充分的关联性。

表 1-4　化妆品功效宣称评价原则[8]

功效宣称	评价原则
防脱发、祛斑美白、防晒	人体功效评价试验，由化妆品注册和备案检验机构按照强制性国家标准、技术规范的要求开展人体功效评价试验，并出具报告
祛痘、修护、滋养	人体功效评价试验
抗皱、紧致、舒缓、控油、去角质、防断发、去屑、宣称温和、宣称量化指标	化妆品功效宣称评价试验，可以同时结合文献资料和研究数据分析结果
保湿、护发	文献资料、研究数据分析或化妆品功效宣称评价试验
特定宣称（如宣称适用于敏感皮肤、宣称无泪配方）	人体功效评价试验或消费者使用测试
宣称新功效	感官直接识别或通过物理作用方式发生效果且在标签上明确标识仅具有物理作用的新功效，可免予提交功效宣称评价资料；对于需要提交产品功效宣称评价资料的，应当由化妆品注册和备案检验机构按照强制性国家标准、技术规范规定的试验方法开展产品的功效评价，并出具报告；使用强制性国家标准、技术规范以外的试验方法，应当委托两家及以上的化妆品注册和备案检验机构进行方法验证，经验证符合要求的，方可开展新功效的评价，同时在产品功效宣称评价报告中阐明方法的有效性和可靠性等参数
同一化妆品注册人、备案人申请注册或进行备案的同系列彩妆产品	在满足等效评价的条件和要求时，可以按照等效评价指导原则开展功效宣称评价

1.1.2.2 评价机构选择及要求

对于评价要求的人员和机构而言，化妆品注册人、备案人可以自行进行功效宣称评价，也可委托第三方评价机构。《化妆品注册和备案检验工作规范》规定，承担化妆品注册和备案检验的机构，必须取得中国计量认证，即化妆品检验检测机构资质认定（CMA），且取得资质认定的能力范围能够满足化妆品注册和备案检验工作需要（尚未纳入 CMA 认定范围的检验项目除外）。从事化妆品人体安全性与功效评价检验的检验检测机构，还应当配备两名以上（含两名）具有皮肤病相关专业执业医师资格证书且有五年以上（含五年）化妆品人体安全性与功效评价相关工作经验的全职人员，建立受试者知情管理制度和志愿者管理体系，并具备处置化妆品不良反应的能力[9]。国家药监局网站公布了具有“人体安全性检验及功效评价”能力的化妆品注册和备案检验检测机构名单，并列出了每一机构取得资质认定的检验项目。此外，《评价规范》要求承担化妆品功效宣称评价的机构应当建立良好的实验室规范，完成功效宣称评价工作并出具报告，对其完成的产品功效宣称评价资料或出具的试验报告等相关资料进行整理、归档，保存备查，并对出具报告的真实性、可靠性负责。

1.1.2.3 功效宣称依据的摘要文件

化妆品宣称评价的主要展示方式为摘要文件，至少包括产品基本信息、功效宣称评价项目及评价机构、评价方法与结果、评价结论等相关信息。化妆品注册人、备案人或者评价机构开展化妆品功效宣称评价后，根据其评价结论编制功效宣称依据的摘要，由注册人、备案人在国家药监局指定的专门网站上上传，接受社会监督。但以下两类产品可免于公布其评价摘要：一是能通过感官直接识别的，如清洁、卸妆、美容修饰等；二是通过简单物理遮盖、附着、摩擦等方式发生效果且在标签上明确标识仅具有物理作用的功效宣称的产品。对于宣称新功效的化妆品，如属于这两类产品，也可对其进行豁免。

1.1.2.4 功效宣称评价的责任主体

《评价规范》明确规定，化妆品注册人、备案人是化妆品功效宣称评价的责任主体，对所提交功效宣称依据的摘要的科学性、真实性、可靠性和可追溯性负责。新《条例》第 62 条规定了对于未依照规定公布化妆品功效宣称依据的摘要的相关处罚：由负责药品监督管理的部门责令改正，给予警告，并处 1 万元以上 3 万元以下罚款；情节严重的，责令停产停业，并处 3 万元以上 5 万元以下罚款，对违法单位的法定代表人或者主要负责人、直接负责的主管人员和其他直接责任人员处 1 万元以上 3 万元以下罚款。

随着新法规的颁布，中国化妆品行业正式迈入功效评价时代。自 2022 年 1 月 1 日起，化妆品注册人、备案人申请特殊化妆品注册或者进行普通化妆品备案的，应当对化妆品的功效宣称进行评价，并在国家药监局指定的专门网站上传产品功效宣称依据的摘要。因此，在新《条例》的实施下，仅仅少量添加功能性原料而赋予产品宣称的现象将不复存在，绝大多数化妆品产品的功效宣称必须提供科学数据支撑。行业在迎来新功效化妆品发展机遇的同时，也面临着新功效评价方法的开发与标准化的挑战。

1.2 化妆品评价与动物替代

传统的化妆品安全性评价主要采用动物模型进行。20 世纪 40 年代，Draize 等创立了家兔试验，用于化妆品的皮肤、眼刺激性和腐蚀性检测。除了家兔，化妆品在体评价的常用实验动物还有豚鼠、裸鼠、大鼠和小鼠。这些啮齿类动物被用于化妆品原料的急性毒性、重复剂量毒性、致癌性和生殖毒性评价。豚鼠和小鼠还常应用于皮肤致敏性和光致敏性的评价。试验的基本准则是将受试物通过一定的方法给动物染毒，然后在一定期限内观察其生理生化指标（包括死亡），试验结束时仍存活的动物也要进行人道处死。

动物试验的优点在于可以模拟人的日常接触方式，对受试物开展系统的毒理学研究，但是动物试验普遍存在评价周期较长、重复性差、主观性强、精确度低等缺点。且动物和人存在种属差异，其结果外推到人时应持谨慎态度。例如 Draize 的家兔眼刺激性试验通过观测动物眼睛在暴露于受试物后 24～72h 内角膜浑浊度、结膜水肿和结膜发红的程度判断其眼刺激性。然而，由于兔眼无泪腺，在大多数情况下实验数据会过度预测人体反应。另一方面，由于欧盟化妆品规程第 7 次修正案（2003/15/EC）规定从 2013 年起全面禁止动物试验，非动物的化妆品试验已成为全球趋势，化妆品毒理学研究正在从耗时、耗费的传统整体动物试验转向快速高通量、含定量参数分析和机制研究的体外替代试验转变。表 1-3 列出了我国《化妆品安全技术规范》中的化妆品毒理学动物试验和体外替代试验方法。

1.2.1 仁慈准则与动物替代全球化

1.2.1.1 “3R”原则

1959 年，英国动物学家威廉·罗塞尔（William Russell）和微生物学家雷克斯·伯奇（Rex Burch）主编出版了《仁慈试验技术原理》，提出了实验动物的

"3R"原则。"3R"是减少、优化和替代的简称[10]。根据"3R"原则，人们应当努力寻找无知觉的材料来替代有意识的活体高等动物试验，在确保获取一定数量和精度信息的前提下尽量减少动物使用量，采取优化措施减轻动物痛苦的发生和严重程度。1978 年，David 在《替代动物试验》一书中用替代对"3R"进行了统称，替代被提到"3R"的首位，称为"替代方法的 3R"：a. 减少替代，指在科学研究中使用较少量的动物获取相当水平信息的方法，或者从同样数量动物获得更多的数据信息的方法；b. 优化替代，指通过改进实验方法，尽可能减少非人道操作，缓解或降低实验动物的疼痛、苦难和痛苦，提高动物福利；c. 代替替代：指采用非生物测试方法替代有生命的个体、用体外培育的细胞或组织取代活体组织，或者用低等动物替换高级脊椎动物而能实现某个既定目标的方法。

1.2.1.2 动物替代与全球法规趋势

"3R"原则一直影响着世界各国有关实验动物的法规制定。目前，西方大多数国家的《实验动物福利法》均引入了"3R"原则。中国科学技术部 2006 年发布了《关于善待实验动物的指导性意见》[11]。在化妆品评价领域，欧盟、美国、加拿大、日韩等发达国家和地区相继发布和实施了包括毒理学替代技术方法的化妆品法规或指令，极大地推动了化妆品全面禁止动物试验的发展。从 1993 年起，欧盟化妆品规程第 7 次修正案（2003/15/EC）开始提出禁止使用化妆品动物试验，而对于一些暂无合适替代方法的毒理学终点（如毒物代谢动力学、皮肤致敏性、重复暴露毒性、致癌性和生殖毒性），动物试验禁令则推迟到 2013 年 3 月。从 2013 年 3 月 11 日起，欧盟化妆品动物试验禁令全面生效，禁止销售所有经动物试验测试的化妆品配方或原料。紧随其后，包括以色列、挪威、印度、新西兰、中国台湾、韩国、土耳其、瑞士和危地马拉以及巴西的六个州在内的其他国家或地区也陆续禁止或限制化妆品的动物试验。美国、加拿大、澳大利亚和南非也提出了类似的法律措施。截至 2019 年，全球已有超过 40 个国家和地区正式实施了化妆品动物试验禁令。化妆品动物试验禁令已成为全球重要经济体的共识。

在我国，传统的化妆品安全性毒理学评价主要采用动物试验。但是动物试验普遍存在评价周期较长、重复性差、主观性强、精确度低等缺点，而且动物和人存在种间差异，其结果外推到人时应持谨慎态度。鉴于此，动物替代试验技术的研发、验证和应用日益受到国内化妆品行业的关注和认可。2016 年以来，多项动物替代体外试验方法（如 3T3 中性红摄取光毒性试验、直接多肽反应性试验、大鼠经皮电阻试验和体外哺乳动物细胞微核试验）被陆续纳入《化妆品安全技术规范》，为化妆品的皮肤局部毒性与致突变毒性测试提供了非动物测试的解决方案，也表明我国在替代方法的标准方面跟随了国际发展趋势。许多基于体外试验的国家标准和行业标准也纷纷出台（表 1-5），为我国化妆品安全性评价体系的发展完善提供了重要技术支持。特别值得注意的是，国家药监局在 2021 年 3 月颁布的《化妆品新原料注册备案资料管理规定》中明确在化妆品新原料申报中接收动物替代试验数据。这一系列动物替代试验相关法规的出台，表明我国的化妆品安全性评价也将从耗时、耗费的传统整体动物试验转向快速高通量、包含机制研究的体外替代试验发展，最终实现化妆品评价科学与动物伦理的共同进步。表 1-6 列出了目前在化妆品安全性评价中常用的动物试验与体外试验方法。

表 1-5　我国近年来出台的动物替代试验的方法标准

试验方法	标准
《化妆品皮肤刺激性检测 重建人体表皮模型体外测试方法》	SN/T 4577—2016
《化学品 体外皮肤刺激：重组人表皮试验》	SN/T 3948—2014
《化妆品体外替代试验方法验证规程》	SN/T 3898—2014
《化妆品体外替代试验良好细胞培养和样品制备规范》	SN/T 3899—2014
《进出口化妆品眼刺激性试验角膜细胞试验方法》	SN/T 3084.2—2014
《化妆品光毒性试验 联合红细胞测定法》	SN/T 3824—2014
《化妆品体外发育毒性试验 大鼠全胚胎试验法》	SN/T 3715—2013
《化学品 体外毒性试验替代方法验证的基本要求》	SN/T 3526—2013
《进出口化妆品眼刺激性试验 体外中性红吸收法》	SN/T 3084.1—2012
《化妆品胚胎和发育毒性的小鼠胚胎干细胞试验》	SN/T 2330—2009
《化妆品急性毒性的角质细胞试验》	SN/T 2328—2009
《化妆品眼刺激性/腐蚀性的鸡胚绒毛尿囊膜试验》	SN/T 2329—2009
《化妆品体外替代试验实验室规范》	SN/T 2285—2009
《化学品 体外毒性试验替代方法的验证程序和原则》	GB/T 34713—2017
《化学品 体外哺乳动物细胞微核试验方法》	GB/T 28646—2012
《化学品 体外皮肤腐蚀 人体皮肤模型试验方法》	GB/T 27830—2011
《化学品 体外皮肤腐蚀 膜屏障试验方法》	GB/T 27829—2011
《化学品 体外皮肤腐蚀 经皮电阻试验方法》	GB/T 27828—2011
《化学品 体外哺乳动物细胞姊妹染色单体交换试验方法》	GB/T 27820—2011
《化学品 体外哺乳动物细胞转化试验方法》	GB/T 27819—2011
《化学品 皮肤吸收 体外试验方法》	GB/T 27818—2011
《化学品 体外哺乳动物细胞基因突变试验方法》	GB/T 21793—2008
《化学品 体外哺乳动物细胞染色体畸变试验方法》	GB/T 21794—2008
《化学品 体外 3T3 中性红摄取光毒性试验方法》	GB/T 21769—2008
《化学品 体外哺乳动物细胞 DNA 损伤与修复/非程序性 DNA 合成试验方法》	GB/T 21768—2008
《化妆品安全性评价程序和方法》	GB 7919—1987

表 1-6　目前替代化妆品动物试验的体外试验方法

毒性终点	动物试验	体外试验	OECD 收录情况
急性毒性	啮齿类动物被暴露于高剂量的受试物，然后观察死亡时间(OECD TG 402、403、420、423、425、436)	3T3 细胞中性红摄取毒性试验	尚未接受，但可与其他信息联合使用

续表

毒性终点	动物试验	体外试验	OECD 收录情况
皮肤刺激性/腐蚀性	受试物敷于备皮的家兔背部,观察 14 天(OECD TG 404)	重组人皮肤模型评价组织细胞活率	OECD TG 431, 439
眼刺激性/腐蚀性	受试物滴入家兔结膜囊中,观察 21 天(OECD TG 405)	用离体鸡和牛眼组织或 SIRC 细胞短时暴露试验评估无刺激性和严重刺激性;基于重组人角膜样上皮(RHCE)模型可判断轻度刺激性	OECD TG 437, 438, 491, 492, 492B
皮肤致敏性	把受试物涂在豚鼠背部的豚鼠最大化试验(GPMT),Buehler 试验和把受试物涂在小鼠耳朵的局部淋巴结检测(LLNA)(OECD TG 406)	基于 AOP 不良反应结局的系列组合试验,包括对应蛋白结合关键事件的直接多肽反应性试验(DPRA)和动态 DPRA (kDPRA)、ARE-Nrf2 通路的荧光素酶试验(KeratinoSens)、树突细胞活化关键事件 h-CLAT 和 GARD™ skin 试验	OECD TG 442C, 442D, 442E
光毒性	将受试物涂抹于豚鼠的背部皮肤,然后在一定的时间内观察 UVA 照射区皮肤的红斑、水肿程度	3T3 细胞中性红摄取光毒性试验;重组皮肤模型光毒性试验	OECD TG 432, 498
经皮吸收	受试物敷于备皮的家兔背部,24h 后处死(OECD TG 427)	体外皮肤吸收试验	OECD TG 428
重复剂量毒性	啮齿类动物被暴露于不同剂量的受试物,然后观察 28 天或 90 天(OECD TG 407～413)	交叉参照(read-across),前提是受试物与已经测试过的现有物质具有相似结构	交叉参照仅在个案接受(OECD 2014B)
遗传毒性	注射到小鼠或大鼠体内 14 天;然后将它们杀死以观察对它们细胞的影响(OECD TG 474、475、483、486、488、489)	Ames 试验,体外哺乳动物染色体畸变试验,体外哺乳动物细胞微核试验,体外哺乳动物细胞基因突变试验	OECD TG 471, 473, 476, 487, 490
致癌性	大鼠或小鼠被持续暴露至肿瘤发生或死亡(OECD TG 451、452)	转基因动物细胞基因突变试验(CTA)	CTA 仅用于致癌物的筛选[OECD 2015(2016)]
生殖与发育毒性	孕雌鼠染毒后处死,观察胚胎畸形(OECD TG 414)	如果物质与已经测试过的现有物质相似,可以使用交叉参照。体外试验方法有基于小鼠干细胞的体外胚胎干细胞试验(EST)和系列激素受体结合试验	交叉参照仅在个案接受(OECD 2014B),受体结合分析(OECD TG 455, 457, 456)筛选内分泌干扰物

1.2.2 化妆品评价中的动物替代体外模型

目前的动物替代试验又被称为体外试验(in vitro test)或离体方法,指利用简单的生物系统、培养的细菌、细胞、哺乳动物和人的组织、器官或非生物构建体系(如计算机模型)替代动物进行试验。与动物试验相比,体外试验的优点在于：可控制环境条件，避免全身效应的影响；允许同时或重复采样，简化了试验过程和减少毒性废物的量；降低实验动物的使用费用，减少了动物用量和所需的人力物力；减轻实验动物的痛苦；缩短试验周期，提高检测效率。而体外试验的缺点在于：体外模型是一个静止系统，缺少系统间的相互影响，导致功能的渐进性损失；常用于短期研究，限制了长期毒性的研究（表 1-7）。

表 1-7　体外试验方法的优缺点

优点	缺点
试验条件可以控制	不能评价测试物质的总体副作用
降低系统误差	不能评价系统效应
降低试验间变异	不能测定组织和器官间相互作用
可以用不同测试系统(细胞和组织)测试相同剂量范围的受试物	不能评价药物动力学效应
可取代耗时长的试验,节约时间和成本	不能评估特定器官敏感度
测试物质需要量少	不能测试慢性效应
试验产生毒性物质有限	
可采用人体细胞及携人类基因的转基因细胞	
减少实验动物用量	

化妆品的主要作用部位是皮肤及其附属器（毛发、汗腺等）。皮肤是人体面积最大的器官，主要包括表皮、真皮及皮下组织等三层结构。表皮含有多种细胞，如角质形成细胞（keratinocyte，KC）、黑素细胞、朗格汉斯细胞（langerhans cell，LC）；真皮中含有成纤维细胞、网状细胞；皮下组织主要含有脂肪细胞[12]。而毛囊是头皮的表皮向真皮处下陷而形成的重要附属结构，分为上皮层与真皮层两部分。毛囊外根鞘形成突起的毛囊隆突区，含有多种干细胞与附近的毛囊上皮细胞、内外根鞘、基纤维细胞相互作用调控毛发的生长；真皮层含有真皮乳头细胞。

1.2.2.1　细胞和细胞系

由于体外细胞培养具有方便、快速的特点，离体培养的细胞是最早在化妆品安全和功效性评价中被企业和科研机构最广泛应用的体外模型。通过分离培养的人体或动物细胞，高通量测试各种成分，确定新的测试靶位点，对不同化妆品原料的安全性与功效性进行比较。有很多体外培养的细胞和细胞系在化妆品评价中被广泛应用：

① 角质形成细胞　KC 作为人皮肤表皮层的主要组成部分，在皮肤表皮的屏障功能和稳态维系中起关键性作用。在评估皮肤急性毒性时常以正常人表皮角质形成（NHEK）细胞和人永生化角质形成细胞系（HaCaT、NIKS 等）为受试对象。

② 黑素细胞　黑素细胞是表皮基底层中产生色素颗粒的细胞。与人皮肤原

代黑素细胞比较，人（A375）或小鼠（B16）的黑素瘤细胞更敏感、稳定且真实。可通过定量测定酪氨酸酶活性、黑色素含量及黑素体的转运情况，对化妆品原料的美白功效进行筛选或机理探讨，亦可应用于光生物学研究，如防晒剂的效果评价。

③ 成纤维细胞　真皮中的主要细胞，用于合成皮肤的细胞外结构（胶原蛋白，弹性蛋白等）。由于其在机体衰老过程中有很大改变，因此，人胚胎成纤维细胞（HF）和小鼠成纤维细胞系（BALB/c 3T3）广泛应用于化妆品急性毒性、光毒性和抗衰老化活性成分的开发。

④ 树突状细胞（dendritic cell，DC）　LC 是表皮中的主要抗原提呈细胞，在接触性过敏反应中发挥着重要作用。由于原代培养的 DC 和 LC 通常难以分离和获得足够的细胞，通常体外培养人单核细胞系白血病淋巴瘤细胞（THP-1）和人组织细胞淋巴瘤细胞（U937）作为 DC 的替代品。在皮肤致敏性试验中可通过测定细胞表面标志物 CD54 和/或 CD86 的抗体表达改变来评价化妆品原料的致敏力。

⑤ 角膜上皮细胞　兔角膜上皮细胞系（SIRC）被用于化妆品原料的体外短时暴露试验以替代兔眼刺激实验。

⑥ 毛囊干细胞　不仅可作为表皮自我更新的来源，还能分化成毛发和毛囊结构。以毛囊干细胞为对象，可广泛进行护发活性物质的筛选以及发用化妆品毒性测试研究。

1.2.2.2　细胞共培养系统

细胞培养技术是目前体外试验中最常用的方法。然而，常用的单层细胞培养因不能完全模拟多细胞相互作用的体内环境、细胞趋向单一化，在评价皮肤致敏性或色素生成等多细胞相互作用的生物学效应时，具有一定的局限性。为了满足科研需要，细胞共培养（ cell co-culture）技术应运而生。细胞共培养技术能模拟体内生成的微环境，便于更好地观察细胞与细胞、细胞与培养环境之间的相互作用以及探讨受试物的作用机制和可能作用的靶位点，填补了单层细胞培养的不足。例如在 KC 培养中使用小鼠的成纤维细胞和人真皮成纤维细胞作为滋养层细胞，它们的相互作用对 KC 的发育和再生产生重要影响。将黑素细胞与成纤维细胞共同培养，发现成纤维细胞可分泌促黑素生成因子，皮肤损伤部位常易色素积聚是皮肤损伤产生炎性因子促进成纤维细胞聚集和细胞因子分泌增多的缘故[12]。目前可应用于化妆品评价的细胞共培养系统有：a. KC 与黑素细胞共培养；b. 黑素细胞与成纤维细胞共培养；c. KC 与成纤维细胞共培养；d. KC 与 DC 共培养；e. 抗原递呈细胞与 T 细胞共培养；f. 表皮细胞与 T 细胞共培养。

1.2.2.3 三维重组人皮肤模型

三维重组人皮肤模型（3D RHE model）是目前在化妆品体外评价中的研究热点。皮肤模型是将人的正常皮肤细胞培养于特殊的插入式培养皿上而得到的具有高度模拟人体皮肤、具有完整三维解剖结构的皮肤组织模型。皮肤模型的表面具有由人表皮角质细胞分化形成的角质层。与单层细胞培养物相比，对化妆品受试物的溶解性限制更少。未经稀释、极端 pH 和“不可溶”的测试材料均可直接用于皮肤模型，同时能够根据人体所接触光的强度、时间以及波长范围进行光接触试验。此外，由于大部分皮肤模型由人的初代细胞组成，因此可以避免因种间差异而带来的试验结果偏差。现已验证的皮肤模型在基因表达、组织结构、细胞因子、组织活力等方面与人体皮肤都具有高度一致性。经过 20 多年的发展，皮肤模型从表皮模型（仅有表皮角质细胞）发展到包括简单全层皮肤（含有角质细胞和成纤维细胞）的多细胞共培养复层皮肤体系（如还包括黑素细胞、脂肪细胞和郎格汉斯细胞等），在世界各地都得到了广泛的发展和应用（表 1-8）。

表 1-8 部分商品化三维重组人皮肤模型

名称	制造商	国家	模型特征
EpiSkin™	欧莱雅	法国/中国	以乳房整形手术去除皮肤组织的表皮角质形成细胞为种子细胞，采用胶原介质培养而成的表皮重建模型
EpiDerm™	MatTek	美国	以包皮组织的表皮角质形成细胞为种子细胞，采用无血清培养基培养而成的表皮重建模型
SkinEthic™	欧莱雅	法国	以包皮组织的表皮角质形成细胞为种子细胞，采用惰性聚碳酸酯酶介质培养而成的表皮重建模型
EpiKutis™	广东博溪	中国	以儿童包皮组织的表皮角质形成细胞为种子细胞，采用无血清培养基，液下培养后气液面培养而成的表皮重建模型
EpiOcular™	MatTek	美国	以正常人新生包皮上皮组织的细胞为种子细胞，采用无血清 DMEM 培养基(EGF、胰岛素、HYD 等)的气液面培养方式培养而成的无角质层的角膜上皮模型
EpiCorneal™	MatTek	美国	以正常人角膜上皮组织的细胞为种子细胞，采用无血清培养基的气液面培养方式培养而成的无角质层的角膜上皮模型
HCE™	SkinEthic	法国	以永生化人角膜上皮组织的细胞为种子细胞，采用气液面培养方式培养而成的无角质层的角膜上皮模型
Strata Test™	Stratatech	美国	使用人体角质细胞系和 NIKS 形成的全层皮肤模型
Phenion FT™	Henkel	德国	新生儿包皮原代角质细胞培养于胶原支架成纤维细胞，形成结缔组织作为多层上皮细胞层的基础
Graftskin LSE™	Organogenesis	美国	以表皮角质细胞为种子细胞，采用气液面培养方式培养于包含胶原质的成纤维细胞中
LabCyte EPI-MODEL™	Japan Tissue Engineering	日本	来自新生儿包皮的角质细胞和 3T3-J2 在惰性过滤器基质中生长，采用气液面方式培养

(1) 皮肤模型在安全性评价中的应用

皮肤模型的研发之初主要用于临床上大面积皮肤损伤与缺失的修复。美国于 20 世纪 70 年代成功构建了由上表皮细胞组成的表皮模型，成为皮肤模型发展的一个里程碑。皮肤模型于 90 年代开始应用于化妆品的安全性体外评价。目前，皮肤模型在化妆品安全性评价中的应用主要包括皮肤刺激/腐蚀性、眼刺激性、光毒性、遗传毒性和致敏性等。不同类型的化妆品安全性评价，所使用的皮肤模型及其检测指标也有一定差异（表 1-9）。

表 1-9 化妆品安全性评价毒性终点及其适用皮肤模型和检测指标

评价类型	适用皮肤模型	检测指标
皮肤刺激性	表皮模型和全层皮肤模型	皮肤刺激性单点试验(SIT)、ET_{50} 值和细胞因子(IL-10、IL-1α、TNF-α)的释放量
眼刺激性	无角质层模型	皮肤刺激性单点试验(SIT)
光毒性	表皮模型和全层皮肤模型	MTT 法检测细胞活率，细胞因子(IL-1α，IL-1β 和 IL-6)的释放量
遗传毒性	表皮模型和全层皮肤模型	皮肤模型微核试验和皮肤模型彗星试验

皮肤刺激性是日常使用化妆品最常见的不良反应之一，也是化妆品安全性评价的主要项目。目前皮肤刺激性的体外评价方法有细胞法和皮肤模型法。由于皮肤毒性作用的复杂性，采用细胞法虽然标准化程度高、成本低，但由于单层细胞的结构简单、不具备屏障功能，实验结果有时会过高预测毒性作用。从 20 世纪 90 年代开始，三维重组人工皮肤模型成为评价化妆品皮肤刺激性的理想模型。经 OECD 验证可用于皮肤刺激/腐蚀等安全性评价的模型主要有 EpiSkin™、EpiDerm™、EpiEthic™ 和 LabCyte™ 四种。Kandárová 等验证了皮肤模型在皮肤刺激试验中的可行性，认为这种体外模型可以代替动物准确区分刺激性的有无，但也发现一些受试物可能受 MTT 干扰。此外，化妆品企业还试图用皮肤模型来评估化妆品的皮肤刺激效价，而非对刺激与非刺激物的简单区分。总之，使用皮肤模型评价化妆品的皮肤刺激性，操作简单快速，评价指标直观，不仅可以区分刺激性的有无，还可以进一步区分刺激的强弱程度和时间毒性。

评价眼刺激性时使用的角膜上皮模型无角质层，比具有角质层的普通表皮模型更敏感。根据 OECD TG 492，测试时采用正常人新生包皮上皮细胞体外重建类人角膜上皮模型 EpiOcular™，用 MTT（噻唑蓝）法检测化妆品作用后的模型细胞活性。相对于阴性对照组织，活性低于 60%时化妆品被判断为具有眼刺激性，活性高于 60%时化妆品被认为是无刺激性。MatTek 公司验证了用 EpiOcular 模型进行眼刺激性试验的整体精确度为 88%，灵敏度和特异性分别达到了 100%和 75%，表明无角质层模型在眼刺激性试验中区分刺激性物质和非刺激性物质具有较高的精确度[13]。

皮肤模型在化妆品光毒性评价中的应用则更为广泛。Jírová 用皮肤模型对沥青焦油中的两种成分（鱼石脂和磺化页岩油）进行光毒性效应评估，结果表明皮肤模型能更好地反映皮肤对化学物质的生物利用度，与人体数据的相关性较好[14]。广州博溪生物科技有限公司构建了中国汉族人体外皮肤模型（EpiKutis™）用作皮肤光毒性的测试模型。北京工商大学唐颖用 EpiKutis™ 模型来检测不同涂层、粒径和晶型纳米二氧化钛的光毒性，并通过比较发现该皮肤模型是检测纳米材料光毒性的理想模型[15]。

而在遗传毒性方面，皮肤模型由于来源于含有正常的 DNA 修复和细胞控制周期的初级人类细胞，在遗传信息和代谢水平上更接近人类的真实状态，与传统模型中啮齿类动物相比更具有科学性。目前，皮肤模型用于遗传毒性评价的主要有皮肤模型微核试验和皮肤模型彗星试验，其中彗星电泳法尚处于验证过程中。在皮肤模型试验中，受试的化妆品成分因暴露条件更接近真实的曝光条件使得皮肤模型具有更好的预测性能。宝洁公司报道了利用 EpiDerm™皮肤模型进行微核试验对大量化学标准物质的遗传毒性进行评估，试验显示了高敏感性和特异性[16]。

（2）皮肤模型在功效性评价中的应用

美白是最早应用皮肤模型的化妆品功效评价领域。早在 20 世纪 90 年代，法国 Regnier 通过把黑素细胞与角质细胞以 1∶10 混合培养获得了一种重组表皮，并发现酪氨酸抑制剂曲酸可有效抑制表皮中的色素合成[17]。类似的，日本学者利用本土的 MelanoDerm 表皮模型（含黑素细胞）通过量化模型表面颜色的变化和黑色素生成量发现 α-熊果苷可有效抑制黑色素合成而对模型细胞活性无明显影响[18]。比利时根特大学报道了利用 RNA 干扰法抑制黑素细胞的酪氨酸酶活性进而抑制黑色素合成的有效性，在模型中还观察到了黑素细胞和角质形成细胞间的色素转移[19]。

皮肤模型还适用于评价防晒产品。欧莱雅曾构建了多种皮肤模型用于评估皮肤光损伤及防晒剂的光防护效应[20]。其中包含角质细胞和成纤维细胞的全皮模型可用于评价 UVA 和 UVB 分别在表皮和真皮层中诱导的光损伤；含有黑素细胞和朗格汉斯细胞的表皮模型可评估包括免疫应答在内的光保护效应，而包含黑素细胞和成纤维细胞的表皮模型可以通过表皮黑色素形成的能力以及维持成纤维细胞的数量来评估防晒霜抵抗 UVB 诱导产生生物损伤的能力，还可以通过观察模型表面亮度来评价产品的抗色素沉着功效。陈旭还报道了 UVA 辐射对皮肤模型及人体皮肤中相关基因（MITF，MC1R，TYR，Race1，Race2 等）的影响，发现广谱防晒剂可阻断 UVA 诱导的真表皮层中发生的基因表达变化[21]。

在保湿功效评价方面，化妆品对皮肤中天然保湿因子（NMF）的促生成作用是体外评价保湿功效的重要指标。有研究发现，在全皮模型表面添加 N-乙酰-葡萄糖胺和烟酰胺后，透明质酸和胶原蛋白的基因与蛋白质表达量均有上升，表明在化妆品中添加透明质酸的前体物质或合成协同因子对于天然保湿因子的合成具有促进作用，从而实现吸水保湿的功效[22]。陕西博溪生物科技有限公司开发了 EpiKutis™皮肤模型，可通过检测角质层中吡咯烷酮羧酸（PCA）和尿苷酸（UCA）两种 NMF 的含量变化评价化妆品的保湿功效。

在抗皱功效方面，体外指标主要考察促细胞增殖、促蛋白质合成和抗氧化功能。Frei 构建了包括真皮层的全皮模型，并通过该模型考察了含有大豆多肽的化妆品对成纤维细胞和角质细胞增殖、胶原蛋白、弹性蛋白和透明质酸含量的促进程度，对该原料的抗衰老功效进行了评价[23]。Grazul-Bilska 报道了保湿面霜处理后的 EpiDerm™模型的总抗氧化能力明显增强[24]。还有研究发现米糠中酶提取物能显著抑制皮肤模型中脂质的过氧化，且效果优于在单层角质形成细胞中的结果[25]。

皮肤模型还有可能应用于大气污染防护和舒敏功效性评价。多项研究表明，大气污染物对皮肤损伤的机制与氧化应激有关。雾霾中的颗粒物和臭氧等可导致皮脂膜的过氧化，对皮肤的屏障功能造成破坏[26]。有研究发现，将 SkinEthic™皮肤模型暴露于充满烟雾污染物的环境中，表皮中的兜甲蛋白急剧下降，并诱导大量炎症因子（IL-8，IL-1α、IL-18）和基质金属蛋白酶 MMP-1、MMP-3 等的产生，不仅破坏皮肤角质层屏障，还会加快皮肤的衰老[27]。皮肤模型因此被认为是研究大气污染物皮肤损伤机制的理想模型。在防污染护肤品的开发方面，一般认为可以从抗氧化剂和芳烃受体（AhR）拮抗剂两个途径进行设计[28]。2016 年，Valacchi 首次发现在 EpiSkin™皮肤模型的表面涂抹含有维生素 C 和维生素 E 的混合物后，Nrf2 信号通路被激活，从而有效降低了臭氧对皮脂膜的氧化损伤[29]。

总之，皮肤模型具有与真人皮肤高度相似的表皮屏障，并包括多种类型皮肤细胞的表皮和真皮层分布，不仅能用于化妆品的安全性测试，还可以用于配方产品中功效原料的皮肤吸收和功效机制研究，以及分析不同细胞间的相互作用，提供原料或配方产品从安全到功效的全方位整合信息。综上所述，利用皮肤模型在进行化妆品评价时的主要优势包括：a. 具有完整的角质层，不同理化性质的受试物（疏水性物质或固体、混合物或配方产品）均可应用于皮肤模型；b. 实验条件精确可控，实验数据易于定量并具有较好的重复性；c. 试验周期较短，相对于动物和人体试验的时间和经济成本减少；d. 有效减少了实验动物的使用。但目前商业化皮肤模型仍存在一些不足之处，如：a. 人工培育的皮肤模型缺乏毛囊、汗腺和皮脂腺等皮肤附属结构；b. 作为单一的组织模型，无法测试组织和其他器官、生物系统的相互作用；c. 相对于真皮的可暴露时间较短，不能有效检测长时间多次的日常使用功效；d. 皮肤屏障功能弱于真人皮肤，受试物的经皮吸收率较高；e. 我国皮肤模型的供应商有限，价格较高等。皮肤模型未来的发展应包括进一步积累对各种功效原料的多维度实验数据、整合并提高与人体临床数据的科学相关性和预测性、延长皮肤模型培养时间以进一步进行化妆品日常使用的安全性和功效性评价。

1.3 化妆品评价与人体试验

在化妆品评价中，动物试验和替代方法只能对人体情况提供有限的预测值。因此，在安全性评价中可能需要在人类志愿者中进行皮肤相容性试验，以便确认首次将某一化妆品应用于人体皮肤或黏膜时不会造成伤害。另一方面，在化妆品的功效性评价中，人体试用作为最接近化妆品实际使用情况的试验方法，能够最直接、最真实地反映化妆品的功效，在化妆品功效评价中也有着不可替代的作用。目前化妆品评价中的人体数据主要来源包括：

① 人体安全性检验　通常是在少量特定人群中对成品化妆品进行试验，以便确认其皮肤和黏膜相容性及其功能与效果的实验性研究。

② 流行病学调查　指用流行病学的方法对使用特定化妆品人群的监测以及分析临床 不良事件报告等相关资料，判定化妆品可能对人体健康产生的危害效应的调查研究。

③ 人体功效评价试验　指在实验室条件下，按照规定的方法和程序，通过人体试验结果的主观评估、客观测量和统计分析等方式，对产品功效宣称作出客观评价的过程。

④ 消费者使用测试　指在客观和科学方法基础上，对消费者的产品使用情况和功效宣称评价信息进行有效收集、整理和分析的过程。

无论是安全性检验还是功效性评价，出于伦理学上的考虑，只有安全性程度较高、通过动物试验和/或其他替代方法了解其毒理学情况并且没有发现问题后，才能实施人体试验。我国多项法规均提出了化妆品人体试验的伦理问题。例如，《化妆品注册和备案检验工作规范》规定进行人体安全性及功效评价检验之前，应当先完成微生物及理化检验、毒理学试验并出具书面报告，上述检验项目不合格的产品不得进行人体安全性及功效评价检验；从事化妆品人体安全性与功效评价检验的检验检测机构，还应当配备两名以上（含两名）具有皮肤病相关专业执业医师资格证书且有五年以上（含五年）化妆品人体安全性与功效评价相关工作经验的全职人员，建立受试者知情管理制度和志愿者管理体系，并具备处置化妆品不良反应的能力。[9]。《化妆品功效宣称评价规范》规定人体功效评价试验和消费者使用测试应当遵守伦理学原则要求，进行试验之前应当完成必要的产品安全性评价，确保在正常、可预见的情况下不对受试者或消费者的人体健康产生危害，所有受试者或消费者签署知情同意书后方可开展试验。在实验或测试期间，若发现测试产品存在安全性问题或者其他风险，应当立即停止测试或试验，并保留相应的记录[7]。《化妆品安全技术规范》中规定化妆品人体检验和化妆品人体功效检验应符合国际《赫尔辛基宣言》的基本原则，要求受试者签署知情同意书并采取必要的医学防护措施，最大程度地保护受试者的利益。化妆品人体检验之前应先完成必要的产品安全性评价并出具书面证明，安全性评价不合格的产品不再进行人体检验。人体皮肤斑贴试验不合格的产品不再进行人体功效检验。

尽管如此，在人体安全性实验研究中仍容易产生伦理道德问题。例如，在欧盟，化妆品原料或配方的人体皮肤敏感性试验被认为存在伦理学争议。因为人体敏感性预测试验中涉及在个体中诱导长期或永久性免疫敏感，志愿者在此类试验中可能出现斑贴试验敏感后果。因此，化妆品的人体在体评价及其数据的分析使用需要在遵守伦理学的前提下进行。世界医学会大会的《赫尔辛基宣言》《化妆品安全技术规范》，国际人用药品注册技术协调会（ICH）和我国食品药品监督管理局发布的《药物临床试验质量管理规范》(good clinical practice，GCP）等指南性文件为涉及人类受试者的化妆品评价中的实验设计、安全执行和质量控制提供了重要参考。目前，我国《化妆品安全技术规范》中作为国家强制标准的人体试验包括化妆品安全性检验项目中的化妆品人体斑贴试验和化妆品人体试用试验，以及化妆品功效性检验项目中的防晒化妆品防晒指数（SPF 值）测定、防水性能测试、长波紫外线防护指数（PFA 值），化妆品祛斑美白和防脱发功效的测定。

参考文献

[1] 国务院. 化妆品监督管理条例 [Z]. 2020-06-16.

[2] 张兆伦，唐颖，赵华. 新《条例》和法规背景下的化妆品安全与风险评估 [J]. 日用化学品科学，2020，43 (9)：11-16.

[3] 国家食品药品监督管理局. 化妆品安全评估技术导则（2021 年版）[Z]. 2021-4-8.

[4] 国家食品药品监督管理局. 儿童化妆品监督管理规定 [Z]. 2021-10-08.

[5] 唐颖，张兆伦，曹力化，等.《化妆品监督管理条例》背景下《化妆品安全评估技术导则》的解读刍议 [J]. 轻工学报，2021，36 (5)：84-91.

[6] 尹月煊，赵华. 化妆品功效评价（Ⅰ）——化妆品功效宣称的科学支持 [J]. 日用化学工业，2018，48 (1)：8-13.

[7] 国家食品药品监督管理局. 化妆品功效宣称评价规范 [Z]. 2021-04-08.

[8] 张茜，曹力化，赵华，等. 新法规下化妆品安全与功效宣称评价 [J]. 日用化学品科学，2021，7：1-4.

[9] 国家食品药品监督管理局. 化妆品注册和备案检验工作规范 [Z]. 2019-09-03.

[10] Michael Balls. 3R 和仁慈准则 [M]. 北京：科学出版社，2014.

[11] 程树军. 动物实验替代技术研究进展 [J]. 科技导报，2017，35 (24)：40-47.

[12] 魏少敏，关英杰，金锡鹏. 皮肤细胞培养技术在化妆品功效研究中的应用 [J]. 日用化学工业，2002，32

(5): 44-46.

[13] Yulia Kaluzhny, Helena Kandárová, Yuki Handa, et al. The EpiOcular eye irritation test (EIT) for hazard identification and labelling of eye irritating chemicals: Protocol optimisation for solid materials and the results after extended shipment [J]. Alternatives to Laboratory Animals, 2015, 43 (2): 101-127.

[14] Jírová D, Kejlová K, Bendová H, et al. Phototoxicity of bituminous tars—Correspondence between results of 3T3 NRU PT, 3D skin model and experimental human data [J]. Toxicology in vitro, 2005, 19 (7): 931-934.

[15] Tang Y, Cai R, Cao D, et al. Photocatalytic production of hydroxyl radicals by commercial TiO_2 nanoparticles and phototoxic hazard identification [J]. Toxicology, 2018, 406-407: 1-8.

[16] Hu T, Kaluzhny Y, Mun G C, et al. Intralaboratory and interlaboratory evaluation of the EpiDerm™ 3D human reconstructed skin micronucleus (RSMN) assay [J]. Mutation Research/Genetic Toxicology and Environmental Mutagenesis, 2009, 673 (2): 100-108.

[17] Régnier M, Duval C, Galey J B, et al. Keratinocyte-melanocyte co-cultures and pigmented reconstructed human epidermis: Models to study Modulation of melanogenesis [J]. Cellular & Molecular Biology, 1999, 45 (7): 969-980.

[18] Sugimoto K, Nishimura T, Nomura K, et al. Inhibitory effects of alpha-arbutin on melanin synthesis in cultured human melanoma cells and a three-dimensional human skin model [J]. Biological & Pharmaceutical Bulletin, 2004, 27 (4): 510-514.

[19] Gele M V, Geusens B, Speeckaert R, et al. Development of a 3D pigmented skin model to evaluate RNAi-induced depigmentation [J]. Experimental Dermatology, 2011, 20 (9): 773-775.

[20] Christine D, Rainer S, Marcelle R, et al. The use of reconstructed human skin to evaluate UV-induced modifications and sunscreen efficacy [J]. Experimental Dermatology, 2003, 12 (suppl 2): 64-70.

[21] 陈旭，甄雅．广谱防晒剂可有效防止 UVA 在体外重建皮肤及人体皮肤中诱导的基因表达 [J]．中华皮肤科杂志，2011，44 (10): 759-760.

[22] 张春晓，杜镇建，Wang Z，et al. 3D-人造皮肤模型在化妆品安全性、功效性评价中的应用 [J]．中国化妆品，2014 (6): 85-87.

[23] Frei V, Perrier E, Orly I, et al. Activation of fibroblast metabolism in a dermal and skin equivalent model: A screening test for activity of peptides [J]. International Journal of Cosmetic Science, 1998, 20 (3): 159-173.

[24] Grazul-Bilska A T, Bilski J J, Redmer D A, et al. Antioxidant capacity of 3D human skin EpiDerm™ model: Effects of skin moisturizers [J]. International Journal of Cosmetic Science, 2009, 31 (3): 201-208.

[25] Santa-María C, Revilla E, Miramontes E, et al. Protection against free radicals (UVB irradiation) of a water-soluble enzymatic extract from rice bran: Study using human keratinocyte monolayer and reconstructed human EpiDermis [J]. Food & Chemical Toxicology, 2010, 48 (1): 83-88.

[26] Boussouira B, Pham D M, Skin stress response pathways: Environmental factors and molecular opportunities [M]. Cham: Springer International Publishing, 2016.

[27] Lecas S, Boursier E, Fitoussi R, et al. In vitro model adapted to the study of skin ageing induced by air pollution [J]. Toxicology Letters, 2016, 259: 60-68.

[28] Krutmann J, Liu W, Li L, et al. Pollution and skin: From epidemiological and mechanistic studies to clinical implications [J]. Journal of Dermatological Science, 2014, 76 (3): 163-168.

[29] Valacchi G, Muresan X M. Sticozzi C, et al. Ozone-induced damage in 3D-skin model is prevented by topical vitamin C and vitamin E compound mixtures application [J]. Journal of Dermatological Science, 2016, 82 (3): 209-212.

化妆品的安全风险评估

化妆品安全评价的宗旨是确保化妆品原料及其产品在正常和可预见的条件下使用时是安全的。从根本上讲，化妆品的安全性是由其原料的安全性决定的。因此，严格控制原料的质量，包括原料中杂质带来的风险物质对于确保化妆品的安全性至关重要。通过采用合理的风险评估方法对化妆品原料和产品进行风险评估是确保产品安全性的关键。本章系统介绍了化妆品的风险评估程序、欧盟和美国的化妆品安全评价机构（SCCS 和 CIR）、SCCS 的《化妆品安全性评价测试指南》，（2021 年第 11 版）（以下简称 SCCS《指南》）与我国的《化妆品安全评估技术导则》（2021 年版，以下称《技术导则》）。

2.1 化妆品不良反应

化妆品不良反应是指正常使用化妆品所引起的皮肤及其附属器官的病变以及人体局部或者全身性的损害。化妆品的使用特点（涂擦、喷洒或类似方法，不包括口服、吸入、注射、植入等），及其施用部位人体表面（皮肤、毛发、指甲、口唇），决定了其可能带来的安全性问题包括了接触部位的局部毒性和经皮吸收后的全身（系统）毒性。局部毒性反应可能包括刺激性、变应性接触性皮炎、接触性荨麻疹，以及日光尤其是紫外线诱导的反应。皮肤和黏膜刺激性是最常见的反应。而全身毒性经皮吸收进入血循环进而导致的急性毒性、致突变性、生殖毒性、致癌性，内分泌干扰性等（如某些化学防晒剂可能具有影响人体的雌激素效应）。在我国，化妆品注册人、备案人应当建立化妆品不良反应监测和评价体系，主动收集其上市销售化妆品的不良反应，及时开展分析评价，并按照《化妆品不良反应监测管理办法》的规定向化妆品不良反应监测机构报告，落实化妆品质量

安全主体责任[1]。

2.1.1 化妆品局部皮肤不良反应

一般来说，化妆品引起的问题以局部皮肤不良反应为主。化妆品皮肤不良反应是由化妆品引起的全身和皮肤及附属器的不良反应（瘙痒、刺痛红斑、丘疹、脱屑、色素沉着、黏膜干燥、毛发及甲损害等），严重时可造成系统损害。而其中又以化妆品皮肤病，即由人们日常正常使用化妆品引起的皮肤黏膜及其附属器的损害最为常见。化妆品皮肤病包括了多种类型，如化妆品接触性皮炎、化妆品痤疮、化妆品毛发病、化妆品皮肤色素异常、化妆品光感性皮炎、化妆品甲损害、化妆品唇炎和化妆品接触性荨麻疹等。其中，前六种病变类型已包含在我国 1997 年颁布的国标《化妆品皮肤病诊断标准及处理原则》中（表 2-1）。

表 2-1 化妆品皮肤病的分类和诊断标准

化妆品皮肤病的分类	诊断标准
化妆品接触性皮炎	GB 17149.2—1997《化妆品接触性皮炎诊断标准及处理原则》
化妆品光感性皮炎	GB 17149.6—1997《化妆品光感性皮炎诊断标准及处理原则》
化妆品皮肤色素异常	GB 17149.7—1997《化妆品皮肤色素异常诊断标准及处理原则》
化妆品痤疮	GB 17149.3—1997《化妆品痤疮诊断标准及处理原则》
化妆品毛发损害	GB 17149.4—1997《化妆品毛发损害诊断标准及处理原则》
化妆品甲损害	GB 17149.5—1997《化妆品甲损害诊断标准及处理原则》

2.1.1.1 化妆品接触性皮炎

化妆品接触性皮炎指接触化妆品后，在接触部位或其邻近部位发生的刺激性接触性皮炎或变应原性接触性皮炎，是化妆品皮肤病的最常见类型，约占62%～93%，多发生在面、颈部。主要症状为在使用某种化妆品后一周内发病，轻者皮肤痛痒，出现红斑、立疹；重者出现红肿、水疱、糜烂，渗出，部分患者还有皮肤粗糙、脱屑及皮革样变等症状。

➢ 诊断和鉴别诊断：有明确的化妆品接触史、典型的临床表现，如再次使用该化妆品可出现相同皮损，患者过去使用相同的化妆品有类似的皮损产生。除了表 2-2 中列出的诊断型人体试验，还可以采用仪器分析法和斑贴试验皮肤反应图像库作为辅助诊断方法。

从发病机制上，化妆品接触性皮炎还可以进一步区分为刺激性接触性皮炎与变应性接触性皮炎（表 2-2）。其中，前者是不涉及机体免疫反应的原发刺激，一般在初次使用化妆品后即发生，常常由劣质化妆品引起。而后者是变应原诱导的皮肤变态反应，仅发生于对某种化妆品成分过敏的敏感人群，临床症状发生前往往已经有一段时间的化妆品使用史。常见化妆品变应原包括：a. 香精香料（香叶醇，肉桂醛，羟基香茅醛，肉桂醇，丁香酚，异丁香酚，戊基肉桂醛，芳樟醇，橡苔，茉莉和玫瑰精油等）；b. 防腐剂［羟基苯甲酸酯类，甲基二溴戊二腈，甲醛及甲醛释放体，聚季铵盐-15，双（羟甲基）咪唑烷基脲，咪唑烷基脲，溴硝丙二醇，异噻唑啉酮类和碘丙炔醇丁基氨甲酸酯］；c. 色素、染发剂（对苯二胺和对氨基苯酚）；d. 防晒剂（对氨基苯甲酸）。

表 2-2 刺激性接触性皮炎与变应性接触性皮炎的区别

项目	刺激性接触性皮炎	变应性接触性皮炎
接触者发病	任何人	少数
发病机制	直接刺激	Ⅳ型病态反应
潜伏期	无	有，首次接触为 4 天
量效关系	有关	无关或不明显
复发性	不复发	易反复发作
接触物去除后的转归	可迅速痊愈	一般 1～2 周消退
诊断试验	反复开放涂抹试验	诊断性封闭型斑贴试验

2.1.1.2 化妆品光感性皮炎

化妆品光感性皮炎指用化妆品后，由化妆品中某些成分和紫外线共同作用引起的光毒性皮炎或光变应性皮炎。它是化妆品中的光感物质引起皮肤黏膜的光毒性反应或光变态反应。主要症状为出现红斑、丘疹、小水疱，有瘙痒，慢性皮炎可呈现浸润、增厚、苔藓化等。如果发生在口唇黏膜，还表现为肿胀、干裂、渗出等。

➢ 诊断和鉴别诊断：有明确的化妆品接触史和光暴露史，皮损通常发生在同时暴露于化妆品和阳光（或紫外线）的部位。皮损的严重程度同化妆品的使用量、使用频率和紫外线暴露量有关。可采用皮肤光斑贴试验进行诊断。

化妆品中的光感物质可见于防腐剂、染料、香料以及唇膏中的荧光物质等成分中，防晒化妆品中的遮光剂（如对氨基苯甲酸及其脂类化合物）也有可能引起光感性皮炎。还有一些天然植物成分，比如在祛斑类化妆品中添加的白芷，其中含有的化妆品禁用物质欧前胡内酯是一种光敏性物质，在阳光中紫外线的照射下会引起皮肤产生光毒性或光敏性皮炎。

2.1.1.3 化妆品皮肤色素异常

化妆品皮肤色素异常指一些消费者在使用化妆品后，接触化妆品的局部或其邻近部位发生的慢性色素异常改变，或在化妆品接触性皮炎、光感性皮炎消退后局部遗留的皮肤色素沉着或色素脱失，主要由化妆品中所含的不纯石油分馏产品、某些染料及感光的香料等引起。

其主要症状多发生于面、颈部，可单独发生，也可以和皮肤炎症同时存在，发生在接触化妆品的部位。发病部位表现为青黑色不均匀的色素沉着或色素脱失斑，且常伴有面部皮肤过早老化现象。

➢ 诊断和鉴别诊断：一般有明确的化妆品接触史、典型的临床表现，当停止使用该化妆品后皮损可以慢慢减轻甚至消退。皮损主要发生在接触化妆品或同时暴露于阳光或紫外线的部位，或曾发生化妆品接触性皮炎和光接触性皮炎的部位。皮损以色素沉着或色素减退性斑片为主，边界较模糊。皮损的严重程度与化妆品的使用量和使用频率、同时暴露于阳光或紫外线的剂量有关。可采用诊断性封闭式斑贴试验、反复开放性涂抹试验、光斑贴试验进行辅助诊断。

2.1.1.4 化妆品痤疮

化妆品痤疮指经一定时间接触化妆品后，在局部发生的痤疮样皮损（如引起黑头、粉刺或加重已存在的痤疮，也可出现毛囊炎症）。多由化妆品对毛囊口的机械堵塞引起，如不恰当地使用粉底霜、遮瑕膏、磨砂膏等产品。具体机制可包括但不限于：a. 某些化妆品中的微粒成分机械堵塞皮脂腺毛囊开口；b. 劣质油脂特别是矿物油对毛囊口上皮细胞的刺激；c. 原有轻微痤疮或炎症存在经化妆品刺激后加重。

➢ 诊断和鉴别诊断：有明确的化妆品接触史、典型的临床表现。易发生于有痤疮史的患者，但痤疮史不是诊断的先决条件。皮损主要发生在接触化妆品的部位。严重程度与化妆品的使用量和使用频率有关。如再次使用该化妆品会出现类似皮损，过去使用相同的化妆品也有类似的皮损发生。可采用人体致痤疮性试验进行辅助诊断。

化妆品中常见的致痤疮成分有：十六醇、硬脂酸异十六醇酯、蔻酸异丙酯、水杨酸盐、十二烷基硫酸钠、氯化钠、氯化钾、羊毛脂类化合物、棕榈酸酯、可可油、椰子油、油酸异癸酯、棕榈酸异丙酯、月桂酸、十四烷基乳酸盐、棕榈油、油醇、凡士林、三油酸己六酯、硬脂酸、硬脂酸丁酯和异丙基异硬脂酸盐等。

2.1.1.5 化妆品毛发损害

化妆品毛发损害指应用化妆品后出现的毛发干枯、脱色、折断、分叉、变形或脱落（不包括以脱毛为目的的特殊用途化妆品）。化妆品毛发损害是由于化妆品中所含的染料、去污剂、表面活性剂、化学烫发剂以及其他添加剂等，另外粗暴地使用发用化妆品也是常见病因。其主要症状可表现为使用洗发护发剂、发乳、发胶、染发剂、生发水、眉笔、睫毛膏等化妆品后出现毛发脱色、变脆、分叉、断裂、脱落、失去光泽、变形等病变。

➢ 诊断和鉴别诊断：有明确的发用化妆品接触史，损害主要发生在化妆品接触部位，损害严重程度与化妆品用量和使用频率明显相关。如停用，可新长出正常毛发。辅助诊断手段包括扫描电镜、受损毛发的标准图等。

2.1.1.6 化妆品甲损害

化妆品甲损害指长期应用化妆品致使甲部脱水脱脂造成正常结构破坏，从而引起的甲剥离、甲软化、甲变脆及甲周皮炎等。化妆品甲损害主要是由甲卸妆油中的有机溶剂和纤维型胶、甲化妆品中的染料等引起。

➢ 诊断和鉴别诊断：有明确的甲用化妆品接触史和典型的临床表现。甲损害严重程度与化妆品用量和使用频率密切相关。如停用化妆品，甲损害一般不可能改变，而甲周皮炎可以减轻甚至消退，如再次使用该化妆品会出现相同的甲损害和甲周皮炎。诊断性封闭型斑贴试验、反复开放涂抹试验和光斑贴试验有助于对甲周皮炎的诊断。

2.1.1.7 化妆品接触性荨麻疹

化妆品接触性荨麻疹指接触化妆品后数分钟至数小时内发生、通常在几小时内消退的皮肤黏膜红斑、水肿和风团等症状。化妆品接触性荨麻疹可分为两种亚型，即免疫介导反应型和非免疫介导反应型。皮损主要发生在化妆品的接触部位，接触化妆品后数分钟至数小时内发生红斑、水肿和风团，自觉瘙痒，刺痛或烧灼感。由于发病机制不同，并不是所有患者皮损的严重程度都同化妆品的使用量和使用频率有关。当停止使用该化妆品后皮损不再出现。

➢ 诊断和鉴别诊断：有明确的化妆品接触史，迅速出现的风团在数小时内消退，当停止使用该化妆品后风团不再出现，再次使用该化妆品后又出现风团，且既往有类似的发作情况。也可通过单次开放性涂抹试验来协助诊断接触性荨麻疹。

易引起化妆品接触性荨麻疹的化妆品成分有苯甲酸、山梨酸、肉桂酸、醋酸、秘鲁香脂、甲醛、苯甲酸钠、苯甲酮、二乙基甲苯酰胺、指甲花、薄荷醇、苯甲酸酯类、聚乙二醇、聚山梨醇酯-60、水杨酸、硫化碱、过硫酸铵、对苯二胺等。

2.1.1.8 化妆品唇炎

化妆品唇炎指口唇部位在接触口红等化妆品以后产生的过敏性炎症，其病因和发病机理与变应性接触性皮炎相同，是一种过敏性唇炎。最常见的例子是擦口红引起的唇膏性口唇炎。此乃因对口红内的颜料或染料，或护唇膏内的羊毛脂或药物引起的过敏，这类患者的病变部位与接触面积大体一致，在接触化妆品后数小时或数日内发病，可出现唇黏膜肿胀、水疱，甚至糜烂结痂，一般去除化妆品后即逐渐减轻至痊愈。

2.1.1.9　化妆品不耐受

化妆品不耐受通常与敏感性皮肤相联系，是一种耐受性差、反应性高或易致敏的皮肤状态。这种皮肤在暴露于化妆品后出现异常不适的感觉（包括瘙痒、灼烧、刺痛、紧绷或疼痛），偶尔有红斑、脱屑等。其可能的发生机制主要是皮肤屏障功能的降低、感觉神经信号输入增加、炎症或血管反应及遗传因素等。

2.1.2　化妆品系统不良反应

合格化妆品一般不会导致系统不良反应。但由于化妆品市场庞大，各类产品鱼龙混杂，生产过程中的质控不到位或个别不法商家的非法添加有时也会引发化妆品系统不良反应。临床上以重金属中毒事件较为常见，某些原料［如二噁烷（1,4-二氧六环）、石棉］还可能致癌、致畸或影响人体的正常发育。

① 化妆品铅中毒　铅是可在人体内蓄积的有毒金属，以无机铅中毒较为常见。长期接触会损害神经系统、消化系统、造血系统和肾脏；孕妇和哺乳期更敏感，可引起流产、早产、死胎及婴儿铅中毒。我国禁止在化妆品中添加铅和铅化合物，我国规定铅限量10mg/kg。但由于铅具有美白功效，有不法商家将其加入化妆品中用于美白祛斑。由于其具有良好的媒染性，也可能被添加至染发剂中。儿童对铅中毒较成人敏感，部分儿童血铅含量超标与母亲染发相关。此外，中药红丹（四氧化三铅）制成的爽身粉曾被报道导致儿童铅中毒，影响智力和身体发育。

② 化妆品汞中毒　我国要求化妆品汞含量不得超过1mg/kg（含有机汞防腐剂的眼部化妆品除外）。但是，由于其具有优良的美白功效，祛斑类化妆品中可见到汞含量超标现象。染发剂中也可能含有过量的汞。化妆品汞中毒的患者一般接触含汞产品时间长，多长达数月，临床表现为乏力、多梦，并可逐渐出现头晕、失眠、性情烦躁、记忆力减退等症状，严重的可出现肾病综合征。

③ 化妆品砷中毒　砷在化妆品中主要与美白、祛斑、染发类产品有关。我国规定化妆品砷含量不能超过2mg/kg。高于此浓度，即可能对人体造成伤害。当人体摄入过多的砷尤其是三价砷化合物，便会导致砷中毒。急性砷中毒会严重损害胃肠道、呼吸系统、神经系统等，严重者可出现昏迷、呼吸困难、心力衰竭甚至死亡；慢性砷中毒主要表现为皮肤改变和某些周围神经系统症状，极少数长期慢性砷中毒病人可能进一步发展为癌症。

2.1.3 化妆品中的风险物质

化妆品中可能存在的安全性风险物质是指由化妆品原料带入、生产过程中产生或带入的，可能对人体健康造成潜在危害的物质。化妆品的安全性评价是对化妆品潜在不良作用进行定性和定量的认定和评价，目的在于降低化妆品不良作用、预测化妆品的远期效应以及制订安全接触限值。对化妆品进行安全性评价或风险评估的宗旨是确保化妆品原料及其产品在正常和可预见的条件下使用时是安全的。因此，原料（成分）和产品（成品）是确保化妆品安全性的两个关键点。从根本上讲，化妆品的安全性是由其原料的安全性决定的。因此，企业首先应在原料水平通过严格控制原料的质量，包括原料中杂质的含量确保化妆品产品的安全性。其次，还需要通过采用合理的风险评估方法对产品进行必要的安全性检验。

2.2 化妆品安全性评估的国际机构

2.2.1 欧盟消费者安全科学委员会

欧盟消费者安全科学委员会（Scientific Committee on Consumer Safety，SCCS）是欧盟委员会卫生和消费者保护总局管理的独立科学委员会之一，为欧盟提供关于非食品类消费产品（例如化妆品及其配料、玩具、纺织品、个人护理和家居用品）和服务（例如文身、人工美黑）的健康和安全风险意见。在化妆品领域，SCCS 的评估意见常作为欧盟委员会修订法规时的重要依据。因此，SCCS 的意见也被业界认作欧盟化妆品法规更新的风向标。SCCS 于 2009 年由欧盟的消费品科学委员会（Scientific Committee on Consumer Products，SCCP）改组而成，其前身是化妆品与非食品科学委员会（Scientific Committee on Cosmetic Products and Non-Food Products，SCCNFP）和化妆品科学委员会（Scientific Committee on Cosmetics，SCC）。

SCCS 对化妆品安全性评价的主要工作包括以下几点：

① 修订《化妆品安全性评价测试指南》 为化妆品和原料行业在制定用于化妆品成分安全性评估的研究中，推荐需要考虑、遵循的一系列指导原则。同时，为了纳入新的知识和科学，将对“指南说明”进行定期更新。目前最新版的指南是 2021 年 4 月修订的第 11 版。

② 对欧盟化妆品成分进行毒理学评价 从 1997 年成立起，SCCNFP、SCCP 和 SCCS 提供了关于多种化学物质和/或其混合物等方面的意见。其中大部分意

见已经被纳入欧盟的化妆品立法中。

③ 涉及化妆品成分和成品安全的广泛科学问题　一般而言，SCCS 对化妆品成分的安全评估是基于普遍适用于化学物质的风险评估过程的原则和实践，挑战是在为欧盟化妆品立法进行测试时，只能使用经过验证（或证明是科学有效）的替代方法。

④ 化妆品人体试验科学指导原则。

⑤ 在化妆品的安全性评估中使用替代方法。

⑥ 与化妆品成分相关的牛海绵状脑病问题。

⑦ 化妆品中的 CMR（致癌、致突变或生殖毒性）物质。

⑧ 染发剂、着色剂及其特定的安全性评估。

⑨ 紫外线过滤剂及其可能的雌激素效应。

⑩ 化妆品成分的清单（INCI 原料清单）。

⑪ 婴儿和儿童的安全。

⑫ 消费者的香料过敏和化妆品的低变应原声明[2]。

2.2.2 美国化妆品原料评价委员会

美国化妆品原料评价委员会（Cosmetic Ingredient Review，CIR）由美国化妆品及香水协会（CTFA）（现名个人护理用品协会，PCPC）在美国食品药品监督管理局（FDA）和美国消费者联盟（CFA）支持下于 1976 年成立。该委员会由美国 PCPC 资助，但是，对化妆品原料的评价程序是独立的，是在完全开放的形式下进行的，其评价结果是在科学文献上公开发表的。

CIR 设立一个由专家组成的评审组，该评审组负责决定需要评价的化妆品原料名单，并对这些原料的安全性资料进行评价。评审组由 7 名具有投票资格的专家以及 3 名无投票资格的联络成员组成。三名无投票资格的专家来源于美国食品药品监督管理局和美国个人用品协会。评审组每年在华盛顿特区举办四次为期两天的会议。会议确定需优先评估的化妆品原料以及评价这些原料的安全性。第一天，评审组分成两个小组同时进行平行评审；第二天，整个专家组共同讨论每一个安全评价报告，消除分歧，最终形成一致决议。两天的会议都是对公众开放的。CIR 的原料安全性评价最终报告通常发表在“国际毒理学杂志”（International Journal of Toxicology）。此外，CIR 还发行每年的概要，内容包括化妆品原料安全性评价最终报告摘要、讨论、结论以及快速参照表。CIR 将化妆品成分分为四类，分别为使用安全、在某些条件下使用安全、不安全、数据不足以证明其安全性；通常考虑的终点包括皮肤刺激试验、皮肤变态反应、眼刺激试验、其他被评价的毒理学终点（急性经皮、经口毒性，亚慢性毒性、生殖和发育毒性等）。

2.3 风险评估程序

定量风险评估历史始于 20 世纪 50 年代，用于估算人群的可接受摄入量。美国国家科学院（NAS）在 1983 年出版的《联邦政府的风险评价：管理程序》中将定量风险评估步骤概述为：危害识别、剂量反应关系评估、暴露评估和风险特性表述。随后，美国环保局颁布了一系列有关健康风险评价的技术性文件、准则或指南。这一“四步法”科学体系被包括欧盟和我国在内的世界多国和组织广泛采用。

2.3.1 危害识别

这是风险评估的定性阶段，这一步骤可基于体内（in vivo）和体外（in vitro）的毒理学试验、临床研究、不良反应监测和人群流行病学研究等的结果，从原料和/或风险物质的物理、化学和毒作用特征来确定其是否对人体健康存在潜在危害[3]。

2.3.1.1 理化性质

原料的理化性质可用于预测特定的毒理学特性。例如，与高分子量的疏水化合物相比，小分子量的疏水化合物更易于穿透皮肤；将产品用于皮肤时，极不稳定的化合物可能会导致重大吸入暴露。通过理化性质也可以识别成分的物理危害（例如爆炸性、易燃性）。此外，一些定量构效关系（QSAR）研究可以将理化性质值作为输入数据。化妆品原料风险评估所需的基本理化指标包括[2]：

① 化学特性　最好提供成分的精确化学性质和结构式。对单一结构成分，必须提供化学文摘社（CAS）编号、国际化妆品原料命名（INCI）名称，以及《欧洲现有商业化学物质目录》（EINECS）编号。对于无法通过结构式识别的成分，应提供关于制备方法的充足信息（包括所有的物理、化学、酶、生物技术和微生物步骤），及其在制备过程中使用的材料，以便评估该化合物可能的结构和活性。对于天然成分（例如植物提取物）的安全性评估，应提供原料来源（例如植物的提取部位）、提取方法和其他任何纯化步骤方面的完整信息。对于复配原料，必须说明每个组成成分的分子结构式和相对分子量。其中可能包括主要组分、防腐剂、抗氧化剂、螯合剂、缓冲剂、溶剂、其他添加剂和外部污染物。

② 物理状态　如固体、液体、挥发性气体等。

③ 分子量　应以道尔顿（Da）为单位表示每个原料成分的分子量。

④ 化学品的特性和纯度　应说明表征化学特性时使用的技术条件（紫外光谱或红外光谱、核磁、质谱、元素分析等）以及检测结果等。应明确原料的纯度、含量以及测定方法，并说明分析方法的来源及测定原理。在理化试验和毒性试验中使用的原料必须与产品中使用的原料相当。确保理化试验和毒性试验中使用的原料更具有代表性，差异不会带来安全风险。

⑤ 杂质或伴随污染物　说明可能存在的杂质的性质和浓度。杂质性质的微小变化可能会造成物质毒性的较大改变。一般来讲，只有以某一物质的特定纯度和杂质形式使用时，该物质的安全性研究结果才具有相关性。对不同纯度的各个批次物质进行试验的科学有效性值得怀疑。因此，生产商必须确保代表性原料中不含有任何其他杂质或者存在任何杂质含量升高的情况（通过化学方法确定，或者技术上难以避免的，可能会影响到成品产品的安全性）。

⑥ 溶解度　应说明在水和相关溶剂中的溶解度。对于其计算值，应说明计算方法。

⑦ 分配系数（Log Pow）　应说明特定温度条件下的正辛醇/水分配系数。对于其计算值，应说明计算方法。

⑧ 蒸气压　当对象为挥发性液体（如精油）时需考虑。

⑨ 均质性和稳定性　应确定成分或成品产品的物理稳定性，以确保在运输、储存或处理期间，成品产品的物理状态不会产生变化（例如乳液聚合、相分离、成分结晶或沉淀、颜色变化等）。暴露于不断变化的温度、湿度、紫外光、机械压力等都可能会降低其安全性。同时也应说明试验条件下检测原料时使用的试验溶液的均质性以及原料的稳定性和储存条件。

⑩ 异构体组成　如果原料存在异构体，用作化妆品成分的相关异构体应进行安全评估。其他异构体作为杂质，应提供相关信息。

⑪ 其他与安全评估相关的理化性质　对于可吸收紫外线的成分（如防晒剂），应说明化合物的紫外线吸收的波长及紫外线吸收光谱。

2.3.1.2　毒理学研究

根据原料和/或风险物质的已有毒理学试验结果、人群流行病学调查、人群监测以及不良反应事件报告等相关资料，判定该原料和/或风险物质可能对人体产生的健康危害效应。通常化妆品风险评估的毒理学资料包括[2]：

① 急性毒性　包括急性经口和/或经皮试验等。急性毒性试验可提供短时间毒性暴露对健康危害的信息。试验结果可作为化妆品原料和/或风险物质毒性分级以及确定重复剂量毒性试验和其他毒理学试验剂量的依据。

② 刺激性/腐蚀性　包括皮肤刺激性/腐蚀性试验和急性眼刺激性/腐蚀性试验等。确定和评价化妆品原料对哺乳动物皮肤局部或眼睛是否有刺激作用或腐蚀作用及其腐蚀程度。

③ 皮肤致敏性　皮肤变态反应试验确定重复接触化妆品原料和/或风险物质是否可引起变态反应及其程度。

④ 皮肤光毒性　皮肤光毒性试验评价化妆品原料和/或风险物质引起皮肤光毒性的可能性。

⑤ 皮肤光变态反应　皮肤光变态反应试验可评估重复接触化妆品原料和/或风险物质，并在紫外线照射下引起皮肤光变态反应的可能性。

⑥ 致突变/遗传毒性　评价化妆品原料和/或风险物质引起遗传毒性的可能性，至少应包括一项基因突变试验和一项染色体畸变试验。

⑦ 重复剂量毒性　包括 28 天经口和/或经皮毒性试验、亚慢性经口和/或经皮毒性试验。通过重复剂量经口毒性试验不仅可获得一定时期内反复接触受试物后引起的健康效应、受试物作用靶器官和受试物体内蓄积情况资料，还可估计接触的无有害作用水平，后者可用于选择和确定慢性试验的接触水平和初步计算人群接触的安全性水平。通过重复剂量经皮毒性试验不仅可获得在一定时期内反复接触受试物后可能引起的健康影响资料，而且为评价受试物经皮渗透性、作用靶器官和慢性皮肤毒性试验剂量选择提供依据。

⑧ 生殖发育毒性　生殖发育毒性检测动物接触化妆品原料和/或风险物质后，引起生殖功能、胚胎的初期发育（如致畸）、出生前后发育、母体机能以及胚胎和胎儿发育障碍的可能性。

⑨ 慢性毒性/致癌性　化学物质在体内的蓄积作用是发生慢性中毒的基础。慢性毒性试验是使动物长期地以一定方式接触受试物引起毒性反应的试验。当某种化学物质经短期筛选试验（如遗传毒性试验）预测具有潜在致癌性，或其化学结构与某种已知致癌剂相近时，需用致癌性试验进一步验证。

⑩ 透皮吸收试验资料　原料和/或风险物质的透皮吸收试验，可采用国际通用的透皮吸收试验方法获取相应的数据。在无透皮吸收数据时，吸收率以 100%计；若满足分子量＞500Da、高度电离、脂水分配系数 Log Pow≤－1 或≥4、拓扑极性表面积＞120Å^2、熔点＞200℃时，吸收率以 10%计；若化学合成的由一种或一种以上结构单元通过共价键连接、平均分子量大于 1000Da、分子量小于 1000Da 的低聚体含量少于 10%、结构和性质稳定的聚合物（具有较高生物活性的原料除外），可不考虑透皮吸收。吸收率不以 100%计时，需提供有关情况说明。

⑪ 毒物代谢动力学　毒代动力学试验是定量地研究在毒性剂量下原料在动物体内的吸收、分布、代谢、排泄过程和特点，进而探讨原料毒性的发生和发展的规律，了解原料在动物体内的分布及其靶器官。同时了解不同物种在动力学方

面的差异可以为从动物试验结果外推到人时的不确定因子提供理论支持。原料和/或风险物质经过皮肤吸收后，其代谢转化可能会对其潜在毒性、体内分布和排泄造成重要影响。因此，在特定情况下，需要实施体内或体外生物转化研究，以证明或排除某些不良反应。

⑫ 其他毒理学试验资料　有经呼吸道吸收可能时，需提供吸入毒性试验资料；必要时可提供其他有助于表明原料和/或风险物质毒性的毒理学试验资料（如 QSAR）。

⑬ 人体安全性试验资料　原料在毒理学试验检测合格后，必要时可进行人体皮肤斑贴试验，以检测其引起人体皮肤不良反应的潜在可能性。

⑭ 人群流行病学资料　包括人群流行病学调查、人群监测以及临床不良事件报告、事故报告等相关资料。

2.3.1.3　构效关系

构效关系（structure-activity relationship，SAR）是化合物的分子结构与其生物活性（包括毒性作用）之间的关系。目前，SAR 已从个别的、定性的描述方式发展到一般的、定量的数学模型表达，称为定量构效关系（quantitative structure-activity relationship，QSAR）。基于 SAR 和 QSAR 的计算机模拟预测技术分析通过研究分子或原子的基本结构特征及其理化性质以（定量）揭示化合物毒性及生物学活性，是一种非实验的体外毒理学方法，适用于已知化学结构的物质。目前已有包括 OECD QSAR ToolBox、Hazard Evaluation Support System（HESS）和 Cramer 决策树等在内的多种计算机模型、系统被开发出来，用于推导未知化合物的毒性。然而值得注意的是，每个模型在结果的可靠性以及对不同化学类型和毒理学终点的覆盖方面都有一定的限制。因此，使用单一的方法或模型通常是不够的，应该使用一个以上的相关模型来增加对衍生毒性预测的置信度。

2.3.1.4　数据的收集与评估

风险评估使用的数据包括成品、原料和杂质的物理化学数据、法规监管数据和毒理学数据。数据来源包括企业机密信息、数据库、公开文献、网络等（表 2-3）。企业提供的数据一般包括：产品使用信息，产品配方，包装材料信息，原料质量规格说明（certificate of analysis/technical data sheet，COA/TDS），SDS/MSDS，国际香料协会（International Fragrance Association，IFRA）证书和香精致敏原信息，毒理学试验报告和临床实验报告等。

对于已经获得的数据，需要进行相关性、可靠性和充足性评估：

① 相关性　毒理学试验报告上显示测试化合物的纯度或者杂质含量与想要研究的目标化合物不一致，那么这个报告的相关性较低。

表 2-3　化妆品风险评估检索数据库

数据库名称	说明	网址链接
CosIng	原料标准名称，法规监管状况和 SCCS 意见	http://ec.europa.eu/growth/tools-databases/cosing/
CIR	原料毒理学信息和安全限值	http://www.cir-safety.org/
C&L Inventory	欧盟官方对于化学品的分类	https://echa.europa.eu/information-on-chemicals/cl-inventory-database
SCCS	化妆品原料和杂质安全评价	http://ec.europa.eu/health/scientific_com mittees/consumer_safety/opinions/index_en.htm
REACH Dossier	化学品(化妆品原料)理化性质、人体健康和环境数据	https://echa.europa.eu/information-on-chemicals
ChemIDplus Lite	化学品毒理学信息，支持用结构式检索	https://chem.nlm.nih.gov/chemidplus/
IARC	致癌化合物研究和分类	https://www.iarc.fr/
IRIS	化学物质的致癌效应与非致癌效应的毒理学数据	https://www.epa.gov/iris
OEHHA	400 余种致癌物的无显著风险水平(NSRLs)和生殖毒性的化学品的最大允许剂量水平(MADLs)	https://oehha.ca.gov
IFRA	日用香料安全质量标准和评价	https://ifrafragrance.org/

② 可靠性　是评估一个测试报告或发表文献与标准测试方法的一致性，同时衡量实验过程和其结果是否清晰性和合理。数据的可靠性与用于生成数据的测试方法的可靠性密切相关，如果是一个未经验证的方法，那么得出的结论可靠性值得商榷。

③ 充足性　是确定数据对危害（风险）评估目的是否够用，即数据能否充分表示出危害特性。比如研究目的是了解化合物是否会导致皮肤过敏，而已经获得的数据没有皮肤变态反应测试报告，只有皮肤刺激性测试报告，这样属于数据不充足，有数据缺口。皮肤刺激性测试结果不能反映化合物的致敏性。

欧洲化学品管理局（European Chemicals Agency，ECHA）常采用 Klimisch 评分系统评估数据的可靠性（表 2-4）。一级数据和二级数据被认为可靠性最高，三级和四级数据不够可靠，不能作为强有力的数据和证据单独用于风险评估。

表 2-4　Klimisch 可靠性评分系统

数据等级	评级理由和举例
一级，可靠无限制（reliable without restrictions）	根据 OECD 测试指南并在拥有良好实验室规范(GLP)的实验室完成的测试所产生的数据
二级，可靠有限制(reliable with restrictions)	非 GLP 条件的测试，也未遵从 OECD 和其他测试指南，但是记录良好、充分且被同行接受和认同的数据
三级，不可靠(not reliable)	测试方法有缺陷或漏洞，记录不够充分等
四级，无法判断(not assignable)	只有摘要或记录不够充分

2.3.2 剂量反应关系评估

剂量反应关系评估用于确定原料和/或风险物质的毒性反应与暴露剂量之间

的关系。我国《技术导则》中提出，对于有阈值的毒性效应，需获得未观察到有害作用的剂量（NOAEL）或基准剂量（BMD）；对于无阈值的致癌效应，用25%的实验动物的某部位发生肿瘤的剂量（T_{25}）或 BMD 来确定（参见 2.3.4.2 节）；对于具有致敏风险的原料和/或风险物质，还需通过预期无诱导致敏剂量（NESIL）来评估其致敏性（参见 2.3.4.3 节）。

SCCS《指南》在剂量反应关系的外推中用临界效应确定起始点（point of departure，PoD）。大多数情况下，PoD 来自于口服暴露的重复剂量毒性研究。在此过程中，应考虑对所有毒理学效应、它们的剂量反应关系和可能的阈值的评估。评估应包括评估毒性效应的严重性，观察到的效应是不利的还是适应性的、不可逆的，以及它们是否是其他毒性发生的前兆或继发于一般毒性。对于有阈值的化合物，PoD 可以是 NOAEL、观察到有害作用的最低剂量水平（LOAEL）或 BMD 下限（BMDL）。对于无阈值的化合物多采用毒理学传统的剂量反应关系外推模型，即通过动物试验数据外推到人体的剂量反应关系，通常采用体重、体表面积外推法或安全系数法。例如对致癌物可通过剂量描述参数 T_{25} 等外推 HT_{25} 来进行剂量反应关系评价。

当选择 NOAEL 计算安全系数时，应选择来自系统毒性试验的数据，如 90 天亚慢性重复剂量毒性试验、慢性毒性/致癌试验、生殖发育毒性试验、致畸试验等，还应该考虑该值获得的试验条件与被评估物质使用条件和品种敏感度的相关性。如果选择 28 天重复剂量毒性试验的 NOAEL 或 BMDL 数据，应增加相应的不确定因子（UF，一般为 3 倍）。如果不能得到 NOAEL 或 BMD，则采用其 LOAEL，但用 LOAEL 值计算安全边际值（MoS）时，应增加相应的不确定因子（UF，一般为 3 倍）。

基准剂量方法是 NOAEL 和 LOAEL 值的替代方法。BMD 是基于可观察范围内的实验数据的拟合数学模型确定的，并且估算可以引起较低但可测得的反应的剂量，通常选择比对照情况高 5%或 10%发生率的作为基准反应（BMR）。BMD 方法不限于体内数据，首先将剂量反应模型与数据拟合，然后进行插值以找到导致统计显著反应的最低剂量（或者低但在整个剂量间隔内可测量的反应变化的剂量）。考虑到不确定性，BMD 区间的双边 90% 置信区间 BMDU（BMD 的置信上限）有时用于计算 BMDU/BMDL 比率（BMD 的置信上限与下限之比）。该比率提供了一个估计 BMD 值的不确定性度量。对于剂量反应数据，例如有毒性迹象的动物的数量和性别所占的比率，BMD 是与反应的特定变化相关的剂量，10% 的额外风险一般作为 BMR 的默认值。而对于体重、器官重量和酶水平等连续数据（剂量效应数据），每只动物都有自己的影响程度，通常比较不同剂量组的算术或几何平均值。EFSA 提出默认 5%作为 BMR 的默认值。与 NOAEL、T_{25} 或 TD_{50}（中位毒性剂量）来测定剂量反应关系相比，BMD 方法有许多优势：a. 完全利用了可用的剂量反应关系数据；b. 考虑了剂量反应关系曲线的形状；c. 对剂量间隔的依赖性较小；

d. 能够使用统计方法对数据中的不确定性进行量化[2]。

常用的 BMD 软件有由美国 EPA❶ 开发的 BMDS 软件和荷兰公共卫生与环境国家研究院（RIVM）开发的 PROAST 软件❷。将不同模型应用于相同数据时将产生不同的 BMD 和 BMDL 值。因此，有不同的方法可以指导选择使用哪种 BMD 和 BMDL。当前的 EFSA 指南建议，应将通过拟合优化测试的模型中最低的 BMDL 用作 PoD。

2.3.3 暴露评估

指通过对化妆品原料和/或风险物质暴露于人体的部位、浓度、频率以及持续时间等的评估，确定其暴露水平，包括单一产品暴露（通过某一种途径暴露于某一产品类别中的某一化妆品成分）和累积暴露（描述了某些化妆品成分，如防腐剂在所有产品类别中的暴露，必要时包括所有相关暴露途径）。对潜在的特定风险人群（如儿童、孕妇等）的暴露评估可以单独进行。一般情况下，只考虑使用某种物质作为化妆品原料时的暴露情况，但如果评估对象是 CMR 化合物还要考虑其非化妆品用途。

对化妆品原料或风险物质进行暴露评估时应考虑含该原料的成品的使用部位、使用量、使用频率以及持续时间等因素，具体包括：a. 用于化妆品中的类别；b. 暴露部位或途径（皮肤、黏膜暴露，以及可能的吸入暴露）；c. 暴露频率（包括间隔使用或每天使用的次数等）；d. 暴露持续时间（包括驻留或用后清洗等）；e. 暴露量（包括每次使用量及使用总量等）；f. 浓度（在产品中的浓度）；g. 经皮吸收率；h. 暴露对象（如儿童、孕妇、哺乳期妇女等）的特殊性。为了节省时间，SCCS《指南》提出了分层策略，即首先采用保守暴露值作参数的一般暴露场景来调查暴露情况（第一层）；然后在必要时，再使用概率方法或其他手段对原始暴露模型进行改进（第二层）[2]。

2.3.3.1 全身暴露量

对于化妆品的安全评价，全身暴露量（SED）的计算可用作确定性第一级评估的基础。对于非致癌物，SED 是成品化妆品成分的安全边际值（MoS）计算中的一个重要参数。化妆品成分的 SED 是指以每天每千克体重为基础预期进入血液（因此可以到达全身）的量，单位为 mg/(kg・d)，常用的平均人体质量为 60kg。由于化妆品大多是局部应用，其全身利用度将在很大程度上取决于该化合物的皮肤吸收情况。

---

❶ www. epa. gov/bmds.

❷ www. rivm. nl/proast.

根据皮肤吸收的不同表达形式，SED 有两种不同的计算方式。

① 如果暴露是以每次使用经皮吸收 $\mu g/cm^2$，根据使用面积，按以下公式计算：

$$SED=\frac{DA\times SSA\times f_{appl}}{BW}\times 10^{-3}$$

式中，SED 为全身暴露量，mg/(kg・d)；DA 为经皮吸收量，$\mu g/cm^2$，即每平方厘米所吸收的原料或风险物质的量，测试条件应该和产品的实际使用条件一致；SSA 为暴露于化妆品的皮肤表面积，cm^2；f_{appl} 为产品的使用频率，次/d；BW 为人体体重（默认 60kg)。

SSA 和使用频率 f 可通过表 2-5（按照产品类型列出的化妆品暴露数据）进行估算。其中，SCCS《指南》仅提供了最常见化妆品类别的参数值和暴露估计值。至于其他化妆品类别，化妆品公司和/或有资格的安全评审员须对其逐一单独评估每日暴露水平和/或使用频率。对于防晒霜产品，在 MoS 计算中一般默认使用 18.0g/d 的暴露量。

表 2-5　欧盟 SCCS 按照产品类型列出的平均裸露皮肤表面积和使用频率[2]

产品类型		涉及的皮肤表面积(SSA)		使用频率
		表面积/cm^2	使用部位	/f
发用产品	洗发水	1440	手部区域+1/2 头部区域	1 次/d
	护发素	1440	手部区域 + 1/2 头部区域	0.28 次/d
	定型产品	1010	1/2 手部区域，1/2 头部区域	1.14 次/d
	半永久染发剂	580	1/2 头部区域	1 次/周(每次使用 20min)
	氧化性或永久性染发剂	580	1/2 头部区域	1 次/月(每次使用 30min)
洗浴用品	洗手液、香皂	860	手部区域	10 次/d
	浴液	17500	全身区域	1.43 次/d
	泡沫浴/浴盐/浴油	16340	身体区域 - 手部区域	1 次/d
皮肤护理	面霜	565	1/2 头部区域(女性)	2.14 次/d
	身体乳液	15670	身体区域 + 头部区域(女性)	2.28 次/d
	颈部乳液	320		
	背部乳液	80		
	护手霜	860	手部区域	2 次/d
彩妆	粉底液	565	1/2 头部区域(女性)	1 次/d
	卸妆产品	565	1/2 头部区域(女性)	1 次/d
	眼影	24		2 次/d
	睫毛膏	1.6		2 次/d
	眼线液	3.2		2 次/d
	唇膏	4.8		2 次/d
除臭剂	止汗棒、滚珠	200	双腋	2 次/d
香水	淡香水	200		1 次/d
	浓香水	100		1 次/d
男士化妆品	剃须膏	305	1/4 头部区域(男性)	1 次/d
	须后水	305	1/4 头部区域(男性)	1 次/d
防晒化妆品	防晒霜/乳液	17500	全身区域	2 次/d

② 如果经皮吸收率是以百分比形式给予的，根据使用量，按以下公式计算：

$$SED = E_{product} \times C \times DA_p$$

式中，SED为全身暴露量，mg/(kg·d)；$E_{product}$ 为以单位体重计的化妆品每天使用量，mg/(kg·d)，可通过表2-6计算，我国《技术导则》用 A 表示 $E_{product}$；C 为在产品中的浓度，%；DA_p 为经皮吸收率，%，在无经皮吸收数据时，DA_p 以100%计，当原料分子量＞500Da，且脂水分配系数Log Pow＜－1或＞4时，DA_p 取10%。

③ 在皮肤施用的物质挥发后可能经呼吸道吸入（参见2.3.3.4节），根据以下公式计算吸入全身暴露量：

$$SED_{inh} = E_{product} \times C \times F_{evap}$$

式中，SED_{inh} 为吸入的全身暴露量，mg/(kg·d)；F_{evap} 为可挥发部分所占比例，%。

喷雾的吸入暴露量也可利用1-Box或2-Box模型中的即时释放来计算。使用1-Box模型计算时，$a_{inh\text{-}2}$ 为零；使用2-Box模型，可以根据以下公式计算 SED_{inh}：

$$SED_{inh} = (a_{inh\text{-}1} + a_{inh\text{-}2}) f_{ret} F_{resp} f_{appl} / BW$$

$$a_{inh\text{-}1} = a_{expo} r_{inh} t_1 / V_1$$

$$a_{inh\text{-}2} = a_{expo} r_{inh} t_2 / V_2$$

$$a_{expo} = a_{product} C_{product} F_{air}$$

式中，$a_{inh\text{-}1}$ 和 $a_{inh\text{-}2}$ 为在1-Box或2-Box模型中的吸入量，mg；f_{ret} 为肺中物质的滞留因子（考虑吸入和呼出）；F_{resp} 为可吸入部分（与泵和推进剂喷雾有关）；f_{appl} 为产品的使用频率，$\frac{1}{d}$；BW为体重，kg；t_1，t_2 分别为在1-Box和2-Box模型中的持续暴露时间，min；V_1，V_2 分别为1-Box和2-Box模型的体积；a_{expo} 为可吸入的物质的质量，mg；r_{inh} 为吸入率，L/min；$a_{product}$ 为产品喷洒量，g；$C_{product}$ 为产品中物质的浓度，mg/g；F_{air} 为空气传播分数。

2.3.3.2 局部外部剂量

危险识别可以指需要与SED进行比较的全身性效应，也可以是体表面的局部效应，如皮肤或眼刺激、皮肤过敏和光毒性反应。这些主要取决于作用于接触体表部位的用量是否可通过计算局部外部剂量（LED）进行表征。在化妆品暴露评估中，首先计算预期摄取途径（经皮、经口、经呼吸道和经口腔等）的LED。还有一些产品（例如眼妆）可能通过眼睛吸收。对于化妆品来说，皮肤途径往往是最重要的。一般皮肤暴露的计算需要考虑到只有一小部分产品保留在皮肤上。因此，使用滞留因子（f_{ret}）表示停留在皮肤表面的产品占比。对于驻留类化妆品（如面霜），一般采用 1.00（100%）计算保留率；而对于淋洗类化妆品（如沐浴露、洗发水等），保留率的比例就会比较小。表 2-6 列出了 SCCS《指南》中不同类型产品的保留系数。

对于化妆品，皮肤是主要暴露途径，某产品类别 x 的皮肤暴露量可按以下公式进行计算：

$$E_{\text{dermal x}}=C_{\text{x}}q_{\text{x}}f_{\text{ret x}}$$

式中，$E_{\text{dermal x}}$ 为可用于皮肤吸收的每天在皮肤表面滞留的产品质量，mg/d；C_{x} 为产品类别中物质 x 的浓度，mg/g（或分数，%）；q_{x} 为产品的估计每日用量，g/d；$f_{\text{ret x}}$ 为特定类型产品的滞留因子。

每日用量和滞留因子取决于特定的产品类型。将特定类型产品的每日用量 q_{x} 与滞留因子 f_{ret} 相乘可以得出产品的每日暴露量 E_{product}，用于计算 SED。方法是乘以特定的经皮吸收率，并用体重进行归一化（参见上面的 SED 计算公式）。此外，还可以使用每个产品类别的每日外部暴露量来计算 LED，计算公式如下：

$$\text{LED}=\frac{E_{\text{dermal}}}{\text{SSA}}$$

式中，LED 为某化妆品产品的局部外部剂量，mg/(d·cm^2)；SSA 为局部外部剂量下预期应用某种产品的皮肤表面积，cm^2；E_{dermal} 为可用于皮肤吸收的每天在皮肤表面滞留的产品质量，mg/d。

2.3.3.3 累积暴露

累积暴露是通过将几个单一产品类别（如洗发水、护手霜等）中包含的某一化妆品原料（如防腐剂）的暴露量聚合而获得的。它需要在几个产品类别中均有贡献的情况下进行计算。对于 LED 的计算，累积暴露特定于局部暴露的身体部分，如果需要对局部暴露进行风险评估，则需要将特定部位的化妆品成分单次剂量相加。在缺乏对局部效应进行定量风险评估的有效方法的情况下（例如皮肤敏感化的情况），评估是基于危害识别的。如果要将外部总暴露量应用于 SED 的计算，则需要考虑不同暴露途径的所有产品类别。对于每种暴露途径，都需要计算其总的外部暴露量。对于通过不同途径（例如皮肤和吸入途径）聚集的化学物质，在计算内部暴露量时还需要对不同途径的剂量进行累加；必要时应考虑除化妆品外其他可能来源（如食品和环境等）的暴露情况。

对于某些产品的聚合性皮肤暴露，SCCS《指南》建议根据表 2-7 中给出的 E_{product} 计算 LED 和 SED。表 2-7 中的值取自表 2-6 中所示的 E_{product}。注意，表 2-7 中口腔护理产品的 E_{product} 用于计算皮肤暴露量（通过黏膜）时，其口腔暴露量需要单独计算。对于防腐剂等在所有产品类别中存在相同限量的其他物质，LED 或 SED 可以通过将具有最大允许浓度（C）的累积 E_{product} 乘以应用的皮肤表面积 SSA 直接得出。对于其他化妆品成分，需要将相应的 $E_{product}$ 与特定产品类别的最大浓度相乘而获得。SCCS《指南》强调，并不打算提供所有化妆品类别的参数值和暴露估计值，仅为最常见的类别提供默认值。至于所有其他化妆品类别，化妆品公司和/或具有资格的安全评审员须逐一评估每日的暴露水平和/或使用频率。对于防晒霜产品，在其 MoS 计算时默认使用 18.0g/d 的暴露量[2]。

表 2-6 欧盟不同化妆品类型的每日暴露量 ($E_{product}=q_xF_{ret\,x}$)[2]

产品类型		估计每日用量 q_x /(g/d)	相对每日用量① q_x/BW /[mg/(kg·d)]	滞留因子 f_{ret}	计算每日暴露量 $E_{product}$ /(g/d)	计算相对每日暴露量① $E_{product}$/BW /[mg/(kg·d)]
发用产品	洗发水	10.46	150.49	0.01	0.11	1.51
	定型产品	4.00	4.00	4.00	4.00	4.00
	护发素	3.92	—	0.01	0.04	0.67
	半永久染发剂	35mL(单次)	—	0.01	未计算	—
	氧化性或永久性染发剂	100mL(单次)	—	0.01	未计算	—
皮肤护理	身体乳液	7.82	123.20	1.00	7.82	123.20
	面霜	1.54	24.14	1.00	1.54	24.14
	护手霜	2.16	32.70	1.00	2.16	32.70
洗浴用品	浴液	18.67	279.20	0.01	0.19	2.79
彩妆	粉底液	0.51	7.90	1.00	0.51	7.90
	唇膏	0.057	0.90	1.00	0.057	0.90
	卸妆产品	5.00	—	0.10	0.50	8.33
	眼影	0.02	—	1.00	0.02	0.33
	睫毛膏	0.025	—	1.00	0.025	0.42
	眼线液	0.005	—	1.00	0.005	0.08
除臭剂	非喷雾型除臭剂	1.50	22.08	1.00	1.50	22.08
	喷雾型除臭剂(非酒精型)	1.43	20.63	1.00	1.43	20.63
	喷雾型除臭剂(酒精型)	0.69	10.00	1.00	0.69	10.00
口腔卫生	成人牙膏	2.75	43.29	0.05	0.138	2.16
	漱口水	21.62	325.4	0.1	2.16	32.54

① 体重为参与测试人员的实际质量。

表 2-7 欧盟不同化妆品类型的防腐剂累积暴露量[2]

产品暴露类型	产品类型	每日暴露量 $E_{product}$/(g/d)	相对每日暴露量① $E_{product}$/BW /[mg/(kg·d)]
淋洗类皮肤和头发护理	浴液	0.19	2.79
	洗手液	0.20	3.33
	洗发水	0.11	1.51
	护发素	0.04	0.67
驻留类皮肤和头发护理	身体乳液	7.82	123.20
	面霜	1.54	24.14
	护手霜	2.16	32.70
	非喷雾型除臭剂	1.50	22.08
	头发定型产品	4.00	4.00

续表

产品暴露类型	产品类型	每日暴露量 $E_{product}$/(g/d)	相对每日暴露量①$E_{product}$/BW /[mg/(kg·d)]
彩妆产品	粉底液	0.51	7.90
	唇膏	0.057	0.90
	卸妆产品	0.50	8.33
	眼影	0.02	0.33
	睫毛膏	0.025	0.42
	眼线液	0.005	0.08
口腔护理	成人牙膏	0.14	2.16
	漱口水	2.16	32.54
合计		17.4	269

① 体重为参与测试人员的实际体重。

2.3.3.4 吸入暴露评估

如果化妆品成分是挥发性的，或者产品打算以雾化颗粒、喷雾或粉末的形式使用，可能会导致消费者吸入暴露。SCCS《指南》建议可以按照流程图（图2-1）来判断一个化妆品产品是否需要对其吸入暴露风险进行评估[2]。

化妆品成分可能以气体、蒸汽、气溶胶或粉末的形式吸入并进入呼吸道。成分的物理形态在吸收过程中起着决定性的作用。此外，吸入吸收还受呼吸模式和呼吸道生理特点的支配，呼吸道包括鼻咽、气管、支气管和肺部区域。气体和蒸汽在肺部区域被吸收。然而，如果气体是反应性的或强水溶性的，它们可能由于与鼻区或气管、支气管区的细胞表面成分反应或由于溶解到呼吸道的水黏液层（最终是外分配）而不能到达肺部区域。因此，亲水性的蒸气或气体更容易从上呼吸道排出，而亲脂性物质更有可能到达肺部深层。在那里，当分子具有足够的亲脂性，可以溶解在亲脂性的肺泡黏液中并穿过肺泡膜和毛细血管膜时，就可以吸收到血液中。血液对气体的分配系数（血液中的化学物质浓度与气相中的化学物质浓度之比）决定了气体进入循环的速度。一旦沉积在肺中，部分可溶性颗粒溶解在肺黏液层中，惰性颗粒可能在那里形成不溶解的胶体悬浮液。

通常情况下，化妆品有两种类型的喷雾推进方式：推进剂驱动的气溶胶喷雾和泵喷雾。与通常产生较大颗粒和/或液滴的泵式喷雾器相比，推进剂驱动的气溶胶喷雾器通常被用来产生<10μm 的细颗粒和/或液滴，有的泵喷雾器甚至可以产生纳米尺寸的颗粒和/或液滴。空气中的液滴和/或颗粒会迅速干燥，并且由于溶剂的蒸发而变得足够小，进而变得可吸入。因此，在对可喷涂化妆品的安全性评估中不仅需要考虑生成液滴的尺寸分布，还应考虑其在沉降前的尺寸分布。这一点对于含有纳米材料的可喷涂化妆品尤其重要，需要同时测量干燥前后颗粒的粒度分布。

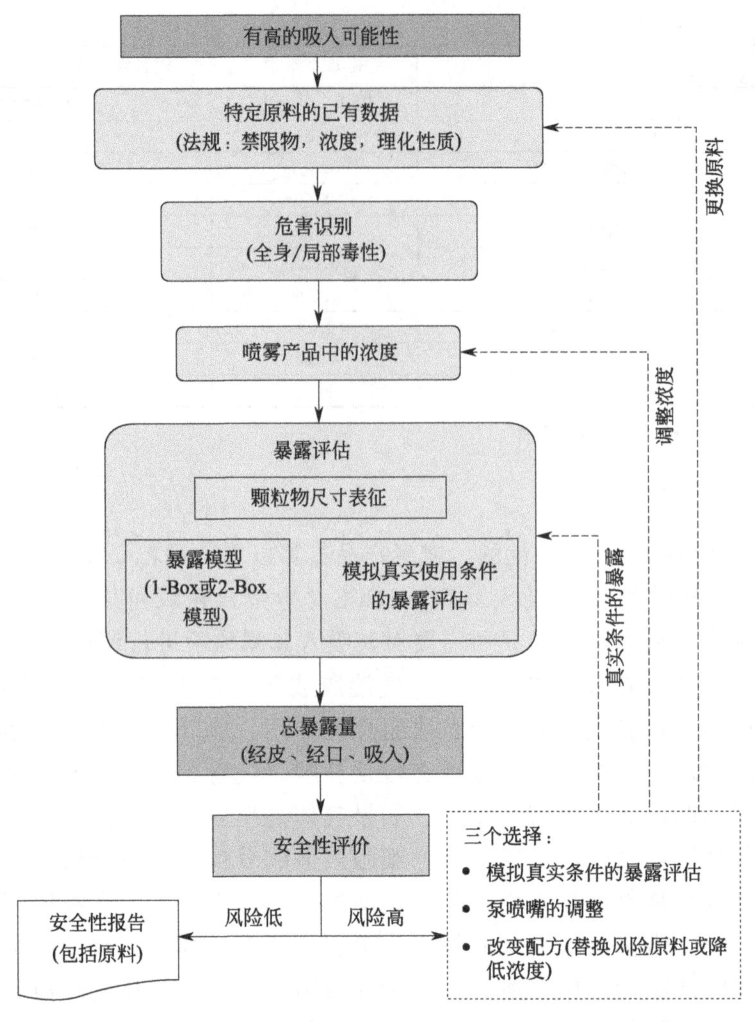

图 2-1 SCCS《指南》中的化妆品及其原料的吸入风险评估流程 [2]

喷雾产品通常由不同大小的液滴和/或颗粒组成，这些液滴和/或颗粒在到达呼吸道之前会通过颗粒的聚集和溶剂的挥发改变其组成。一般认为由空气动力学质量中值直径为≤100μm 的液滴和/或颗粒组成的部分是可吸入的。对人类来说，空气中的气溶胶通常分为三个主要部分，即可吸入部分、入肺部分和可呼吸部分。相对于空气中的总颗粒物数量，入肺颗粒物和可吸入颗粒物为具有 50%穿透性、粒径分别为 10μm 和 4μm 的颗粒。Brown 等人已经确定了成人和儿童在鼻腔和口腔吸入量的估计值。对于喷雾产品——推进剂或泵喷雾，暴露量的评估不是基于配方中的浓度，而是喷雾中的浓度。其中一个重要的参数是沉积率。肺中颗粒的沉积率不仅取决于颗粒大小，还取决于密度和吸湿性，并受到局部生理和气流的影响。在经黏液纤毛清除后，人类可能会通过口服途径进一步摄入不溶性颗粒或其成分。

暴露水平可以在标准暴露条件下直接测量，也可以使用数学模型进行估计。在测量暴露时，重要的是要在喷洒后的相关暴露期间、在相关条件下进行。使用数学模型时，应遵循分层方法。默认最坏情况，可用作初步估计。对于更现实的评估，可以考虑1-Box或2-Box模型以及更高层的模型。在经典的1-Box模型中，假设整个喷雾量瞬间释放到空气中并分布在特定尺寸的模拟呼吸区。然后将得到的空气浓度乘以呼吸频率和在Box中花费的时间来计算暴露量。2-Box模型考虑了物质随时间的稀释。与1-Box模型一样，假设喷雾会立即释放并分布在头部周围的模拟呼吸区中。在那里，气溶胶会在规定的时间内暴露，然后将第一个盒子中的全部气溶胶转移到更大的第二个盒子，在那里可以在第二个规定的时间内吸入。保守的情况下，空气交换（新鲜空气进入，废气排出）可以假设为零。Rothe等在2011年给出了2-Box模型的示例[2]。对于更高级别的评估，可以使用ConsExpo模型（www.consexpo.nl）来评估溶剂暴露或使用喷雾后产生的气溶胶暴露。在ConsExpo中，计算吸入暴露的关键参数是房间体积、喷雾持续时间、通风率、暴露持续时间和产品特定参数，例如“质量产生率”（通过喷雾释放质量的速率）、空气传播分数、气溶胶粒度分布和成分的质量分数。注意，由于未在模型基础的校准数据集中测量纳米粒子，因此ConsExpo模型不能直接用于纳米粒子。

对于暴露值，可以使用点值（确定性评估）或分布（概率评估）。无论采用哪种方法，计算都需要保守。一般来说，如果能从实验研究和/或物理化学参数中获得有关吸入吸收程度的信息最好，如果没有相关数据，计算吸入暴露量时应使用100%的吸收率。由于吸入不是化妆品的预期暴露途径，因此，可以遵循流程图（图2-1）确定是否需要评估化妆品的吸入暴露。

2.3.4 风险特性表述

风险特性表述是化妆品原料和/或风险物质对人体健康造成损害的可能性和损害程度的描述，是化妆品成分安全性评估的最后一个阶段。通过风险的定量和定性表达，对所研究物质对人体健康造成危险的概率以及风险水平进行表征。由于致癌物和非致癌物的化学毒性不同，在风险特性表述时应分别考虑致癌效应和非致癌效应。若评估非致癌效应，应进行摄入量与毒性之间的比较；若评估致癌效应，应根据摄入量和特定化学剂量反应资料计算个体终身暴露产生癌症的概率。

2.3.4.1 存在阈值的非致癌物

我国《技术导则》和SCCS《指南》中均规定：对有阈值的化妆品原料均通过计算安全边际值（MoS）进行风险特征描述。其中，我国《技术导则》里的剂量反应关系参数可以是未观察到的有害作用剂量（NOAEL）或基准剂量（BMD）[4]。NOAEL 的数值来源于动物试验，周期长、难以重复，并且不同实验间的物种批次差异、种间差异均较大。此外，由于一些化妆品原料并非每日使用，但原料的 NOAEL 值是从每日给药后获得，在风险评估时可能会高估此类原料的风险。相比于 NOAEL 值，BMD 值是通过统计学计算得出的，其准确性较高。若无 NOAEL 值和 BMD 值，也可使用观察到原料有害作用的最低剂量（LOAEL）计算 MoS。而欧美国家的安全评估更倾向于采用外推的 BMDL（BMD 下限）和毒效应起始点（PoD）计算 MoS。计算公式如下：

$$\text{MoS}=\frac{\text{NOAEL(BMD)}}{\text{SED}}\text{（《技术导则》）}$$

$$\text{MoS}=\frac{\text{PoD}_{\text{sys}}}{\text{SED}}\text{（SCCS《指南》）}$$

式中，MoS 为安全边际值；SED 为全身暴露量；PoD_{sys} 为全身暴露于某种物质的剂量响应起始点，通过经口毒性试验中系统吸收的剂量计算得出。一般 PoD_{sys} 用 BMDL 表示，如果不能获得 BMDL，也可用 NOAEL 或 LOAEL 代替。PoD 一般指口服剂量。如果口服吸收是 100%，那么口服途径的外剂量和内剂量是相同的。在没有数据的情况下，使用口服暴露 PoD 的 50%作为化妆品成分的默认口服吸收值。如果口服生物利用度较差，还可以考虑以 10%的 PoD 作为默认值。有时也将 BMD 用作 PoD_{sys}。

普遍认可的是，MoS 应至少达到 100，方可说明可以安全使用某一物质。如化妆品原料的 MoS<100，则认为其具有一定的风险性，对其使用的安全性应予以关注，根据产品的特殊使用方式进一步进行评估。值得注意的是：

① MoS 100 是指默认的不确定因子（UF），由种间差异 10 和种内差异 10 相乘所得，如有毒代动力学等数据，应考虑进行调整。如果毒理学数据包含一定不确定性，应适当增加不确定因子。

② MoS 主要是从口服毒性研究中计算出来的，除非有可靠的经皮毒性数据。在考虑皮肤吸收情况时，要知道配方是否会影响其中化合物的生物利用度。有很多渗透促进剂和辅料（如脂质体）专门用于添加到化妆品的配方中，以便促进其他化合物的皮肤吸收。很显然，在此类配方中，如果没有进一步的具体研究，可以假设某一成分生物利用度为 100%。该保守数值也可用于没有皮肤吸收方面的数据或数据不足的情况。

③ 针对完整皮肤的 MoS 100 中已经考虑到了个体间差异的情况。因此，在一般情况下，对于完整的皮肤，该阈值也适用于儿童。

2.3.4.2 无阈值致癌物

对于原料和/或风险物质的无阈值致癌效应，我国《技术导则》通过剂量描

述参数 T_{25} 或 BMD 等来进行剂量反应关系评估，然后通过计算终生致癌风险（lifetime cancer risk，LCR）描述风险特征[3]。致癌风险的评估方法与欧盟《化学品的注册、评估、授权和限制》（REACH）采用的方法基本一致。其区别在于我国与欧盟对 LCR 的风险阈值设定有所不同。《技术导则》规定，如果该原料或风险物质的 LCR$<10^{-5}$，则认为其引起癌症的风险性较低，可以安全使用。而欧盟法规规定，一般人群的“指示性可耐受癌症风险水平”为 10^{-6}，对于致癌物的风险评估执行了更为严格的标准。此外，欧美等国家使用 BMD_{10} 作为基准剂量下限，并建议使用接触限度的参数来评估致癌风险，但《技术导则》中并未对此进行详细规定。值得注意的是，对于致癌物来说，假设任何暴露水平均会引起一定的诱发癌症的概率。欧洲和美国的监管机构提出了三种方法，可用于对风险特征进行定量化。“线性化多级模式”已被美国环保局广泛使用。美国环保局提出了“LED_{10} 方法”，欧洲使用“T_{25} 方法”。在大多数情况下，上述外推方法获得的结果是非常相似的。

以下介绍 T_{25} 方法计算无阈值致癌物的终生致癌风险：

① 将动物试验获得的 T_{25} 转换成人 T_{25}（HT_{25}）。

$$HT_{25}=\frac{T_{25}}{(BW_{人}/BW_{动物})^{0.25}}$$

式中，T_{25} 为对自发肿瘤发生率进行校正后，25%的实验动物的某部位发生肿瘤的剂量；HT_{25} 为由动物试验获得的 T_{25} 转换的人 T_{25}。

② 通过线性外推至实际暴露剂量来测定 LCR。

$$LCR=\frac{SED}{4\times HT_{25}}$$

我国《技术规范》中规定，如果原料或风险物质的终生致癌风险$\geqslant 10^{-5}$，则认为其引起癌症的风险性较高，应对其使用的安全性予以关注。而在欧盟，根据 REACH 法规，这一可耐受癌症风险水平为 10^{-6}。

除了 T_{25}，SCCS《指南》还采用 $BMDL_{10}$（使用数学曲线拟合技术计算 10% 基准响应下的 95%置信水平下限）来代替 PoD 进行非遗传性致癌物的风险评估。SCCS 建议，在可能的情况下，应使用 BMD 方法来推导 PoD，作为人类健康风险评估的起点，包括通过遗传毒性或非遗传毒性作用方式的致癌性。在没有 BMD 方法的剂量反应数据的情况下，T_{25} 是一种简化的方法来估计给定物质的致癌效力。$BMDL_{10}$ 和 T_{25} 都可以用作确定 LCR 或计算 MoE 的起点，MoE 表示描述与估计的人体暴露剂量之间的比率。

2.3.4.3 皮肤致敏的定量风险评估

皮肤致敏的定量风险评估（quantitative risk assessment，QRA）的目的是

防止皮肤致敏诱导的发生。如果已经诱发了接触性过敏，就不属于皮肤致敏QRA的范畴了。和其他的风险评估一样，皮肤致敏QRA也遵循毒理学的基本原则：风险＝危险×暴露。然而，对于皮肤致敏，现实情况要复杂得多，不仅要识别危险，而且要根据相对效力来量化、对危险进行表征。然后，将这些信息与暴露模式和暴露水平的评估结合起来，以确定是否有可能对人类构成致敏风险。一般来说，皮肤致敏QRA包括四个基本步骤[2]：

① 致敏物的危害识别。可以通过临床研究，动物试验（例如豚鼠试验、小鼠局部淋巴结试验），基于人类（历史）数据的QSAR预测方法还有其他非动物体外试验来确定评估物质是否具有诱发皮肤过敏的潜在危险性。

② 从预测毒理学工作中得出无影响水平。这一无影响水平已被赋予一个特定的术语——预期无诱导致敏剂量（no expected sensitizing induction level，NESIL）。NESIL可能来自动物或人类数据，是基于使用所有可用数据的证据权重（weight of evidence，WoE），通过验证性人体重复损伤性斑贴试验（HRIPT）建立，与最终的消费者人群没有直接关系，因此也被称为WoE NESIL。NESIL还可根据致敏评估因子（sensitization assessment factors，SAF）进行调整。SAF为从WoE NESIL基础测试条件推断到实际使用中的产品暴露条件时的不确定性。通常，SAF值范围在1到10之间，内容包括：a. 个体间的变异性，考虑年龄、性别、种族、遗传因素和受损皮肤等造成的敏感度差异；b. 产品配方，考虑产品中可能存在的导致皮肤刺激或皮肤渗透增强的其他成分；c. 产品使用方式，考虑影响人体暴露的使用频率、遮挡和皮肤完整性[5,6]。

③ 消费者实际暴露水平（consumer exposure level，CEL）。通过了解消费者如何接触产品，接触产品的数量、持续时间和频率以及是否为淋洗类产品，从而准确地确定产品的暴露量。在大多数QRA中，CEL是通过计算总应用剂量（例如添加到脸上的护肤水的量）来对不同产品（例如洗发水、染发剂）进行比较的。在文献中，有多种透皮吸收模型被研究开发出来，以测试化妆品染发剂或香精香料在消费者中的暴露量。例如，Goebel等开发了一种改良的皮肤渗透模型来确定皮肤对染发剂致敏时实际暴露的相关水平，即测量暴露水平（measured exposure level，MEL）[7]。MEL代表了在染发条件下理论上可用于过敏诱导的实际剂量，通过计算表皮上（角质层中）含量与皮肤内的生物利用量（活皮肤和接收系统中的含量）获得。必须强调的是，任何试验暴露数据都必须从控制良好和可重复性的实验中获得。

④ 将可接受暴露水平（acceptable exposure level，AEL）与消费者实际暴露水平（CEL）或全身暴露量（SED）进行比较。对于香精香料成分，其作为皮肤致敏物的AEL能通过以下公式计算出，从而确定香料成分在现实生活中特定的消费产品类型中的风险。对于可接受的风险，AEL应大于或等于CEL。

$$AEL=\frac{WoE\ NESIL}{SAF}$$

式中，AEL 为可接受暴露水平，$\mu g/cm^2$；WoE NESIL 为证据权重预期无诱导致敏剂量，$\mu g/cm^2$；SAF 为致敏评估因子，根据个体差异、产品类型、使用部位皮肤状况、使用频率与持续时间，确定恰当的致敏评估因子。

自 2008 年提出以来，这种基于暴露的皮肤致敏的定量风险评估被广泛应用于香料、香水、防腐剂和染发剂的评估[6-9]。应该注意的是，我国《技术导则》中将 AEL 与 SED 进行比较，当 SED＞AEL 时，认为存在致敏风险（表 2-8）。而 SCCS《指南》则将 AEL 与 CEL 进行比较，主要应用于香精香料的风险评估。经过多年积累，欧盟通过全面了解消费者的暴露方式、暴露水平、暴露时间等因素，已掌握了 CEL，而我国尚未构建相关暴露水平数据库。

此外，下一代风险评估方法（NGRA）也被 SCCS 推荐用于皮肤致敏安全性评估框架，有望对我国的化妆品致敏风险评估工作提供新的方法学参考。然而，检验一种化妆品成分的皮肤致敏 QRA 是否成功的最终途径是严格实施并审查产品的上市后不良反应监测。因此，皮肤致敏风险评估过程并不会随着产品上市而结束。

表 2-8　我国《技术导则》对有阈值原料、无阈值致癌物和皮肤致敏物的评估原则

评估对象	剂量反应关系评估	暴露评估	风险特征描述
有阈值原料	首选 NOAEL，其次选用 LOAEL。当采用 LOAEL 时，需增加相应的不确定因子（一般为 3 倍）	SED	使用 MoS 进行风险特征描述：当 MoS≥100 时，可以判定为安全。对于特殊使用方式的原料，如染发剂，当 MoS＜100 时，需进一步评估
无阈值致癌物	将动物试验获得的剂量描述参数 T_{25} 转换成人 T_{25}(HT_{25})	SED	使用 LCR 进行风险特征描述：根据计算得出的 HT_{25} 及暴露量计算 LCR。如果该原料或风险物质的 LCR＜10^{-5}，可以安全使用
皮肤致敏物	需通过预期无诱导致敏剂量（NESIL）来评估其致敏性	SED	使用 AEL 进行风险特征描述：当 AEL 高于 SED 时，可以安全使用

2.3.5　毒理学关注阈值

毒理学关注阈值（threshold of toxicological concern，TTC）是一种实用的风险评估工具，旨在确定预期不会发生毒性的接触水平。其概念依据的目的是为所有化学品确定人体暴露阈值，低于该阈值的化学品对人类健康产生不利影响的可察觉风险的可能性极低。这种想法最早是由 Frawley 于 1967 提出[10]，即当某种缺乏毒性数据的化学品在其摄入量低于某一阈值水平时，其对人体健康的风险（包括致癌性）可以忽略。后来，利用 Gold 等人发表的动物致癌试验数据[11]，美国 FDA 制定并引入了一项针对未经检测的食品接触材料的“监管门槛”政策，目的是为了限制对摄入水平极低化学品的进一步毒理学试验。利用致癌数据进行保守的统计学计算，认为饮食中的0.5ppd（相当于每天1.5g/人）的暴露水平可以作为一个风险监管的安全阈值。TTC的概念随后由Munro等人提出[12]，旨在利用Cramer在1978年开发的算法，筛选已知化学结构和暴露数据但缺乏毒性数据或数据有限的化合物，并将其与现有数据库的毒性数据进行比较，根据其化学结构将这些物质分为三个结构类别（低、中、高安全性）。2004年，TTC被Kroes等人推广至涵盖可能具有遗传毒性或致癌性的未经测试的物质，并提出了基于结构特征的TTC决策树[13]。

最早的TTC方法的构建基于两个数据库：Gold数据库，载有1500多种化学品的动物研究的致癌性数据库；Munro数据库，包含基于其他非癌症毒理学终点的613种化学品。两者都是基于口服暴露后的系统效应[14]。Kroes等使用线性、低剂量推导出了估计的食物中致癌物浓度阈值。假设动物试验数据与人类的致癌风险相关，那么低于该阈值的估计终生癌症风险不超过10^{-6}，实际风险可能更低。从已知动物致癌物的VSD分布中，Kroes等人选择了每人每天0.15μg的膳食暴露量。到目前为止，这种方法已被用于食品接触材料（仅在美国）、食品调味品、药品中的遗传毒性杂质、草药制剂中的遗传毒性成分以及地下水中的农药代谢物的监管。我国《技术导则》规定，对于化学结构明确，且不包含严重致突变警告结构的原料或风险物质，含量较低且缺乏系统毒理学研究数据时，可参考使用毒理学关注阈值（TTC）方法进行评估，但该方法不适用于金属或金属化合物、强致癌物（如黄曲霉毒素、亚硝基化合物、联苯胺类和肼等）、蛋白质、类固醇、高分子量的物质、有很强生物蓄积性物质以及放射性化学物质和化学结构未知的混合物等[3]。

在对化妆品成分的评估方面，目前认为，TTC可用于化妆品原料杂质、痕量物质（植物提取物）、包装材料痕量迁移和遗传毒性杂质的风险评估。通常，TTC值以每人每天的摄入量表示。为了适用于包括所有年龄组的所有人群，SCCS《指南》建议以每天每千克体重的量表示TTC值［即Ⅰ类为30μg/(kg·d)，Ⅲ类为1.5μg/(kg·d)，具有遗传毒性结构警戒的化学品为0.0025μg/(kg·d)］，并且考虑某些化学物质在6个月以下的婴儿中代谢可能不成熟，因此，当估计暴露量接近TTC定义的可容忍暴露量时，应特别考虑6月龄以下的婴儿。另一方面，对于化妆品成分，任何风险评估以及TTC方法都应基于内部剂量。因此，当TTC方法应用于化妆品成分时，必须根据皮肤和口服吸收率定义一个调整后的内部TTC值（iTTC）[2]。然而，目前iTTC的估计仍然基于外部剂量，而不是血浆浓度等内部暴露指标。目前，在欧盟SEURAT-1项目COSMOS中，已经完成了关于化妆品TTC的数据库构建工作，基于的是化妆品用的非遗传毒性化合物。COSMOS TTC数据集包含552种化学物质（其中包含495种化妆品成分），其中分别有219种、40种和293种化学物质，分别属于CramerⅠ、Ⅱ和Ⅲ类。对于Cramer Ⅲ类，COSMOS建议的TTC为7.9μg/(kg·d)（比Munro

等人 1996 年得出的相应 TTC 值高出 5 倍）。Cramer Ⅱ类尚不足以导出确定的 TTC 值。对于 Cramer Ⅰ类，则建议适度增加 TTC 到 42μg/(kg·d)。在考虑 COSMOS-plus-Munro“联合”数据集时，Cramer Ⅲ类和Ⅰ类的值分别为 2.3μg/(kg·d) 和 46μg/(kg·d)。此外，Patel 等将 RIFM TTC 数据库的 Cramer Ⅰ、Ⅱ和Ⅲ类中的 238、76 和 162 种香料化学品集成到联合数据集中，导致 Cramer Ⅰ、Ⅱ和Ⅲ类的 TTC 值调整为 49.1μg/(kg·d)、12.7μg/(kg·d) 和 2.9μg/(kg·d)。SCCS《指南》认为 49.1μg/(kg·d) 和 2.9μg/(kg·d) 应用于化妆品的 Cramer Ⅰ类和Ⅲ类 TTC 是可行的[2]。

然而，TTC 的概念是针对单一化合物开发的。根据 Munro 的结构决策树，Cramer Ⅰ、Ⅱ和Ⅲ类化学结构的全身毒性阈值为 1800μg/d、540μg/d 和 90μg/d，遗传毒性化合物的阈值为 0.15μg/d。因此，TTC 对于化妆品中混合物原料（植物提取物）的适用性仍是化妆品风险评估中亟待解决的问题。2009 年，欧莱雅（美国）的研究人员报道了分级 TTC 在金盏花植物提取物安全性评价中的实际应用[15]。研究采用了提取物中的主要成分及其含量（≥0.5%）、分子量和估计的经皮吸收率推算每天最大的全身暴露量（默认化妆品中提取物的添加量为 0.1%，每日使用量 18g/d），然后与其相应的 TTC 等级值进行比较，以确定是否可以根据其中已知成分的 TTC 等级来确定提取物的安全使用。此外，由于植物提取物的组成通常是可变的，他们在研究中还反向计算了提取物中每种物质在不超过各自 TTC 值的情况下可接受的最大浓度，而用 TTC 得到的安全暴露水平比已公布数据的化学品的每日可接受暴露水平低一到三个数量级，说明 TTC 是一种高度保守的评估方法。2020 年，宝洁公司在一篇论文中报道了通过构建一个包含 107 种植物化学成分的数据库评估植物中可能含有潜在遗传毒性成分的安全性，并建议将具有潜在遗传毒性或没有毒理学数据的植物原料的 TTC 调整为每人每天 10μg 植物原料干重（相当于 60kg 的人 0.15μg/d）[16]。随着数据库的增加，对化妆品中复杂成分和植物提取物的 TTC 方法还将不断优化。

总之，TTC 方法适合对没有完整毒理学数据且结构已知物质进行风险评估，同时对未知物质的安全性评估也具有重要意义，前提是能够通过仪器测量定量一系列的结构未知峰，并排除某些特定的化学基团。随着分析技术的不断发展、仪器灵敏度的不断提高、数据库的不断更新，TTC 在化妆品风险评估中的应用也将不断发展。

2.4 化妆品产品的风险评估

每一种化妆品均可被视为单个化妆品组分的组合。在某些情况下，为了做出更好的安全性评估，需要更多的有关化妆品产品的信息。如对于特别消费者（如婴儿、皮肤敏感人群等），添加有皮肤通透剂和/或皮肤刺激物（透皮增强剂、有机溶剂组分等）、单个组成成分间的化学反应而形成有较高毒理学意义的新物质、特殊制剂（脂质体和其他发泡剂）的化妆品应予以特殊关注。因此，对产品的必要检验和安全性评价对确保上市后化妆品的安全性是必不可少的重要方面。

2.4.1 评估原则

我国《技术导则》规定，化妆品产品的安全评估应以暴露为导向，结合产品的使用方式、使用部位、使用量、残留等暴露水平，对化妆品产品进行安全评估，以确保产品安全性。按照风险评估程序对化妆品中的各原料和/或风险物质进行风险评估。使用《技术规范》中的限用组分、准用防腐剂、准用防晒剂、准用着色剂和准用染发剂列表中的原料、有限制要求的风险物质应满足《技术规范》要求。国外权威机构已建立相关限量值或已有相关评估结论的原料和/或风险物质，可采用其风险评估结论。如不同的权威机构的限量值或评估结果不一致，应根据数据的可靠性和相关性，科学合理地采用相关评估结论。完成化妆品产品的安全评估后，需要排除化妆品产品皮肤不良反应的，在满足伦理要求的前提下可以进行人体皮肤斑贴试验或人体试用试验。产品配方除着色剂或香料的种类或含量不同外，基础配方成分含量、种类相同，且系列名称相同的产品，可以参考已有的资料和数据，只对调整组分进行评估，并确保产品安全。产品配方中两种或两种以上的原料，可能其产生系统毒性的作用机制相同，必要时应考虑原料的累积暴露，并进行个案分析。如果产品中所含原料存在该类化妆品之外的其他产品的显著暴露来源，如其他化妆品、食品、环境等，在计算安全边际值时应考虑其他来源的暴露，并进行具体分析[3]。

在化妆品产品原料的个案分析中，应考虑下列因素：

① 被评价成分的化妆品产品类型；

② 使用方法：擦、喷、用后冲洗等；

③ 成品化妆品中的成分浓度；

④ 每次使用时，产品的用量；

⑤ 使用频率；

⑥ 接触皮肤的总面积；

⑦ 接触部位（例如黏膜，晒伤的皮肤）；

⑧ 接触的持续时间（例如淋洗类产品）；

⑨ 可能会导致暴露增加的可预见的误用；

⑩ 消费者目标群体（例如儿童和“敏感肤质”人群）；

⑪ 可能进入人体的量；

⑫ 预计的消费者数量；

⑬ 暴露在日光下的皮肤区域。

举例来讲，对于皮肤刺激性或光毒性，皮肤暴露的单位面积是重要因素，而对于全身毒性，暴露的单位体重则更有意义，也需要考虑到直接应用以外的其他途径导致的二次暴露的可能性（例如将发胶吸入，摄入口唇用产品等）。

2.4.2 稳定性和理化特性

在进行化妆品产品的风险评估时，应确定产品的物理稳定性，以确保在运输、储存或处理期间，成品产品的物理状态不会产生变化（例如乳液聚合、相分离、成分结晶或沉淀、颜色变化等）。企业人员应按照化妆品的类型及其预期用途实施相关稳定性试验。此外，为了确保使用的容器和包装材料不会引起稳定性问题，对化妆品预期用于市售产品的容器也应该进行物理稳定性试验。总体说来，包括以下评测内容：

① 对于上市的每个批次的化妆品产品，应结合产品的具体情况评价相关理化指标。一般包括物理状态、剂型（乳液、粉等）、感官特性（颜色、气味等）、pH值（在特定温度条件下）、黏度（在特定温度条件下）及具体需要的其他方面。

② 确认原料之间是否存在化学和/或生物学相互作用，并考虑相互作用产生的潜在安全风险。如产生潜在安全风险，应当结合相关文献研究资料或理化实验数据，进行风险评估。

③ 确认产品在运输、储存过程中是否会产生潜在安全风险，如产生潜在安全风险，应当结合相关文献研究资料或稳定性实验数据，进行风险评估。

④ 对与内容物接触的容器或载体的物理稳定性以及与产品相容性进行风险评估时，可参考包装供应商的安全资料或安全声明等资料，对容器的物理稳定性进行风险评估。

⑤ 对与配方体系近似，包装材质相同的化妆品，可根据已有的资料和实验数据对理化稳定性开展风险评估工作，但需阐明理由，说明情况。成品产品的安全性评估报告中必须清楚写明安全性评估人员的科学论证。

表 2-9 列出了我国《化妆品注册和备案检验工作规范》对化妆品理化检验项目的要求。除了所有产品都需要检测汞、铅、砷、镉含量以外，对于乙醇、异丙醇含量之和≥10%（质量分数）的产品，还需检测甲醇；配方中含有乙氧基结构的原料的产品，需检测二噁烷；配方中含有滑石粉原料的产品，需检测石棉；配方中含有甲醛及甲醛缓释体类原料的产品，需检测游离甲醛；配方中含有化学防晒剂的非防晒类产品，需检测所含化学防晒剂；宣称含 α-羟基酸或虽不宣称含 α-羟基酸，但其总量≥3%（质量分数）的产品，需要检测 α-羟基酸项目，同时

检测 pH 值；纯油性（含蜡基）的产品不需要检测 pH 值；多剂配合使用的产品如需检测 pH 值，除在单剂中检测外，还应当根据使用说明书检测混合后样品的 pH 值。申报配方中含有原料使用目的为去屑剂的产品，需检测所含去屑剂。宣称 UVA 防护效果或宣称广谱防晒的产品，需要检测化妆品抗 UVA 能力参数——临界波长或 PFA 值。产品因包装原因无法取样或可能影响检验结果的（例如喷雾产品、气垫产品等），企业在提交完整检测样品的同时，可配合提供包装前的最后一道工序的半成品，检验检测机构应当在检验报告中予以说明[4]。

表 2-9　《化妆品注册和备案检验工作规范》列出的化妆品理化检验项目

检验项目	非特殊用途化妆品	特殊用途化妆品								
		育发类	染发类	烫发类	脱毛类	美乳类	健美类	除臭类	祛斑类	防晒类
汞	○	○	○	○	○	○	○	○	○	○
铅	○	○	○	○	○	○	○	○	○	○
砷	○	○	○	○	○	○	○	○	○	○
镉	○	○	○	○	○	○	○	○	○	○
甲醇										
二噁烷										
石棉										
甲醛								○		
巯基乙酸				○	○					
防晒剂										○
染发剂			○							
pH 值				○	○				○	
α-羟基酸										
去屑剂										
抗 UVA 能力参数：临界波长										

2.4.3　化妆品产品的毒理学检测项目

对成品产品进行安全性评估必须依据其中原料成分的毒理学情况、化学结构和暴露水平。安全性评估人员应考虑到一个成品中所有原料的可用毒理学数据，并明确声明所用数据的来源。可用毒理学数据可包含下列的一种或多种：a. 使用实验动物进行的体内试验；b. 使用经过验证的或有效的替代方法进行的体外试验；c. 从人类志愿者的临床观察和相容性试验中获得的人类数据；d. 来自数据库、已发表的文献、“内部”经验和供应商提供的原始数据，包括 QSAR 可疑结构以及类似化合物的相关数据。相对于原料，化妆品成品的毒理学关注重点可以放在局部毒性评估方面，包括皮肤和眼刺激性、皮肤过敏，以及紫外线吸收的光诱导毒性。如有显著的皮肤吸收或经皮吸收，还需要详细检查评估其全身毒作用。总体说来，应包含以下内容：a. 每个成分的所有可用毒理学数据，可能的化学和/或生物相互作用，以及通过预期途径的人体暴露，特定成分的 MoS；b. 包含了存在特殊风险物质的产品，必须予以特别关注，如香水、紫外线过滤剂、染发剂等。

2019 年 9 月，国家药品监督管理局出台了《化妆品注册和备案检验工作规范》，要求化妆品应当依据化妆品安全技术规范，按非特殊用途（普通）或特殊用途（特殊）化妆品进行相应的检验[4]。对于非特殊用途化妆品（表 2-10），表中未涉及的产品，在选择试验项目时应根据实际情况确定，可按具体产品用途和类别增加或减少检验项目。修护类和涂彩类指（趾）甲产品不需要进行毒理学试验。化学防晒剂含量≥0.5%（质量分数）的产品（淋洗类、香水类、指甲油类除外），除表中所列项目外，还应进行皮肤光毒性试验和皮肤变态反应试验。淋洗类护肤产品只需要进行急性皮肤刺激性试验，不需要进行多次皮肤刺激性试验。免洗护发类产品和描眉类彩妆品不需要进行急性眼刺激性试验。沐浴类产品应进行急性眼刺激性试验。对于特殊用途化妆品（表 2-11），易触及眼睛的祛斑类、防晒类产品应进行急性眼刺激性试验。淋洗类产品只需要进行急性皮肤刺激性试验，不需要进行多次皮肤刺激性试验。除育发类、防晒类和祛斑类产品外，化学防晒剂含量≥0.5%（质量分数）的产品（香水类、指甲油类除外）也应进行皮肤光毒性试验。可选用细菌回复突变试验或体外哺乳动物细胞基因突变试验。非氧化型染发产品不进行细菌回复突变试验和体外哺乳动物细胞染色体畸变试验。两剂或两剂以上混合使用的产品，应按说明书中使用方法进行试验。当存在不同浓度、不同配比等与安全性相关的不同使用方法时，需对每一种情况均进行相关毒理学试验。

表 2-10　非特殊用途化妆品毒理学试验项目

试验项目	发用类	护肤类		彩妆类			指(趾)甲类	芳香类
	易触及眼睛的发用产品	一般护肤产品	易触及眼睛的护肤产品	一般彩妆品	眼部彩妆品	护唇及唇部彩妆品		
急性皮肤刺激性试验	○						○	○
急性眼刺激性试验	○		○		○			
多次皮肤刺激性试验		○	○	○	○	○		

表 2-11　特殊用途化妆品毒理学试验项目

试验项目	育发类	染发类	烫发类	脱毛类	美乳类	健美类	除臭类	祛斑类	防晒类
急性眼刺激性试验	○	○	○						
急性皮肤刺激性试验			○						
多次皮肤刺激性试验	○				○	○	○	○	○
皮肤变态反应试验	○	○	○	○	○	○	○	○	○
皮肤光毒性试验	○							○	○
细菌回复突变试验	○	○			○	○			
体外哺乳动物细胞染色体畸变试验	○	○			○	○			

关于人体安全性试验（表 2-12），我国规定，祛斑类和防晒类化妆品需进行人体皮肤斑贴试验，出现刺激性结果或结果难以判断时，应当增加皮肤重复性开放型涂抹试验。驻留类产品理化检验结果 pH≤3.5 或企业标准中设定 pH≤3.5 的产品，应当进行人体试用试验安全性评价。宣称祛痘、抗皱、祛斑等功效的淋洗类产品均应当进行人体试用试验安全性评价。两剂或两剂以上混合使用的产品，应按说明书中使用方法进行试验。当存在不同浓度、不同配比等与安全性相关的不同使用方法时，需对每一种情况均进行相关的人体安全性检验。

表 2-12　人体安全性检验项目

检验项目	非特殊用途化妆品	特殊用途化妆品						
		育发类	脱毛类	美乳类	健美类	除臭类	祛斑类	防晒类
人体皮肤斑贴试验						○	○	○
人体试用试验安全性评价		○	○	○	○			

2.5 化妆品风险评估中的关注内容

2.5.1 多组分的天然成分

从市场发展和消费心理看，化妆品市场有天然化、功能化的发展趋势。许多化妆品原料是多种天然来源物质的混合物，例如精油和香料。它们的组成往往会因其地理来源、收获条件、储存条件、进一步的技术加工等而有很大的不同。在这种情况下，SCCS《指南》提出，对于这些复杂组分的化妆品原料在进行风险评估时应获取以下信息：

① 混合物中物质的定性鉴定和半定量浓度（即<0.1%，0.1%至<1%，1%至<5%，5%至<10%，10%至<20%，20%及以上），并使用 INCI 名称（如果有）；

② 对于成分可变的混合物，考虑到批次之间的差异，应说明混合物中可能存在的成分的范围和最大水平；

③ 明确说明混合物可用于的化妆品产品类别以及最高浓度，并说明可能存在于混合物中的成分的范围和最大水平。而在最终的安全性评价中，应参考多组分成分的半定量组成。每种成分的潜在毒性都应该单独考虑，并把混合物作为一个整体来考虑。

如果评估对象为香精香料，还需要符合我国相关国家标准或国际日用香料协会（IFRA）标准。SCCS 通过实施香料过敏原成分标签以减少接触性过敏反应的发生率。具体表现为，当易致敏香料的浓度在驻留产品中超过 0.001%或在淋洗产品中超过 0.01%时，必须在标签上进行标注。

2.5.2 矿物、动物、植物和生物技术来源成分

《化妆品安全评估技术导则》(2021 年版）要求，对化妆品中的天然矿物、动物、植物和生物技术成分进行风险评估时，需要提供特定的规格和来源信息（表 2-13）。对于经修饰的对象（如微生物）或潜在的毒性物质不能彻底去除的特殊生物技术来源的原料，需提供数据予以说明。

此外，人源细胞、组织或产品被规定禁止用于化妆品中。在欧盟，人类头发水解获得的氨基酸是唯一例外情况，条件是材料经过>20% HCl 在 100℃条件下水解至少 6h。此外，SCCS《指南》还提出，第 1 类（尤其是某些风险材料）和第 2 类（尤其是“死牲畜”）材料中衍生出的成分可能会对人体健康造成生物风险，因此不得用于化妆品。而在我国，值得注意的是人体干细胞和植物干细胞的使用。干细胞俗称“万用细胞”，是一类具有自我更新能力的多潜能细胞，在一定诱导条件下可以增殖并分化为其他类型的细胞。目前，干细胞技术在医学领域大多仍处于临床研究阶段。在卫生健康部门备案的干细胞临床研究中，尚无干细胞在美容、抗衰方面的研究。2021 年国家药监局修订发布的《已使用化妆品原料目录》中，未收录名称含有“干细胞”的化妆品原料。而在《已使用化妆品原料目录》中收录的植物来源化妆品原料，主要通过其植物化学成分发挥作用，与其是否为植物的分生组织无必然关系。一些商家宣称化妆品中含有“植物干细胞”，容易使消费者误解认为植物分生组织对人的细胞具有分化作用。化妆品的标签宣称含有“干细胞”，违反了化妆品标签管理的法规规定。

表 2-13 对矿物、动物、植物和生物技术来源成分进行风险评估时需提供的信息

复杂成分来源	数据类型
矿物	原料来源 制备工艺(物理加工、化学修饰、纯化方法及净化方法等) 特征性组成要素(特征性成分含量,%) 组成成分的理化特性 微生物情况 防腐剂和/或其他添加剂
动物	物种来源(牛、羊、甲壳动物等)、物种通用名称、拉丁名、种属名称[包括物种、属、科及使用的器官组织(胎盘、血清、软骨等)] 原产国(或地区)等 制备过程(萃取条件、水解类型、纯化方法等) 特征性成分含量 形态:粉末、溶液、悬浮液等 特征性组成要素(特征性的氨基酸、总氮、多糖等) 理化特性 微生物情况(包括病毒性污染) 防腐剂和/或其他添加剂

续表

复杂成分来源	数据类型
植物	植物的通用名称、拉丁名 种属名称(包括物种、属、科) 所用植物的部分 感官描述(粉末、液态、色彩、气味等) 形态解剖学描述 自然生态和地理分布 植物的来源(包括地理来源以及是否栽培或野生) 具体制备过程(收集、洗涤、干燥、萃取等) 储存条件 特征性组成要素(特征性成分) 理化特性 微生物情况(包括是否有真菌感染) 农药、重金属残留等 防腐剂和/或其他添加剂 如果含有溶剂的提取液,应说明提取液包含的溶剂和有效成分的含量
生物技术	制备过程 所用的生物描述(供体生物、受体生物、经修饰的微生物等) 生物技术的类型或方式 微生物致病性 毒性成分(包括生物代谢物、产生的毒素等) 理化特性 微生物质量控制措施 防腐剂和/或其他添加剂

2.5.3 防晒剂

对于防晒产品，SCCS《指南》采用 18.0g/d 的标准暴露值（注意：并非消费者使用的推荐量）进行防晒乳的风险评估。为了达到日光防晒系数（SPF）测试的剂量水平，防晒产品的涂抹数量必须与 SPF 测试所用的数量相似，即 $2mg/cm^2$，总量约 36g/人（一般成年人）。这一剂量比消费者通常使用的量要高。当消费者使用他们自己的防晒产品（包括乳液、含酒精溶液、凝胶、面霜和喷雾剂等）应用于全身表面，其产品的使用值在 $0.5 \sim 1.3mg/cm^2$ 之间。这些测量值受到所使用的研究方案、在身体上的测量位置以及其他因素的影响。最近的研究中，其用量仍然在 $0.39 \sim 1mg/cm^2$ 的范围内。如果只将产品涂抹在面部，则施用量可能高于 $2mg/cm^2$。SCCS 推荐将全身面积（$17500cm^2$）计算在内，反映消费者的实际使用情况，而每天 18g 防晒霜的使用量与 Biesterbos 等人报告的数值相符。如果在可喷雾产品中应用防晒剂，可能会使消费者吸入肺部，则应考虑吸入毒性风险。对于唇部护理产品，SCCS《指南》建议考虑按 100%吸收进行安全评估。

2.5.4 内分泌干扰物

内分泌系统包含一系列复杂的信号和反馈机制，其破坏与各种不利于健康的影响有关，例如生殖影响、代谢紊乱、认知缺陷和癌症。内分泌系统还涉及许多循环和反馈循环机制以及适应性反应，它们共同调节激素的分泌并维持体内平衡。根据世界卫生组织国际化学品安全规划（IPCS）的定义，内分泌干扰物是一类会相互作用、干扰或破坏人体各种代谢和发育功能的内分泌系统的天然或合成的化学物质。内分泌干扰物可能会影响激素分泌或其他细胞因子，但这种扰动可能会保持在稳态或代谢解毒能力范围内，因此不会对完整的生物体产生不利影响。一些与内分泌紊乱相关的影响也被证明具有关键的易感窗口期（例如机体在某些易感性增加的发育期）。

根据 REACH 法规，内分泌干扰物可以与已知会导致癌症、突变和生殖毒性的化学物质一起被确定为高度关注物质（SVHC）。在 SVHC 候选清单❶中提到了几种内分泌干扰物。对于化妆品，SCCS《指南》认为对内分泌干扰物应像其他与人类健康有关的物质一样进行风险评估。目前，SCCS《指南》中认为具有疑似内分泌干扰性的化妆品成分有 28 种，包括对羟基苯甲酸酯类、三氯生、高水杨酸盐、二苯酮-3、4-甲基亚苄基樟脑和 3-亚苄基樟脑、褪黑素、间苯二酚、环甲硅油、十甲基环戊硅氧烷等。该清单中有 14 种物质被 SCCS 认为是高度优先进行风险评估的物质，即：二苯酮-3、曲酸、4-甲基亚苄基樟脑、对羟基苯甲酸丙酯、三氯生、间苯二酚、奥克立林、三氯卡班、丁基化羟基甲苯、二苯酮-3、高水杨酸盐、水杨酸苄酯、染料木黄酮和黄豆苷元。

目前，国内外对于内分泌干扰物的健康风险评估程序尚缺乏统一方法。经济合作与发展组织（OECD）提供了一个对内分泌干扰物进行测试和评估的工作框架（OECD GD 150）[17]。而在欧盟动物试验禁令的背景下，SCCS 不可能满足 OECD 这一框架标准（表 2-14），仅能利用 1 级和 2 级证据识别化妆品成分及风险物质的内分泌活性，而不能明确是否会对生物体造成不利影响。鉴于这一限制，还需要以系统的方式整合来自理化性质、文献资料、计算机模型、交叉参照、体外试验和其他技术（如“组学”）的所有证据，以 WoE 排除化妆品的潜在内分泌相关毒性。

表 2-14 内分泌干扰毒性测试和评估工作框架

数据级别	数据类型
1 级证据	现有数据和非测试信息(理化测试,QSAR)
2 级证据	提供有关选定内分泌机制或途径数据的体外试验

---

❶ https：//echa. europa. eu/candidate-list-table。

续表

数据级别	数据类型
3 级证据	提供有关选定内分泌机制或途径数据的体内试验
4 级证据	提供内分泌相关不良反应的体内试验
5 级证据	提供更多生命周期内分泌相关不良反应的体内试验

2.5.5 CMR 物质

按照致癌性、致突变性和生殖（生殖发育）毒性，将危险物质分类为第 1 类、第 2 类和第 3 类。其中，第 1 类物质是已有足够的证据证明人体暴露与致癌性、致突变性或生殖毒性作用之间的因果关系；第 2 类物质是被认定为对人类具有致癌性、致突变性或生殖毒性的物质；第 3 类物质是可能会在人体中引起问题的物质。化妆品中的风险物质存在三个危险类别，即类别 1A、1B 和 2。1A 类表示已知该物质具有在人类中发生损害的潜力，1B 类意味着该物质被推测在人类中具有发生损害的潜力，2 类则表示怀疑该物质有在人体中引起损伤的潜力。

化妆品中禁止添加 CMR 1 类和 CMR 2 类物质，除非满足豁免条款。例如，CMR 2 类物质的次氮基乙酸三钠、三甲基苯甲酰基二苯基氧化膦（TPO）、聚氨基丙基双胍、来香醛、水杨酸和二氧化钛在特定条件下，可以被允许在化妆品中作为限用物质使用。1A 或 1B 类 CMR 物质在没有替代物的前提下，必须经过评估才可安全地用于化妆品，且要考虑到这些产品的暴露情况并考虑到其他来源的总体暴露情况，特别考虑到弱势人群亚群。CMR 1B 物质（包括硼化合物、指甲固化剂中的甲醛和吡啶硫酮锌）可限量用于化妆品中。对于以自然成分、杂质或者生产过程中形成的存在于化妆品产品中的 CMR 类物质，则必须证明该产品不会对消费者的健康造成威胁。

2.5.6 纳米材料

与传统尺寸的材料相比，纳米级材料在物理化学性质、生物动力学行为和生物效应方面表现出显著差异。因此，纳米材料的安全性评价需要格外关注。我国纳米化妆品行业发展迅速，包含纳米材料的超细原料广泛应用于防晒、防腐和着色等功能性化妆品。在 2021 年颁布的《化妆品新原料注册备案资料管理规定》中，我国首次提到了“纳米原料是指在三维空间结构中至少有一维处于 1～100nm 尺寸或由它们作为基本单元构成不溶或生物不可降解的人工原料”，并列出了纳米新原料在注册时需要提供的毒理学安全技术资料要求。这一化妆品纳米材料的定义涵盖了那些人工生产的不溶、难溶或生物持久性的纳米材料（例如金属、金属氧化物、碳材料等），而不是那些完全可溶或降解且不持久的纳米材料或类生物系统（例如脂质体，油/水乳剂等）。因此，在处理当前定义中提供的溶解度问题时，要注意当纳米材料溶解时，任何纳米特定风险都可能改变（甚至减少）。正是溶解发生的时间段决定了基于颗粒风险或可溶性物质风险进行纳米材料风险评估的必要性。值得注意的是，关于纳米材料的定义，世界各国尚未达成共识，表 2-15 列出了主要国际机构或法规关于纳米材料定义的比较。多数定义未对纳米材料的粒度分布做出明确界定，只是建议含有 50%或更多 1～100nm 粒径的原材料应定义为纳米材料。

表 2-15　比较不同国家或地区对纳米材料的定义

组织或法规	尺寸/nm	结构	来源	是否溶解	生物持久性	分布范围
国际标准化组织(ISO)	1～100	一维、二维或三维	天然或人造	—	—	—
欧盟化妆品法规[(EC)1223/2009]	1～100	一维或多维	人造	否	是	—
《化妆品新原料注册与备案资料规范》	1～100	一维或多维	人造	否	是	—
国际化妆品监管合作组织(ICCR)	1～100	一维或多维	人造	否	是	—
欧洲经济合作与发展组织(OECD)	＜100	—	—	—	—	—

在纳米材料的准用清单方面，欧盟委员会于 2017 年发布了首版化妆品纳米材料目录。该目录包含 43 种成分，包括着色剂纳米材料、防腐剂纳米材料、UV 防晒剂纳米材料及其他功能纳米材料，并列出相应化妆品种类及可预见的暴露条件。目前为止，欧盟委员会共授权了 4 种化妆品用纳米材料，包括 3 种 UV 防晒剂（二氧化钛、氧化锌和三联苯基三嗪）和 1 种着色剂（纳米炭黑）。此外，SCCS 还发表了一些关于不同材料的纳米形式的科学评议，包括氧化锌、二氧化钛、炭黑、二氧化硅、羟基磷灰石、二氧化钛的附加涂层和喷雾剂中的二氧化钛、苯乙烯/丙烯酸酯共聚物（纳米）和苯乙烯/丙烯酸酯钠共聚物（纳米）、胶体银、无定形二氧化硅等。

在纳米材料的安全评价方面，SCCS 于 2012 年发布了全球首个《化妆品纳米材料安全性评估指南》，并于 2019 年 10 月对《指南》再次进行了修订，对在化妆品纳米材料安全性评估过程中的关键问题进行概述，并提出了化妆品纳米材料安全性风险评估的流程（图 2-2）[18]。我国的《化妆品新原料注册备案资料管理规定》要求纳米新原料除应当提供普通原料所需的理化指标外，还应提供粒子大小和分布、原料的聚集和团聚特性、表面化学信息、形态学信息等特异性参数，并提供毒理学试验资料和各项毒理学试验方法适用于纳米原料检测的适用性说明。对拟用于皮肤部位的纳米新原料，还应当提供皮肤吸收或透皮吸收试验资料；对于有可能吸入的纳米新原料，还应当同时提供吸入毒性试验资料[19]。

尽管目前没有确定纳米材料安全问题的硬性规定，作为一般原则，SCCS《指南》建议满足以下任一属性都应考虑进行纳米材料的安全风险评估：a. 纳米材料具有在纳米尺度较低范围内的组成颗粒；b. 纳米材料不溶，或仅部分可溶；c. 纳米材料的化学性质表明潜在的毒理学危害；d. 纳米材料具有的某些物理或

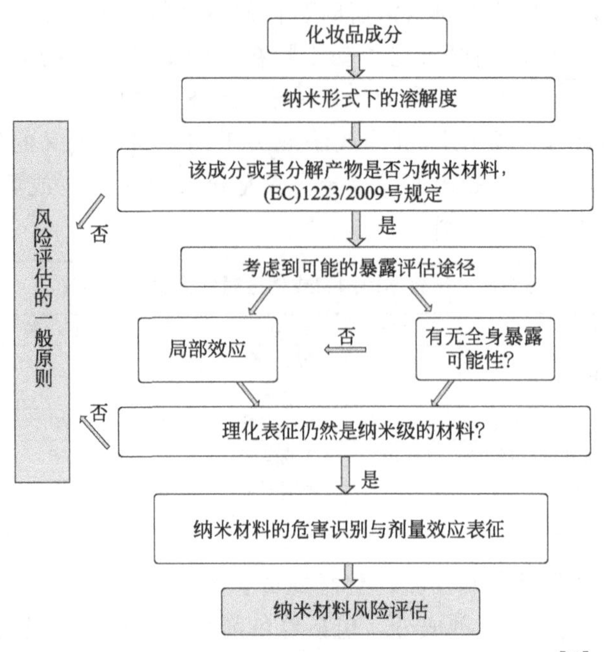

图 2-2　SCCS 化妆品纳米材料安全性风险评估决策树[18]

形貌特征（例如针状、刚性长纤维）可能产生有害影响；e. 纳米材料在催化（包括光催化）活性、自由基形成潜力或其他表面特性（例如蛋白质表面的潜在过敏性）方面具有表面反应性；f. 纳米材料具有与传统等效物不同的生物动力学行为，例如与纯纳米颗粒和/或它们的常规化学形式相比，已将表面改性或通过涂层（例如疏水涂层、封装）应用于核心纳米颗粒以改变其 ADME 特性，从而使它们更易于全身使用；g. 纳米材料作为载体，以单独的成分，或以纳米级实体的形式一起承载其他未经安全评估的物质；h. 消费者有可能通过使用产品使全身接触纳米颗粒，相关消费品的使用频率和/或数量相对较高；i. 有证据表明纳米粒子在体内持久存在或积累；j. 纳米粒子具有相同材料的常规形式不存在的其他独特特性，或具有新的活性或功能（例如智能或功能纳米材料）；k. 全新的纳米材料，没有可用的比较对象来评估特性、行为或效果的变化；l. 纳米材料用于可吸入（通过吸入进入呼吸道和肺）的产品，并且颗粒是可吸入的（可以到达肺泡）；m. 遗传毒性评估不充分，例如体外研究没有关于测试悬浮液稳定性的信息，或细胞暴露（内吞）的证据。

（1）纳米材料的特点

由于高表面能，纳米颗粒倾向于粘在一起形成附聚物和聚集体，或与颗粒表面上的其他部分结合。在某些稳定剂或分散剂的存在下，这种颗粒行为会发生变化。因此，在测试之前和测试期间对纳米材料进行表征是确保获得的结果有效的关键。目前可用的大多数测试方法都是针对可溶解的常规物质开发的。相反，纳米材料通常包含不溶性或难溶性纳米粒子，这些纳米粒子以纳米悬浮液而不是溶液的形式分散在测试介质中。因此，由于粒子团聚、沉降、与介质中的其他部分结合或黏附到玻璃或塑料制品的侧面，纳米材料的应用浓度可能会在测试期间下降。这可能导致测试期间测试系统仅部分暴露或不暴露。已知纳米材料可在其表面吸附或结合不同的物质，例如和蛋白质吸附产生蛋白冠。它们还可能结合测试介质中的其他物质并将它们带入暴露的测试系统，从而导致结果中出现假阳性。

化学物质的毒理学危害目前以质量或体积浓度（如 mg/kg 或 mg/L）来衡量。这些常规指标可能不足以解释纳米材料的毒性。因此，对纳米材料的测试不仅要根据质量或体积浓度进行评估，而且结果也要以其他剂量描述指标表示，例如粒子数浓度、表面积等。受不溶性颗粒性质和纳米尺寸影响，纳米材料在生物系统中的吸收和生物动力学特性可能与等效的常规形式（例如纳米颗粒）相比有所改变。不溶性颗粒穿过生物膜屏障的运输不是由基于浓度梯度的扩散分区驱动，而是由其他机制驱动，例如内吞作用和/或主动摄取（能量驱动）和运输。当前测试方法确定的终点是否足以识别和表征纳米材料的危害仍然存在不确定性。

（2）纳米材料作为化妆品成分进行评估需要考虑的问题

尽管大多数常规用于化学物质的分析方法尚未经过纳米材料的验证，但纳米材料的表征需要合适的仪器测试手段。使用一种以上的方法通常会增加测量值的可信度，例如对于粒度分布的测量，SCCS《指南》建议使用电子显微镜进行成像分析。如果有证据表明全身吸收，则需要进一步调查以确认吸收的材料是纳米颗粒形式还是以溶解、离子或代谢形式。如果不能通过试验排除纳米粒子的吸收，或者不能根据纳米材料的溶解度或降解来证明是否是纳米粒子的吸收，SCCS《指南》采用默认方法并假设 100％的吸收材料为纳米形式。表面改性或表面涂层可能会在纳米材料的某些物理化学性质和潜在的毒性作用方面带来深刻的变化。SCCS《指南》建议提供以下信息：

① 用于纳米材料表面改性或涂层的每种材料的信息、数据，表明其可安全用于预期的化妆品。

② 表面改性或涂层纳米材料的物理化学性质数据，表明与未涂覆的相同材料或已被 SCCS 安全评估的不同表面改性或涂层相比，没有显著变化。

③ 皮肤吸收、表面改性或涂层稳定性和（光）催化活性的数据。

总体而言，用于常规化学品的现有风险评估范式原则上也适用于纳米材料。然而，也有研究指出，有的试验方法（如 Ames 试验）在测试纳米材料时应该进行方法学优化与调整。

（3）纳米材料的理化表征

纳米材料的物理化学性质、生物动力学行为和毒理效应可能会随尺寸发生变化，明确识别和详细描述纳米材料是安全评估的基本要求。表 2-16 总结了由 OECD、ISO 和 SCCS 等组织确定的对于纳米材料安全评估重要的理化参数及识别纳米材料的现行方法。已知样品制备步骤会影响纳米材料的物理化学特性，因此应提供关于制备样品的方案信息，特别是在使用超声波分散的情况下。SCCS《指南》建议，生产工艺、任何表面改性以及纳米材料在化妆品制备时的添加过程也有必要进行详细说明。

表 2-16　纳米材料的重要理化参数和常用表征手段

参数	常用表征手段
化学成分	质谱法，EDX，核磁共振及其他分析方法
大小和粒径分布	电子显微镜法（AFM，TEM，SEM，STXM），色谱法（FFF，水动力色谱法，尺寸排除法），离心法（超速离心法），质谱法（SPMS，ICP-MS），圆盘离心沉降法（CPS），激光颗粒分析（DLS，DMA，PTA/NTA）
聚集体、团聚体	电子显微镜法（AFM，TEM，SEM） 光谱法（XRD），BET 激光颗粒分析（DLS，DMA，PTA/NTA） （应该注意，DLS 和 CPS 等技术可以确定＞100nm 的物质，TEM 可以确定他们是团聚体还是聚集体。CPS 可以测量颗粒大小，但重要的是保证预分散过程中，粉末受到的剪切力应类似于材料在应用期间可能遇到的剪切力。）
质量浓度	AEM，CFM，重力法，离心沉降
颗粒数目	颗粒计数器
形状	电子显微镜法（AFM，TEM，SEM），色谱法（沉降 FFF-DLS），XRD，STXM
表面化学	AEM，CFM，紫外-可见光光谱法，XPS，红外光谱法，拉曼光谱法
表面电荷	色谱法（如毛细血管电泳），Zeta 电位法
表面积	BET 法
溶解度、分散度	水溶性，$\lg K_{ow}$
稳定性	应该在一个时期内对系统进行监测，以确保颗粒没有改变他们的聚集或结团状态。例如，颗粒在分散体中的稳定性可以用紫外-可见光光谱法在 2～3 年阶段内进行评定，以确保分散稳定性

（4）纳米材料的暴露评估

化妆品原料的安全性很大程度上决定于其配方产品的暴露量和暴露途径，而暴露量和暴露途径决定于该产品的用途和用法。有证据表明，纳米材料除了可以被吸入、被皮肤和口腔的局部组织吸收，还可能被系统吸收，从而影响其他的组织和器官。因此，在考虑纳米材料的评价方法时，应该同时考虑其作用的主要器官，以及通过次级途径作用的其他器官。因此，暴露评估和潜在暴露途径的确定构成了总体风险评估的第一个关键决策点。对于纳米材料的暴露评估，原则上可以采用与传统成分相同的暴露情景和评估方法。然而，在消费者使用期间，纳米材料特性可能与实验室条件不同（例如可变或稳定的粒度分布），因此可能需要调查更多的实验条件。传统成分暴露量的估计值应以每体积质量为度量，在纳米材料评估时，可能还应提供其他指标，如颗粒数量和大小分布以及表面积浓度。

纳米材料在进入体内的过程中可能会发生降解或溶解，此时会发生内部暴露。例如，口服接触纳米材料后，纳米材料可能在胃肠道中完全溶解。为了证明这一点，应该使用合适的体外方法。在没有相应数据的情况下，SCCS 假定其不会降解。

纳米材料跨越生物屏障的运输不是基于扩散梯度驱动的分配，而是基于内吞作用或其他活跃的跨细胞运输机制。纳米材料的皮肤吸收以及它们在人体内的转运效果可能取决于纳米颗粒的大小和表面改性性质，小粒径的纳米材料可能穿透通常阻止较大颗粒材料进入细胞和组织的生物膜屏障。采用2D和3D多细胞体外共培养模型以逼真地模拟体内器官和屏障（如肺、肺泡和胃肠道）的生理功能，可以评估纳米材料跨不同屏障的摄取情况。这类模型分别有皮肤刺激性实验中使用的手术所得人体皮肤以及重建人类表皮（RHE）；经口吸收体外试验用Caco-2细胞和更复杂的膜上生长多细胞模型（该模型可用于计算胃肠道的粒子沉积剂量）。用于口服暴露的人体呼吸道（HRTM）模型和人体消化道模型结合PBPK/TK模型，可以计算全身暴露、排泄和吸收的组织剂量。此外还有估计气溶胶和/或颗粒物总体和局部的肺沉积的模型（使用最广泛的是HRTM模型和MPPD模型）。HRTM是由ICRP开发的，可用于估计吸入颗粒物在呼吸道中的沉积剂量。这是一个基于实验数据的半经验模型，模拟了材料从呼吸道排出的几种途径。MPPD模型可以计算人体在整个肺间室的平均沉积分数，与ICRP模型相比，它允许选择不同的颗粒大小范围和暴露条件，并考虑到例如暴露在气溶胶中的受试者的年龄特点。

通过肺摄取导致全身暴露的可能性可以通过模拟肺泡屏障的体外细胞模型，即所谓的气液界面（ALI）模型来评估，Katan等人对此模型进行修改，通过使用不同细胞组合建立了体外研究模型（如微流控平台）。如果有系统吸收的证据，并且有实验表明吸收形式为降解或溶解状态，则根据其化学特性对材料的安全性进行评估。

对于化妆品原料，在没有充分的皮肤吸收信息的情况下，一般假定有50%的吸收。但改性纳米材料可以刺激皮肤渗透。鉴于此，如果有确定的实验研究数据，纳米材料的皮肤吸收将可能采用高于50%的默认值。对于喷雾形式的产品和挥发性化妆品成分吸入暴露情况，如果有全身吸收的数据，则进一步调查其吸收形式是颗粒还是溶解状态，若无法证明吸收形式，SCCS将默认被吸收的部分物质100%为纳米颗粒，吸收程度由实验中测得的物理化学参数估计；若没有从肺部导致全身吸收的数据，则计算出纳米颗粒形式在肺部的沉积量。一般对于普通化学品，人们认为口服剂量的生物利用度不超过50%，如果有信息表明口服生物利用度较差，则可以考虑10%的口服吸收默认值。

（5）纳米材料的剂量反应特性

有研究表明，低毒性纳米材料致炎作用存在非常明显的尺寸依赖性[19,20]。根据肺部器官的研究方法和结果来推理纳米材料的危害来源如下：超细颗粒、颗粒物的流行病学和毒理学研究，大鼠肺部过负荷研究，使用纳米材料进行的动物研究，人体纳米材料暴露研究，传统颗粒毒理学研究。这五类来源能够为人工纳米材料对肺部的危害识别提供不同的信息。通过分级式的方法[20]：物理化学表征、无细胞分析（可溶性、物种产生活性氧能力、化学反应性、聚集/团聚、电位）、体外分析（原代细胞、细胞系、初级和次级器官、联合培养）、体内分析（通常采用多种方法对啮齿动物进行呼吸道、皮肤、胃肠道评价）等来测验纳米材料的生物学作用。像其他物质评价一样，纳米材料危险评价中存在的主要问题就是不能确定体外试验预测体内毒性的有效性。由于欧盟禁止化妆品动物试验，SCCS在2019年发布的《化妆品纳米材料安全性评估指南》中提供了相应的体外试验方法（表2-17）。应该注意的是，目前绝大多数动物替代体外试验方法，都没有用纳米材料验证过。而在毒代动力学、重复剂量毒性、致癌性、变态反应、生殖毒性这5个方面，还不存在能完全替代动物试验的体外方法。对于纳米材料来说，其ADME数据也只能通过体内试验来获取。

表2-17　化妆品用纳米材料毒理学评价的有效替代方法

毒理学评估类型	体外试验方法
细胞毒性评估	比色法；染料排除试验；荧光测定法；光度测定法
腐蚀刺激性评估	大鼠皮肤经皮电阻测试；表皮重建人表皮（RHE）等
眼损伤刺激评估	牛角膜混浊通透性试验方法；重建人角膜上皮（RHCE）试验方法等
皮肤致敏性评估	氨基酸衍生物测定法（ADRA）；体外细胞激活试验等
皮肤经皮吸收	体外皮肤测试法
基因毒性评估	体外微核试验；细菌反向突变试验等
致癌性评估	仓鼠胚胎（SHE）体外转化试验；体外BHAS42测定法等
生殖毒性评估	胚胎干细胞试验；整个胚胎培养试验
光毒性评估	光微核试验；光染色体畸变试验等
潜在ED评估	芳香化酶分析法；激素检测等
剂量毒性评估	目前还没有经过验证或普遍接受的替代方法来替代动物试验

（6）纳米材料MoS的计算

对于纳米材料，MoS的计算，特别是在通过口服、皮肤和肺部暴露途径吸收非常低的情况下，可能是具有挑战性的。在吸收非常低的情况下，NOAEL在毒理学研究中的有效性可能会受到质疑，对于难以吸收的物质，可能没有毒性影响。然而，在这种情况下，需要对转移和积累等过程进行准确的研究，然后才能做出安全使用的决定。

计算成品化妆品成分的MoS，即系统吸收剂量（PoD_{sys}）与暴露估计值之比。通过考虑暴露和毒理学效应来评估纳米材料在化妆品应用中的安全性，包括局部效应和系统效应。关于全身毒性、吸收程度以及可能的代谢转化的数据全面的情况下，才能进行安全风险评估。虽然口服生物利用度可以通过信息学工具预测，皮肤吸收可以通过体外研究预测，但应该注意的是，仅靠细胞研究不能模拟整个生物体。体外试验结果必须与动力学数据相结合。对于用作化妆品成分的纳米材料，体外试验到人体外推是一个挑战，因为在体动物数据不能用于建立和验证毒代动力学模型；除了传统的化学性质外，纳米材料还必须考虑其他方面（例如聚集与团聚、表面相互作用、改变的动力学）的影响。

由于欧盟禁止对化妆品成分和产品进行动物试验，新化妆品成分的全身性不良影响的 PoD_{sys} 值不易获得。对于这种情况，申请人将需要从替代方法中收集相关数据信息，并整合这些数据以建立支持化妆品成分安全性的证据的总体权重。目前没有通用的评估标准框架，需要在个案基础上进行评估。

2.5.7 染发剂

在进行染发剂评估时，应对临时、半永久和永久染发剂进行区分，而重点关注对氧化性（永久）染发剂的评估和监管。鉴于此类染发剂中通常包含两个组分系统，以便产生化学反应，因此，安全性评估中应考虑到消费者可能会暴露于前体、耦联剂、中间体和最终产物。2003 年，欧盟委员会与成员国共同商定了一项阶段式策略，用于监管染发剂化妆品原料和产品。该策略的主要内容是分级的调制方法，要求业界在一定期限内提交染发剂组分及其可能的混合物的安全性档案文件。在 2006 年，欧委会发布了 22 种染发剂原料的禁用清单，禁止使用业界尚未提交任何文件的所有永久性和非永久性染发剂（已列入欧委会指令 76/768/EEC 的附件Ⅱ中）以及 SCCS 给予了否定意见的染发剂。

对染发剂配方的安全性评估中的主要问题在于，其使用与患上癌症之间存在有争议的联系。欧盟曾经认为评估应侧重于白血病和膀胱癌，但是没有证据可以将个人使用染发剂与其他部位的癌症风险相联系。此外，根据 SCCS《指南》，符合 Skin Sens 1、H317 分类标准（根据 CLP）的染发剂（归类为极端和强敏剂）可能对消费者不安全。另一方面，由于染发产品并不是预期每天使用的。因此，不应该以每日全身暴露量进行计算。保守的间歇式暴露 MoS 的计算方法是将每日应用的 PoD 除以单个应用的 SED。在对染发剂配方和成分的皮肤吸收研究中，将 $700cm^2$ 作为默认的头皮面积，用量为 $20mg/cm^2$，使用时间为 30～45min（取决于预期用途）。

（1）氧化型染发剂的原料和反应产物评估

对于氧化型染发剂，风险评估主要关注染发过程中形成的氧化物的成分以及产品和中间体（包括其潜在的诱变、遗传毒性、致癌特性）引起的整体健康风险。氧化型染发剂包括了具有各种取代基（例如羟基、氨基、亚氨基羰基、羟乙基、羟基乙氧基和烷基）的前体和偶联剂。氧化型染发剂配方的使用导致消费者接触前体和成色剂以及它们的反应产物。与前体和偶联剂相比，这些反应产物的暴露通常被认为较低，因为形成的二聚体和三聚体具有较高的分子量。由于暴露量低且具有间歇性（平均每月一次），在实验条件下未检测到暴露于中间体或自偶联产物。因此，在反应产物的风险评估中，不考虑毒性问题。

许多染发剂前体和反应产物具有芳胺结构，会被自动识别为警报结构，因此在染发剂的危害识别过程中使用QSAR的价值有限。虽然对于前体、偶联剂和反应产物，在体外遗传毒性试验中通常观察到阳性结果，但没有明确的体内遗传毒性证据（如果有体内数据）。可能仅在细胞的*N*-乙酰化能力（解毒）不堪重负的浓度下才能发现遗传毒性效应。这表明在局部应用的风险评估中可以考虑皮肤的“首过”效应。染发剂初级中间体和三聚体分子的结构表明它们含有芳香族仲氨基，暴露于亚硝化剂可能会形成*N*-亚硝基衍生物。虽然这种转变在理论上是可能的，但在实际暴露条件下无法提供证据。由于上述原因，SCCS《指南》建议根据原料（即前体和着色剂）而非反应产物的毒理学评估对氧化型染发剂进行安全评估。

（2）染发剂的致突变性和遗传毒性试验

鉴于使用染发剂与患癌症之间的争议性联系，不同染发剂组分的致突变性和遗传毒性已经开始受到普遍关注。针对染发剂的致突变性和遗传毒性的危害识别，SCCS《指南》中提供了阶段式体外战略，从而可以获得足够的体外数据。具体而言，建议在氧化型染发剂物质的体外致突变性和遗传毒性试验中应包含细菌回复突变试验、体外哺乳动物细胞基因突变试验、体外微核试验和体外哺乳动物染色体畸变试验中的一项。体外试验或QSAR结果中应表现出阳性结果，表明潜在致突变性或遗传毒性，可能需要进一步的试验。而在个案基础上，可能需要实施额外的体外、体内试验，同时应考虑到通过完善的体外皮肤吸收研究，生成起始材料和反应产物的全身利用度方面的必要数据；考虑到代谢活化情况；以及可能有必要实施体内致突变性和遗传毒性试验，将氧化型染发剂混合物应用于实验动物的皮肤（如裸鼠），进行微核试验或皮肤彗星试验。

2.5.8 儿童化妆品

2021年9月，我国出台了《儿童化妆品监督管理规定》，明确提出“儿童化妆品是指适用于年龄在12岁以下（含12岁）儿童，具有清洁、保湿、爽身、防晒等功效的化妆品”[20]。标识“适用于全人群”“全家使用”等词语或者暗示产品使用人群包含儿童的产品也应该按照儿童化妆品管理。儿童化妆品配方应当选用有长期安全使用历史的化妆品原料，并对配方使用原料的必要性进行说明，特别是香料、着色剂、防腐剂及表面活性剂等原料，不得使用尚处于监测期的新原料，不允许使用基因技术、纳米技术等新技术制备的原料，不允许使用以祛斑美白、祛痘、脱毛、除臭、去屑、防脱发、染发、烫发等为目的的功能性原料。《儿童化妆品监督管理规定》要求儿童化妆品应当通过安全评估和必要的毒理学试验进行产品的安全性评价[20]。《化妆品安全评估技术导则》（2021年版）则提到了对儿童化妆品进行评估时，在危害识别、暴露量计算等方面，应结合儿童生理特点[3]。

SCCS《指南》提出，由于儿童化妆品的皮肤暴露对于新生儿和早期婴儿可能存在许多潜在的危险因素，在某些情况下，可能需要计算特定亚群（例如婴儿和儿童）的化妆品成分的 MoS。例如，暴露于设计用于尿布区域的免洗型化妆品或用于儿童的产品，对某些终点具有更高的敏感性。此外，由于存在皮肤结构和功能差异，因此必须区分早产儿（屏障功能受损）和足月新生儿。此外，pH 值差异起着重要作用，在湿巾等使用频率较高的婴儿护理产品中是考虑的重要因素。在儿童化妆品风险评估时，通常只考虑了足月婴儿的完整皮肤。

足月出生时，新生儿具有成人皮肤的所有结构，并且这些结构在出生后在解剖学上不会发生显著变化。当皮肤完好时，新生儿皮肤中的皮肤吸收与成人皮肤相似。在 0 至 10 岁儿童中，新生儿的表面积/体重比（SSA/BW）比成人高 2.3 倍，在 6 个月和 12 个月时分别变为 1.8 和 1.6 倍。这通常被用于计算 MoS 的物种内因子 10（大约为 3.2×3.2）所涵盖。一般来说，如果考虑到完整的皮肤，则无需为儿童额外进行不确定因子的校正，对于特定化合物，可能需要额外考虑六个月以下的新生儿、婴儿与成人之间的潜在代谢差异。

对于某些物质，不同年龄组的儿童和成人的毒代动力学参数可能不同，导致新陈代谢、清除率降低和半衰期延长，这可能会增加或降低新生儿不良反应的潜在风险。与成人相比，新生儿和早产儿肝脏中的细胞色素氧化酶（CYP450）活性较低。这些数据表明，1～10 岁儿童的生物活化或代谢解毒程度通常低于成人。与成人相比，由于肝脏中外源性的化合物代谢酶（XME）发育不完全（例如 UGT1A1 和一些酯酶）。因此，根据所讨论的化妆品成分，激活和失活 XME 活性之间的平衡可能对全身暴露至关重要，应逐案考虑。然而，一般而言，假定不需要针对与年龄相关的毒代动力学差异的特定评估因素。关于皮肤代谢，人们认识到某些代谢酶在儿童皮肤中的表达似乎较少，尤其是 1 岁以下的儿童。因此，与成人相比，新生儿和早期婴儿在皮肤应用后对某些化妆品成分的内暴露可能更高。为了进行合理的风险评估，需要有关新陈代谢的相关人体数据。例如，这些数据可以通过结合研究化妆品成分代谢的体外数据和 PBPK/PBTK 建模的方法获得。对于不同年龄组的人体生物转化的毒代动力学模型，需要在人体皮肤和肝脏中获得生物转化的相关体外数据。

在暴露评估中应考虑产品的使用条件。但 SCCS《指南》指出，在公开文献中没有关于新生儿和早期婴儿的全面暴露数据。尿布区域和非尿布区域的皮肤屏障功能在出生时无法区分，但在前 14 天表现出不同的行为，尿布区域具有更高的 pH 值和增加的水合作用。关于尿布区的皮肤水合作用，新生儿的角质层中的水分含量往往比早期婴儿和爬行或蹒跚学步的婴儿长达 1 岁时所观察到的要高一些。此外，含水量的变化更大。皮肤 pH 值通常在 5～6 之间，与成人皮肤测量的皮肤 pH 值相似。然而，尿布区域易受炎症影响，缓冲能力受损（尿布疹）。这会导致由尿布环境中的物理、化学和酶微生物因素引起的偶发性急性皮肤炎症（平均持续 2～3 天），例如在饮食变化（母乳喂养、奶瓶喂养）期间发生尿布区域的急性皮肤炎症，尤其可能发生于6～12个月大的婴儿。尿布区域也是容易发生皮肤屏障损伤的区域，考虑到对微生物的敏感性，婴儿配方应采用适当的缓冲液进行配制。

综上所述，当涉及完整皮肤时，一般不需要对儿童有额外的评估因素。然而，当尿布区域的皮肤受损并且有数据表明个体间的差异会导致值高于默认值10时，才需要再增加一个不确定因子。

2.6 化妆品的微生物风险评估

化妆品微生物污染通常来源于原料带入，产品配制和灌装过程，以及消费者使用环节。儿童化妆品，眼部、口唇化妆品应当对微生物污染予以特别关注[3]。自然机制屏障和各种防御机制可以保护皮肤和黏膜不受微生物的攻击。但是，一些化妆品的使用可能导致皮肤和黏膜受损并引起轻微外伤，从而提高了微生物感染的可能性。针对用于眼周围、黏膜等敏感部位及针对三岁以下儿童、老年人或免疫系统受损人群的成品化妆品，应当对微生物污染予以特别关注。

2.6.1 定性限和定量限

我国《化妆品注册和备案检验工作规范》和《化妆品安全技术规范》规定了化妆品中微生物指标，并提出了化妆品微生物学检验的基本要求（表2-18）。一般来说，化妆品需要经过处理，在一定条件下培养后通过分析1g（或1mL）检样中所含菌落总数，判明其被细菌污染的程度。为了确保产品质量和消费者的安全，有必要对上市的每批成品产品进行微生物风险分析。对于防腐体系相同且配方近似的产品，可参考已有的资料和实验数据进行微生物风险评估。此外，某些化妆品配方中的固有成分、生产条件和产品包装等因素，可单独或共同作用，从而实现抑制微生物的生长、降低化妆品遭受微生物污染的可能性。这些被鉴定为低微生物风险化妆品，如指甲油卸除液和乙醇含量≥75%（质量分数）的产品可免除微生物试验测试。而物理脱毛类产品、非氧化型染发类产品需要检测微生物。

表2-18　《化妆品注册和备案检验工作规范》中的化妆品产品微生物检验项目[4]

检验项目	非特殊用途化妆品	特殊用途化妆品								
		育发类	染发类	烫发类	脱毛类	美乳类	健美类	除臭类	祛斑类	防晒类
菌落总数	○	○				○	○	○	○	○
霉菌和酵母菌总数	○	○				○	○	○	○	○
耐热大肠菌群	○	○				○	○	○	○	○
金黄色葡萄球菌	○	○				○	○	○	○	○
铜绿假单胞菌	○	○				○	○	○	○	○

类似的，SCCS《指南》也针对化妆品的微生物质量控制规定了两个不同类别的定量限。其中，类别 1 是用于 3 岁以下儿童、眼部区域和黏膜的化妆品；而类别 2 为其他产品。对于第 1 类化妆品，每 0.5g 或 0.5mL 产品中的好氧嗜温性微生物的总活菌计数不得超过 10^2CFU/g 或 10^2CFU/mL；对于第 2 类化妆品，每 0.1g 或 0.1mL 产品中的好氧嗜温性微生物的总活菌计数不得超过 10^3CFU/g 或 10^3CFU/mL。绿脓杆菌、金黄色葡萄球菌和白色念珠菌被认为是化妆品中的主要致病菌。在每 0.5g 或 0.5mL 的第 1 类化妆品，以及每 0.1g 或 0.1mL 的第 2 类化妆品中，不得检出此类主要致病菌[2]（表 2-19）。

表 2-19　我国规定的化妆品微生物定量限[21]

微生物指标	限值	备注
菌落总数(CFU/g 或 CFU/mL)	≤500	眼部化妆品、口腔化妆品和儿童化妆品
霉菌和酵母菌总数(CFU/g 或 CFU/mL)	≤1000	其他化妆品
耐热大肠杆菌(/g 或/mL)	不得检出	
金黄色葡萄球菌(/g 或/mL)	不得检出	
铜绿假单胞菌(/g 或/mL)	不得检出	

2.6.2 风险评估因子

国际标准化组织（ISO）发布了《化妆品微生物学微生物的低风险产品鉴定和风险评估指南》（ISO 29621：2017）以帮助化妆品行业检测化妆品中污染物水平、种类以及安全性[22]。在微生物风险评估中，需要对大部分化妆品的基本特征（如产品成分、生产条件和包装因素等）进行评估，确定化妆品中是否存在微生物的生存环境。而一些低微生物风险化妆品，指不能够为微生物的生长和存活提供物理或化学条件的化妆品（配方中含有防腐剂或其他杀菌或抗菌成分的化妆品则不属于低微生物风险化妆品），其具有一些特定理化因子单独或共同作用可以形成抑制微生物存活或生长的环境。这些在产品主要考察的风险评估因子包括水活度、配方的酸碱度、不利于微生物生长的原料、生产条件和产品包装。

2.6.2.1 水活度

水分是控制微生物繁殖速度的最重要因素之一。但分子内的结合水不能被微生物利用，只有游离的水才能被利用。水活度是指在一定温度和压力下，能被微生物利用的实际含水量，为物质中水分含量的活性部分或者说自由水。水活度 a_w 一般用以下公式来计算：

$$a_w = \frac{p}{p_0} = \frac{n_2}{n_1 + n_2}$$

式中，p 为溶液蒸气压；p_0 为纯水蒸气压；n_1 为溶质的物质的量浓度；n_2

为水的物质的量浓度。

纯水的 a_w 为 1。当环境中的水分活性值较低时，微生物需要消耗更多的能量才能从基质中吸取水分。基质中的水分活性值降低至一定程度，微生物就不能生长。对化妆品来说，随着配方中游离水的减少（a_w 值降低），微生物面临着维持内部压力的挑战。失去膨胀性会导致细胞生长减慢，最终导致死亡。尽管有许多微生物能在低 a_w 条件下存活，但不会生长。低 a_w 会导致微生物的生长滞后期增长和细胞总数减少。在极低的 a_w 值时，可以假设生长滞后期变为无穷大，即没有增长。大多数细菌的生长都被限制在 0.90 以上的 a_w 值内。一些酵母和霉菌可以在更低的 a_w 值（≥0.60）下生长。

表 2-20 中列出了特定微生物生长的近似最小水活度。但这些水活度值应仅供参考，因为微生物的生长还取决于产品配方的温度、pH 值和营养含量。通常，在产品配方中，微生物需要大于 0.8 的水活度才能生长。由于水活度低于 0.7 的产品配方中不存在微生物增殖的可能性，因此不需要在这些类型的产品配方中进行防腐剂挑战测试。在某些无水配方中，即使没有防腐剂，仅低水分活度就足以使产品得到充分保存。尽管水活度值对于协助微生物污染风险分析很重要，但在确定特定产品配方是否需要进行微生物测试时，不应将水活度作为唯一的指标，还应考虑其他因素，如制造和灌装温度等。

表 2-20　某些微生物生长所需的近似最低水活度（a_w）[22]

细菌	水活度(a_w)	真菌	水活度(a_w)
铜绿假单胞菌	0.97	黑色根霉	0.93
蜡状芽孢杆菌	0.95	铅毛霉	0.92
肉毒梭菌 A 型	0.95	黏性红酵母	0.92
大肠杆菌	0.95	酿酒酵母	0.90
产气荚膜梭菌	0.95	变异拟青霉	0.84
绿色乳杆菌	0.95	烟曲霉	0.82
产气肠杆菌	0.94	光滑青霉	0.81
枯草芽孢杆菌	0.90	黄曲霉	0.78
溶菌微球菌	0.93	巴西曲霉	0.77
金黄色葡萄球菌	0.86	鲁酵母(嗜渗酵母)	0.62
副溶血弧菌	0.75	双孢旱霉(嗜旱菌)	0.61

2.6.2.2　配方的酸碱度（pH 值）

在食品工业中，使用酸性 pH 值来防止细菌是一种常见的做法，同样的原则也适用于化妆品。在许多情况下，对微生物活性的抑制程度取决于所使用的特定酸。pH=5 左右的酸性条件有利于霉菌和酵母菌的增殖，但不利于细菌的生长。当 pH 值降到 3 以下时，环境变得不利于酵母增殖。与此同时，碱性 pH 也可以制造不利于微生物生长的环境，许多产品也将这作为防腐的措施。碱性（pH 为 9～10）的液体皂呈现出不利于某些微生物生长的作用。卷发松弛剂由于其极端的 pH 值（约 12），可抑制几乎所有污染化妆品的微生物的生长。极端的 pH 值，无论是酸性的还是碱性的，使得微生物有必要将能量花在维持细胞内的 pH 值上，而不是生长上。当 pH 与螯合剂、乙二醇、抗氧化剂、水活度和高表面活性剂水平结合使用时，可以创造一个不支持微生物生长的环境。这种观点可以被形象地称为微生物为了生长必须克服的“栅栏效应”。

一些特殊的产品（pH＞10 或 pH＜3），不需要进行包括挑战实验和最产品实验在内的微生物检测。对于其他产品（3≤pH≤10），需要综合考虑 pH 和其他理化特征才能判定可能的风险。微生物的低风险性则需要通过实验数据和质量历史来支撑。

2.6.2.3 不利于微生物生长的原料

(1) 醇类

当溶液中无水乙醇含量超过 20%（体积分数）时，可以抑制微生物的生长。然而，较低含量的乙醇（5%～10%）也可以加强其他理化特征的抑菌效果。乙醇、正丙醇和异丙醇是化妆品中最常用的脂肪醇，其抑菌效果随着分子量和分子链长度的增加而增强，其在产品中的浓度决定着是杀死微生物还是抑制微生物生长。资料表明，浓度（体积分数）为 10%至 20%的醇类物质的抑菌效果显著，但是效果会在储藏过程中下降。考虑到 pH 和酶的作用，一致认为，15%～18%的醇应用在储藏过程中比较适合。醇含量大于 20%（体积分数）时产品不需要进行微生物检验。当醇含量小于 20%时，需要同时考虑其他的理化因素来判定可能存在的风险。微生物的低风险性则需要通过实验数据和质量历史来支撑。

(2) 氨和单乙醇胺

氨和单乙醇胺这两种碱性试剂通常用于染发剂中，其用途为：a. 使头发纤维膨胀，使染料前体更好地渗透；b. 产生黑色素漂白和染料形成所需的活性过氧化物；c. 参与黑色素的漂白。它们还能有助于挥发性乳液的渗透。挥发性乳液通常是碱性的，一般卷发后涂在头发上以滋润营养头发。除了这些主要功能外，作为碱化剂，氨和单乙醇胺预计会在使用它们的产品中为微生物生长创造一个不利的环境。因此，含氨水平≥0.5%或单乙醇胺水平≥1%的产品使微生物无法满足生长和生存所需的物理和化学要求，可被视为微生物低风险产品。

(3) 极性有机溶剂

乙酸丁酯和乙酸乙酯是指甲油中常用的有机溶剂。这些基本上是由溶解在溶剂中的硝化纤维素制成的。溶剂是用来混合其他成分（成膜剂、树脂、增塑剂、颜料等）的液体，在指甲油中实现均匀涂抹。除了这一主要功能外，当这些有机溶剂在浓度>10%时使用时，会在使用它们的配方中为微生物生长创造一个不利的环境。这些溶剂的混合物是指甲油组合物的特征，在短时间内对测试菌株有很高的杀菌活性。因此，溶剂型指甲油可被认为微生物风险较低，不需要微生物测试（包括防腐挑战和最产品测试）。

（4）其他物质

除了上述三类，还有其他原材料可能会抑制微生物增殖。这些原料包括而不限于：

① 强氧化剂（如过氧化氢）或强还原剂（如硫醇化合物）。过氧化氢已被证明具有广泛的抗菌活性，因为它对细菌、真菌、病毒和孢子都有活性。大多数菌株的增殖可被3%的过氧化氢完全抑制。

② 氧化性染料。

③ 三氯氢铝和相关盐。某些除臭剂和止汗剂中的高浓度（25%）三氯氢铝会导致酸性pH值和低的 a_w 值，不利于微生物的生长。

④ 推进剂气体。在使用推进剂气体（例如二甲醚、异丁烷）帮助输送产品（发胶、除臭剂、剃须泡沫等）的化妆品中，氧气分压的下降会阻碍微生物生长，在某些情况下，推进剂气体本身也会阻碍微生物生长。

⑤ 其他可能产生抑菌效果的物质，需要参考文献、实验数据和生产情况进行评价。

2.6.2.4 生产条件

制造和灌装过程的某些操作（例如高温）可以降低化妆品的微生物污染风险。微生物生长有一个最佳温度范围。低温将允许缓慢增长，而升高温度可能会促进增长。当温度高于最适温度时，生长受到抑制，微生物被杀死。加热用于控制微生物的方法是施加足以快速杀灭微生物的温度，或在较长时间内保持高于最佳温度。一般来说，高于65℃的温度会导致产品配方中的微生物生物负荷热灭活。在65℃的温度下保温10min，大多数繁殖性细菌细胞都会因为细胞蛋白质的降解而死亡。因此，不需要对在65℃以上温度灌装的产品配方进行微生物含量测试。但是，需要考虑进行产品的周期性检测和生产过程中温度致命性的验证，也应定期对生产情况进行评价以确保生产条件没有发生变化。

2.6.2.5 产品包装

化妆品所选择的包装组件类型直接影响其在使用中的污染风险，并应在使用过程中的微生物风险评估中加以考虑。特定包装（例如泵分配器等）能提供物理保护，防止化妆品在消费者使用时受到污染，并有助于保护和保存配方；其他因素，如小体积包装、限制使用次数或指示使用时间短，也有助于保护配方；特定外观，例如压力喷射或者独立小包装可以提供使用过程中的全面微生物防护。一旦化妆品被出售，包装防护将伴随使用全程，如果包装能够提供高水平的保护，使用过程中的微生物感染风险就会降低。上述影响因子的组合，能够创造抑制微生物生长或存活的环境。研究表明，化妆品中各影响因子之间具有协同作用，其作用效果强于因子单独作用的叠加。产品是否需采用微生物标准进行检测，应首先考虑这种协同作用。

2.6.3 低微生物风险产品的鉴定

满足表 2-21 中任一种或多种特征的产品可被鉴定为低微生物风险产品。这些被鉴定为低微生物风险的化妆品可免除微生物测试，但应予以说明。类似的，我国《技术导则》也规定，“根据产品特性，属于不易受微生物污染的产品，即非含水产品、有机溶剂为主的产品、含水产品（水活度＜0.7）、乙醇含量＞20%（体积分数）的产品、高（或低）pH 值（pH≥10 或≤3）的产品、灌装温度高于 65℃的产品、一次性或包装不能开启等类型的产品等，可不进行防腐效能评价”。

表 2-21 ISO 对低微生物风险化妆品的鉴定标准[22]

理化指标	限值	产品举例
低 pH	≤3	去角质类产品(果酸)
高 pH	≥10	直发膏
乙醇或其他醇类	≥20%(体积分数)	发胶、奎宁水、香水
灌装温度	≥65℃	唇膏、口红、腮红
水活度	≤0.75	
乙酸乙酯	>10%	溶剂型产品：指甲油
乙酸丁酯	>10%	
氨	≥0.5%	氧化性产品：染发剂、烫发剂
单乙醇胺	≥1%	
三氯铝及其相关盐	≥25%	防汗剂
过氧化氢	≥3%	烫染发剂、漂白剂

2.6.4 防腐挑战

对处于研发阶段的化妆品，可参考国际通用的标准或方法对其防腐体系的有效性进行评价。一般采用微生物挑战性试验，即将一定量的微生物加入化妆品中，每隔一定时间检测微生物增减的数量，以此来判断防腐剂的防腐效能。微生物挑战性试验可采用单一培养或混合培养方式。单一培养即分别接种每种测试菌株的菌悬液于测试化妆品中，在接种后的一定时间内对化妆品中的微生物进行平板计数，以此判断防腐剂的防腐效能。混合培养为将几种细菌或真菌的混合液接种于化妆品中，在接种后一定时间内，测定化妆品的菌落数，以此判断防腐剂的防腐效能。化妆品防腐效能评价者可根据实际情况选择培养方式。防腐挑战测试菌株的选用原则为：a. 覆盖革兰氏阳性、阴性细菌；b. 包括酵母菌和霉菌至少各一种；c. 测试菌株对各种常用防腐剂抵抗性能代表化妆品高危污染微生物对该防腐剂的抵抗性；d. 可根据化妆品的性质，生产、使用环境等增加菌株。一般较常用的菌株为金黄色葡萄球菌、大肠杆菌、铜绿假单胞菌、白色念珠菌和黑曲霉等。最好使用官方方法采集菌株，以确保试验可重现性。在试验中，必须通过稀释、加入中和剂或其他方法，除掉成品化妆品中的防腐剂或消灭任何其他化合物的杀菌活性。

参考文献

[1] 国家食品药品监督管理局. 化妆品不良反应监测管理办法[Z]. 2022-02-15.

[2] SCCS. The SCCS notes of guidance for the testing of cosmetic ingredients and their safety evaluation-11th revision[Z]. 2021-03-30.

[3] 国家食品药品监督管理局. 化妆品安全评估技术导则（2021 年版）[Z]. 2021-04-08.

[4] 国家食品药品监督管理局. 化妆品注册和备案检验工作规范[Z]. 2019-09-03.

[5] Kimber I, Gerberick G F, Basketter D A. Quantitative risk assessment for skin sensitization: Success or failure?[J]. Regulatory Toxicology and Pharmacology, 2016, 83: 104-108.

[6] Anne Marie Api, Basketter D A, Cadby P A, et al. Dermal sensitization quantitative risk assessment (QRA) for fragrance ingredients[J]. Regulatory Toxicology and Pharmacology, 2008, 52 (1): 3-23.

[7] Goebel C, Diepgen T L, Krasteva M, et al. Quantitative risk assessment for skin sensitisation: Consideration of a simplified approach for hair dye ingredients[J]. Regulatory Toxicology and Pharmacology, 2012, 64 (3): 459-465.

[8] Nijkamp M M, Bokkers B G H, Bakker M I, et al. Quantitative risk assessment of the aggregate dermal exposure to the sensitizing fragrance geraniol in personal care products and household cleaning agents[J]. Regulatory Toxicology and Pharmacology, 2015, 73 (1): 9-18.

[9] Ezendam J, Bokkers B G H, Bil W, et al. Skin sensitisation quantitative risk assessment (QRA) based on aggregate dermal exposure to methylisothiazolinone in personal care and household cleaning products[J]. Food and Chemical Toxicology, 2018, 112: 242-250.

[10] Frawley J. Scientific evidence and common sense as a basis for food-packaging regulations[J]. Food and Cosmetics Toxicology, 1967, 5 (3): 293-308.

[11] Gold L S, Sawyer C B, Magaw R, et al. A carcinogenic potency database of the standardized results of animal bioassays[J]. Environmental Health Perspectives, 1984, 58: 9-319.

[12] Munro I C, Ford R, Kennepohl E, et al. Correlation of structural class with no-observed-effect levels: A proposal for establishing a threshold of concern[J]. Food & Chemical Toxicology, 1996, 34 (9): 829-867.

[13] Kroes R, Renwick A G, Cheeseman M, et al. Structure-based thresholds of toxicological concern (TTC): Guidance for application to substances present at low levels in the diet[J]. Food and Chemical Toxicology, 2004, 42 (1): 65-83.

[14] Kroes R, Renwick A G, Feron V, et al. Application of the threshold of toxicological concern (TTC) to the safety evaluation of cosmetic ingredients[J]. Food and Chemical Toxicology, 2007, 45 (12): 2533-2562.

[15] Re T A, Mooney D, Antignac E, et al. Application of the threshold of toxicological concern approach for the safety evaluation of calendula flower (calendula officinalis) petals and extracts used in cosmetic and personal care products[J]. Food and Chemical Toxicology, 2009, 47 (6): 1246-1254.
[16] Mahony C, Bowtell P, Huber M, et al. Threshold of toxicological concern (TTC) for botanicals: Concentration data analysis of potentially genotoxic constituents to substantiate and extend the TTC approach to botanicals[J]. Food and Chemical Toxicology, 2020, 138: 111182.
[17] OECD. Revised guidance document 150 on standardised test guidelines for evaluating chemicals for endocrine disruption[Z]. 2018-09-03.
[18] Bernauer U, Bodin L, Chaudhry Q, et al. SCCS guidance on the safety assessment of nanomaterials in cosmetics: SCCS/1611/1[Z]. 2019-10-30.
[19] 国家食品药品监督管理局. 化妆品新原料注册备案资料管理规定[Z]. 2021-02-26.
[20] 国家食品药品监督管理局. 儿童化妆品监督管理规定[Z]. 2021-10-08.
[21] 国家食品药品监督管理局. 化妆品安全技术规范（2015 年版）[Z]. 2015-12-23.
[22] ISO. Cosmetics-Microbiology-Guidelines for the risk assessment and identification of microbiologically Low-risk products (second edition): ISO 29621: 2017[Z]. 2017-03-13.

化妆品的毒理学安全性评价

我国新申请注册或备案的化妆品原料原则上需要提供以下毒理学试验资料：a. 急性经口或急性经皮毒性试验；b. 皮肤和眼刺激性/腐蚀性试验；c. 皮肤变态反应试验；d. 皮肤光毒性和光变态反应试验（原料具有紫外线吸收特性时需做该项试验）；e. 致突变试验（至少应当包括一项基因突变试验和一项染色体畸变试验）；f. 亚慢性经口或经皮毒性试验（如果该原料在化妆品中使用经口摄入可能性大时，应当提供亚慢性经口毒性试验）；g. 致畸试验；h. 慢性毒性/致癌性结合试验；i. 吸入毒性试验（原料有可能吸入暴露时须做该项试验）；j. 长期人体试用安全试验。此外，还可以根据原料的特性和用途、理化特性、定量构效关系、毒理学资料、临床研究、人群流行病学调查以及类似化合物的毒性等资料情况，增加或减免试验项目[1]。新原料毒理学试验项目首选《化妆品安全技术规范》规定的试验方法，如果毒理学试验项目未规定方法，应当按照国家标准或国际通行方法进行检验。应用法规尚未收录的动物替代体外试验方法时，应选择国际权威替代方法验证机构已收录的方法，并同时提交该方法能准确预测该毒理学终点的证明资料。本章综述了目前国际上在化妆品毒理学安全性评价领域的常用体外、动物和人体试验方法及最新研究进展。

3.1 急性毒性

急性毒性评估包括单剂量或多剂量化学品或产品在 24h 内通过特定途径（经口、经皮、吸入）以及在随后的 21 天观察期内发生的健康损害效应。急性经口毒性试验是评估化妆品原料毒性特性的第一步，通过短时间经口染毒可提供对健康危害的信息。试验结果可为化妆品原料毒性分级和标签标识以及确定亚慢性毒性试验和其他毒理学试验剂量提供依据。对于与皮肤接触的化妆品，急性皮肤毒性试验还可确定受试物能否经皮肤吸收和短期作用产生毒性反应。对于可能通过呼吸道进入人体的化妆品原料，还有必要进行急性吸入毒性试验。

3.1.1 动物试验和优化

2001年以前，急性毒性动物试验（OECD TG 401）一般在研究条件下测定化合物在啮齿类动物（常用大鼠、小鼠、豚鼠等）中的 LD_{50} 值（半数致死剂量），即一次给予受试物后，引起实验动物总体中半数死亡的毒物的统计学剂量（mg/kg 或 g/kg）。以此来对化合物的毒性进行分类。目前，该原始试验方法在欧盟已被下列“优化”和“减少”方法所取代：

① 急性经口毒性-固定剂量法（OECD TG 420）

② 急性经口毒性-急性毒性分类方法（OECD TG 423）

③ 急性经口毒性的上下程序法（OECD TG 425）

④ 急性皮肤毒性（OECD TG 402）

⑤ 急性吸入毒性（OECD TG 403）

⑥ 急性吸入毒性-急性毒性等级方法（OECD TG 436）

⑦ 急性吸入毒性-固定浓度程序（OECD TG 433）

这些方法不再将致死率作为终点，不会造成动物死亡、明显疼痛或压力，并以估计 LD_{50} 值和置信区间取代计算精确的 LD_{50} 值，大幅度减少了受试动物的数量和痛苦，因此是有用的优化替代方法。

3.1.2 基于体外细胞毒性的替代方法

在欧洲，鉴于化妆品的动物试验禁令，在评估化妆品原料的安全性时，已不是强制要求提供急性毒性数据。欧洲化学品管理局（ECHA）在急性全身毒性研究的指导文件中纳入了证据权重（WoE）方法，有可能使用重复剂量毒性研究的数据以及体外细胞毒性测试结果、理化特性、结构分析和毒代动力学评估等来代替急性经口毒性试验。此外，OECD 的急性毒性豁免指导文件（OECD GD 237）中，如果 LD_{50} 的预测值大于2000mg/kg，也可以根据体外测试或其他的结果豁免急性经口毒性实验研究。2005—2010年，欧盟进行了创建完全基于体外方法和计算机模型的综合测试策略的 ACuteTox 项目，目的是取代用于预测人类急性经口系统毒性的动物试验，并将化学品分类为不同的 EU 分类、标签和包装、GHS 毒性类别。目前，唯一通过 ECVAM 验证的体外试验方法是中性红摄取（NRU）细胞毒性试验。

该方法将基于中性红摄取的细胞毒性数据用于预测啮齿动物体内 LD_{50} 值和急性经口全身毒性试验的起始剂量。小鼠成纤维细胞（BALB/3T3）和人正常表皮角质形成细胞（NHK）的 NRU 毒性试验具有高灵敏度（96%）和较低的假阴性率（4%）。因此，当与预测模型结合使用时，还具有区分潜在的有毒化合物和无毒化合物（即可能需要分类的化合物或不需要分类的化合物）的能力（即 LD_{50} 的预测值是否大于 2000mg/kg）。因此，测试中发现的阴性物质很可能不需要对急性经口毒性进行分类。假设大多数工业化学品不太可能是急性毒性的，这种测试方法可能被证明是整合测试评估方法（IATA）、交叉参照（read-across）或证据权重（WoE）方法的有用组成部分。其缺陷在于只能用于评估通过基础细胞毒性起作用的化学物质。这意味着某些在其他机制中仍然是有毒的物质可能被判定为假阴性。此外，需要某种生物转化的有毒物质也将不会被这种方法检测到。因此，该试验方法在解释阴性结果时需要谨慎。此外，这项验证的假阳性率偏高，不能用于监管。因此，该方法必须与其他信息（可能包括化学类似物、物理化学性质、结构警报、结构-活性关系和毒理动力学数据）结合使用。

3.2 皮肤刺激性和腐蚀性

3.2.1 定义和发生机制

大多数化妆品直接作用于皮肤表面。皮肤作为人体最大的器官，提供了一个有效的屏障保护身体免受潜在的有害刺激，以及调节水和电解质的含量，维持人体整体的动态平衡。皮肤还可能暴露在包括化妆品在内的各种化学物质中，产生皮肤刺激等不良反应。由于生产事故或消费者误用，皮肤腐蚀可能也偶尔会发生。尽管具有腐蚀性的化妆品原料（例如氢氧化钾）能不能用于化妆品，在很大程度上取决于其在化妆品中的最终浓度、是否存在“中和”物质、使用的辅料、暴露途径以及使用条件等。皮肤刺激/腐蚀性是化妆品原料和配方在安全性评价时的重要项目。

在发生机制方面，皮肤刺激和皮肤腐蚀都属于非免疫介导的可逆性皮肤损伤反应，其差异主要在于反应程度和可逆性：

① 皮肤刺激性　皮肤涂敷受试物超过 4h 产生的局部可逆性损伤。红斑、水肿、皮肤干燥、裂缝、脱皮、瘙痒和疼痛是皮肤刺激的常见症状。

② 皮肤腐蚀性　皮肤涂敷受试物超过 4h 所产生的从表皮层到真皮层肉眼可见的局部不可逆坏死。临床上的腐蚀反应包括溃疡、出血、结痂，并且在第 14

天观察结束后，出现由于皮肤黄化而导致的变色、秃顶和疤痕。

皮肤刺激和刺激性接触性皮炎（irritant contact dermatitis，ICD）的发生一般认为是由刺激物渗透穿过皮肤角质层，引起表皮角质细胞活化或轻微损伤，炎性递质释放伴随非特异性 T 淋巴细胞活化。ICD 的皮损形态可分为急性或亚急性两种形式。急性皮炎是接触强刺激物（例如酸、碱）而在短时间内引发强烈反应；亚急性皮炎主要是在反复使用后引起的迟发反应。化妆品中许多成分均可作为 ICD 潜在的刺激原，如染料、香精、色素、金属元素（铅、汞、镍、砷）、表面活性剂、防腐剂及化妆品药物成分等。目前，认为至少存在两种途径诱发皮肤刺激性反应。两种途径单独或联合作用导致皮肤屏障功能缺损、细胞凋亡，并进一步形成皮肤刺激性反应（图 3-1）。

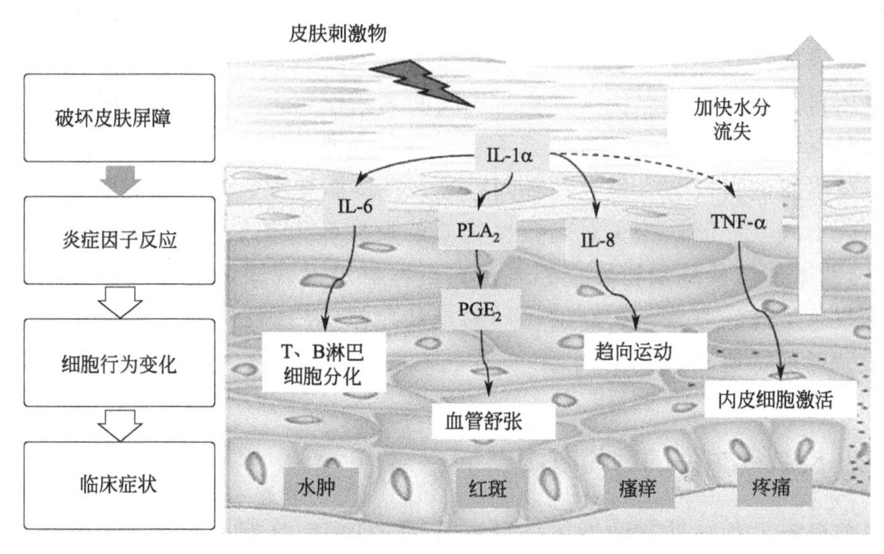

图 3-1　表皮结构和皮肤刺激产生的分子机制

第一种是损伤皮肤的屏障结构。结构层面上，角质层是表皮的最外层，富含角蛋白的角质层细胞由桥粒紧密连接，细胞间隙充满各种脂质，主要是神经酰胺和中性脂质，如游离胆固醇、胆固醇酯和游离脂肪酸。这些成分对外来影响和内源性水分流失具有有效的阻隔作用。外源性刺激物进入角质层可能导致这些成分脱脂和蛋白质变性，各种脂质的组成或平衡被扰乱最终导致屏障损伤，刺激物对下层角质形成细胞的渗透增加，经表皮水分的丢失增加[2]。

第二种是对皮肤细胞的直接作用。在细胞层面，角质层的破坏还可以刺激细胞因子的产生，促进炎症细胞反应。一些化妆品中的成分（如表面活性剂）能直接破坏细胞膜，导致细胞死亡和大量促炎细胞因子 IL-1α 的释放。IL-1α 是诱导炎症级联反应的主要开关，它将诱导进一步的次级细胞因子表达，如 IL-6 和 IL-8。此外，IL-1α 激活了磷脂酶 A_2（PLA_2）——花生四烯酸信号级联中的一个关键酶。其他释放的炎症介质包括肿瘤坏死因子α（TNF-α）、促生长因子（IL-6、IL-7、IL-15）、转化生长因子、调节体液免疫和细胞免疫的细胞因子（IL-10、IL-12）以及其他迅速产生皮肤炎症的信号因子。这些介质增加血管的直径和通透性，吸引免疫细胞（如肥大细胞、中性粒细胞）驱化运动到损伤部位，并触发免疫细胞通过内皮迁移到组织中，导致红斑和水肿。此外，炎症介质刺激神经末梢，也会导致瘙痒和产生刺痛感[3]。

3.2.2 动物皮肤刺激性试验

动物皮肤刺激性试验也被称为Draize的家兔试验（OECD TG 404）。实验时，首选白色家兔，将受试物一次（或多次）涂敷于受试动物的皮肤上，在规定的时间间隔内，观察动物皮肤局部刺激作用的程度（包括红斑和水肿）并进行评分。采用自身对照，以评价受试物对皮肤的刺激作用。急性皮肤刺激性试验观察期限应足以评价该作用的可逆性或不可逆性，一般不超过14天。该试验的缺陷在于，兔皮肤的组成与人类存在种间差异，在刺激程度、时间过程和屏障功能恢复上与人不同（一般认为兔对刺激性物质的反应较人类敏感）。家兔的皮肤刺激性/腐蚀性体外试验从动物外推到人存在不可靠性。我国的《化妆品安全技术规范》仍收录了这一方法。在欧盟，动物皮肤刺激/腐蚀性试验已经不再被允许用于化妆品毒理学检测。

3.2.3 皮肤腐蚀性的替代方法

目前已有6项皮肤腐蚀性体外试验方法（TER，4种皮肤模型法和Corrositex™试验）通过了ECVAM的正式验证。欧盟指令86/609/EEC明确指出不再允许用动物试验进行皮肤腐蚀性检测。欧盟成员国要求必须用上述几种方法代替动物皮肤腐蚀性试验。常用方法有大鼠皮肤经皮电阻试验、重组人表皮模型的皮肤腐蚀性试验、基于人造生物膜的体外试验等。

3.2.3.1 大鼠皮肤经皮电阻试验

大鼠皮肤经皮电阻试验（OECD TG 430）以经皮电阻值（transcutaneous electrical resistance，TER）为检测终点，通过检测受试物对大鼠离体皮肤角质层完整性和屏障功能的损害能力，评定受试物的腐蚀性。方法是选用28～30天龄的Wister大鼠的背部皮肤制作皮肤薄片。将其固定于PTFE管的末端，另一端连接电极。直接涂抹受试物与皮肤薄片作用24h后，去除受试物，用电极测量经皮电阻。阳性对照用盐酸溶液，阴性对照选用蒸馏水。经皮电阻值＞5kΩ，则评定该受试物无腐蚀性；如经皮电阻≤5kΩ，而且该受试物不是表面活性物质或中性有机溶剂，评定受试物具有腐蚀性；如果受试物为表面活性物质或中性有机溶剂，经皮电阻≤5kΩ，可增加硫丹明 B 染色剂穿透试验，以确定是否出现假阳性。

TER 方法已经通过了 ECVAM 验证，并在包括中国、美国和欧盟等地区获得了监管部门的批准，作为动物皮肤腐蚀性测试的替代。然而，该方法仍然涉及牺牲动物以获得所需的离体皮肤，但减少了在活体动物身上进行测试，因而大大减少了实验动物的痛苦。

3.2.3.2 重组人表皮模型的皮肤腐蚀性试验

重组人类表皮模型（reconstructed human epidermis，RHE）的皮肤腐蚀性（SCT）试验（OECD TG 431）包括四个经过验证的商业化人体皮肤模型，即 EpiSkin™、EpiDerm™ SCT（EPI-200）、SkinEthic™ 和 EPICS®（原 EST-1000）。它们都是在气液培养界面上用人的角质形成细胞培养的多层人表皮模型，包含基底层、棘层、颗粒层和角质层。重组人表皮模型的皮肤腐蚀性试验通过 MTT 染色法检测受试物穿透皮肤模型角质层对下层细胞存活率的影响，从而判断受试物的腐蚀性。以 EpiSkin™ 为例，实验时将受试物直接与模型作用 3min、60min 和 240min 3 个时间，用 MTT 法检测受试物对细胞存活率的影响。阳性对照为冰醋酸或 KOH，阴性对照为生理盐水。阴性对照的细胞相对活性设定为 100%，每一样品测得的 OD 值与阴性对照相比，求出样品的细胞相对活性百分比，根据以下标准进行判定：受试物作用 3min 后，皮肤细胞活性≤35%，判定为 EU R35 类；受试物作用 3min 后，皮肤细胞活性≥35%，作用 1h 后细胞活性<35%，判定为 R34 类；受试物作用 4h 后，皮肤细胞活性≥35%，结论为没有腐蚀性。

RHE 的皮肤模型试验方法适用范围广，体外与体内皮肤腐蚀性数据具有良好的一致性，目前已在包括欧盟和美国等国家和地区获得了监管部门的批准，作为动物皮肤腐蚀性测试的替代。然而，当受试物为染发剂和着色剂时，可能会干扰 MTT 还原产物的颜色评估，因此，有色和无色测试化学品应在量化之前进行 HPLC 分离或者采用一个致死模型对照排除样品颜色或样品本身对 MTT 还原所带来的影响。

3.2.3.3 基于人造生物膜的体外试验

Corrositex™ 试验（OECD TG 435）体系由人造的大分子生物膜和检测系统两部分组成。蛋白大分子水凝胶生物膜模拟皮肤的正常功能，假定腐蚀性物质作用于生物膜与作用于活体皮肤的机制相似，将受试物作用于人工膜屏障的表面，检测由腐蚀性受试物引起的膜屏障损伤。可通过多种方法检测膜屏障的渗透性，包括 pH 值指示剂颜色的改变和指示剂溶液其他特性的改变。测试时，将生物基质粉末完全溶解于水制成测试用的生物膜。然后将溶解的生物膜基质添加到带孔的模具上形成生物膜。最后，把测试样品加到生物膜上（同阳性对照），记录每个测试瓶颜色变化的“突破时间”，按照 UN 的腐蚀性分级表来评估受试物的刺激性类别。Ⅰ类材料的观察有时长达 4h。Ⅱ类材料的观察通常为 1h。如试验观察期间无突破，受试物被认为无腐蚀性。

Corrositex™ 试验最早由美国运输部认可，用于危害化学物质分类。该方法已经过验证，并被推荐为评估化学品皮肤腐蚀性危害分级测试策略的一部分。然而，它的局限性在于只对酸、碱和某些衍生物有效。一般来说，这项测试不能准确地适用于 pH 值在 4.5～8.5 范围内的配方或原料。

3.2.4 皮肤刺激性的体外试验方法

有些化学物质只有在重复暴露时才会引起刺激性反应，而另一些化学物质即使在单次暴露之后也会产生刺激性反应。目前的监管要求主要侧重于评估化学品的急性刺激性，以支持与化学品的处理和运输相关的风险管理。目前，法规公认的体外测试方法都是基于 ECVAM 验证的人角质形成细胞重建的人表皮模型 RHE。而且，基于 RHE 的皮肤刺激性试验包括了皮肤刺激性单点试验（skin irritation test，SIT）和时间毒性（time-to-toxicity）试验。

3.2.4.1 基于重组人表皮模型的 SIT

与腐蚀性试验类似，基于重组人表皮模型（RHE）的皮肤刺激性试验（OECD TG 439）也采用 MTT 染料测量皮肤组织细胞活率，将 MTT 还原后的蓝色甲臜从皮肤组织中提取后进行定量测量，还可以使用 HPLC 来测试有色化学品。目前已验证的皮肤刺激性体外模型包括 7 种（EpiSkin™、EpiDerm™ SCT、SkinEthic™、Labcell EPI-MODEL24SIT、epiCS®、Skin+® 和 KeraSkin™ SIT），它们可用于体内皮肤刺激测试的独立替代方法，或作为分级测试策略内的部分替代试验。SIT 以固定时间将皮肤模型暴露于化妆品原料，以 MTT 试验和细胞因子释放量根据皮肤表面组织活力的降低程度（以 50%活率为阈值）将受试物区分为刺激性（R38 类或 UN GHS 2 类）和非刺激性。

3.2.4.2 基于重组人表皮模型的 ET_{50} 法

相对于监管部门，产品研发人员和配方师通常更需要比较或排序候选配方的皮肤刺激性潜力，或了解成分变化对皮肤耐受性的影响，以便将更安全的产品推向市场。对于温和的化妆品，基于RHE还有一种时间毒性方法，通过延长受试物在模型表面的停留时间，与阴性或溶剂对照相比，测试导致组织活性下降50%的暴露时间（ET_{50}）。ET_{50}方法不是简单地将受试物的刺激性分成不同的监管类别，而是允许受试物的刺激性从腐蚀性和强刺激性到耐受性极好进行连续响应，特别是在法规监管分类的范围之外（图3-2）。因此，ET_{50}法特别适用于对低刺激性的化妆品原料或配方进行比较：ET_{50}越小，表示模型对化妆品的耐受时间越短，则化妆品的时间毒性越强。此外，由于IL-1α在皮肤炎症产生中的关键作用，SIT和ET_{50}试验还可以将IL-1α的测定作为第二终点，进一步提高对于温和受试物的敏感性。

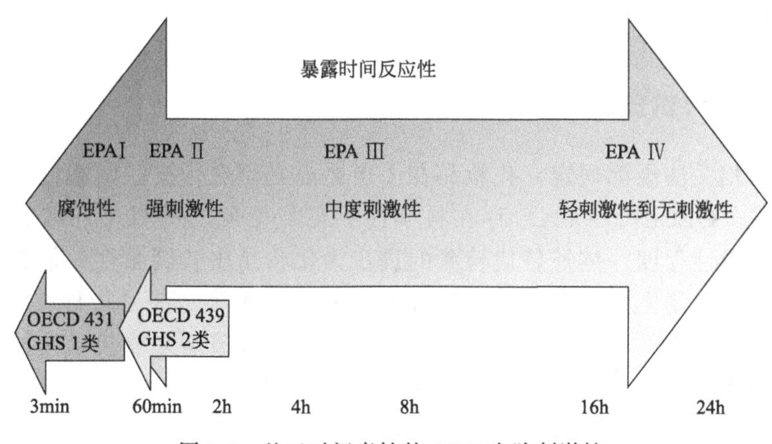

图3-2 基于时间毒性的RHE皮肤刺激性

总之，使用RHE评价化妆品的皮肤刺激性，操作简单快速，评价指标直观，不仅可以对皮肤刺激/腐蚀性进行分类，还可以通过时间毒性和细胞因子的释放进一步比较刺激性的强弱。

3.2.5 人体皮肤斑贴试验

人体皮肤斑贴试验适用于检测化妆品产品对人体皮肤潜在的不良反应。人体皮肤斑贴试验包括皮肤封闭型斑贴试验及皮肤重复性开放型涂抹试验，一般情况下采用皮肤封闭型斑贴试验。祛斑类化妆品和粉状（如粉饼、粉底等）防晒类化妆品进行人体皮肤斑贴试验出现刺激性结果或结果难以判断时，应当增加皮肤重复性开放型涂抹试验。以下为我国《化妆品安全技术规范》对两种人体斑贴试验的描述：

① 皮肤封闭型斑贴试验　需要至少30名受试者。将0.020～0.025g（固体或半固体）或0.020～0.025mL（液体）受试物加入斑试器（面积不超过$50mm^2$、深度约1mm），然后用低致敏胶带贴敷于受试者的背部或前臂屈侧，用

手掌轻压使之均匀地贴敷于皮肤上，保持 24h。受试物为化妆品产品原物时，对照孔为空白对照（不置任何物质）；受试物为稀释后的化妆品时，对照孔内使用该化妆品的稀释剂。分别于去除受试物斑试器后 30min、24h 和 48h 观察皮肤反应。阳性反应包括红斑、浸润、水肿、丘疹、疱疹等。

② 皮肤重复性开放型涂抹试验　需要至少 30 名受试者。以前臂屈侧（面积 $3\times3cm^2$）作为受试部位，受试部位应保持干燥，试验时将受试物以约（0.050±0.005)g/次（或 mL/次)、每天 2 次的方式均匀地涂于受试部位，连续 7 天，同时观察皮肤反应。阳性反应包括红斑、水肿、丘疹、风团、脱屑、裂隙等。当出现强阳性反应如重度红斑、水肿、大疱、糜烂、色素沉着或色素减退、痤疮样改变时应停止试验。

3.2.6 分层评价策略

国内外相关法规都规定，化妆品在上市之前必须进行皮肤刺激性检测。传统的动物试验（OECD TG 404）存在科学性不足与伦理的局限，且不适用于区分化妆品的刺激性程度。体外替代检测的进步为化妆品皮肤刺激性评估提供了更好的方法。OECD 制定了关于皮肤腐蚀和刺激的 IATA 第 203 号指导文件（OECD 2014b)。该指导文件有两个目的：一是提出一种综合策略来取代动物试验；二是提供关于组成 IATA 的每个单独信息源的关键性能特征的一致信息，逐层对化妆品皮肤刺激性/腐蚀性进行危害识别（或分类和标识)：

第一层：通过 QSAR 模型或专家系统预测皮肤刺激/腐蚀性，然后基于 pH 测试和现有的皮肤吸收或急毒性的数据评估。

第二层：采用已验证的替代试验（大鼠皮肤 TER 检测、皮肤模型试验、CORROSITEX）或其他允许使用的体外方法，其结果可作为皮肤刺激性或腐蚀性的判定依据。

第三层：上述试验为阴性的物质，必要时可进行人体皮肤斑贴试验。

因此，现有的体外方法可以完全替代动物测试，不仅能用于化妆品研发过程中原料和成品配方的日常评估，还可满足法规监管要求。

3.3 眼刺激性和严重眼损伤

3.3.1 定义和发生机制

某些化妆品（例如睫毛膏和洗发水）可能会在预期使用或意外的情况下接触眼睛，造成眼刺激和眼损伤。根据损伤的程度和可逆性，导致严重眼损伤

(不完全可逆)的化学品被归类为UN GHS 1类，而产生眼刺激(损伤可逆)的被归类为UN GHS 2类，包括2A或2B两个子类。既不是1类也不是2类的测试化学品不需要对眼睛刺激或严重眼睛损害进行分类，被称为UN GHS无分类。

● 眼刺激性：指受试物作用于眼睛后在21天内产生的可逆性变化。

● 眼腐蚀性：也称严重眼睛损伤，是指在眼睛前表面应用测试物质后，眼睛组织受损或导致严重的视力衰退，这种情况在应用后21天内不能完全逆转。

眼刺激作用是结膜、角膜、虹膜和泪腺等眼球结构共同参与的过程，其受累范围反映了眼刺激作用的严重程度。化学物对结膜的轻微刺激作用很少累及角膜，而继发于角膜损伤引起的结膜反应通常是中等程度以上的刺激性。基于大量化学物质体内眼刺激的试验观察表明，受试物暴露后最初几小时内角膜的损伤程度决定了眼睛损伤的持续时间和最终损害程度。一般来说，轻度刺激物只影响表层角膜上皮，轻度和中度刺激物主要影响上皮和表层基质，严重刺激物能穿透更深的基质发挥作用，甚至可能损伤基质全部。有些迟发性化学物质有可能在暴露发生后24h才造成深度损伤。角膜损伤的可逆性和最初的损伤程度相关。在分子层面上，眼刺激的发生机制可能包括：溶解细胞膜或导致蛋白质凝集(在表面活性剂、有机溶剂作用下)；影响细胞能量代谢(迟于UN GHS第1类物质对细胞的影响)；对生物大分子的烷基化等化学修饰(导致细胞迟发性坏死或凋亡)。

3.3.2 动物眼刺激性试验

传统的动物眼刺激性试验，又称Draize试验(OECD TG 405)，通过观测家兔眼睛在暴露于受试物后24～72h内角膜混浊、虹膜炎、结膜水肿和红肿的程度判断受试物对哺乳动物眼睛是否有刺激作用或腐蚀作用及其程度。当至少在一只动物中，由受试物引起的作用在通常21天的观察期内没有完全逆转时，测试材料被归类为“UN GHS 1类”(腐蚀性)。如果所有影响在21天的观察期内完全逆转，则受试物被归类为“UN GHS 2类”(刺激性)。UN GHS 2类还可以分两个子类别：“2A类”(眼刺激性)——列出的眼睛效应在观察7天内不能完全逆转；“2B类”(轻微眼刺激性)——效应在观察7天内完全可逆。不属于上述两个类别的受试物被认为是非眼刺激物。然而，由于兔的眼结构组成与人类存在种间差异(比如兔眼无泪腺)，在刺激耐受性反应方面较人类敏感，且评分系统具有主观性，因而数据从动物外推到人存在不确定性。目前，OECD TG 405已经过多次改进，其更新主要集中在止痛药和麻醉药的使用上，或采用组织病理学检查作为另一个终点。

另一个可能的优化替代方法是低容量眼部试验法(low volume eye test,

LVET)。该方法与人体反应的相关性比 Draize 试验更好。LVET 中使用的暴露剂量数据是来源于消费者使用洗涤剂、肥皂、洗发水等产品发生眼刺激事件以及员工在制造过程中发生的眼睛事故的报告。但是总体来说，LVET 和 Draize 测试都高估了人类对意外眼睛暴露的反应。

3.3.3 基于器官模型的体外试验

3.3.3.1 离体动物角膜的眼刺激试验

主要包括牛角膜浑浊和渗透性试验（BCOP）、离体鸡眼试验（ICE）、离体兔眼试验（IRE）。这些方法均采用了屠宰副产物的动物眼球作为替代模型。以 BCOP 试验为例，将新鲜分离的牛眼角膜水平固定于支持架，然后放置于特殊改进的透光容器里。恒温条件下，封闭角膜将测试容器分为上下 2 个隔室，受试物添加于上隔室中，通过测量下室培养液的光密度（OD）评估角膜的渗透性。测出的透光值和渗透值可用来进行体外分值计算，再根据评分系统即能够识别导致严重眼睛损伤的化学品和不需要对眼睛刺激或严重损害进行分类的化学品。如果补充角膜组织学切片，还可用于分析角膜损伤的机制。

BCOP 可用于化妆品原料及成品的安全评估，也可用于日用和工业用清洁产品、盥洗产品、杀虫剂等相关化学品和配方。BCOP 试验非常适合用于测试不同物理性状和溶解度范围较大的受试物，适用于鉴定中度、重度和极重度眼刺激性物质，但对区分轻度到极轻度水平的刺激物似乎不太敏感，后者更适合用上皮样组织结构或者细胞毒性方法进行检测。2009 年，BCOP 被 OECD 认可成为预测化学品严重眼刺激性和腐蚀性的试验指南（OECD TG 437）。美国 EPA 将 BCOP 作为防虫配方产品登记前的许可试验。在实际使用过程中，不同实验室根据测试目的调整 BCOP 方法的孵育时间和加样量，使其也可适用于无刺激到轻度刺激范围的检测。

3.3.3.2 绒毛膜尿囊膜层面试验

鸡胚绒毛膜尿囊膜（chorioallantoic membrane，CAM）是鸡胚的呼吸膜，血管丰富，紧贴于蛋壳膜下，是一个血管丰富而无感知的体外系统。利用其结构与人结膜相似的特点，可用于眼刺激物或腐蚀物鉴定。CAM 试验可作为眼刺激性的筛选方法，用于配方和原料的安全评价中，确定可能的非刺激性或者轻度刺激物，有效减少动物试验；也可用于以管理为目的进行的风险评估中及用于物质的标识和分类。该方法未经验证，但已经被纳入到了一些欧盟成员国（如法国）的立法当中。

① 鸡胚绒毛膜尿囊膜试验（HET-CAM） 取 10 天龄鸡胚，受试物直接接

触 CAM 的小片区域，暴露一定时间后通过观察受试物对血管的作用评价潜在的眼刺激性。主要观察 3 种血管反应，即出血、血管溶解和凝血（有时充血也可作为观察指标）。HET-CAM 的预测模型可采用反应时间法（即测定每一种反应终点出现的时间）或刺激阈值法（即测定导致上述毒性终点发生的受试物浓度）。对于固体、不溶性或黏稠物质的测试在实验结果的重复性方面较差，色素和染料可通过对 CAM 染色而产生干扰。

② 绒毛膜尿囊膜血管试验（CAMVA） 是简化的 HET-CAM 方法，只观察 CAM 暴露于受试物 30min 后血管的变化（缺血、充血和出血），计算使 50％的鸡胚出现上述损伤的受试物浓度。如果样品 RC50＞3％，判定为无刺激性；如果 RC50≤3％，则为有刺激性。CAMVA 法适用于轻度到中度眼刺激性化合物的检测，也可正确区分刺激物和非刺激物，但不能用于严重刺激性物质的分类。据报道，CAMVA 一直对于受试物眼刺激性的预测值具有很高的敏感性和特异性。该方法适用于分析水醇类物质，辨别轻度到中度范围的刺激性物质。

③ 绒毛膜尿囊膜台盼蓝染色试验（CAM-TB） 属于改良的 HET-CAM 方法，克服了 HET-CAM 缺乏客观性和难量化的缺点，通过测定 CAM 吸收台盼蓝的量来检测受试物损伤作用，适用于大多数化学物质。

3.3.4 基于细胞毒性和细胞屏障功能的体外试验

化合物直接作用于角膜引起的刺激作用类似于细胞毒性损伤作用，通过检测细胞毒性指标，可反映角膜损伤的程度。

3.3.4.1 中性红摄取/释放试验

利用活细胞能摄取中性红（NR）染料的特性，开发出了基于中性红染料摄取（NRU）或释放（NRR）的眼刺激性试验方法。前者是先将细胞与受试物作用，通过定量测定染料的摄取量反映细胞的活性；后者是先将活细胞用染料负载后再与受试物作用，通过死亡细胞释放出的染料间接反映细胞的活性。两个试验的终点均容易测量，操作简单、快速、重复性好，可以定量评估化合物潜在的角膜损伤能力；适用于温和眼刺激性物质的筛查，适用于大多数液体溶解性物质，特别是表面活性剂，但不适合微溶、高挥发性、有色物质或固体物质的测试。中性红摄取/释放试验常用 NHEK、Balb/c 3T3 和兔角膜上皮细胞（SIRC）。我国《化妆品安全技术规范》增补的兔角膜上皮细胞短时暴露试验（STE）就是采用的 SIRC（OECD TG 491），通过短时暴露细胞于化妆品原料，计算细胞相对存活率来鉴定导致严重眼部损害的化学品（GHS 1 类）和不需要归类（非刺激性）

化学品。

3.3.4.2 荧光素渗漏试验

荧光素渗漏试验（FL）采用培养在可渗透插入物上的单层 MDCK 肾细胞形成的紧密连接模拟角膜上皮细胞的屏障功能，通过检测短时间暴露于受试物后引起的紧密连接和桥粒受损导致的荧光素漏出量，从受试物浓度引起 20%的荧光素漏出的值（FL20）评估被测物潜在眼刺激性（OECD TG 460）。FL 适合作为分级测试策略的一部分，用于判断 GHS 1 类的严重眼刺激物，但仅适用于水溶性物质，而不适于强酸、强碱和高挥发性物质。

3.3.4.3 细胞传感微生理计

细胞传感微生理计系统（CM）包括培养在聚碳酸酯细胞培养插入物上的单层贴壁小鼠 L929 成纤维细胞和一个光敏的 pH 传感器。正常生长的细胞具有自然的新陈代谢和产生胞外酸的速度。CM 通过监测细胞培养液中这种酸度变化评价受试物的眼刺激性。CM 方法在 2009 年通过 ECVAM 验证，并作为分级测试策略的一部分，用于识别 GHS 1 类眼睛腐蚀性物质和非刺激性物质。但是，CM 方法不能排除温和的眼睛刺激性，且只适用于水溶性物质和混合物，以及在分析过程中保持均匀性的非水溶性固体、黏性化学品或悬浮液。

3.3.4.4 Vitrigel 眼刺激试验

Vitrigel 眼刺激试验（EIT）包括了一个由永生化的人角膜上皮（HCE）细胞在胶原玻璃体膜室中构建的 HCE 模型，试验时通过分析受试物暴露后模型的跨角膜上皮电阻值（TEER）的时间变化曲线来对眼刺激性进行预测。Vitrigel-EIT 是日本 JACAM 验证的体外方法，并于 2019 年收入到 OECD 试验指南（OECD TG 494）。该方法适用于在 pH＞5 的水溶性物质中识别不需要分类和标签的无眼刺激性类别，可作为“自下而上”第一步。

3.3.4.5 红细胞溶血试验

根据化学物质能损伤细胞膜的原理设计，通过测量标准条件下由受试物孵育的新鲜分离的红细胞（RBC）中血红蛋白的渗漏量的吸光值来评估试验结果，以氧合血红蛋白（oxyHb）变性（即蛋白质结构改变）作为第二毒性终点。哺乳动物红细胞容易获得，因此 RBC 溶血试验可减少眼刺激试验的动物使用。试验分 2 个步骤，在浓度确定试验中，60min 内将红细胞暴露于浓度逐渐增高的受试物中，通过测定 541nm 处减少的吸光值可得出红细胞溶解和 oxyHb 的变性结果。

此步骤的目的是确定使红细胞溶解发生的受试物浓度范围。正式试验通过与参照样本相比得出全部测定结果，对照样品应使全部红细胞发生溶解（100%溶血）。血红蛋白释放是检测细胞膜完整性的一个有用终点。由于蛋白质与受试物的交联和后续对角膜通透性的影响可能与 Draize 评分的主要标准相联系，因此第二终点（蛋白质变性）和预测眼刺激性高度相关。据报道，RBC 和 HET-CAM 具有良好的相关性。RBC 中的溶血测定可能和尿囊膜出血和裂解相联系，而蛋白质变性则与 CAM 测试中的血栓相对应。

RBC 参与了 COLIPA 的验证，但目前得到的数据不足以支持 RBC 成为监管推荐方法。但是 RBC 溶血试验快速、耗费少、不需要特殊设备，因此适合用作评估眼刺激性时的第一级体外筛选。

3.3.5 基于重建人角膜上皮模型的体外试验

重建人角膜上皮（RhCE）试验可以作为一种体外方法来鉴定不需要分类和标签的化学物质，用于区分眼刺激性和非刺激性物质，但不适用于评估眼睛刺激性的效力。目前使用重建的人角膜样上皮（RhCE）的 EIT 已被开发并被采纳为 OECD 的试验指南，包括有 ECVAM 验证的三个模型：EpiOcular™、SkinEthic™ 和 MCTT HCE™（OECD TG 492）。

EpiOcular™ 模型由 MatTek 公司生产，由正常人的表皮角质细胞生长于特殊制备的嵌入式细胞培养板中以无血清培养基制备而成，细胞分化形成的多层结构与角膜上皮相似。试验时，化学物质可以直接应用于组织的表面，以预测对人类眼睛的潜在损害，以 MTT 法检测模型细胞活性。试验还可以采用 HPLC/UPLC 技术量化 MTT-Formazan 的形成，用于评估可能还原 MTT 或颜色干扰的化学物质。

SkinEthic™ 模型由法国 SkinEthic 实验室开发，是在聚碳酸酯膜上接种永生化转化的人角膜上皮细胞、在气-液界面培养形成由多层上皮细胞组成的与人眼角膜黏膜类似的重建组织。SkinEthic™ 模型短时接触受试物后，可通过 MTT 法或 LDH 释放测定组织活性，或测定细胞因子（如 IL-1α、IL-6、IL-8、PGE_2）的定量释放和基因表达。

MCTT HCE™ 模型的种子细胞是由从角膜移植后残留的角膜上皮细胞，并在细胞活率测定中使用了水溶性四氮唑（WST-1）法。WST-1 法的优点是不需要进行有机提取，缩短了测试程序，比 MTT 法更方便。MCTT HCE™ 模型还与其他 OECD TG 492 模型在暴露时间、孵化时间和清洗方法上有所不同。2019 年，MCTT HCE™ 通过追随验证被采纳为更新的 OECD TG 492 方法[4]。

RhCE 模型只有最表面的上皮细胞层，不包括基质和角膜内皮层，比离体角膜模型更敏感，适用于检测轻微到中度范围内的眼刺激物。在 IATA 整合测试评估的框架内，RhCE EIT 构成了“自下而上”方法的第一步或自上而下方法的最后一步，以将无刺激性物质与其他物质区分开来，而 BCOP、ICE 或 STE 可将“GHS 1 类”物质与其他物质区分开来。此外，通过非常短的 ET_{50} 的值，该模型也可用于区分高中度和严重刺激物。除了 MTT 细胞活率，RhCE 试验还可以与多项细胞毒性指标联合使用，包括 IL-1α、PGE_2、LDH 和钠荧光素渗透性检测等。

3.3.6 非细胞的体外大分子测试系统

角膜混浊是眼损伤能力分类的重要指标。Ocular Irritection® 是第一个经过验证的用于识别可能导致严重眼睛损伤的眼腐蚀性和非眼刺激性物质的体外生化试验，其包含了一个由蛋白质、糖蛋白、碳水化合物、脂类和低分子量组分的高分子混合物大分子测试系统，用缓冲盐溶液复溶后能形成模拟角膜的高度有序透明结构。眼损伤性化合物加入系统后，能通过蛋白质变性和脂类皂化（碱性条件）、蛋白质的凝聚和沉淀（酸性条件）及脂类的溶解（有机溶剂作用下），导致高度组织化的大分子试剂基质的破坏和解聚，产生能被光散射（使用分光计在 405nm 波长）变化而量化的混浊现象。试验时，受试物导致的 OD 变化与一组校准物质产生的标准曲线相比较，用于推导不同测试剂量下的辐射德拉泽当量（IDE）分数，然后使用其中的最高合格分数（MQS），根据预先定义的阈值确定 UN GHS 眼刺激性类别。Ocular Irritection® 既适用于单一化合物也可用于混合物样品。此外，虽然是基于角膜混浊机制而开发的，但验证结果表明，该方法也可以检测出 Draize 眼刺激性试验中仅损伤结膜的刺激物。然而，作为一种非细胞生化测试系统，大分子检测并不涉及眼毒性的细胞毒性和可逆性方面，不适用于判断眼刺激性物质。2019 年，该方法被收入 OECD 测试指南 TG 496。

3.3.7 基于 TRPV1 通路的“刺痛”试验

对于婴儿个人护理产品（如洗发水或沐浴产品），如果产品可能无意中接触到婴儿的眼睛，则会进行眼部刺激测试，包括红斑、流泪和刺痛，以确保没有与使用相关的刺激和疼痛。然而，刺痛感与轻微的眼睛刺激不一定相关。2012 年，强生公司、斯德哥尔摩大学和美国体外科学研究院提出了基于瞬时受体电位香草酸亚型 1（TRPV1）通道的 NociOcular 方法，用于化妆品眼刺激性的评价和婴幼儿产品“无泪配方”的研发[5]。TRPV1 是一种对钙离子有高渗透性的非选择性阳离子通道，也是最典型的痛觉诱导受体之一，可对化学物质或温度变化产生疼痛反应，因此也被称为“辣椒素受体”。人的结膜、角膜和黏膜组织中富含表达 TRPV1 通道的 C 类纤维神经。在辣椒素、炎性介质、酸和热（>43℃）的刺激下 TRPV1 通道被激活，释放钙离子进入细胞质，导致炎症介质释放和诱导神经源性炎症反应。NociOcular 方法将表达 TRPV1 的神经母细胞瘤 SH-SY5Y 细胞与受试物一同孵育，通过监测 TRPV1 特异的 Ca^{2+} 量效曲线表明受试物是否引起细胞内 Ca^{2+} 升高，触发动作电位，传递刺痛伤害性信号。强生公司的研究发现，TRPV1 通道激活是肥皂和洗发水引起眼刺痛感的主要原因，NociOcular 方法可作为预测个人洗涤剂产品眼刺痛的一种快速、廉价、简便的体外试验方法[5]。

3.3.8 人眼滴入试验

人眼滴入试验主要应用于香波、肥皂、防晒霜、眼部及面部化妆品的安全性评价及支持“无泪”宣称的试验。试验时，将受试物滴入结膜囊内 30s～120min。通常在试验开始时使用非常稀的样品。试验对象主观感觉评价（刺痛、烧灼、发痒、发干及异物感）结合眼科医生使用荧光素在裂隙灯下观察（流泪、眼睑刺激、角膜刺激及结膜刺激）。人体临床眼滴入试验的刺激性较强，不容易招募到依从性好的志愿者。目前，一般采用 RhCE 模型和 NociOcular 等能够有效识别眼部刺激和刺痛的体外试验用于温和个人护理产品新配方的临床前筛选。

3.3.9 评估策略

化妆品引起的局部眼刺激通常包括结膜、角膜、虹膜和泪腺的作用，其中角膜的影响排在首位。基于体内眼刺激作用发生的复杂性，尽管目前已开发了多种替代方法，但是单一体外试验仅能模拟复杂眼损伤作用中的某个方面，因此普遍认为，没有单一的体外试验能够取代动物眼刺激性试验来预测不同化学类别的整个刺激范围。因此，ECVAM 建议采用分层策略中的几种替代方法的组合来判断整个刺激性范围。这种组合策略可以从任一端操作：先检测严重刺激性并解决无刺激性（自上而下法），或者反向进行，首先从识别非刺激性开始（自下而上法）。以自上而下法为例，BCOP、ICE、IRE、HET-CAM、Ocular Irritection® 等方法可作为自上而下策略的第一步，用于识别是否属于眼部腐蚀剂和严重刺激物（GHS 1 类，EU R41，EPA Ⅰ类）；而 FL、CAMVA、CM、RhCE EIT 和 Vitrogel 等方法可用于自上而下策略的最后一步，将无刺激性物质（GHS 无分类，EU 无分类，EPA Ⅳ类）与其他类别区分开来。在这两种方法中，轻度刺激性都将在最后一层得到判定。目前已有多项研究正在验证各种体外方法构建模块在眼刺激性组合测试策略中的有效性。

3.4 皮肤致敏性

3.4.1 定义和发生机制

皮肤致敏潜力的评估是化妆品局部安全评估的重要组成部分。重复接触化妆品中的某些成分可能会导致皮肤变态反应的发生，产生皮肤变态反应或过敏性接触性皮炎。皮肤变态反应是皮肤对外源性化合物产生的免疫源性皮肤反应，也是最常见的皮肤病之一，影响全球15%～20%的人。目前，已有数百种化学物质被证明能引起皮肤变态反应。防腐剂、香料香精、乳化剂是引起化妆品接触性皮炎致敏物的三类主要致敏原和变应原。皮肤变态反应和过敏性接触性皮炎是皮肤对一种物质产生的免疫源性皮肤反应。在人类身上，这种反应可能以瘙痒、红斑、丘疹、水疱、融合水疱为特征。动物的反应不同，可能只见到皮肤红斑和水肿。

大多数变应原为半抗原（分子量＞500Da），需结合载体蛋白形成完全抗原才能导致机体致敏。皮肤的厚度和屏障功能完整性可影响过敏性接触性皮炎的发生。皮肤薄嫩部位（如眼睑、耳垂和生殖器皮肤）比较容易出现变应原的吸收致敏；而皮肤较厚部位（如手掌和足底）一般很少出现致敏。在发生机制上，皮肤变态反应被认为是由T淋巴细胞介导的迟发型超敏反应（Ⅳ型）。其发展包括两个阶段：

第一阶段（诱导阶段）：受试者的皮肤暴露在适当浓度的接触性变应原下将导致特定的免疫启动，诱导产生免疫记忆，也被称为敏化。半抗原进入表皮后，刺激表皮角质细胞释放炎性细胞因子和趋化因子（TNF-α、GM-CSF、IL-1β、IL-10、MIP-2），后者可激活朗格汉斯细胞、其他树突状细胞和内皮细胞，从而在接触部位积聚更多的树突状细胞。朗格汉斯细胞在捕获抗原之后，迁移到局部淋巴结，将抗原提呈初始T淋巴细胞，部分T淋巴细胞中途停止分化，移向局部淋巴结副皮质区转化为淋巴母细胞，进一步增殖和分化为记忆T淋巴细胞，再经血流波及全身。

第二阶段（接触性皮炎效应阶段）：当受试者的皮肤再次接触半抗原，激发期启动。这一阶段的抗原提呈细胞包括巨噬细胞和真皮树突状细胞，可激发抗原特异性的记忆T淋巴细胞迅速分化成大量效应T淋巴细胞，一般在1到2天内促成局部炎症反应。效应T淋巴细胞趋化至半抗原激发的皮肤部位，释放炎性介质，导致表皮海绵样水肿（湿疹样反应）。在激发期存在辅助性T细胞 $CD4^+$ Th1介导的炎症反应（引起以单个核细胞浸润为主的免疫损伤）和细胞毒性T细胞 $CD8^+$ CTL介导的细胞毒效应（导致靶细胞凋亡，引起组织损伤)[6]。

在皮肤变态反应的发生过程中，朗格汉斯细胞和其他树突状细胞起重要作用，其既能将外来抗原提呈给主要组织相容性复合体（MHC）Ⅰ类分子，也能将其提呈给Ⅱ类分子。这种交叉激活可导致半抗原特异性的 $CD4^+$、$CD8^+$ T 细胞的同时激活。因此，虽然典型的迟发型超敏反应主要由 $CD4^+$ 细胞介导，但由半抗原引起的接触性皮炎则是由具有 Th1 型细胞因子的 $CD8^+$ 细胞介导的。这一过程也常被概括成两次接触和一个诱导期：诱导接触，指机体通过接触受试物而诱导出过敏状态的试验性暴露。诱导阶段，指机体通过接触受试物而诱导出过敏状态所需的时间，一般至少一周。激发接触，机体接受诱导暴露后，再次接触受试物以确定皮肤是否会出现过敏反应。

3.4.2 动物皮肤变态反应试验

3.4.2.1 豚鼠皮肤变态反应试验

传统的皮肤致敏试验主要以家兔、豚鼠等啮齿类动物作为实验对象，主要有 Buehler 封闭涂皮试验和豚鼠最大化法试验（OECD TG 406）。试验的基本准则是将受试物多次涂抹或皮内注射于豚鼠的皮肤，经 10～14 天后，给予激发剂量的受试物，通过观察动物对激发接触受试物的皮肤反应强度，确定重复接触化妆品及其原料对哺乳动物是否可引起变态反应及其程度。OECD TG 406 试验耗时长、成本高，且由于试验中致敏原剂量大于人体实际接触剂量，引起豚鼠较弱反应的物质在人群中可能不会引起变态反应。因此，豚鼠皮肤变态反应试验结果从动物外推到人的可靠性很有限。

3.4.2.2 小鼠局部淋巴结试验

作为传统豚鼠试验的优化替代方法，2002 年，OECD 提出了小鼠局部淋巴结试验（LLNA）（OECD TG 429）作为评估化学品对皮肤致敏作用的第二个实验指南，同时也列入到了欧盟 67/548/EEC 附录 VB42。LLNA 试验基于皮肤变态反应 AOP 的 KE4，即皮肤变态反应在诱导阶段即可引起接触部位局部淋巴结 T 细胞的活化和增殖。T 细胞的增殖反应与外源化合物的剂量（即致敏原的致敏力）成比例，因此可以通过比较受试物与溶剂对照引起淋巴细胞增殖的剂量-反应关系（即刺激指数，SI）来评估增殖状况。相比于豚鼠试验，LLNA 的观察指标定量客观，能减少动物数量和减轻动物痛苦。2010 年，OECD 又列入了两种 LLNA 的非放射性改良版，LLNA-DA 和 LLNA-BrdU ELISA。2019 年，LLNA-DA 和 LLNA-BrdU-ELISA 被增补入我国《化妆品安全技术规范》。

① LLNA（OECD TG 429） 连续三天在小鼠的双耳背上涂抹测试受试物。暴露5天后，将同位素标记的胸腺嘧啶核苷（^{3}H-TdR）静脉注射到小鼠的尾静脉。5h后，处死动物取出颌下淋巴结，制备单细胞悬液，通过液闪仪测定^{3}H-TdR含量计算SI。那些在一个或多个测试浓度下SI达到3或更高的物质被分类为皮肤致敏物。

② LLNA-DA（OECD TG 442A） 通过生物发光法测定耳郭淋巴结内淋巴细胞ATP含量（与活细胞数相关）从而评价其增殖程度。生物发光法利用荧光素酶催化ATP和荧光素反应发光，其发光强度与ATP浓度线性相关。通过计算受试物组与溶剂对照组ATP含量比值即刺激指数评价受试物的皮肤致敏性。

③ LLNA-BrdU-ELISA（OECD TG 442B） BrdU是一种胸腺嘧啶核苷类似物，可代替胸腺嘧啶掺入增殖细胞新合成的DNA链中，其含量反映引流淋巴结内细胞增殖程度。用ELISA方法测定淋巴细胞中BrdU含量，通过计算受试物组与溶剂对照组BrdU含量比值（即刺激指数）评价受试物的皮肤致敏性。

3.4.3 基于多肽结合反应的体外试验

很多半抗原物质与蛋白质的亲电结合性与免疫原性具有强关联性。半抗原，又称不完全抗原，是某些不具备免疫原性的小分子物质。只有当其与大分子蛋白质或非抗原性的多聚赖氨酸等载体交联或结合后才可获得免疫原性，诱导免疫应答。直接多肽反应性试验（DPRA）是由宝洁公司基于以上理论研发的一种不涉及细胞的化学方法（in chemico），用于检测皮肤变态反应AOP中的MIE/KE 1。DPRA（OECD TG 442C）通过将受试物与半胱氨酸或赖氨酸合成多肽孵育24h，模拟了半抗原与蛋白质的共价结合这一关键分子起始事件，然后采用HPLC测量肽的消耗量。将受试物分类为具有最低、低、中等和高反应性的物质，以此来评价化学物质的致敏潜力。DPRA方法的优点是快速、简便；而且除了致敏物与非致敏物的识别外，DPRA还可以帮助评估敏感效力。DPRA的局限性在于体系中没有代谢活化能力，不能用来评估pro-半抗原（在与皮肤蛋白共价结合之前需要皮肤进行代谢转化的化学物质）和pre-半抗原（在非生物转化后才能敏化的化学物质）。此外，一些优先与半胱氨酸或赖氨酸以外的氨基酸反应的亲电性物质在试验时会出现假阴性。还有，DPRA主要是针对单一化学品，对于混合物特别是含未知成分混合物的致敏性预测存在困难。

为了改进DPRA在测试中的这些困难，近年来，研究人员开发出了不少DPRA的改良版，以适应不同的测试需求。目前已被报道的有：

① 定量DPRA（qDPRA）和动力学DPRA（kDPRA） 两种均是由德国巴斯夫公司开发的DPRA改良试验方法。qDPRA通过增加到三种测试浓度，将区

分 GHS 1A 和 1B 亚类的准确率提高到 81%和 57%（分别与 LLNA 和人类数据相比）。kDPRA（包括多种反应浓度和时间）被用来近似计算半胱氨酸多肽-化合物加合体形成的速率常数，是一种基于荧光分析（系统中的荧光染料单溴联氨能检测到半胱氨酸的巯基）的一种高通量测试方案[7]。

② 过氧化物酶肽反应法（PPRA） 在体系里加入了辣根过氧化物酶-过氧化氢酶（HRP/P），并融合了剂量响应分析、肽消除质谱检测，强化了 DPRA 对 pro-半抗原的识别。Troutman 等应用 PPRA 对 70 个待测物进行评估，其准确度、灵敏度和特异性分别达到 83%、93%和 64%。然而待测物的溶解性和合适的测试浓度仍是 PPRA 面临的难题和挑战。

③ 氨基酸衍生物反应法（ADRA） 由 Fujita 等使用 *N*-[2-(1-萘基)乙酰基]-L-半胱氨酸（NAC）和 *α*-*N*-[2-(1-萘基)乙酰基]-L-赖氨酸（NAL）取代 DPRA 中的半胱氨酸多肽或赖氨酸多肽而开发。ADRA 灵敏度高，因而待测物的浓度可由 100mmol/L 降低至 1mmol/L，这使得易于制备一些溶解性差的待测物。此外因 NAC/NAL 对待测物浓度要求较低，待测物不太可能出现沉淀和产生浑浊，定量更加准确。2019 年，ADRA 被增补入 OECD TG 442C。

3.4.4 基于细胞激活的体外试验

3.4.4.1 角质形成细胞的激活

表皮中超过 90%的细胞是角质形成细胞（KC）。渗入角质层的化学物质首先接触 KC，KC 能产生和分泌前炎症细胞因子、趋化性细胞因子和生长因子，从而引发皮肤变态反应 AOP 中的 KE2。目前已被验证的基于角质形成细胞激活的方法有 KeratinoSens™ 和 LuSens 试验（OECD TG 442D）。这两种试验基于相同的理论，即 Kelch 样环氧氯丙烷相关蛋白-1(Keap1)—核因子 E2-相关因子 2(Nrf2)—抗氧化反应元件（ARE）信号通路是细胞氧化应激反应中的关键通路。很多响应致敏剂作用的细胞标志物由 Keap1—Nrf2—ARE 通路所调控，并构成了参与皮肤致敏机制的细胞保护反应。这些亲电性的小分子致敏物可以与阻遏蛋白 Keap1 相互作用，诱导 Nrf2 解离，导致 ARE 依赖性报道基因的激活。KeratinoSens™ 和 LuSens 系统都包含了转染荧光素酶报道基因的永生化 HaCaT 细胞(其组成包括 Keap1、转录因子 Nrf2 和 ARE 荧光素酶报告基因)。其主要区别在于 ARE 元件的来源：KeratinoSens™ 源于人 AKR1C2（aldo-keto reductase family 1 member C2）基因，而 LuSens 源自大鼠 NQO1［NAD(P)H quinone dehydrogenase 1］基因。试验时，Keap1—Nrf2—ARE 抗氧化通路的激活程度通过测量荧光素处理后的细胞的相对光输出量来确定，同时用 MTT 法确定处理后的细胞活性。如受试物导致 1.5 倍基因表达时仍保持 70%及以上细胞活性则被认为致敏阳性。

除了 KeratinoSens™ 和 LuSens 试验，还有测定炎症因子释放的人角质形成细胞 NCTC2544 IL-18 试验。这些基于单一角质形成细胞的体外试验操作起来方便快捷，但是共同局限性在于 KC 对化学品的刺激反应只是发送信号，激活 T 细胞介导的炎症反应，并非真正的“免疫”反应，不具有区分致敏原和刺激物的能力，对弱致敏剂预测性也较差。

3.4.4.2 树突状细胞的激活

树突状细胞（如表皮朗格汉斯细胞）一旦在体内或体外被半抗原刺激就会被迅速激活成熟，构成皮肤变态反应 AOP 中的 KE3。成熟的树突状细胞（DC）能通过 CD54、CD86 以及 p38MAPK 活化调控的 CD40、CD80 的增强表达来致敏淋巴结中的 T 细胞，并产生促炎细胞因子如 IL-1β 和 TNF-α 来刺激 T 细胞，通过产生像 IL-8 这样的趋化因子来招募中性粒细胞、T 淋巴细胞、嗜碱性细胞和 NK 细胞等炎症细胞。目前已经过验证的体外试验主要利用体外培养的 DC 类似细胞（THP-1 和 U973）进行皮肤致敏物的筛查，这样做的好处是降低了分离和培养人原代 DC 细胞供体之间的变异以及试验方案标准化的难度。按照采用细胞系的不同，具体试验方法有 h-CLAT、U-SENS 试验和 IL-8 Luc 试验。

① h-CLAT　采用人单核细胞白血病细胞系 THP-1 进行体外皮肤致敏研究。当与致敏物接触时，与 DC 类似，若 THP-1 细胞表面的 CD86、CD54 表达增强，可判断受试物的致敏性。接种 THP-1 细胞于 24 孔板，暴露细胞于系列浓度的化学物 24h，收集细胞经磷酸盐缓冲溶液（PBS）清洗后，通过免疫染色，用流式细胞仪定量测定 CD86 和 CD54 的表达。每种化学物测定 3 次其细胞活力和 CD86、CD54 表达量，并取 3 次测定结果的平均值。阳性标准是 CD86≥150%（EC_{150}）或者 CD54≥200%（EC_{200}）。

② U-SENS 试验　与 h-CLAT 试验类似，采用人骨髓细胞系 U-937 细胞进行体外皮肤致敏物的筛选。试验时，接种 U937 细胞于 96 孔板，暴露细胞于系列浓度的化学物 48h，测定 CD86 表达和细胞活性。细胞表面标志 CD86 的上调可以通过免疫染色、流式细胞仪进行定量。如果在 2 次独立的试验中，非细胞毒性浓度范围内（活性＞70%），CD86 表达呈剂量依赖性升高，可判定该化学物为致敏物。

③ IL-8 Luc 试验　由 JaCVAM 验证的一种基于表达 IL-8 的 THP-G8 细胞（通过转染 THP-1 细胞构建）试验方法。在 THP-G8 细胞中荧光素酶橙（SLO）基因和荧光素红（SLR）荧光素酶基因的表达分别受 IL-8 和 GAPDH 启动子的调控。试验测定受试物处理后 THP-G8 细胞中 SLO-LA 和 SLR 荧光素酶活性（SLR-LA），

并计算三个参数：归一化 SLO-LA 活性（nSLO-LA）；倍数诱导的 SLO-LA（FINSLO-LA）；SLR-LA 的抑制指数（II-SLR-LA）。受试物被判定为致敏阳性的标准是在 II-SLR-LA≥0.2 的浓度时表现出 FINSLO-LA≥1.4 和抑制指数≤0.8。如果不符合这些标准，则被归类为非致敏物。IL-8 Luc 试验的局限性是会将表面活性剂判断为致敏物。因此，表面活性剂不适于该方法。

上述 h-CLAT、U-SENS 和 IL-8 Luc 试验以及一个基于基因组学和基于机器学习的基因组过敏原快速检测（GARD™）都被收入了 OECD TG 442E。此外，未验证的基于 DC 细胞的试验方法还有 SensiDerm™ 和 VITOSENS™。2018 年，Roberts 通过将 DPRA、ARE-Nrf2 荧光素酶和 h-CLAT 方法进行单独和组合比较后，认为单独应用 GARD™ 在敏感性、特异性和准确性方面比上述方法都有优势，且效果好于“巴斯夫 2/3”[8]。

3.4.5 基于 RHE 皮肤模型的体外试验

RHE 模型由人源的角质形成细胞分化而成，具有与真人皮肤类似的三维结构和代谢能力。因此，研究人员开始研究 RHE 模型在评估致敏性方面的应用。RHE 模型的成功运用可能同时解决皮肤变态反应 AOP 中的 KE1 和 KE2，是一种极具潜力的试验方法。目前已见报道的 RHE 模型皮肤致敏性试验有 SENS-IS 和表皮类似物效应试验（EE potency assay）等。

① SENS-IS　采用 RHE 模型 EpiSkin™ 为测试对象，测试指标包括两组皮肤致敏基因的表达：一组是集中在 Keap1—Nrf2—ARE 通路上的 24 个“氧化还原”基因；另一组是与导致树突状细胞激活的信号通路相关的 41 个“SENS-IS”基因。与半胱氨酸结合的化学物质激活“氧化还原”基因组，而只与赖氨酸结合的化学物质激活“SENS-IS”组中的基因。SENS-IS 试验时，将 EpiSkin® 模型暴露在受试物中 15min（尽可能使用纯品或溶解在 PBS、橄榄油、DMSO 或 DPG 中）。清洗后孵育 6h，然后用逆转录聚合酶链反应（RT-PCR）进行 cDNA 定量。当任何一组测试浓度诱导至少七个致敏性相关基因过度表达时，受试物就被认为是致敏阳性。如果受试物在 0.1%、1%、10%、50% 四个测试浓度均呈阳性，则可将其致敏效力进一步分类为极强、强、中或弱致敏性。总之，SENS-IS 是一种能对皮肤致敏效力进行量化的体外试验。在对 150 种化学物质的验证研究中，SENS-IS 的特异度、敏感度和准确度均在 90% 以上，是目前正在验证中的一种极出色的体外试验方法[9]。

② EE potency assay　将 RHE 表皮模型［包括 VUMC 模型、EPICS®（前 EST1000™）、EpiDerm™ 和 SkinEthic™］的活力与 IL-18 释放相结合，提供了识别包括低水溶性或低稳定性的皮肤致敏物的单一试验的可能性。在前期研究中发现，在 RHE 模型暴露于 17 种接触性变应原和 13 种非致敏剂 24h 后，只有在

接触变应原之后，才能观察到 IL-18 释放的突然增加。因此，试验提出用 IL-18 释放量来识别致敏物，用 EC_{50} 来对致敏效力排序。但该试验的验证还需要测试更多的化学物质来建立一个明确的预测模型[10]。

3.4.6 人体皮肤致敏性斑贴试验

人体皮肤致敏性斑贴试验是确定皮肤安全性的重要验证性试验，主要包括人体重复损伤性斑贴试验和人体最大值试验。人体致敏性斑贴试验周期长，容易受到种族等内源性因素和气候、环境条件等外源性因素的影响，在解释和比较不同试验的结果时应综合考虑。

① 人体重复损伤性斑贴试验（HRIPT） 一般招募 100～200 名志愿者，在 3 周的时间范围内接受了 9 次 24h 或 48h 的暴露。经过 2 周的休息期后，再次使用与诱导期相同的暴露时间，从原始和备用部位进行挑战暴露，并在斑贴去除 48h、72h、96h 或 120h 后对皮肤的红斑反应进行评分。

② 人体最大值试验（HMT） 一般为 25 名志愿者，在诱导期采用 1mL 5%十二烷基硫酸钠（SLS）和 1mL 受试物（通常稀释成体积分数 25%）进行 5 次每次 48h 的处理。休息期（同 HRIPT）过后，先用 SLS 处理 1h，然后再用受试物处理 24h，于 48h、72h、96h 后观察。由于 LC 细胞的抗原呈递作用可被 SLS 导致的局部刺激而增强，因此 HMT 比 HRIPT 更敏感。另外，由于容易对人体造成伤害，HMT 也容易产生伦理学和依从性问题，因而应用得较少。

3.4.7 皮肤致敏的 AOP，DA 与 NGRA

在皮肤致敏的安全性评价中，常用分层策略对化学物质的皮肤致敏性进行评估。第一层：已有资料表明具有致敏性，可进行分级和标识，不需进一步测试。第二层：使用计算机定量构效关系（QSAR）模型，评估化学物质结合蛋白质的能力，鉴别分子结构，预测物质的致敏性。第三层：根据 OECD 428 进行皮肤吸收试验或体外皮肤渗透试验，判断化学物质的透皮吸收能力；利用新鲜皮片检测物质的皮内新陈代谢率，以确定该物质是否能在体内转化成致敏原。第四层：如化学物质或代谢物具有与致敏原相似的分子结构，并可透皮，认为具有潜在致敏性。采用体外试验方法对化学物质的致敏性进行评价、分级和标识。采用非直接多肽结合试验（DPRA）的体外试验方法或局部淋巴结检测（LLNA）评价非蛋白结合物的致敏性。第五层：采用人体斑贴试验检测含有致敏成分的化妆品，为皮肤致敏 QRA 提供参考数据。

有害结局路径（adverse outcome pathway，AOP）是一个工作框架，用于描述由一个分子起始事件（MIE），如外源化合物与特定生物大分子的相互作用触发的在生物不同组织结构层次（如细胞、器官、机体和群体）所出现的一系列关键事件（key event，KE）与危险度评定相关的有害结局之间的相互联系。在化妆品领域，皮肤致敏的整合策略法就是成功应用 AOP 进行法规应用的案例。其中，MIE 和 KE_1 是外源性化学物质或其代谢产物与皮肤蛋白的共价结合，形成半抗原-蛋白质结合物，这可以是免疫原性的。同时，角质形成细胞被刺激释放危险信号，如促炎细胞因子或 ATP，此外，还激活抗氧化反应（KE_2）。接下来，树突状细胞（DC）通过主要组织相容性复合体（MHC）分子协同识别半抗原-蛋白结合物而被激活，产生促炎细胞因子和趋化因子（KE_3）。活化的树突状细胞迁移到淋巴结，导致 T 细胞的活化和增殖（KE_4），获得免疫记忆，最终导致免疫系统的敏化，在第二次接触致敏物时引发最终的有害结局（图 3-3）。

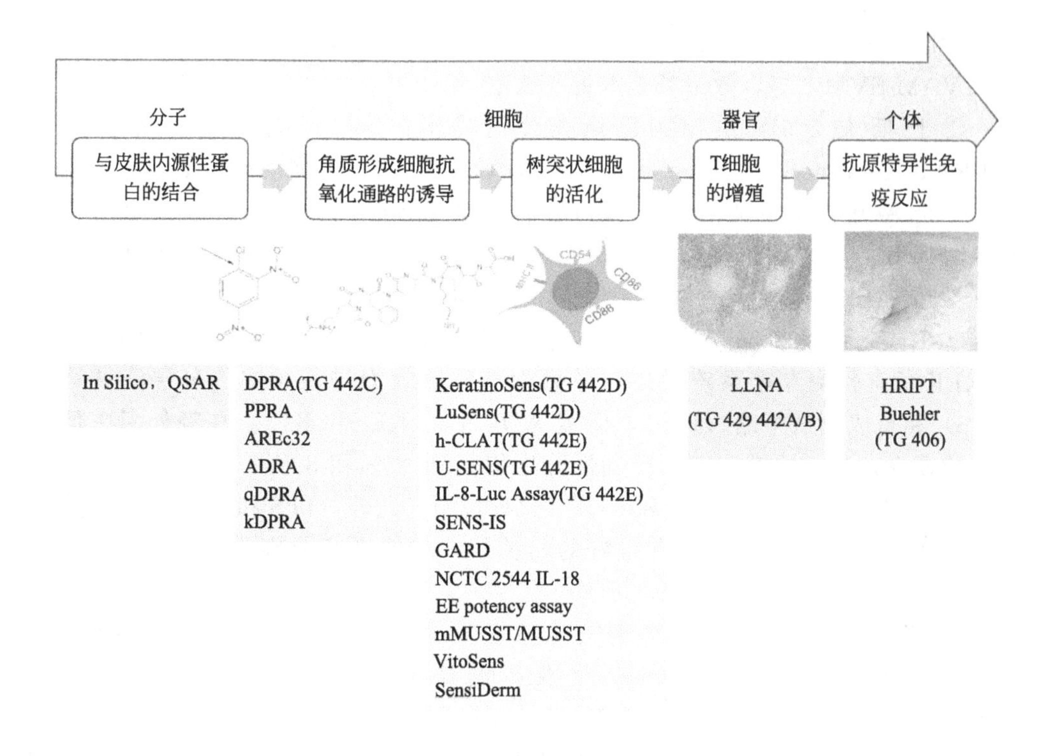

图 3-3 皮肤变态反应的 AOP 示意图和各 KE 对应的试验方法

已有多种体外试验方法覆盖了皮肤变态反应 AOP 的 KE_1（DPRA 及其改良版）、KE_2（KeratinoSens、LuSens、SENS-IS 等）和 KE_3（h-CLAT、U-SENS、GARD、VitoSens、IL8-Luc assay 等）。加上基于 KE_4 的 LLNA 试验，目前已有的试验方法已经可以覆盖整个皮肤致敏 AOP。但是由于皮肤变态反应过程的复杂性，任何一个单独试验方法都不太可能足以准确评估受试物的致敏性。因而，越来越多研究倾向于联合各替代方法以弥补各自的局限，并争取覆盖尽量多的皮肤致敏 AOP 中的 KE，提高预测准确率。

目前已有 12 个组合测试策略被作为确定的方案（defined approaches，DAs）提交至 OECD，成为皮肤致敏集成测试和评估方法（integrated approaches to testing and assessment，IATA）的组成部分。其中，“巴斯夫 2/3”“Kao STS”“Kao ITS”“RIVM STS”以及“JRC CCT”这 5 个 DA 是达成共识的决策树模型，要么预测皮肤致敏风险（致敏剂与非致敏剂），要么进行致敏效力的分类。相比之下，另一组 DA（“P&G BN-ITS-3”“资生堂 ANN-EC3”“ICCVAM-SVM”“欧莱雅堆积模型”和“吉沃丹 ITS”）应用了机器学习等更复杂的统计方法，提供对危害识别或致敏效力的分类和连续预测。剩下的两个 DA 是“DuPont IATA-SS”和“联合利华 SARA”；前者是一个决策框架，它综合了所有可能的相关信息进行危险识别，后者提供了一个风险评估框架[11]。目前比较常用的有“巴斯夫 2/3”“Kao STS”“Kao ITS”“资生堂 ANN-EC3”“JRC CCT”和“ICCVAM-SVM”等，效果类似或好于 LLNA。

① 巴斯夫 2/3　由德国巴斯夫公司提出，是一个基于各种替代方法（DPRA、KeratinoSens™/LuSens 和 h-CLAT/U-SENS）的整合模型组合，至少涵盖两个 AOP 事件。若至少两种方法将待测物评估为致敏物，即被定为致敏物。2015 年，在采用该模型对 213 个物质的致敏性预测中，与人体数据相比其准确性超过了 LLNA[12]。

② Kao STS 和 Kao ITS　由日本花王公司提出的基于 DPRA、h-CLAT 和 DEREK 危害预测专家系统对皮肤致敏性和致敏效力进行预测的分层测试策略（STS）和集成测试策略（ITS），涵盖 AOP 中的 KE_1 和 KE_3。在额外考虑低水溶性物质后，ITS 的敏感性和准确性分别提高到 97％和 89％；STS 的敏感性和准确性分别为 98％（92/94）和 85％（111/129）。此外，ITS 和 STS 在致敏效力分级上也与局部淋巴结检测有很好的相关性，其准确率分别为 74％（ITS）和 73％（STS）[13]。

③ 资生堂 ANN-EC3　日本资生堂公司通过人工神经网络（ANN）将 DPRA、h-CLAT 和 KeratinoSens™ 获得的结果与 QSAR 预测（Toxtree 和 TIMES）相结合来预测 LLNA EC3 值（可将致敏效力分成四个类别）。EC3 非线性统计模型含大量体外和计算机参数，涵盖了皮肤致敏 AOP KE_1～AOP KE_3，比单独运用 Toxtree 和 TIMES 的预测准确性更高[14]。

④ JRC CCT2016 年，由 OECD 的联合研究中心（JCR）开发了分类树共识（CCT）模型，该模型对皮肤致敏危害性的预测依赖于物质结构特点和蛋白质反应性参数。该模型的数据库包含了 DPRA、h-CLAT、KeratinoSens™ 和 in silico 预测结果。CCT 对 269 种化学物质的 LLNA 预测准确度、灵敏度、特异性分别

达到了 93%，98%和 85%[15]。CCT 可用于对有明确化学结构的有机物进行皮肤致敏性评估，但对混合物、无机物和天然产物还无法预测。

⑤ ICCVAM-SVM　ICCVAM 皮肤致敏工作组已经发表了几个开源的支持向量机模型（SVM），用基于机器学习特征组合的方法来预测皮肤致敏风险和效力。用于预测 LLNA 结果的 SVM 源于 h-CLAT 数据、OECD Toolbox 的预测和 6 个物理化学性质。预测人类风险的模型基于 KeratinoSens™、h-CLAT、DPRA、log P 和 OECD Toolbox 结果。根据模型的不同，这些内容涵盖了一个或多个 AOP 的关键事件。其中，一个两层模型表现最优，对 120 种物质的 LLNA 结果的预测准确率达到了 88%，对 87 个人体数据的预测准确度达到了 81%[14]。

新一代风险评估（next-generation risk assessment，NGRA）是一种以暴露、假设为导向的新风险评估概念。如图 3-4 所示，它分为三个层次，当新信息可用时，使用可迭代的证据权重（WoE）方法对所有相关信息进行分层和整合。初始层（Tier 0）包括识别使用场景和暴露量、化学纯度和结构表征、整合有关皮肤过敏危害的现有数据（动物或非动物）；计算机预测识别预警结构，最后出口是考虑是否符合基于暴露的信息豁免。识别所有 Tier 0 中的信息后，进行生成假设的第 1 层（Tier 1）。所有皮肤致敏相关数据在以暴露为主导的 WoE 方法中进行评估，考虑确定方案（DA）的选择和交叉参照数据的可靠性。如果现有信息不足以完成风险评估，则进入第 2 层（Tier 2）。在这一层，可进行针对性的测试，从改进的暴露评估或体外测试中获得足够信息，最终确定剂量起始点（PoD），分析不确定性，并与 WoE 中的消费者暴露进行比较[16]。

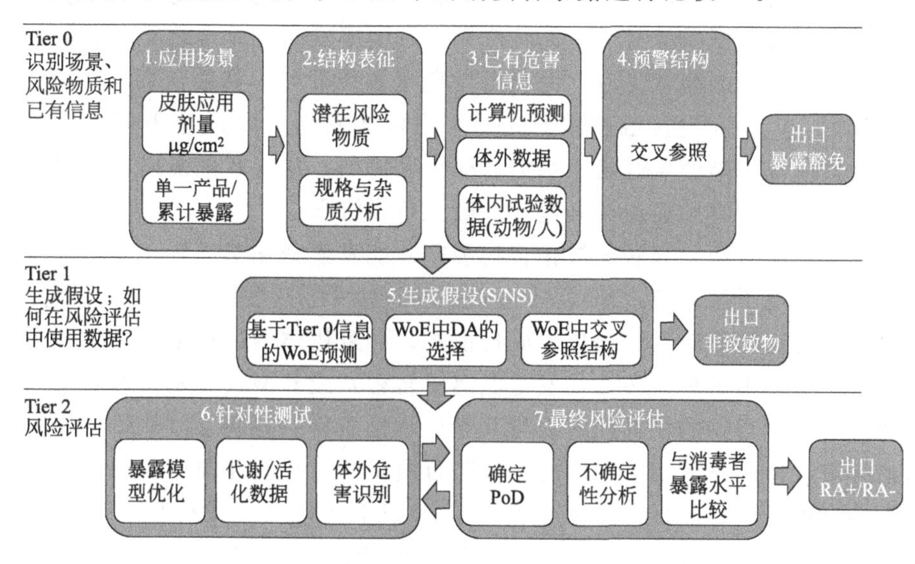

图 3-4　皮肤致敏性的 NGRA 评估框架

S/NS—安全/不安全；DA—确定的方案；WoE—证据权重；

PoD—起始点；RA+/RA-—风险评估正面/负面结果

3.5 皮肤光刺激性和光致敏性

3.5.1 定义和发生机制

当人体接触光敏物质，继而暴露在环境光下可能诱发局部或全身毒性反应。光诱导毒性可以细分为光刺激、光致敏和光遗传毒性。其中，光刺激和光致敏都属于局部毒性，例如化妆品中的一些光敏感物质（如化学防晒剂二苯酮-3 和精油中的呋喃香豆素等）在日光照射（主要为 UVA 和 UVB）下可导致皮肤出现接触性光感性皮炎等不良反应。光遗传毒性属于全身毒性，是指暴露于化学物质后的一种遗传毒性反应，有两种机制：一种是直接通过光激发 DNA，另一种是间接通过光反应化学物质的激发。对于应用于表皮的化妆品来说，皮肤光刺激和光致敏反应较为常见。

① 光刺激反应，又称狭义的光毒性反应，是皮肤对光反应性化学物质的急性非免疫性组织损伤[17]。

② 光致敏反应，又称光变态反应，是经皮吸收或代谢的光敏原（光变应原）在光照下形成抗原或半抗原后引发的免疫介导的皮肤反应[17]。

二者在发生率、潜伏期、激发剂量及临床表现等方面均存在差异。光刺激反应是一种速发型皮肤刺激性反应，只要接触足够剂量的光刺激物和光辐射，可发生于任何人，无免疫系统参与，无潜伏期，发生率较高。光致敏反应取决于个体特应性，属于迟发型超敏反应，由获得性免疫系统介导，有潜伏期（5～10 天），发生率较低，但小剂量接触和微弱光照下也可能发生[17]。临床表现上，光刺激和光致敏反应都可能产生红斑、水疱、瘙痒和疼痛，常伴有色素沉着，而后者以湿疹为主，有扩散性和反应持久性，一般无色素沉着。

在发生机制方面，光必须被化合物吸收才能发生光化学反应，光化学反应一般包括了两种电子激活态：单线态与三联态。单线态光敏物质具有较强电离性，与富含电子的底物反应后，氧化生成自由基，导致机体的过氧化。三联态光敏物质可诱导Ⅰ型（不需氧气参与，发生氢离子转移）或Ⅱ型（需要氧气参与）发生光氧化反应。化合物的光毒性潜力与其光化学性质特别是在 290～700nm 波长范围内的光吸收性质紧密相关。因此，OECD 测试 101 指南和国际人用药品注册技术协调会（ICH）的 S10 指南都建议将紫外-可见光吸收光谱分析作为评估药物光毒潜力的第一轮筛选项目。然而，化学品的紫外-可见光吸收并不总是与其光毒潜力直接相关，因此将紫外吸收数据（摩尔消光系数等）与其他试验数据相结合能提高预测准确性。

3.5.2 动物光诱导毒性试验

3.5.2.1 动物光照试验

我国的《化妆品安全技术规范》采用了动物光照试验的方法判断化妆品原料的光毒性。试验时，将一定量的受试物涂抹于动物去毛的背部皮肤，然后在一定的时间内观察 UVA 照射区皮肤的红斑、水肿程度。常用实验动物有豚鼠、家兔、裸鼠、大鼠和小鼠。豚鼠和小鼠还常通过设置诱导和激发光照应用于光致敏性的评价，观察指标包括皮肤红斑、水肿或耳肿胀（小鼠）。动物试验的优点在于可以模拟人的日常接触方式，对受试物的光刺激性或光致敏性开展系统的毒理学研究，但是动物和人存在种属差异，其结果外推到人时应持谨慎态度。

3.5.2.2 光小鼠局部淋巴结试验

小鼠局部淋巴结试验（LLNA）是一种用于筛查过敏原的优化替代动物试验（OECD TG 429）。Ulrich[18] 报道了一种改良的 LLNA，通过设置 UVA 光照（$10J/cm^2$）和暗对照组，将 $CD4^+$ T 淋巴细胞增殖的剂量-效应关系与细胞因子（包括 IL-2、IFN-g、IL-4 和 IL-10）的转录上调和释放相结合，可对光敏原（噁唑酮和四氯水杨酸苯胺）和光刺激物（8-甲氧基补骨脂和吖啶）进行有效区分，并得到量化的数据。此外，还有 UV-LLNA 结合小鼠耳肿胀试验判断光敏原的报道[19]。

3.5.3 光化学方法：ROS 测定

光刺激和光致敏在初始阶段有着相同点，即在紫外线照射下光敏感物质由基态转变为激发态。光敏感物质的特征包括对特定波长光能的吸收［在 290～700nm 的摩尔消光系数＞1000L/（mol·cm）］和能激发产生包括单线态氧、超氧阴离子和羟自由基等活性氧（ROS）簇。日本辉瑞公司经研究发现 32 种光感物质（包括光刺激物和光敏原物质）在 UVA 和 UVB 光照下（$25mW/cm^2$ 照射 1h）均能产生单线态氧和超氧化物，而 6 种非光敏感物质（包括强紫外线吸收剂苯佐卡因和硫代苯酮）均没有 ROS 产生[20]。因此，该方法可作为光敏感物质的筛选试验，尽管它并不能区分光刺激性和光致敏性。2014 年，ICH-S10 指南将紫外光谱分析、ROS 测定和 3T3 中性红摄取光毒性试验列为三种已验证的药物光安全性体外评价方法。目前常用于 ROS 测定的方法有分光光度法、电子自旋共振捕捉法、荧光探针法和化学发光法等。2019 年，基于分光光度法测定单线态氧和超氧自由基的 ROS 分析方法被收入到 OECD 的光毒性测试指南文件（OECD TG 495）。

3.5.4 基于细胞模型的试验方法

3.5.4.1 3T3成纤维细胞中性红摄取光毒性试验

3T3细胞中性红摄取试验（3T3 NRU PT）是一种光刺激物的筛选方法。试验通过测量Balb/c3T3成纤维细胞经化学物质与UVA照射联合作用后的细胞存活率，计算光刺激因子（PIF）和平均光效应（MPE），判断受试物是否具有光刺激性（狭义的光毒性）。该方法在2000年通过了欧洲替代方法验证中心（ECVAM）的验证，并于2002年被OECD接受为光毒性的首个体外替代试验方法（OECD TG 432）。2016年，我国也将该方法收录于《化妆品安全技术规范》。3T3 NRU PT灵敏度高、重现性好，其不足之处在于存在溶剂依赖性和较高的假阳性率（85%）。Kejlova[21] 曾报道被3T3 NRU PT判定为阳性的佛手柑精油（溶剂包括水、乙醇和二甲基亚砜），在人体试验中仅在水溶液中表现为光刺激性。此外，3T3细胞对UVB不耐受，对于一些主吸收波段在UVB区的物质也可能出现假阴性结果。因此，3T3 NRU PT需要结合光-红细胞联合试验或皮肤模型试验来提高其预测准确性。此外，尽管3T3 NRU PT能够正确识别大多数光刺激性物质，但它对光变应原的预测正确率非常低。因此，3T3 NRU PT不适用于光致敏性的预测。

3.5.4.2 光-红细胞联合试验

光-红细胞联合试验（RBC PT）测试受试物和光照联合作用下哺乳动物红细胞膜溶解和血红蛋白的氧化变性两个过程的试验终点。当化学物质与红细胞结合后，暴露于光线一段时间，在525nm和630nm处分别测量血红蛋白的吸光度，通过检测光溶血因子（PHF）和最大吸光度值（OD_{max}）来确定化学物质的光毒性。PHF＞3.0时为红细胞溶血阳性，OD_{max}＞0.05时为甲基化血红蛋白阳性。该方法可用于筛选光刺激物和研究其对生物膜和血红蛋白光动力学反应的作用机制。欧洲化妆品、盥洗用品和香水协会（COLIPA）在对RBC PT的验证报告中认为该方法简单经济、重现性好，可提供重要的光反应动力学信息[22]。该方法的另一优点是红细胞对UVB有耐受性，能测试UVA和UVB的联合作用，可作为3T3 NRU PT的一种简便、有效的辅助试验手段。

3.5.4.3 人角质形成细胞系试验

角质细胞系试验采用人角质形成细胞株NCTC2544、HaCaT或原代细胞。在细胞耐受剂量下经UVA或UVB光照后，通过检测细胞存活率和细胞因子的释放来预测其光敏感性。HaCaT细胞曾被报道用于化妆品纳米防晒剂的光刺激性及机制研究[23]。Galbiati[24] 报道了采用NCTC2544细胞联合UVA（3.4J/cm^2）建立的光敏原筛选方法，通过对 15 种标准品的研究，发现仅 5 种光敏原物质处理过细胞的白介素-18（IL-18）释放呈剂量依赖性增加，而其他光刺激物和阴性对照则无此变化。NCTC2544 细胞试验因此被认为具有预测光致敏物的潜力，并可能在一定程度上区分光敏原和光刺激物，但目前尚无更多的验证数据支撑。

3.5.4.4 外周血单核细胞诱导的树突细胞试验

作为抗原呈递细胞，树突细胞（DC）在免疫反应的起始中起着十分关键的作用。2010 年，德国拜尔斯道夫公司建立了基于人外周血单核细胞诱导的 DC 体外光致敏性筛选方法，使暴露于受试物 48h 的细胞接受 UVA 照射（$1.0J/cm^2$），然后采用流式细胞术检测细胞表面 CD86 的表达情况，预测受试物的光敏感性，发现光敏原（6-甲基香豆素）引起的 CD86 表达与未照射对照组相比呈剂量依赖性增加，而单纯的过敏原（α-己基肉桂醛）引起细胞表面 CD86 的增加与光照无关。因此，该模型可以区分过敏原和光敏原，但似乎不能排除一些既有光致敏性又具有光刺激性的物质。该方法的另一隐患是，不同供体外周血制备的 DC 可能存在个体差异，因此越来越多的研究开始转向使用类 DC 细胞系（如 THP-1）。

3.5.4.5 人单核细胞光活化试验

THP-1 细胞系来源于人的髓系白血病单核淋巴瘤细胞。2009 年，日本资生堂采用 UVA 和可见光（$5.0J/cm^2$）预照射化学品处理的 THP-1 细胞，发现光敏原（6-甲基香豆素）而非光刺激物（吖啶）能导致细胞表面抗原 CD86、CD54 的表达增强。并根据 18 种标准化学品的试验结果，建立了一个基于 THP-1 细胞表面 CD86/54 的表达情况的决策树，判断受试物为光刺激物还是光敏原物质。Martínez[25] 也报道了将 THP-1 细胞进行 UVA 光照（$5.0J/cm^2$）和 24h 孵育后，通过检测细胞活率和 IL-8 的释放量来评价受试物的光致敏性。试验结果发现，虽然一些光刺激物也能诱导细胞 IL-8 释放量略有增加，但经光敏剂处理的细胞在照射后 IL-8 的释放呈剂量相关性增长，且在 7 个光敏剂中有 6 个对 IL-8 的刺激指数达到 2 以上，而非光敏剂的刺激指数低于 2，推测 IL-8 的刺激指数（以 2 为阈值）可作为判断光敏原的预测模型指标。人单核细胞光活化试验（Photo h-CLAT）是一种极具潜力的光敏原体外筛选试验，但要发展成为法规认可的标准方法，还需进一步多方验证和与体内数据的比对。

3.5.5 基于组织模型的试验方法

3.5.5.1 重组皮肤模型光毒性试验

在利用皮肤模型进行化妆品光刺激性检测时，可采用无细胞毒性的 UVA 或可见光剂量的 UVA 照射皮肤组织，然后检测皮肤细胞存活率和炎症因子（IL-1α）释放量，或者通过对最低光刺激性效应剂量的比较来预测受试物的光刺激性。皮肤模型的另一个优点是具有多层细胞结构和完整的角质层，能更好地模拟真人皮肤对化妆品的吸收、代谢过程，暴露光线的光谱也更接近真实的自然环境，能提供与人体相关性更高的试验数据。除了 EpiSkin™，其他模型（如 EpiDerm™、SkinEthic™ 和黑素表皮模型）在化妆品原料光刺激性评价中的应用也多有报道。但由于缺少免疫细胞，皮肤模型只适用于光刺激性评价，不能用于光敏原的筛选和光变态反应的研究。2021 年 6 月，基于 RHE 的光毒性试验被收录于 OECD《指南》（OECD TG 498）。

3.5.5.2 光鸡胚试验

光鸡胚试验是在血管丰富的鸡胚尿囊膜绒毛膜（CAM）上通过引入光照而得到的一种适用于光刺激性检测的体外试验。光鸡胚试验（PHET）由德国人 Neumann 创建。试验采用 4 日龄鸡胚，对 CAM 给药后采用 UVA（5.0J/cm^2）照射，通过观察胚胎死亡、CAM 膜变色和出血情况来判断受试物的光刺激性[26]。在 PHET 中，相对于暗对照，光照后的血卟啉或 8-甲氧基补骨脂（光刺激物）的 CAM 在 8～12h 后均出现了严重的膜变色和出血现象，24h 后的光致死率分别高达 41.7%和 100%。PHET 可准确区分程度从弱至强的光刺激物，但不适用于判断光敏原。相对于昂贵的皮肤模型，鸡胚是一种经济简便、灵敏度高的体外模型。2021 年，北京工商大学唐颖课题组对 Neumann 的光鸡胚试验进行了改良，并将该方法应用于评估化妆品用超细二氧化钛的光毒性，发现改良光鸡胚试验可作为一种对超细无机防晒原料进行光安全性筛选的简便快捷、高灵敏度的体外替代方法[27]。该方法目前的缺点是重复性较差，其作为替代方法的有效性仍然需要进一步的评价和验证。

3.5.6 人体光斑贴试验

人体光斑贴试验是通过在人体皮肤表面直接敷贴受试物，同时接受一定剂量适当紫外线照射，检测是否诱发光刺激或光致敏反应的一种皮肤试验。人体光斑贴试验方法结果真实有效，是一种理想的评价光刺激性和光致敏性的试验。人体试验的局限性在于对一些反应强烈的受试物，可能会产生伦理学和依从性问题。

3.5.7 整合评估策略

由于光反应性物质与机体接触后在光照下产生的活性氧簇被认为是引起光毒

反应的关键性因素，因此通常将光吸收特性和活性氧分析相结合作为评估化合物光反应性的第一层筛选策略。在第二层可考虑采用体外替代试验方法对其光刺激或光致敏性进一步筛选。对于光致敏性物质，还应综合考虑其皮肤吸收和毒代动力学。最后采用少量动物或人体的体内试验进行验证。

目前，化妆品光毒性的评估尚未建立统一的安全性评估决策系统。此外，现有的体外试验方法灵敏度差异大，各有优缺点。除了已验证的3T3 NRU PT，目前常用的体外试验或体内动物模型对受试物的纯度、pH 值、测试浓度、照射用的光源（包括辐射范围和光剂量）、细胞株或实验动物的光敏感性、来源等均有一定的要求，不同模型的有效性尚需要更多验证工作。体外试验相较于动物试验，结果的敏感性、准确性和特异性，以及体内和体外试验结果与临床数据的相关性仍待进一步的评价。特别是对于化妆品光致敏性研究，我国《化妆品安全技术规范》还停留在豚鼠试验阶段，发展可靠的、经过验证的光致敏体外试验方法是目前亟需解决的问题。随着计算机毒理学的发展，基于软件模拟（如 DEREK、QSAR）的光刺激性或光致敏性预测模型也在不断发展，未来化妆品光安全性风险评估还应思考如何整合多维度数据，推动建立统一标准的决策模型。

3.6 重复剂量毒性

重复剂量毒性是指在机体的预期寿命内，每天重复服用或接触某一物质而引起的整体不良毒理学作用（不包括生殖毒性、遗传毒性和致癌作用）。重复剂量毒性研究是对工业化学品、化妆品成分、杀菌剂、杀虫剂和药品进行定量风险评估的重要组成部分。通过重复剂量毒性研究，能获得外源化合物的毒性特征、靶器官、每个毒性终点的剂量-反应关系、有毒代谢物导致的延迟反应、累积效应、毒性与非毒性剂量之间的差值、效应的可逆性与不可逆性等信息。理想的重复剂量毒性研究能获得毒性的 NOAEL 和 NOEL 等参数计算 MoS。

目前，重复剂量毒性研究主要依赖于以下动物试验：

① 啮齿类动物 28 天重复剂量经口毒性试验（OECD TG 407）；

② 21/28 天重复剂量经皮毒性试验（OECD TG 410）；

③ 亚急性 28 天吸入毒性试验（OECD TG 412）；

④ 啮齿类动物 90 天重复剂量经口毒性试验（OECD TG 408）；

⑤ 非啮齿类动物 90 天重复剂量毒性试验（OECD TG 409）；

⑥ 690 天亚慢性经皮毒性试验（OECD TG 411）；

⑦ 亚慢性吸入毒性试验（OECD TG 413）；

⑧ 慢性毒性试验（OECD TG 452）。

在重复剂量毒性试验中，最常使用的是对啮齿类动物的28天和90天经口毒性试验，通过此类试验通常可以明确了解靶器官和全身毒性的类型。由于大多数化妆品不是通过吸入途径使用，进行重复暴露的重复剂量毒性试验中很少使用吸入方式。化妆品成分的安全评估一般优先采用90天或更长时间的研究数据。如果只有28天的数据可用，可以在计算MoS时使用默认评估因子3来推断亚急性(28天)到亚慢性(90天)毒性。慢性毒性研究的目的是为了确定在哺乳动物的整个寿命期间，经过重复暴露，受试物在该哺乳动物中的作用。在此类试验中，长期潜伏或累积作用也可能显现。在化妆品原料的重复剂量毒性研究中，可以将与受试物剂量水平相关的不良生物学反应判定为关键终点，然后得出BMD、NOAEL或LOAEL，用于定量风险评估中MoS的计算。

目前，在重复剂量毒性领域，还没有任何经过验证或普遍接受的替代方法可用于取代动物试验。因此，从科学角度来讲，仍然有必要使用动物试验来研究一种或多种长期毒性作用。

3.7 遗传毒性/致突变性

3.7.1 定义和发生机制

遗传毒性是一个广泛的术语，指对遗传物质的潜在伤害，包括那些通过干扰遗传物质正常复制过程而造成的DNA损伤或以非生理方式改变其复制过程的行为。细胞中遗传物质的数量或结构发生永久性变化被称为突变，主要表现为DNA损伤(包括特定碱基对变化和染色体易位)。大多数的遗传毒性表示为致突变性。突变可能发生在体细胞或生殖细胞，并对人体健康产生不同的危害。体细胞突变如果发生在原癌基因、肿瘤抑制基因或DNA损伤反应基因上，就可能导致癌症，并与多种遗传性疾病有关。而体细胞DNA损伤的积累也被认为在加速衰老、免疫功能障碍、心血管和神经退行性疾病等疾病中发挥作用。生殖细胞突变是发生在卵细胞或精子(生殖细胞)中的突变，可能会导致流产、不育，甚至可能对后代造成可遗传的损害。生殖细胞突变可以遗传给有机体的后代，而体细胞突变不能遗传给下一代。

按照对遗传物质的损伤程度，突变可被进一步区分为基因突变和染色体畸变。前者不能用光学显微镜(分辨率0.2μm)直接观察，需要通过生长发育、生化和形态等表型来进行判断；而后者可以直接在光学显微镜下观察。

基因突变指在分子水平上基因(可以是单基因或一组基因)的碱基对组成或排列顺序的改变，如碱基对置换、移码、缺失和插入等。基因突变是癌症发生与发展的重要诱导因素，已证实的具有致癌性的物质中70%有致突变性。

染色体畸变包括了在染色体数量和结构层面上的变化。一般遗传毒性试验评价的都是染色体的结构畸变，可以在细胞分裂的中期阶段，用显微镜检出染色体结构改变，表现为缺失、断片、互换等。按照涉及的染色单体数，又可将染色体畸变分为染色体型畸变和染色单体型畸变。染色体型畸变表现为在两个染色单体相同位点均出现断裂或断裂重组的改变；染色单体型畸变表现为染色单体断裂或染色单体断裂重组的损伤。染色体的数量畸变指出现非整倍体或多倍体。

3.7.2 遗传毒性/致突变性的体内试验

体内遗传毒性试验的优点在于它的检测内容涵盖受试物进入体内并发挥作用的全程，可较好地模拟外源性物质在机体内吸收、分布、排泄、代谢并产生毒性的过程。因此，体内试验方法特别适用于需考虑体内代谢活化后遗传毒性的检测。在选择和实施任何一种体内试验之前，必须首先对物质的体外试验结果（包括其毒代动力学情况）以及类似成分的数据进行全面的审查。只有当可以预测特定靶组织能暴露于受试物或其代谢物时，才需要实施特定的体内试验。

3.7.2.1 哺乳动物红细胞微核试验

微核是染色单体或染色体的无着丝点断片，或因纺锤体受损而丢失的整个染色体，在细胞分裂后期仍然遗留在细胞质中，细胞分裂末期之后，单独形成一个或几个规则的次核，被包含在子细胞的细胞质内，因比主核小，故称为微核。凡能使染色体发生断裂或使染色体和纺锤体联结损伤的化学物质，都可用微核试验来检测。各种类型的骨髓细胞都可形成微核，但有核细胞的细胞质少，微核与正常核叶及核的突起难以鉴别。嗜多染红细胞是分裂后期的红细胞由幼年发展为成熟红细胞的一个阶段，此时红细胞的主核已排出，因细胞质内含有核糖体，吉姆萨染色呈灰蓝色，成熟红细胞的核糖体已消失，被染成淡橘红色。骨髓中嗜多染红细胞数量充足，微核容易辨认，而且微核自发率低，因此，骨髓中嗜多染红细胞成为微核试验的首选细胞群。若动物染毒的时间达 4 周以上，也可选同一终点的外周血正染红细胞进行微核试验。试验时，通过适当途径使动物（小鼠或大鼠）接触受试物，一定时间后处死动物，取出骨髓（或外周血），涂片，经固定、染色，在显微镜下计数含微核的嗜多染红细胞（红细胞），计算微核率。如果受试物试验组与溶剂对照组相比，单一剂量法微核率有明显增高；多剂量法的剂量组在统计学上有显著性差异，并有剂量-反应关系则可认为微核试验阳性。若有证据表明受试物或其代谢产物不能到达骨髓，则不适用于此方法。

3.7.2.2 哺乳动物骨髓染色体畸变试验

哺乳动物骨髓染色体畸变试验是以造血组织中骨髓细胞作为检测对象的体内试验（OECD TG 475）。其基本流程是使哺乳动物（如大鼠或小鼠）经口或其他适宜途径染毒，动物处死前用细胞分裂中期阻断剂处理，抑制细胞分裂时纺锤体的形成，增加中期相细胞的比例，然后通过制备骨髓细胞染色体标本，分析染色体畸变。每只动物作为一个试验单位。在统计分析时，每个动物的数据应列表进行，可把结构畸变细胞率（%）和每细胞内的染色体畸变数作为评价指标。统计分析的标准有几个，当受试物引起染色体畸变数具有统计学意义，并有与剂量相关的增加或者在一个剂量组、单一时间采样的试验中出现染色体畸变细胞数明显增高，则判定具有致突变性。与体内微核试验类似，若有证据表明受试物或其代谢产物不能到达骨髓，则不适用于此方法。

3.7.2.3 哺乳动物精原细胞染色体畸变试验

哺乳动物精原细胞染色体畸变试验的目的是预测可能在这些生殖细胞中诱导可遗传的染色体结构畸变（包括染色体型和染色单体型畸变）。试验的基本步骤包括通过适当的途径使动物（常用小鼠）接触受试物，一定时间后处死动物，动物处死前用细胞分裂中期阻断剂处理，处死后制备睾丸初级精母细胞染色体标本，在显微镜下观察染色体畸变。当各剂量组与阴性（溶剂）对照组相比，畸变细胞率有显著性意义的增加，并有剂量-反应关系时；或仅一个剂量组有显著性意义的增加，并具可重复性，可判定为试验结果阳性。OECD 最早在 1997 年将该试验收入遗传毒性测试指南（OECD TG 483），2016 年，由于监管和动物福利的需求又对其进行了修订。该试验适用于需考虑体内代谢活化后的生殖细胞内的染色体畸变。若有证据表明待测物或其代谢产物不能到达睾丸，则不适用于此方法。

3.7.2.4 转基因啮齿动物体细胞和生殖细胞基因突变试验

转基因啮齿动物（TGR）基因突变试验突破了体内遗传毒性评价方法仅使用造血组织为检测终点的局限，可就肝、肾等不同组织的基因突变进行检测，对受试物的体内基因突变靶组织进行有效预测。目前，有足够数据支持 TGR 基因突变分析的动物模型包括转基因 Muta™ 小鼠、LacZ 质粒小鼠、gpt delta 大鼠和小鼠、Big Blue® 大鼠和小鼠等。这些转基因啮齿动物模型均基于 λ 噬菌体体外包装原理，以 LacI，LacZ，cII 和 gpt 为靶基因并使用转基因小鼠作为转基因受体。试验时，通过适当的途径使动物接触受试物，一定时间后处死动物，通过分离不同组织提取体细胞或雄性生殖细胞中的基因组 DNA 并恢复穿梭载体转染细菌，然后在合适的条件下检测细菌宿主中的相应基因的突变频率。在 LacI、LacZ、CII 和 gpt 点突变分析中获得的突变主要包括碱基对替换突变、移码突变和小的插入、缺失。这些突变类型在自发突变中的相对比例与内源性 HPRT 基因相似。

OECD 于 2011 年收入了转基因动物突变试验的指导原则（OECD TG 488）。作为一项基因突变的体内试验，该结果进一步用于在体外系统研究诱变效应以及在其他体内试验中确定毒性终点。除了与诱发癌症有因果关系外，基因突变也是预测机体中基于突变的非癌症疾病和生殖疾病的相关终点。2022 年，OECD 在修订的 TG 488 中将 TGR 基因突变检测与重复剂量毒性研究（OECD TG 407）相结合，前提是使用转基因啮齿动物品系而非传统的啮齿动物品系不会对重复剂量毒性产生不利影响。且因转基因动物成本较高，这在一定程度上限制了其应用范围。

3.7.2.5 体内哺乳动物碱性彗星试验

碱性彗星试验，又被称为碱性单细胞凝胶电泳法，是一种在单细胞水平上检测 DNA 损伤与修复的方法。高 pH 下 DNA 的电泳产生类似彗星的结构，通过使用适当的荧光染色，可以在荧光显微镜下观察到 DNA 片段根据它们的大小从“头部”迁移到“尾部”的过程。彗星尾部相对于总强度（头部和尾部）的比重反映了 DNA 断裂量。彗星试验操作的主要流程包括动物给药、组织取样和单细胞悬液制备、制片、裂解、解旋电泳、染色及图像分析。检测强碱条件下 DNA 单链和双链的断裂损伤，包括受试物直接作用引起的 DNA 链断裂、碱性不稳定位点引起的 DNA 链断裂和不完整切除修复引起的瞬时 DNA 链断裂等。这些 DNA 链损伤可能被修复而不会产生持久的影响，也可能对细胞是致命的，或者可能被固化为突变导致永久性的变化，还可能导致染色体损伤。这些染色体损失与包括癌症在内的许多人类疾病有关。

彗星试验是单细胞水平的检测试验，所需细胞量少，试验敏感性较高，且操作简单，经济省时。基于上述优点，近年来彗星试验在遗传毒性的研究应用日趋广泛。OECD 于 2016 年新收录了体内哺乳动物碱性彗星试验的指导原则（OECD TG 489）。此外，该方法还被纳入了 ICH S2R1 指南，作为法定的药物遗传毒性试验。总之，体内彗星试验被认为足够成熟，可以与体内骨髓微核试验和细菌回复突变试验相结合，确保致突变毒物的准确检测。其局限性在于，国际上无统一的标准试验方案，不同组织存在差异，且需要严格控制的影响因素较多。

3.7.3 遗传毒性/致突变性的体外试验

动物试验禁令的提出，加快了化妆品体外替代方法研究的步伐，出现了许多新的体外遗传毒性试验方法，包括体外哺乳动物细胞微核试验、用 TK 位点的体外哺乳动物细胞基因突变试验、皮肤模型体外遗传毒性试验、体外哺乳动物细胞彗星试验和鸡胚微核试验等。基于细胞的体外试验通常是在存在和不存在适当的代谢活化系统的情况下，将体外培养的细胞暴露于受试物，然后通过观察细胞在选择性培养基中的活率（适用于基因突变）或直接在显微镜下观察染色体畸变情况，对受试物的潜在致突变性进行预测。最常用的代谢活化系统是经酶诱导剂（Aroclor 1254 或苯巴比妥钠和 β-萘黄酮联合使用）处理后的啮齿类动物（通常是大鼠）的肝脏微粒体酶（S9）。代谢活化系统的选择和浓度可能取决于受试化学品的分类。在某些情况下，还可以利用多种浓度的 S9 混合物。然而，外源代谢活化系统并不完全模拟体内情况，有时可能导致假阳性结果的产生。

3. 7. 3. 1　细菌回复突变试验

细菌回复突变试验俗称 Ames 试验，由 Ames 在 20 世纪 70 年代建立并经十多年不断发展完善形成。Ames 试验利用营养缺陷型菌株在不发生突变的情况下，在缺乏营养的培养基上，仅允许少数自发回复突变的细菌生长。假如有致突变物存在，则营养缺陷型的细菌回复突变成原养型，因而能形成肉眼可见的菌落。通过对菌落计数，来评价受试物的致突变潜力。后期在组氨酸营养缺陷的鼠伤寒沙门氏菌的基础上又引入了含有不同抗性因子质粒及色氨酸营养缺陷的大肠杆菌，进一步优化了试验的检测谱和检测灵敏度。在我国《化妆品安全技术规范》的修订版中采用了 5 种不同菌株作为标准组合：鼠伤寒沙门氏菌 TA1535、鼠伤寒沙门氏菌 TA97、TA97a 或 TA1537、鼠伤寒沙门氏菌 TA98、鼠伤寒沙门氏菌 TA100、鼠伤寒沙门氏菌 TA102、大肠杆菌 WP2uvrA 或大肠杆菌 WP2uvrA（pKM101）。除了组氨酸和色氨酸营养缺陷，还包括脂多糖屏障缺损、氨苄青霉素抗性、紫外线敏感性和四环素抗性选择指标。受试物经五个不同缺陷型菌株测定后，只要有一个试验菌株为阳性，无论是否添加 S9 体外代谢活化系统（某些致突变物需要代谢活化后才能引起回复突变，故需加入经诱导剂诱导的大鼠肝制备的 S9 混合液），均可报告该受试物细菌回复突变试验为致突变阳性。如果受试物经五个试验菌株检测后，加 S9 和未加 S9 均为阴性，则可报告该受试物为致突变阴性。

Ames 试验方法操作较为简便、试验周期短，尽管是基于细菌试验体系的致突变性评价试验，但对啮齿类动物致癌性预测效果优于其他基于哺乳动物细胞试验体系的遗传毒性评价方法。此外，Ames 试验也是 QSAR 遗传毒性筛选数据库构建的重要基础，是化妆品遗传毒性初筛的首选试验方法。使用 Ames 试验的局限性在于易出现假阳性结果，尤其当受试物为中草药提取物等混合物时，可能因样品有染色性或含有色氨酸或组氨酸而对试验结果产生影响。此外，Ames 试验对于纳米材料或有抑菌作用的物质不适用。碱性的固态培养条件下，较厚的菌壁和携带负电荷的革兰氏阴性菌均可导致纳米材料无法与细菌充分接触，导致假阴性结果的出现。自1997年将Ames试验收入OECD指南（OECD TG 471），人们就不断对Ames试验进行各种优化和改进，使这项经典试验更好地服务于监管和安全评价领域。例如，基于微孔板（含6孔、24孔、96孔及384孔）的Ames试验可有效减少受试物的用量，更适于高通量筛选；液态培养条件下经酸化处理过的“波动Ames试验”，通过增加了细菌对纳米材料的吞噬来提高检出率；还可在试验中通过构建含荧光报告基因质粒来实现高通量化等[28]。

3.7.3.2 体外哺乳动物细胞基因突变试验

体外哺乳动物细胞基因突变试验（OECD TG 476）可以克服Ames试验的某些缺陷，当Ames试验不适用时，是备选的基因突变评价方法。常用的靶基因位点有TK、HPRT以及XPRT等。

① TK位点　位于常染色体上的TK基因编码胸苷激酶（TK）。TK在无突变时可通过将胸苷或其类似物［如三氟胸苷（TFT）］整合入DNA序列导致DNA失活和细胞死亡，而突变后的TK基因则无法将TFT整合进入DNA。因此，可通过检测细胞在给予TFT后的存活率来检测受试物是否存在致突变性。TK位点突变分析常用小鼠淋巴瘤细胞株（L5178Y）和人类淋巴母细胞株（TK6）。

② HPRT位点　位于X染色体上的HPRT基因编码次黄嘌呤-鸟嘌呤磷酸核糖转移酶（HPRT）。HPRT参与细胞内嘌呤补救代谢途径，自身的缺乏或活性降低会引起核酸代谢异常，在无突变时可将嘌呤或其类似物如6-硫鸟嘌呤（6-TG）整合入DNA序列，而导致DNA失活及细胞死亡，当HPRT基因突变后则无法将6-TG整合进入DNA。根据此原理可检测HPRT基因是否存在突变。HPRT位点突变分析常用中国仓鼠肺细胞株（V-79）和中国仓鼠卵巢细胞株（CHO）。

③ XPRT位点　位于常染色体是的XPRT基因编码黄嘌呤转磷酸核糖基酶（XPRT）。与HPRT基因类似，XPRT未突变的细胞也对6-TG或氮杂鸟嘌呤（AG）敏感。

试验时，将培养的细胞暴露于受试物一定时间，然后将细胞再传代培养在含有TFT或6-TG的选择性培养液中，通过计算突变集落数，计算突变频率以评价受试物的致突变性。然而，不同细胞或者同一种细胞TK位点的突变敏感性均较HPRT位点突变敏感性高，这主要与TK基因和HPRT基因自身特点不同有关。HPRT基因的自发突变频率较低但特异性高，可与TK基因突变形成互补。OECD于2016年新增了OECD TG 490体外哺乳动物细胞TK基因突变试验，并对 OECD TG 476 进行了修订。小鼠淋巴瘤 L5178Y 细胞和淋巴母细胞 TK6 细胞均可用于检测 TK 基因位点突变。TK6 细胞来源于人类，在应用上优于 L5178Y 细胞。

3.7.3.3 体外哺乳动物细胞染色体畸变试验

体外哺乳动物细胞染色体畸变试验是在加入和不加入代谢活化系统的条件下，使培养的哺乳动物细胞暴露于受试物中，用中期分裂相阻断剂（如秋水仙素或秋水仙胺）处理，使细胞停止在中期分裂相，随后收获细胞，制片、染色、分析染色体畸变。试验可使用已建立的细胞株或细胞系，也可使用原代培养细胞。所使用的细胞应该在生长性能、染色体数目和核型、自发的染色体畸变率等方面有一定的稳定性。推荐使用中国仓鼠卵巢细胞株（CHO）或中国仓鼠肺细胞株（CHL）。在下列两种情况下可判定受试物在本试验系统中具有致突变性：受试物引起的染色体结构畸变数具有统计学意义，并有剂量相关性；受试物在任何一个剂量条件下，引起具有统计学意义的增加，并有可重复性。大部分的致突变剂导致染色单体型畸变，偶有染色体型畸变发生。由于使用了秋水仙素中期分裂相阻断剂，虽然多倍体的出现预示着有染色体数目畸变的可能，但该方法并不适用于测定染色体的数目畸变。OECD 于 1983 年制定了该试验的指导原则（OECD TG 473），并分别在 1997 年和 2014 年对其进行了修订，促进了该方法的标准化和应用。

3.7.3.4 体外微核试验

体外微核试验是检测间期细胞胞浆微核的遗传毒性试验。微核可能来源于无着丝粒染色体片段（即缺少着丝粒），也可能来源于在细胞分裂后期不能迁移到两极的整个染色体。微核的出现代表已经将损失传递给子细胞，而中期细胞中的染色体畸变可能不会传递，尽管两者都可能影响细胞存活。试验方法上，体外微核的检测与体内微核试验相似，可以采用读片分析，也可采用自动化分析系统（如流式细胞仪）进行检测。如果在试验系统中使用着丝粒或端粒探针进行免疫化学标记（荧光原位杂交），还可以提供关于染色体损伤和微核形成机制方面的信息。

① 体外哺乳动物细胞微核试验（MNvit） 可采用多种哺乳动物外周血淋巴细胞系或原代细胞（啮齿动物来源的 CHO、V79、CHL/IU 和 L5178Y 细胞系或人源的 TK6 细胞系），在添加或不添加胞质分裂阻滞剂细胞松弛素 B（cytoB）的情况下进行。在有丝分裂之前加入 cytoB 会形成双核细胞。细胞的选择主要考虑 p53 状态、遗传（核型）稳定性、DNA 修复能力和来源（啮齿类动物与人类）。MNvit 试验于 2010 年收入 OECD 测试指南（OECD TG 487），并于 2014

年和 2016 年分别进行了两次修订。ECVAM 认为该方法可作为体外哺乳动物细胞染色体畸变试验的替代试验。

② 重建人皮肤模型微核试验（RSMN） 2006 年，美国体外科学研究院（IIVS）的 Curren 等利用 EpiDerm™ 皮肤模型构建了体外的 3D 皮肤模型微核试验[29]。该方法在三个实验室（宝洁、IIVS 和 MatTek）进行了实验室间的可靠性测试和优化，受试物扩大到 29 个，证明应用 EpiDerm™ 模型进行微核试验有良好的特异性，可以排除超过 60％的假阳性结果，因此推荐该试验作为细菌或哺乳动物基因突变测试中出现阳性或可疑结果时的后续试验。RSMN 方法已通过了 ECVAM 的验证。

③ 鸡胚微核试验（HET-MN） 孵育中的鸡胚具有毒物代谢动力学和毒物效应动力学性能，与微核检测相结合，被认为适用于考虑代谢活化、清除和排泄外源诱变剂或前诱变剂的体外试验模型。1997 年，德国奥斯纳布吕肯大学的 Wolf 等建立了鸡胚微核试验，随后又对其进行了优化。2012 年，HET-MN 由两个实验室验证了该方法的可转移性和可重复性[30]。目前，SCCS《指南》推荐其为体外阳性结果的后续试验之一。

3.7.3.5 体外彗星试验

哺乳动物细胞或重组人皮肤模型的彗星试验可以在细菌或哺乳动物基因突变测试中出现阳性或可疑结果的情况下作为后续试验。

① 体外哺乳动物细胞彗星试验 广泛应用于基础研究，检测方法和体内彗星试验类似，可采用多种体外培养的细胞系（包括 CHO、CHL、L5178Y、TK6 和 HepG2 等）。该方法也被 SCCS《指南》推荐作为初始试验阳性结果的后续试验之一。但是，相对于体内试验，体外细胞彗星试验的假阳性概率过高，而 3D 的皮肤模型彗星试验被认为比 2D 的细胞彗星试验更具有替代体内方法的潜力[31]。

② 重组人皮肤模型彗星试验 与 RSMN 类似，皮肤模型彗星试验的构建也是基于 EpiDerm™ 模型，施用化学品 3h 后分离细胞，然后用彗星试验分析评估其 DNA 损伤程度，是一种特别适于需要考虑经皮暴露的化妆品原料的体外遗传毒性方法[32]。2018 年，Reisinger 等对方法进行了优化，采用全层皮肤模型 EpiDerm™ FT 和 Phenion FT，并在试验系统中加入了 DNA 修复抑制剂，提高了方法的稳定性和灵敏度。该皮肤模型彗星试验显示了很高的预测能力和良好的实验室内和实验室间的重复性，四个实验室达到了 100％的预测能力，第五个实验室达到了 70％[33]。这些数据表明皮肤模型彗星试验有能力作为一种新的体外方法用于在初始体外试验得到阳性结果时的后续试验。

3.7.4 光致突变/光遗传毒性测试

ICH 关于药品光安全性评估的指南指出："不建议将光遗传毒性测试作为标准光安全测试计划的一部分，因为在大多数情况下，化合物引起光遗传毒性效应的机制与产生光毒性的机制是相同的，因此不需要对两个终点进行单独测试。"目前，对光致突变性/光遗传毒性试验的一般性原则为：a. 在特定情况下，当分子结构、其光吸收潜力或其被光激活的潜力可能表明光致突变/光遗传毒性危害时，则应提供光致突变试验。b. 应提供该化合物的 UV-Vis 光谱以及按 ICH 程序测定的摩尔消光系数。c. 如果受试物只在 313nm 以下的波长范围有吸收，而在较长波长没有足够的吸收，则不需要进行光毒性测试。d. 当光毒性试验结果为阴性时，不需要进行光致突变试验。e. MEC 值低于 1000L/（mol・cm）的化合物也无需进行光致突变性试验。光致突变性/光遗传毒性领域的现有试验方法多为在标准致突变性试验的基础上增加使用光照的情况，包括光 Ames 试验、光 HPRT/光敏小鼠淋巴瘤试验、光微核试验、光染色体畸变试验和光彗星试验等。

3.7.5 遗传毒性/致突变性的计算机模型

3.7.5.1 遗传毒性致癌物（DNA 反应性）

如 SCCS《指南》的化妆品致突变性/遗传毒性研究策略（图 3-5）所示，对化妆品成分的潜在致突变性/遗传毒性和致癌性的危害识别可采用基于计算机模型和交叉参照的构效关系方法。在过去的几十年里，对化学品的监管促进了关于遗传毒性大型数据库的构建与发展，特别是关于细菌回复突变、体外和体内微核以及染色体畸变的数据库。因此，与某些其他复杂的毒性终点相比，通过测试物质与遗传物质的直接或间接相互作用，可以了解其致突变性和遗传毒性机制。目前已有研究表明，能通过与 DNA 直接相互作用引起诱变或遗传毒性作用的化学物质要么本质上是亲电的，要么可以转化为亲电中间体。然而，一些非亲电子化学物质也可能直接与蛋白质和核酸的亲核部分反应，通过直接或间接的 DNA 烷基化、酰化或加合形成，或通过产生活性氧自由基间接地引发遗传毒性。另一方面，某些化学品可能包含一个或多个遗传毒性警报结构，但由于高分子量、溶解度、化学反应性、异构性等原因，可能不会导致遗传毒性效应。

OECD QSAR Toolbox 包含了关于致突变性/遗传毒性和致癌性的数据库，为交叉参照提供了数据资源。体外遗传毒性工具还包括细菌致突变性 ISSSTY、欧洲化学品管理局 OASIS 遗传毒性、EFSA 农药遗传毒性。体内遗传毒性数据库有 ECHA REACH、ECVAM 遗传毒性和致癌性、EFSA 农药遗传毒性、

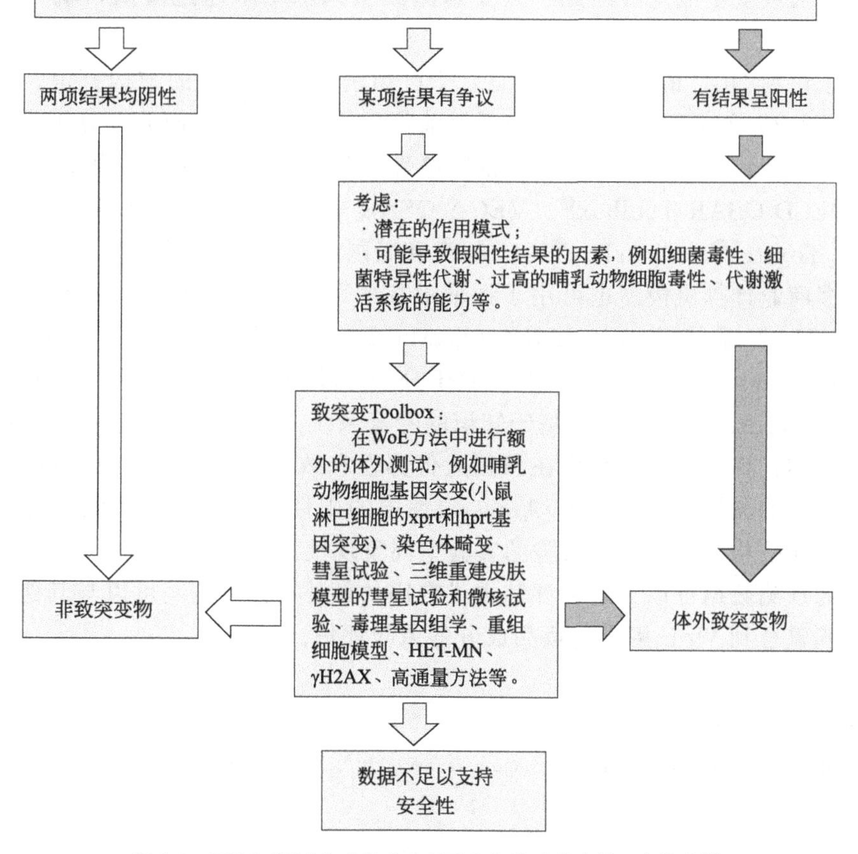

图 3-5　SCCS《指南》中的化妆品致突变性/遗传毒性研究策略[34]

ISSMIC 微核、OASIS 微核和致癌效力数据库❶（CPDB，包含来自大鼠、小鼠、狗、仓鼠和非人类灵长类动物的化学物质长期致癌性数据）。用于预测化学物质

❶ http：//toxnet.nlm.nih.gov/cpdb/cpdb.html。

致癌性的计算机（Q）SAR开源工具有LAZAR[1]和VEGA[2]。

3.7.5.2 非遗传毒性致癌物（非DNA反应性）

与遗传毒性致癌物相比，非遗传毒性致癌物（NGC）的检测要困难得多。与遗传毒性物质和DNA的直接或间接相互作用不同，NGC的致癌作用可能通过多种不同的机制发生，可能途径包括而不限于：a. 抑制间隙连接细胞间通讯或DNA甲基化，过氧酶体增殖，可导致细胞增殖增加或细胞凋亡减少；b. 诱导氧化应激，使氧自由基的产生增加或细胞抗氧化防御能力下降导致DNA损伤；c. 荷尔蒙失调；d. 芳烃受体（AhR）的激动和拮抗作用。此外，NGC被认为具有暴露阈值或安全剂量。因此，只要暴露或摄入水平不超过阈值，就可以使用它们。

用于识别NGC的计算机方法是基于已识别的有限数量的结构警报。欧盟项目ANTARES在项目网站[3]上列出了目前可用的免费访问和商业计算机模型和工具。用于评估致突变性/遗传毒性和致癌性的计算机系统包括丹麦QSAR数据库[4]、OECD QSAR Toolbox[5]、VEGA QSAR平台[6]、US-EPA的毒性评估软件工具[7]、Toxtree[8]、OpenTox[9]、Lazar[10]和美国国家环境保护局的OncoLogic[11]。

许多商业计算机模型也可用于评估潜在的致突变性/遗传毒性和致癌性，包括基于QSAR系统的SciQSAR®（SciMatics，Inc.）和TopKat®（Komputer Assisted Technology的毒性预测）、基于分子片段的QSAR专家系统（如CASE-Ultra®和Leadscope®），以及基于知识的专家系统（如Derek Nexus®）。许多研究结果证实，许多计算机系统在预测遗传毒性和致癌性方面具有较高的可靠性。大多数工具的灵敏度（在所有Ames阳性中的阳性预测率）和预测准确度高达80%，这几乎相当于Ames试验的实验室间重现性。因此，来自计算机模型和交叉参照的预测数据可以为危害评估提供有用的额外支持证据，可以与其他来源的证据一起整合到WoE用于化妆品成分的风险评估。

---

[1] https：//openrisknet.org/e-infrastructure/services/110/。
[2] www.vegahub.eu/。
[3] www.antares-life.eu/。
[4] http：//qsar.food.dtu.dk/。
[5] https：//qsartoolbox.org/。
[6] www.vegahub.eu/。
[7] www.epa.gov/nrmrl/std/qsar/qsar.htm。
[8] http：//toxtree.sourceforge.net/。
[9] http：//apps.ideaconsult.net：8080/ToxPredict。
[10] https：//lazar.in-silico.ch/predict。
[11] www.epa.gov/oppt/sf/pubs/oncologic.htm。

3.7.6 遗传毒性/致突变性的研究策略

截至 2021 年，《化妆品安全技术规范》及更新共收录了 7 个遗传毒试验方法，规定了化妆品新原料的遗传毒性试验至少应包括一项基因突变试验和一项染色体畸变试验。但总体方法较少，对于体外试验阳性结果的后续评价尚无规定。SCCS《指南》提出，化妆品成分的致突变性/遗传毒性评估应至少包括基因水平上的致突变性；染色体结构畸变（断裂或重排）；染色体数目畸变（畸变性）。而且在评估中应该使用不可逆转的突变（基因或染色体突变）终点作为测试指标。仅测量 DNA 损伤而不考虑其后果的方法不能独立使用。然而，目前无单一的体外和体内致突变性/遗传毒性试验可以提供上述所有遗传毒性信息。而且不同的实验室或在不同的场合进行的相同测试可能会得出不同或潜在的相互矛盾的结果。在这种情况下，应该通过专家判断，增加额外的试验才能得出结论。

SCCS《指南》提出，细菌回复突变试验（检测基因突变）和体外哺乳动物细胞微核试验（检测染色体结构致断裂性和非遗传性数量畸变）相结合，可以检测现存数据库中所有遗传毒性致癌物和体内基因毒物。因此，推荐使用两个体外试验作为化妆品遗传毒性检测的起始试验。当 Ames 试验不适用时，可改为体外哺乳动物细胞基因突变试验。如图 3-5 所示，如果受试物在两个体外试验中都是阳性（或阴性）的，那么这种物质很可能有（或没有）致突变毒性，不需要进一步的试验验证。但是如果两项体外试验中只有一项呈阳性，认为受试物为体外致突变剂，还需要考虑其他试验。一般来说，当基因突变检测为阳性结果时，可以使用体外哺乳动物细胞微核试验或 3D 皮肤彗星试验进行进一步检测；当体外微核试验为阳性结果时，可以使用 3D 皮肤微核试验、体外哺乳动物细胞、3D 皮肤彗星试验或鸡胚微核试验（HET-MN）等。然而，SCCS 也提出了这些替代试验的阴性结果本身可能不足以否定原先的阳性结果。进一步的 WoE 可以包含机制性研究（如基于细胞报道基因分析的毒物基因组学）、内部暴露研究（毒代动力学）和其他高通量体外试验方法。类似的，ICH S2R1 指南也提供了两种从 Ames 试验开始的致突变毒性的组合检测策略方案。方案 1 包括了体外哺乳动物细胞和啮齿动物体内微核试验；而方案 2 包括了动物骨髓细胞的微核试验和大鼠肝脏彗星试验。

3.8 致癌性

3.8.1 定义和发生机制

癌症是严重危害人类生命健康的疾病，对化妆品致癌性的风险评估是毒理学研究的重要一环。致癌性物质被定义为能通过口服、呼吸道吸入、皮肤涂抹或注射后诱发肿瘤（良性或恶性）或增加其发病率或缩短肿瘤恶化时间的外源性物质。致癌物分为遗传毒性致癌物和非遗传毒性致癌物。

① 遗传毒性致癌物（genotoxic carcinogen，GC）指具有 DNA 反应性，通过引起 DNA 损伤而致癌的化学致癌物。

② 非遗传毒性致癌物（non-genotoxiccarcinogen，NGC）指不直接与 DNA 反应，通过诱导宿主体细胞内某些关键性病损和可遗传的改变而导致肿瘤的化学致癌物。

致癌性研究的对象一般是指 NGC，它们不与 DNA 直接相互作用，常在遗传毒性试验中得到阴性结果。而 GC 通过与 DNA 直接反应引起遗传毒性效应（基因突变和染色体结构畸变）而致癌。NGC 约占到化学致癌物中的 12%，主要包括：a. 细胞毒性致癌物。可能涉及慢性杀灭细胞导致细胞增殖活跃而发癌（如次氮基三乙酸）。b. 固态致癌物。物理状态是关键因素，可能涉及细胞毒性（如石棉）。c. 激素调控剂。改变内分泌系统平衡及细胞正常分化和生长（如乙烯雌酚、雌二醇和硫脲）。d. 免疫抑制剂。主要对病毒诱导的恶性转化有刺激作用（如嘌呤同型物）。e. 助致癌物。这类化合物并非致癌物，但可影响癌变过程的肿瘤转变阶段（如巴豆醇二酯）。f. 促长剂。可促进已发生癌变的细胞的增殖，对引发剂并无影响（如苯酚）。g. 过氧化物酶体增殖剂。过氧化物酶体增殖可促进细胞内氧自由基生长［如邻苯二甲酸=(2-乙基）己酯］。

NGC 通过诱导宿主体细胞内某些关键性病损和可遗传的改变而导致肿瘤的发生，可涉及癌症发展的各个阶段，如诱发细胞异常增生，造成机体器官及组织潜在而不确定的 DNA 改变等。NGC 致癌机制比 GC 更加复杂多样，具体包括氧化应激、炎症反应、肿瘤促癌剂、免疫抑制、受体与非受体介导的内分泌调节、细胞间隙连接通讯抑制及 DNA 甲基化等。其中，氧化应激是 NGC 的重要致癌机制之一，主要通过诱导脂质、蛋白质、DNA 等生物大分子的氧化损伤和改变氧化应激调控基因的表达导致癌症的发生。

3.8.2 体内试验

当某种化学物质经短期筛选试验证明具有潜在致癌性，或其化学结构与某种已知致癌剂十分相近，而此化学物质有一定实际应用价值时，就需用致癌性试验进一步验证。动物致癌性试验为人体长期接触该物质是否有引起肿瘤的可能性提供资料。为期两年的啮齿类动物致癌性试验一直作为致癌性评价的金标准，其试验结果几乎可以辨别所有已知的人类致癌物。此外，还可以进行慢性毒性和致癌性结合试验，以确定致癌性和慢性毒性作用，并可能获得长期和反复暴露后的剂量-反应关系。在欧盟，体内致癌性研究只有在动物试验禁令之前的数据或按非化妆品法规要求进行的试验数据才是可接受的。

① 致癌性试验（OECD TG 451） 在啮齿类动物大鼠和小鼠中进行，通常是通过口服途径（吸入或经皮途径也是可能的）在实验动物的大部分寿命内（18～24个月）每天以分级剂量给药，在该动物的大部分或整个生命期间及死后检查肿瘤出现的数量、类型、发生部位及时间，与对照动物相比，以阐明此化学物质有无致癌性。最初的致癌性研究测试指南于1981年发布，OECD于2018年出于动物福利和监管要求对其和慢性毒性结合试验一起进行了修订。

② 慢性毒性/致癌性结合试验（OECD TG 453） 包括两个平行阶段，慢性毒性阶段和致癌阶段，一般采用大鼠。受试物通常以口服途径染毒，但也可以通过吸入或经皮途径染毒。在慢性期，每天对实验动物以分级剂量给予受试物，通常为期12个月，也可以根据法规要求选择更长或更短的周期。这一持续时间应足够长，以便能观察到任何累积毒性而不会受到动物衰老的影响。在致癌阶段，实验动物在大部分生命期间将被用受试化学物质以一定方式每天染毒。对处于这两个阶段的动物进行密切观察，看是否有毒性迹象和肿瘤病变的发展情况。

3.8.3 体外细胞转化试验

因NGC不与遗传物质直接作用，大多数NGC不能通过如Ames试验、染色体畸变试验、微核试验等传统的以基因突变、染色体损伤、DNA损伤为检测终点的方法检出（尽管它们可能在动物的长期致癌性试验中呈阳性）。相对于已经开发出了完善的体外试验方法体系的遗传毒性化合物，目前还没有经过验证的体外方法来预测NGC。由于突变与癌症的关系，这些遗传毒性试验也可以被视为致癌性的预筛查。体外致突变性/遗传毒性测试组合中的任何一个阳性结果都可能表明受试物是一种假定的致癌物，而体外细胞转化试验（CTA）可以作为后续试验，以进一步确认来自遗传毒性测定的体外阳性结果，通常作为WoE评估的一部分。CTA可在体外培养细胞中很好地模拟体内致癌过程的多个关键阶段，筛选潜在的致癌物以及研究致癌机制。且该方法既可检测遗传毒性致癌物，又可检测非遗传毒性致癌物。当与其他信息（如遗传毒性、QSAR和毒代动力学数据）结合使用时，CTA试验结果可以促进相对全面的致癌潜力评估。但需要注意的是，单一的CTA试验结果并不能判定物质的致癌潜力。

3.8.3.1 仓鼠胚胎细胞转化分析体外试验

Berwald等于1963年首次发现原代的叙利亚地鼠胚胎（SHE）细胞在经致癌物处理并体外培养后（pH7.0）会出现形态学改变，继续培养一段时间并移植回地鼠体内后可导致肿瘤产生[35]。啮齿类动物细胞或人类细胞的转化均至少包含4个阶段：a. 细胞分化阻滞；b. 通过获得无限寿命、非整倍体的核型以及遗传的不稳定性进行永生性表达；c. 获得致瘤性；d. 包括转移在内的完全恶性肿瘤。仓鼠胚胎细胞转化分析体外试验（SHE-CTA）以细胞分化阻滞阶段作为诱导肿瘤形成前的检测终点。利用SHE细胞的形态学改变与啮齿类动物致癌性之间的良好相关性，逐渐形成了基于SHE细胞的经典CTA试验方法，用于体外检测致癌物和致癌机制研究。1996年，Kerckaert等发现培养基pH值是决定SHE细胞生长和转化能力的关键因素之一，并形成了该方法的改良版(pH6.7)，进一步增强了细胞形态转化与体内致癌性结果的一致性[36]。2007年，OECD发表了一份关于检测化学致癌物的详细审查文件，建议将SHE-CTA作为检测致癌化学物质的替代方法，因该方法（包括pH6.7和pH≥7.0）对44种无机人类致癌物的检测灵敏度达到了100%，对11种有机人类致癌物的检测灵敏度达到了82%（24h暴露时更高）。2011年，ECVAM报道了对两种SHE细胞CTA试验方法（pH6.7和pH7.0）的预验证研究结果，认为两个试验系统都可以在实验室之间转移，并具有良好的实验室内和实验室间重现性，因此SHE-CTA被ECVAM推荐作为致癌性的WoE评估之一[37]。

3.8.3.2 小鼠成纤维细胞转化分析体外试验

以SHE细胞转化试验为基础，Aaronson等建立了基于小鼠成纤维细胞系(BALB/c 3T3)的体外小鼠细胞转化试验（BALB/c 3T3-CTA）。与以细胞分化阻滞为终点的SHE细胞不同，永生化的BALB/c 3T3以非致癌永生性到致癌性转变形成灶和典型的非贴壁依赖型生长作为检测终点。自从Kakunaga从小鼠BALB/c 3T3 A31中培育出A31-714克隆以来，BALB/c 3T3细胞系一直被用于CTA试验。另外还分离了几个克隆，其中A31-1-1亚克隆被Kakunaga推荐为更适于获得致瘤转化灶和进行CTA。多年来，有多种不同版本的BALB/c 3T3-CTA试验方案被报道。尽管都使用了培养皿中转化的Ⅲ型病灶数量作为观测终点，但方法的复杂性（使用了不同BALB/c 3T3克隆、实验的设置和细胞的暴露条件）和数据统计的差异限制了该方法的广泛应用。2011年，ECVAM的CTA方法预验证也包括了BALB/c 3T3方法，然而，结果表明该方法还需要进一步的完善才能在实验室之间获得可重复的结果。

3.8.3.3 Bhas 42细胞转化分析体外试验

Bhas 42细胞转化分析体外试验（Bhas 42-CTA）是从BALB/c 3T3-CTA派生而来的系统。Sasaki等利用v-Ha-ras转染BALB/c 3T3后得到的Bhas 42细胞系开展CTA。在Bhas 42-CTA试验中检测与人类肿瘤相关的生物标志物，即乙酰胆碱酯酶（AChE）、丁酰胆碱酯酶（BChE）和碱性磷酸酶（ALP），被认为是评价细胞转化较为客观的方法。未转化的 Bhas 42 细胞为单层，并且很少或几乎不表达 AChE、BChE 和 ALP，而三型转化灶（细胞具有强嗜碱性，形态异于单层生长的细胞，生长密集）与二型转化灶（生长密集，复层生长，嗜碱性弱于三型转化灶）相比，AChE、BChE 和 ALP 活性和表达量都更高。这些生化指标也可以用于 BALB/c 3T3 细胞转化试验，但并不适宜 SHE 细胞转化试验，因为大多数肿瘤标志物在胚胎细胞中活性也很好。随后，该方法进行了高通量改良，从平皿到 6 孔法和 96 孔法，该方法的高通量筛选致癌物的能力逐步提升。王颖等报道了采用 H_2O_2 来区分未转化细胞和转化细胞，因低浓度的 H_2O_2 可以杀伤大部分正常细胞，而对转化细胞影响较小，且活细胞可采用 CCK-8 染色和酶标仪进行快速分析，因此进一步提高了检测效率和客观性。

CTA 试验结果与遗传毒性数据、构效分析、药代或毒代动力学信息相结合时可对化合物潜在致癌性进行相对综合的评估。目前 CTA 的应用前景包括解释体外遗传毒性结果；评估在低预测性传统遗传毒性试验中化学物质的分类，筛选遗传毒性或非遗传毒性致癌物；考察肿瘤的启动和促进行为；研究特定致癌物的致癌机制等。CTA 对于尚未实施致癌试验的化合物（如 REACH 法规下大范围的检测项目）或常规遗传毒性试验方法不适用的化合物（如无法经细菌代谢的医用纳米材料或抑菌性强的化合物，不适合开展 Ames 试验）有重大意义，尤其在化妆品和医疗器械的早期致癌性预测方面。其最重大的价值是对 NGC 进行鉴别，并提供低剂量条件下化合物的遗传毒性作用机制，以验证阈值下遗传毒性化合物的特征。SHE-CTA（pH6.7 和 pH7.0）和 Bhas 42-CTA 已被写入 OECD 指导原则草案。

3.8.4 NGC 的整合测试评估

NGC 在真核和原核细胞中诱导突变，或在靶器官中导致 DNA 损伤。据估计，被归类为 1 类的人类致癌物中有 10%～20%是通过 NGC 机制起作用的，但有关 NGC 致癌机制的信息并没有特殊要求。因此，许多 NGC 仍将无法确定，因此将无法控制其对人类健康的风险。所有 CTA 模型都提供肿瘤转化的形态学终点，可用作机制研究的表型锚定，因此可以将 CTA 视为综合测试战略（IATA）可能的组成部分之一。已开发出将 BALB/c 3T3 CTA 与全局基因表达分析相结合的实验方案，用基于体外 CTA 的毒理基因组学方法识别 NGC 转录激活的途径，这种整合方法可能在今后成为评估非遗传毒性致癌的第一步。

3.9 生殖毒性

3.9.1 定义和发生机制

生殖是使种族延续的各种生理过程的总称，包括配子（精子与卵子）发生、交配、卵细胞受精、着床、胚胎形成与发育、胎仔发育、分娩和哺乳等阶段。生殖毒性指的是一种物质在繁殖周期的任何一个阶段中所产生的毒副作用，既包括外源物质对亲代生殖功能的影响，也包括对子育过程的有害影响。如塑化剂事件中，导致危机的邻苯二甲酸酯类就属于对生殖发育的各个阶段均有可能产生危害的一类化合物。研究表明邻苯二甲酸酯类在人体和动物体内发挥着类似雌性激素的作用，可干扰内分泌系统，影响男性生殖系统的功能，严重时会导致睾丸癌。动物试验表现为肾脏和睾丸重量减轻、流产、胚囊植入率降低、多脏器发育畸形。邻苯二甲酸酯类普遍存在于化妆品中，指甲油中的邻苯二甲酸酯含量最高，很多化妆品的芳香成分中也含有该物质。化妆品中的这种物质会通过呼吸系统和皮肤进入体内，如果过多使用，会增加女性患乳腺癌的概率，甚至可能会危害到她们未来生育的男婴的生殖系统。

- 生殖毒性：包括致畸性和母体毒性，指外源化合物诱导的对哺乳动物生殖情况的不良反应，其中涵盖了生殖周期中的各个阶段，包括女性或男性生殖功能或能力受损，以及在后代中诱导不可遗传的不利影响，如死亡、生长迟缓、结构和功能的影响。
- 致畸性：化学物质在器官发生期间引起子代永久性结构异常的特性。
- 母体毒性：化学物质引起亲代雌性妊娠动物直接或间接的健康损害效应，表现为增重减少、功能异常、中毒体征，甚至死亡。

完整的生殖毒性研究应包括成年动物从受孕到子代性成熟的各个发育阶段接触受试物的反应。测试时间应连续通过一个完整的生命周期，即从亲代受孕到子一代受孕。最常用的三段生殖毒性试验由生育力和早期胚胎发育毒性试验、胚体-胎体毒性试验（致畸试验）和出生前后发育毒性试验（围生期毒性试验）三部分组成。对于人类反复接触的某些化妆品原料，仅做三段生殖毒性试验是不够的，应进行多代生殖试验。

3.9.2 生殖毒性的体内试验

3.9.2.1 致畸试验

母体在孕期受到可通过胎盘屏障的某种有害物质作用，影响胚胎的器官分化与发育，导致结构异常，出现胎仔畸形。在胚胎发育的器官形成期给予妊娠动物化学物质，可检测该化学物质对胎仔的致畸作用，预测其对人体可能的致畸性。动物首选为健康的性成熟大鼠。非啮齿类动物首选家兔。在胚胎发育的器官形成期给予妊娠动物持续染毒，尽可能持续到接近正常分娩日，然后对妊娠动物和胚胎进行尸体解剖和肉眼检查，检测该化学物质对胎仔的致畸作用，提供产前暴露对怀孕试验动物和发育中有机体的影响，包括对母体毒性以及死胎、胎儿软组织和骨骼异常或生长延缓的评估。该测试指南（OECD TG 414）的最初版本于1981年出版，2001年有一次修订，2018年再次更新（增加了胎儿中的肛门生殖器距离和母体的甲状腺激素水平作为检测终点），扩大了对内分泌干扰性化学物质的检测能力，但也使该方法变得只适用于大鼠。该方法也被收录于《化妆品安全技术规范》，并于2019年进行了修订，增加了母体毒性终点。解释致畸试验结果时，应该结合亚慢性、繁殖毒性、毒物代谢动力学并结合其他试验结果综合考虑，试验结果从动物外推到人时，必须注意种属差异。

3.9.2.2 一代生殖毒性试验

该方法于1983年写入OECD测试指南（OECD TG 415），但在2019年12月已被废止。实验动物主要为大鼠或小鼠。其中，雄性应在生长期间和至少一个完整的生精周期内染毒（受试物一般加入在饮食或饮用水中）；母代的雌性应至少在两个完整的发情周期内染毒。然后这些动物进行交配。此后，只对妊娠期和哺乳期的雌性进行染毒。这项研究的内容包括每日的临床观察和测量（称重、食物摄入量等），大体尸检和组织病理学。理想的一代生殖毒性试验应该获得受试物对雌性和雄性生殖性能的无影响水平，并了解其对生殖、分娩、哺乳和出生后发育的不利影响。

3.9.2.3 两代生殖毒性试验

大鼠是两代生殖毒性试验的首选动物，建议经口染毒（通过饮食、饮用水或灌胃）。如果在人体1000mg/（kg·d）的剂量下预期没有影响，则可以进行极限测试。在双亲（P）的雄性和雌性动物生长期间、交配期间、怀孕期间以及第一代后代（F1）断奶期间给药。在F1代成长为成年、交配和产生F2代的过程中也持续给药，直到F2代出生、断奶。每个测试组和对照组应包含足够数量的动物，以在分娩时或接近分娩时产生不少于20只怀孕的雌性。使用至少三个剂量水平的受试物，对所有动物进行临床观察和病理检查，以确定毒性迹象，特别强调对雄性和雌性生殖系统的完整性和性能以及对后代生长和发育的影响，旨在提供有关测试物质对雄性和雌性生殖系统的完整性和功能影响的一般信息，包括性腺功能、发情周期、交配行为、受孕、妊娠、分娩、哺乳和断奶，以及后代的生长和发育。理想情况下，两代生殖毒性试验（OECD TG 416）可以提供对无影响水平的估计，以及关于测试物质对生殖、分娩、哺乳、产后发育（包括生长和性发育）的不利影响信息，并作为后续测试的指南。

3.9.2.4 延长一代生殖毒性试验

2018 年，OECD 制定了延长一代生殖毒性试验（OECD TG 443），旨在评估产前和产后化学品暴露可能导致的生殖和发育影响，并对怀孕和哺乳期雌性以及成年后代的全身毒性进行评估。试验时，性成熟的雄性和雌性啮齿动物（P 代）在交配前 2 周开始接触测试物质，在交配、妊娠和断奶期间连续暴露于分级剂量的测试物质中。在幼崽（F1 代）断奶时，选择幼崽并将其分配到生殖/发育毒性测试亚组（队列 1）、发育神经毒性测试亚组（队列 2）和发育免疫毒性测试亚组（队列 3）。F1 代从断奶到成年接受测试物质的进一步给药。对所有动物进行临床观察和病理学检查以发现毒性迹象，关注雄性和雌性生殖系统的完整性、性能以及后代的健康、生长、发育和功能。部分亚组（队列 1B）可能会扩展到产生 F2 代；在这种情况下，F1 的给药实验过程将类似于 P 代。

延长一代生殖毒性试验可替代原一代和二代动物毒性研究（OECD TG 415、416）及其他特定发育毒性研究（OECD TG 426、414）。与较早的 OECD TG 416 相比，该方法减少了动物的使用，并涵盖了更多参数（例如重复剂量研究中的临床化学参数、发育免疫毒性和神经毒性），还包含了内分泌干扰的新终点（乳头潴留、出生时肛门生殖器距离、阴道通畅和龟头包皮分离），增加了生殖毒性参数的统计，例如下丘脑-垂体-性腺轴、生长激素轴、类视黄醇信号通路、下丘脑-垂体-甲状腺轴、维生素 D 信号通路和过氧化物酶体增殖物激活受体（PPAR）信号通路[34]。

此外，OECD 还提出了生殖/发育毒性筛选试验（OECD TG 421）和重复剂量毒性结合生殖/发育毒性筛选试验（OECD TG 422）。

3.9.3 胚胎毒性的体外试验

2003 年，三项胚胎毒性替代试验通过了欧洲替代方法验证中心（ECVAM）的验证，即全胚胎培养（WEC）技术、微团培养（MM）试验和胚胎干细胞试验（EST）。最后两项测试被 ECVAM 科学咨询委员会认为在科学上有效，可将物质归入以下三个类别之一：无胚胎毒性，弱、中度胚胎毒性或强胚胎毒性。SCCS《指南》认为，这三种方法能用于筛选胚胎毒性物质，但不能用于定量风险评估[34]。鉴于动物生殖发育周期的复杂性，目前尚不建议用体外替代试验完全取代体内生殖发育毒性试验，但适当的和精选的体外方法在发育早期仍可以使用，以减少动物试验和阐明作用机制[38]。

3.9.3.1 全胚胎培养技术

全胚胎培养（WEC）技术是一种将来源于小鼠、大鼠和兔等哺乳类动物的完整胚胎移植到体外进行培养的实验技术。目前应用的主要还是哺乳动物，包括啮齿类动物和兔胚胎。WEC 的基本方法是早期器官发生期胚胎与受试物共培养，培养结束时，利用评分系统可对形态发育有一个准确的评估。Brown 和 Fabro 建立了啮齿类评分系统，包括 6 个发育阶段，分数从 0 到 5。Carney 又建立了兔 WEC 形态评分系统以更好地调整 Brown 和 Fabro 啮齿类评分系统。WEC 是一种直观、动态、短期、快速、高预测性的体外发育毒性替代法，可用于筛查化学物的发育毒性、探讨其剂量反应关系和作用机制。但 WEC 还是需要用到动物，且被认为仅对识别强胚胎毒性物质有效[38]。

3.9.3.2 微团培养试验

胚胎细胞微团培养（MM）是一项介于单细胞培养和器官培养之间的短期体外试验系统，比 WEC 更简单。胚胎肢芽细胞可取自鸡、兔或大鼠、小鼠，细胞一般分离自器官形成中期胚胎的肢体或头部组织。制成单细胞悬液后，以高密度接种培养，通过分析受试物暴露对原始胚胎细胞体外分化的影响，定性及定量评价化学物质的致畸作用。目前常用的 MM 方法主要有 4 种：将受试物直接加入细胞培养液中，通过观察受试物对细胞分化、增殖抑制作用可测试对母体代谢的影响，排除母体的干扰；将代谢活化系统和受试物同时加入 MM 培养液中，观察受试物经过活化代谢后是否对细胞产生毒性作用；体内和体外结合，用受试物染毒孕鼠，经过一段时间后再取出肢芽细胞进行培养，观察体内生物转化对受试物致畸作用的影响；将人或动物血清加入细胞培养基中，测试血清中是否存在致畸因子。MM 试验因其花费少、周期短、操作简单、准确性高、重现性好等优点而广泛应用于探索外源性化合物的致畸作用、细胞毒性作用及作用机理研究。

3.9.3.3 胚胎干细胞试验

胚胎干细胞是指着床前的囊胚内细胞团或早期胚胎的原始生殖细胞，其可在体外无限扩增并保持未分化状态，是一类未分化的全能性干细胞。胚胎干细胞在体外的分化途径和机制与体内胚胎细胞的分化途径和机制虽然不完全相同，但在分子水平上有许多相似之处，且不同哺乳动物种属间差异不大。1997 年，德国动物试验替代方法评价中心（ZEBET）建立了这一利用两种小鼠细胞系（成纤维细胞 3T3 和胚胎干细胞 D3）、三个检测终点的胚胎干细胞试验（EST）。之后，经过对方法优化，2003年完成全部过程，被ECVAM验证通过为替代动物胚胎毒性试验的试验方法。EST通过检测受试物对胚胎干细胞生长和分化以及对已分化的成纤维细胞活力的影响，预测其胚胎毒性和致畸性，是目前唯一一个利用细胞系的体外生殖发育毒性测试替代模型。

3.10 内分泌干扰性

3.10.1 定义和发生机制

内分泌干扰物是一类能够干扰生物体内激素合成、释放、转运、代谢、结合、效应及消除的外源性物质，它们通过干扰激素的行为从而影响生物内分泌系统的功能。大多数的内分泌干扰物容易在环境中积累、富集，从而对生物造成长期危害。并且某些内分泌干扰物在极微量的情况下也会影响人体正常的激素作用。

① 内分泌干扰物（endocrine disrupter，ED）：外源性物质或改变内分泌系统功能的混合物，从而对有机体、其后代或（亚）种群的健康造成不良影响。

② 内分泌活跃物质（endocrine active substance，EAS）：具有干扰一个或多个内分泌系统的组成部分导致生物效应能力改变的物质，但不一定造成不良反应。

内分泌系统分泌的激素通过体液传递信息，可以调节蛋白质、糖和脂肪以及水盐代谢；促进细胞的分裂和分化，促进生殖器官的发育和成熟，影响中枢神经系统和植物性神经系统的发育及活动。内分泌干扰剂的类激素作用导致生物体内分泌系统功能紊乱，影响人体健康。内分泌干扰剂的生物学作用可分为两个阶段：第一阶段是ED进入体内，在各组织中分布（包括吸收、分布）；第二阶段是ED在不同的组织中产生影响。然而，ED对不同的生物种属可能产生不同的影响，而且相同个体在不同生活阶段的耐受力和ED产生的影响也存在差异。

研究发现，ED通过受体或非受体途径，最终在靶细胞产生生物效应。其中，受体途径包括两种：一种是与激素受体的结合作用，大部分已知的ED能够与类固醇受体结合，许多ED对雌激素和雄激素受体都可产生作用，影响二者控制的生理过程；另一种是改变受体的数目或受体的亲和性，例如二噁英（TCDD）可以增加和减少雌激素受体的表达，也可降低雌激素与受体键合的能力，影响基因的转录。此外，还有非受体途径。有些ED并不直接与激素或激素受体相互作用，影响激素功能发挥，但可能与一些降解正常激素的酶相结合，从而干扰体内激素的合成、降解和在体内的输送。

3.10.2 评估内分泌干扰物的 OECD 工作框架

OECD 于 2012 年发布并于 2018 年更新了关于评估内分泌干扰化学品的标准化测试指南，提供了对内分泌干扰物进行测试和评估的工作框架（表 3-1）。这一概念性的工作框架旨在为内分泌干扰物的评估提供可用的测试信息指南，但不包括暴露评估。

表 3-1 OECD 测试和评估内分泌干扰物的工作框架

<table>
<tr><th>级别</th><th colspan="2">哺乳动物和非哺乳动物</th></tr>
<tr><td>1 级
现有数据和现有或新的非测试信息</td><td colspan="2">物理和化学特性，例如 MW 反应性、挥发性、生物降解性；
来自标准化或非标准化测试的所有可用(生态)毒理学数据；
交叉参照、QSAR 和其他计算机预测以及 ADME 模型预测</td></tr>
<tr><td>2 级
提供有关选定内分泌机制或途径的数据的体外测定</td><td colspan="2">雌激素(OECD TG 493)或雄激素受体结合亲和力试验(US EPA TG OPPTS 890.1150)；
雌激素受体反式激活(OECD TG 455，ISO 19040-3)，酵母雌激素筛选试验(ISO 19040-1 & 2，TG 457)；
雄激素受体反式激活试验(OECD TG 458)；
体外类固醇生成试验(OECD TG 456)；
芳香酶测定(US EPA TG OPPTS 890.1200)；
甲状腺破坏试验(例如甲状腺过氧化物酶抑制、转甲状腺素蛋白结合)；
类视黄醇受体反式激活试验；
其他适当的激素受体试验；
高通量筛选</td></tr>
<tr><td rowspan="2">3 级
提供有关选定内分泌机制或途径的数据的体内测定</td><td>哺乳动物</td><td>非哺乳动物</td></tr>
<tr><td>子宫营养测定(OECD TG 440)；
Hershberger 法(OECD TG 441)</td><td>两栖动物变态试验(OECD TG 231)；
鱼类短期繁殖试验(FSTRA，OECD TG 229)；
21 天鱼类试验(OECD TG 230)；
雌性棘鱼雄性化试验(AFSS，OECD GD 148)；
EASZY 试验-使用转基因 cyp19a1b GFP 斑马鱼胚胎检测通过雌激素受体起作用的物质(OECD TG Draft)；
非洲爪蟾胚胎甲状腺信号测定(XETA，OECD TG Draft)；
青鳉幼鱼抗雄激素筛查试验(JMASA，OECD TG Draft)；
水蚤短期保幼激素活性筛选测定(OECD TG Draft)；
快速雄激素破坏不良结果报告试验(RADAR，OECD TG Draft)</td></tr>
</table>

续表

级别	哺乳动物	非哺乳动物
4级 提供对内分泌相关终点的不利影响数据的体内试验	28天重复剂量毒性试验(OECD TG407); 90天重复剂量毒性试验(OECD TG408); 青春期雄性大鼠的青春期发育和甲状腺功能试验(PP雄性测定)(US EPATG OPPTS 890.1500); 青春期雌性大鼠的青春期发育和甲状腺功能试验(PP雌性测定)(US EPATG OPPTS 890.1450); 产前发育毒性研究(OECD TG 414)慢性毒性和致癌性结合试验(OECDTG 451-3); 生殖/发育毒性筛选试验(OECD TG 421); 重复剂量毒性研究与生殖/发育毒性结合试验(OECD TG 422); 发育神经毒性试验(OECD TG 426); 21/28天重复给药皮肤毒性试验(OECD TG 410); 90天亚慢性皮肤毒性试验(OECD TG 411); 28天(亚急性)吸入毒性试验(OECDTG 412); 90天亚慢性吸入毒性试验(OECD TG 413); 非啮齿动物重复给药90天口服毒性试验(OECD TG 409)	鱼类性发育试验(FSDT,OECD TG 234); 幼虫两栖动物生长和发育试验(LAGDA,OECD TG 241); 禽类生殖试验(OECD TG 206); 鱼类生命早期毒性试验(OECD TG 210); 用两栖动物进行的桡足类发育和繁殖试验的新指导文件(OECD GD 201)新西兰泥螺繁殖试验(OECD TG 242); 静水椎实螺繁殖试验(OECD TG 243); 摇蚊毒性试验(TG 218和TG 219)水蚤繁殖试验(雄性诱导)(OECD TG 211); 蚯蚓繁殖试验(OECD TG 222); 土壤动物繁殖试验(OECD TG 220); 使用加标沉积物的沉积物水蚯蚓毒性试验(OECD TG 225); 土壤捕食性螨虫繁殖试验(OECD TG 226); 土壤跳虫繁殖试验(OECD TG 232)
5级 体内测定提供了更全面的数据,说明了在生物体生命周期的更广泛部分对内分泌相关终点的不利影响	扩展一代生殖毒性试验(EOGRTS,OECD TG 443); 两代生殖毒性试验(OECD TG 416)	鱼类生命周期毒性试验(US EPA TG OPPTS 850.1500); Medaka扩展的一代繁殖试验(MEOGRT,OECD TG 240); 日本鹌鹑的禽类二代毒性试验(US EPA TG OCSPP890.2100/740-C-15-003); 沉积物水摇蚊生命周期毒性试验(OECD TG 233); 用于评估EDC的水蚤多代试验(OECD TG Draft); 斑马鱼扩展一代繁殖试验(ZEOGRT,OECD TG Draft)

3.10.3 内分泌干扰的非测试方法

物质内分泌活性的第一级证据可以通过以下方式提供：物理和化学特性（例如 MW、反应性、挥发性、生物降解性）、标准化或非标准化测试的所有可用（生态）毒理学数据、交叉参照、化学类别、QSAR 和其他计算机预测，以及用于化妆品的新化合物的 ADME 模型预测，计算机模型和跨读工具的使用以及物理化学数据等。许多计算机模型和工具可用于估计物质与激素受体结合的潜力，例如雌激素受体（ER）、雄激素受体（AR）和孕烷 X 受体（PXR）。模型与工具包括 ADMET Predictor™ 和 MetaDrug™ 等商业程序，以及 VEGA 和在线化学建模环境（OCHEM）等公开可用的工具。另一个开源对接工具 Endocrine Disruptome 也可用于内分泌干扰物的虚拟筛查。

OECD 的 QSAR Toolbox 提供了一个主要的软件平台，该平台包含多个数据库，包括化学数据、实验（生态）毒理学数据和来自 QSAR 工具的估计值，以及集成的 QSAR 建模工具和专家系统。例如，它包含了：①OASIS 雌激素结合数据库，由具有相关内分泌受体结合试验数据的多种化合物组成。该工具箱允许通过丹麦 EPA 的相对 ERBA(Q)SAR 对化合物的内分泌活性进行基于体外结合的计算机筛选。②QSAR 模型，包括基于对训练集的分层统计分析的 MultiCASE ERBA QSAR，该训练集由各种非活性、弱或强内分泌干扰物结合剂的化学结构的结合数据组成。③基于结构警报的内分泌受体结合分析器，根据化学物质的 MW 和结构特征将化学品分类为非黏合剂或黏合剂（弱、中等、强和非常强的黏合剂）。④基于结构警报的专家系统，例如美国 EPA 的基于与虹鳟雌激素受体结合的 rtnER 专家系统。与此同时，QSAR 工具箱还提供了一个使用大量高质量数据库在结构和功能相似的化学品之间进行交叉参照的工作平台。如果数据库中的化合物被鉴定为与目标化合物具有所需结构和警报谱相似性，则它们可用作预测目标化合物的内分泌受体结合的交叉参照候选。

其他基于分子对接工具和 3D-(Q)SAR 模型的计算机系统也可用于虚拟筛选化学物质与激素受体的亲和力。然而，通过虚拟筛选、识别与激素受体的亲和力需要在用于每个目标的评分函数的背景下进行查看，目前还没有普遍适用的评分函数。此外，虽然计算机模型可以可靠地预测简单的终点，例如与受体结合的结合自由能，但它们在预测更复杂的与内分泌相关的体内终点（例如生殖和发育毒性）方面存在局限性。总体来说，目前可用的实验数据仍然太少，无法比较不同计算机方法得出结果的成功率。

3.10.4 内分泌干扰的体外试验

内分泌系统的破坏可能通过许多不同的方式发生，如通过核受体介导的激素作用机制，通过类固醇或其他酶产生激素，激素的代谢激活或失活，向靶器官或组织分配激素和从体内清除激素。SCCS《指南》列出了化妆品原料可用的体外试验方法，包括雌激素（OECD TG 493）或雄激素受体结合亲和力（US EPA TG OPPTS 890.1150，OPPTS：农药和有毒物质测试指南）、雌激素受体反式激活（OECD TG 455）、酵母雌激素筛查（ISO 19040-1～3）、雄激素受体转录激活（OECD TG 458）、体外 H295R 类固醇生成（OECD TG 456）、芳香酶检测（US EPA TG OPPT 890.1200）、甲状腺破坏测定（如甲状腺过氧化物酶抑制、转甲状腺素蛋白结合）、类视黄醇受体的转录激活测定、其他激素受体测定和高通量筛选[34]。下面仅介绍 OECD 收录的体外试验方法。

3.10.4.1 H295R 类固醇生成试验

该体外筛选试验（OECD TG 456）发表于 2011 年，可用于检测测试物质诱导或抑制雌二醇和睾酮产生的能力。例如，毛喉素诱导雌二醇和睾酮的产生，丙氯氮则抑制雌二醇和睾酮的产生。实验的细胞模型是人的肾上腺癌细胞系（NCI-H295R 细胞）。该细胞系是一个独特的体外系统，能表达所有具有参与类固醇生成的关键酶（从胆固醇到雌二醇和睾酮）。而在体内，这些酶的表达是具有发育阶段特异性的，没有一个组织同时表达所有的酶。该试验的阳性结果表明测试物质是潜在的类固醇生成的破坏者，但无法提供确切的作用机制。此外，该试验方法还需要评估细胞毒性，需要达到至少 80％细胞活力。该试验的局限性在于外源化合物的代谢能力未知，可能会产生其他激素（例如葡萄糖和盐皮质激素）进而影响雌二醇和睾酮水平。H295R 试验也不可用于识别由于对下丘脑-垂体-性腺（HPG）轴的影响而影响类固醇生成的物质。该试验尚不清楚雄激素受体（AR）、雌激素受体（ER）和甲状腺激素受体（TR）的配体是否会影响类固醇生成。因此，对在 AR、ER 和 TR 特异性试验中阳性物质应该做个案评估。

3.10.4.2 人重组雌激素受体结合亲和力体外试验

雌激素受体（ER）结合试验是一种体外筛选试验，用于检测能与 ER 结合的物质。该测定方法已使用多年，并且有许多不同版本。旧版本的试验采用大鼠子宫胞质溶胶作为 ER 的来源，无需进一步纯化 ER 异构体（如 US EPA OPPTS 890.1250 中所述）。因此，结合发生在 ERα 和 ERβ 的混合物上，尽管大鼠子宫胞质溶胶中的异构体主要是 ERα。该试验不再使用动物作为 ER 的来源，改为使用人重组 ERα 蛋白（hrERα）。OECD TG 493 描述了两种使用 hrERα 的方法，即 Freyberger-Wilson 体外雌激素受体结合试验使用全长人类重组 ERα，以及化学评估研究所（CERI）体外雌激素受体结合试验使用仅包含 hERα 结合域的截短的人重组配体蛋白。该体外试验可呈现阳性、阴性或模棱两可的结果，虽可提供测试物质与 ER 的相互作用信息，但不能直接外推到体内复杂的内分泌系统信号传递与调节能力。

3.10.4.3 雌激素受体转录激活体外试验

2009 年 OECD 认可了雌激素受体转录试验（OECD TG 455），这是首个生殖毒性试验替代方法，描述了稳定转染的方法用于检测雌激素受体激动剂和拮抗剂的体外转录激活试验（ER STTA）。它包括几种机制和功能相似的测试方法，用于识别雌激素受体（即 ERα 或 ERβ）激动剂和拮抗剂。OECD TG 455 的最新版本于 2021 年 6 月发布，包含了两种测试方法：使用 h ERα-HeLa-9903 或 ERα-HeLa-9903 细胞系进行的稳定转录激活（STTA）测定和使用 VM7Luc4E2 细胞系的 VM7Luc ER STTA 测定，包含 hERα 和 hERβ。两种测试方法都使用稳定转染了 ERα 的人细胞系，主要不同之处在于 VM7Luc4E2 细胞系也表达少量的内源性 ERβ。两种测定都使用荧光素酶报告基因，并且包括激动和拮抗测定。与报告基因荧光素酶相关的 OECD TG 455 的一个局限性是化学物质（某些植物雌激素，如金雀异黄素和黄豆苷元）可能通过非 ERα 机制增加化学发光，从而得到假阳性结果。但这可以通过不完整或不寻常的剂量反应曲线来识别，并且可以通过执行特定的拮抗剂试验进行排除。其他不使用荧光素酶作为报告基因的 ER STTA 则不存在这个问题。

3.10.4.4 稳定转染人雄激素受体转录激活试验

雄激素激动剂和拮抗剂作为配体与 AR 结合，可能激活或抑制雄激素反应基因的转录。这种互动可能通过破坏雄激素调节而引发不良健康影响，例如影响细胞增殖、正常胎儿发育和生殖功能。稳定转染的 AR 转录激活试验（AR STTA）是一种检测与雄激素受体（AR）结合的物质和激活雄激素反应基因转录的体外方法（OECD TG 458）。试验采用的 AR-EcoScreen™ 细胞系源自中国仓鼠卵巢细胞系（CHO-K1）稳定转染 AR 或 hAR 并使用萤火虫荧光素酶报告基因，在 AR 激动剂存在时荧光素酶的细胞表达增加。通过将测试物质在 AR 介导的基因表达转录激活（激动剂测定）与溶剂对照比较，AR STTA 可提供阳性或阴性 AR 激活性结果。将细胞同时暴露于测试物质和强雄激素激动剂（5α-二氢睾酮）时的反应与单独的强雄激素激动剂相比，能对 AR 拮抗性进行测定。值得注意的是，任何反应的降低必须在没有细胞毒性的情况下发生。

3.11 毒代动力学

某些化妆品成分经过皮肤吸收后，其代谢过程可能会对其潜在毒性、体内分布和排泄造成重要影响。毒代动力学描述了外源性化合物进入人体后随时间的被摄取情况、分布和去向，包括了吸收、分布、代谢和排泄（ADME）过程。毒代动力学研究旨在阐明化学物质在人体的去向和潜在毒性的联系，有助于了解其毒性机制并提高在风险评估中将动物数据外推到人类的充分性和相关性。此外，毒代动力学还能为确定毒性研究的剂量水平（线性与非线性动力学）、给药途径、效应、生物利用度以及与实验设计相关的问题提供有用的信息。某些毒代动力学数据可用于基于生理的毒代动力学（PBTK）模型的开发。

3.11.1 皮肤吸收和皮肤代谢

皮肤是人类接触化妆品的主要途径。皮肤吸收是描述化合物通过皮肤屏障进入人体的通用术语，可有三种不同的经皮吸收途径：穿透，指化合物进入到特定的皮肤层或结构中；渗透，指化合物通过一层穿透到另一层，其中第二层的功能和结构与第一层不同；再吸收，指化合物进入作为中央室的血管系统（淋巴或血管）。为了进入循环系统（血液和淋巴管），化妆品成分必须通过皮肤的多层细胞，其中起关键限速作用的是角质层，并由若干因素影响，包括化合物的亲油性、角质层的厚度和组分、暴露的持续时间、产品的局部用量、目标化合物的浓度、载体、皮肤完整性等。SCCS在一份回顾性研究中报道到，皮肤吸收性低的成分可能具有以下理化特性：MW＞500，高电离度，Log Pow≤－1或≥4，拓扑极性表面积＞120Å^2，熔点＞200℃。

皮肤吸收和经皮吸收研究的目的是获得在使用条件下可能进入人体的外源性化合物的定性和定量信息。然后，在风险评估中可以用这些数据来计算MoS。除非可以证明表皮和真皮存在不可逆结合，否则经皮吸收的剂量被认为能进入循环系统。物质的透皮吸收量可以通过体内或体外试验进行测定。OECD TG 427和“皮肤吸收研究指南文件草案”中给出了皮肤吸收的动物试验方法。动物试验的优点是其具有完整的生理和代谢系统，并能使用与其他毒性研究通用的物种。缺点是使用活体动物需要放射性标记受试物，难以确定早期吸收阶段，且动物与人类皮肤渗透性存在差异。一般来说，大鼠和兔子的皮肤比人的皮肤渗透性更强，而豚鼠、猪和猴子的皮肤渗透性更接近于人的皮肤渗透性。2009年以后，欧盟已不允许对化妆品成分进行此类体内试验。

2004 年，OECD TG 428 提供了利用扩散池和离体皮肤进行皮肤吸收的体外试验方法。扩散池由供体室和接收池组成，由离体皮肤分隔两室。接收池可以是静态扩散池或动态扩散池，为皮肤周围提供良好的密封性，使与皮肤底部接触的接收液易于取样，并能对池内容物进行良好的温度控制。可以用没有活性的皮肤来测量皮肤吸收，或者用新鲜的、代谢活跃的皮肤来同时测量皮肤吸收和代谢。试验时，受试物被施加到皮片表面并停留一段时间，然后通过适当的清洁程序将其去除。对于化妆品受试物而言，体外皮肤吸收试验一般是在超过预期剂量的情况下进行的（固体通常用量为 $1\sim5mg/cm^2$，液体最高可达 $10\mu L/cm^2$），尽管在现实生活中化妆品的皮肤用量通常不超过 $1mg/cm^2$。整个实验过程中，通过分析接受液和处理过的皮肤来测量给定时间段内受试物的皮肤吸收。实验结束后，还可以研究皮片中受试物或代谢物的分布。

SCCS《指南》提出了化妆品体外透皮吸收试验的“基本标准”，涵盖了许多化妆品体外透皮吸收试验需要注意的问题

① 扩散池的设计（静态或动态系统的选择）。

② 接收池流体的选择（应证明化学品在接收池流体中的溶解度和稳定性，不受皮肤和膜完整性、分析方法等的干扰）。

③ 皮片的来源和谨慎处理（从适当部位获取的人体皮肤仍然是黄金标准。如果没有，可以选择猪皮）。

④ 皮肤完整性至关重要，应当予以确认（较差的皮肤屏障可能会导致较高的皮肤吸收率。皮肤完整性可以使用多种方法来进行测量）。

⑤ 试验时的皮肤温度必须保持在正常人体皮肤温度。

⑥ 必须严格明确受试物的特性，并与预期用于成品化妆品的物质相对应。

⑦ 化妆品原料的剂量和赋形剂、配方应可以代表预期化妆品的使用条件（包括接触时间），应测试多种浓度，包括典型配方中测试物质的最高浓度。

⑧ 剂量、用量和与皮肤的接触时间都必须模拟实际使用条件。

⑨ 在整个暴露期内需要定期采样，考虑到延迟渗透到皮肤层，应采用适当的分析技术，在包括皮肤表面、角质层、活体表皮、真皮和接收流体的所有相关细胞区室内测定受试物，并记录其有效性、灵敏度和检测限。

⑩ 应提供质量平衡分析和回收数据，受试物（包括代谢物）的总回收率应在 85%～115%范围内。

⑪ 在扩散池体外研究时使用适当的对照用来确定背景水平。在高背景水平和背景水平高度变异性的情况下，可能有必要多次重复试验，以确定不同皮肤供体的背景水平。

⑫ 对非检出物的处理中，如果测量值低于用于计算吸收的检测限或定量限，或者低于背景水平，则可以使用下限或上限。上限或下限的选择要确保能计算出

最高吸收值。

⑬ 讨论方法应具有可变性、有效性、重复性。SCCS 认为，为了进行可靠的皮肤吸收研究，应该使用来自至少 4 个皮肤供体的 8 个皮片样本，需要计算每个扩散单元的吸光度，这些值应该用来推导平均吸光度。每个供体都应该有足够的重复试验量。

⑭ 为了提高检测灵敏度，可以对受试物进行放射性元素标记，但要能证明所选标记的类型和位置，例如环结构或侧链中是否存在，使用单标记还是双标记等。这些信息对于化合物的生物转化和稳定性很重要。

⑮ 使用咖啡因或苯甲酸等参考化合物定期评估实验室的技术能力和所用方法的有效性，每年至少评估两次。

⑯ 体外试验应模拟人体暴露方式。

此外，对于成品化妆品，还需要了解该配方成分是否会影响化合物的生物利用度。化妆品配方中常添加皮肤渗透促进剂和载体（如脂质体）以促进某些成分的皮肤吸收。

皮肤是外源性化合物、微生物和颗粒物质进入人体的第一道物理和生化屏障。越来越多的证据表明，皮肤除了防御外来物质外，还可能具有重要的代谢功能。外源性物质的代谢主要通过外源性化合物的代谢酶（XME）介导的Ⅰ相和Ⅱ相反应进行。Ⅰ相反应（如氧化、还原、水解等）主要将官能团引入外源性物质，主要是将非极性基团转变为极性基团，进而使Ⅱ相反应得以发生。Ⅱ相反应通过结合使外源性物质或其代谢物更亲水，从而能够通过与谷胱甘肽、葡萄糖醛酸或硫酸盐结合而通过胆汁或尿液途径排出。大多数具有反应性的Ⅰ相代谢物也会被这些结合反应灭活。机体中 XME 的表达和调节是具有组织特异性的，在皮肤中也不例外。肝脏中发现的大多数主要酶虽然也存在于皮肤中，但活性水平往往较低。通过皮肤代谢的物质只是一小部分。皮肤中的第二相反应显然比第一相反应起到更大的作用，因为第一相反应的代谢能力被认为非常低。因此有研究认为，皮肤中Ⅱ相酶的作用主要是使外源性物质失活，从而维持皮肤的屏障功能。

虽然与代谢类型和程度有关的化学品在皮肤中的去向被认为是一个不确定的问题，但在人类皮肤和皮肤代谢中 XME 的特征方面（包括皮肤细胞类型和角质形成细胞和树突状细胞的代谢能力），已经取得了很大进展。此外，相比成人，一些代谢酶似乎在儿童的皮肤中表达较少，特别是在 1 岁以下时。因此，新生儿和早期婴儿在皮肤涂抹某些化妆品成分后可能比成年人有更高的内部接触。为了进行合理的风险评估，有关化妆品成分皮肤代谢的相关人体数据是必要的。而建立不同年龄段人体生物转化的毒代动力学模型，也需要有关人体皮肤和肝脏生物转化Ⅰ期和Ⅱ期的体外数据。重组人工皮肤模型（如 EpiDerm™ 和 SkinEthic™ RHE 模型）与单层培养的 HaCaT 细胞在 XME 活性方面与真人皮肤有相似之处，尽管还没有在相关皮肤代谢的研究（如前半抗原被氧化激活成为半抗原的代谢过程）中经过比较验证，但这些体外模型可能成为未来研究皮肤代谢的有力工具。

3.11.2 消化道吸收和系统代谢

对于口腔使用的产品，如牙膏和漱口水，不可避免地会经口摄入。如果没有提供实验数据，一般采用100%的保守吸收值。在体外试验方面，取自人类结肠癌的 Caco-2 细胞被广泛地应用于口腔通透性筛查。鉴于肠道吸收的过程复杂，涉及的变量很多，目前该方法尚未通过验证。

由于 XME 的蛋白质结构和底物特异性不同，且 XME 亚家族（同工酶）的表达和调控水平不同，不同物种对外源性物质的代谢可能有所不同。因此，在将动物试验数据外推到人时要考虑潜在的物种差异。即使在同一种群，XME 的表达和调控也取决于许多因素，包括遗传因素（多态性）、外部因素（如酶诱导剂或抑制剂）、个体因素（如性别、年龄、营养与健康状况、怀孕和其他因素）。在风险评估中需要通过使用毒物代谢动力学的种内因子来考虑这些潜在的个体差异。此外，哺乳动物肝脏中 XME 的代谢能力远远高于包括皮肤在内的肝外组织。除了代谢能力的数量差异外，肝脏和包括皮肤在内的肝外组织之间在 XME 的组成性表达和调控方面也存在重大差异。在某些情况下，当 XME 同工酶［如人 *N*-乙酰基转移酶 1（NAT1）］在啮齿动物肝脏中不活跃时，包括皮肤在内的肝外代谢可能与肝脏中的代谢不同（如对苯二胺和 6-氨基间甲酚染发剂在肝内和肝外的代谢）。因此，虽然全身或皮肤代谢数据不是安全性评估的常规要求，但这些数据在化妆品成分的毒性描述上是很有帮助的。

2010 年，OECD 发布了毒代动力学测试指南（OECD TG 417）。然而，由于欧盟禁止对化妆品成分进行动物试验，基于同位素标记的动物试验受到限制。目前还没有经过验证的能涵盖整个 ADME 过程的体外替代试验方法。一些体外模型可能适用于评估从胃肠道的吸收（如 CACO-2 细胞培养物）或生物转化过程（如离体肝细胞、HepaRG™ 细胞及其培养物），但大多数现有模型尚未通过正式验证。由于 XME 的物种差异，人体数据仍是黄金标准，但只能视为最后手段。SCCS 的意见中曾出现过一些化妆品成分（如吡硫锌、环戊硅氧烷、苯氧乙醇和水杨酸）的人体毒代动力学数据。进行人体毒代动力学研究的前提是不能通过使用其他数据或方法进行充分的风险评估，而且人体试验在伦理上可以被接受。

3.11.3 呼吸道吸收和肺代谢

化妆品成分可能以气体、蒸汽、气溶胶或粉末的形式吸入并进入呼吸道。成分的物理形态在吸收过程中起着决定性的作用。此外，吸入吸收受呼吸模式和呼吸道生理的支配。呼吸道包括鼻咽、气管、支气管和肺部区域。气体和蒸汽在肺区被吸收。血液对气体的分配系数（血液中的化学物质浓度与气相中的化学物质浓度之比）决定了气体进入循环的速度。一旦沉积在肺中，部分可溶性颗粒可能溶解在肺部的黏液层中，某些化妆品中的惰性颗粒可能形成不溶性的胶体悬浮液，需要进一步考虑颗粒行为。在模拟吸入暴露系统方面最著名的是 VITROCELL® 系统。如果无法获得吸入暴露量信息，应使用 100% 吸收率进行风险评估。

肺是一个复杂的器官，由解剖学上不同的部分（气管、支气管、细支气管和肺泡）组成，可容纳大量不同类型、可能参与外源性物质代谢的细胞。与皮肤相似，肺中 XME 的表达也低于肝脏。但是某些代谢酶会在肺中优先表达（如 CYP2A13、CYP2F1）。功能酶和结合酶主要存在于细支气管上皮，也存在于肺细胞、肺泡巨噬细胞、Clara 细胞、呼吸上皮或浆液细胞。参与外源性物质代谢的 CYP 酶在人和多种动物的肺组织中都有表达，但是它们在不同个体中可能会有很大的不同。结合酶中的谷胱甘肽 *S*-转移酶（GSTs）、尿苷二磷酸葡萄糖醛酸转移酶（UGTS）和芳胺-*N*-乙酰基转移酶（NAT）及它们的区域分布已研究得较清楚。

在体外试验模型的构建方面，主要有：a. 肺细胞共培养。为了提高预测性，肺上皮细胞常常与免疫细胞（THP-1）和人肺微血管内皮细胞（HPMEC）共培养以准确模拟气血屏障。b. 肺的类器官模型。由于多种细胞和非细胞成分空间排列对于肺生理机能至关重要，还开发了肺的类器官。大多数类器官在 Matrigel 基质中培养，其细胞由人类多能干细胞分化而来，局限性是细胞诱导分化培养带来高成本。其中，芯片模型是一种微流控装置中的肺细胞培养，带有外部提供的机械运动输送气体，可实现肺功能的模拟和不同肺区域的暴露场景，但是这项技术仍处于起步阶段。c. 商业化 3D 组织培养模型。这些系统包括纤毛细胞、杯状变体中具有黏液层和基底细胞的上呼吸道（MucilAir™、Epithelix）或下呼吸道（SmallAir™、Epithelix），成纤维细胞上的黏液上皮（EpiAirway，MatTek），肺泡上皮细胞、成纤维细胞和肺泡内皮细胞的 3D 模型（EpiAlveolar™，MatTek）。

3.11.4 生理药代动力学模型

由于测量化学物质和/或其代谢物的靶器官浓度并不总是可行或可能的，基于生理学的生理药代动力学（PBPK）模型越来越多地被作为人类健康安全评估的重要工具。PBPK 模型根据现有的人类或其他动物的解剖和生理知识及其生物化学数据建立，通过数学方法对外源物质在机体内的 ADME 过程进行模拟和定量描述，进而实现剂量外推和种间外推，预测在特定部位（如血液、组织、尿液、肺泡空气）中化学物质及其代谢物浓度随时间的变化。为了在PBTK模型中模拟化学物质的毒代动力学，需要两类参数：a. 不依赖于化学物质的生理参数（特定物种、性别和年龄的数据，例如心输出量、器官血流量）；b. 特定于化学物质的参数，例如通过体外试验确定或in silico方法对化学物质进行预测。

在构建时，PBPK模型将整个有机体描述为一组具有生理学特征的生理房室，这些“生理房室”分别代表与外源物质体内分布相关的脏器、组织或体液。当外源物质随血流进入机体后可透过生物膜进入“生理房室”，通过各种清除率（如代谢清除率、排泄清除率）描述离开该“生理房室”时可能发生的消除。再根据体内各组织和器官血液循环的质量守恒原理，构建微分方程组模拟外源化学物质在体内的代谢过程。PBPK模型利用有生理学意义的参数，构建更贴近实际代谢过程的剂量反应关系，通过数学计算，模拟并预测外源物质在体内动态变化的实际情况，能在毒理学研究中提供重要的定量化评估依据。

SCCS《指南》中提出，来自PBPK模型的数据必须满足以下条件才会被用来进行定量风险评估。否则，数据仅用作补充信息。需要考虑的内容包括：a. 模型结构和特征，涉及对人体或动物身体的相关部分以及与正在研究的化学品有关的暴露和代谢途径进行概念和数学描述。b. 模型参数化，涉及获得机械决定因素（如解剖学、生理学、物理化学和生化参数）的度量的定量估计；c. 数学和计算实现；d. 动力学模拟；e. 模型评估和验证，涉及将PBPK模型的先验预测与实验数据进行比较，以及进行不确定性、敏感性和变异性分析。此外，PBPK的建模通常是基于动物实验数据。在欧盟，只有在相关监管限制内使用动物试验数据得到的建模结果才是可以接受的。

3.12 其他毒理学工具

鉴于动物试验替代技术的不断革新，尤其是毒理学领域所面临的工业化、全球化安全评估、产业发展、环境评价等新问题，既有的研究理论与研究体系已不能满足毒理学科的发展需要。2007年，美国国家研究委员会（NRC）报告《21世纪的毒性检测：愿景与战略》（简称NRC 2007）提出为评估化学物质对人类健康的影响，展望出一个更有效、更具预测价值且更经济的新系统。在这一新系统下，各种新概念、新方案被提出，以促进实现NRC 2007报告中所明确表达的愿景。此外，国际上一系列战略推进项目［美国国家环境保护局ToxCast筛选计划、21 世纪毒理学（Tox21）、欧盟 AXLR8 及 SEURAT-1 项目等］的开展也预示着毒理学新时代的到来。

3.12.1 新一代风险评估

2013 年，ICCVAM 建立了新方案战略性发展蓝图，采纳术语“新方案方法论（new approach methodologies，NAMs）”。NAMs 泛指毒理研究中任何非动物技术、方案或这些技术方法的结合。NAMs 可以包括体外、离体、化学和计算机方法、交叉参照以及它们的组合。因此，在进行任何安全评估测试之前，应从不同方式收集有关所考虑物质的所有信息。

与此同时，国际化妆品监管合作组织（ICCR）提出了新一代风险评估（NGRA）应用于化妆品，旨在寻找可用于对长期接触后可能成为全身毒性的化合物进行风险评估的非动物方法。NGRA 是一种与人相关、以暴露为主导、假设驱动的风险评估，可集成多个 NAMs，以在不使用实验动物的情况下提供与人类健康相关的安全决策。NGRA 采用文献检索和可用数据评估，使用分层和迭代的方法进行工作，强调透明地记录并明确说明方法的逻辑和不确定性。它并不试图预测毒性阈值，而是寻找特定产品中某种成分的安全浓度。目前已有许多 NGRA 应用在化妆品以外领域的案例研究。2020 年，Baltazar 等在对面霜和润肤露中的香豆素的 NGRA 研究中证明了整合暴露科学、计算建模和体外生物活性数据能在没有动物数据的情况下做出安全决策[39]。

3.12.2 有害结局路径

有害结局路径（adverse outcome pathway，AOP）是一个工作框架，用于描述由一个分子起始事件（MIE），如外源化合物与特定生物大分子的相互作用触发的在生物不同组织结构层次（如细胞、器官、机体和群体）所出现的一系列关键事件以及与危险度评定相关的有害结局之间的相互联系。2010 年，美国国家环境保护局提出了 AOP 的概念，将现有的方法与系统生物学联系起来，收集和评估相关的化学、生物学和毒理学信息，为替代方法的开发和法规采纳指明了方向。在此基础上，OECD 于 2012 年启动了 AOP 计划，并于 2013 年发布了《有害结局通路研发和评估指导文件》，以确认新的体外生物学标志物及其体外测试方法，开发整合测试评估方法（integrated approaches to testing and assessment，IATA）和整合测试策略（integrated testing strategies，ITS），促使 QSAR Toolbox 中交叉参照（read-across）的应用等。2014 年，OECD 联合欧洲委员会联合研究中心、美国国家环境保护局、美国陆军工程师团研究和发展中心（ER-

DC）推出了 AOP wiki[1]，构建了一个通过公开和众包模式协调全球研究者进行AOP 开发的公共平台，这为替代方法的开发提供了源源不断且翔实的科学依据。

AOP 还可用于支持 IATA 和 DA 的开发。IATA 是一种实用的毒性测试策略，它利用和权衡已有数据，包括人体数据和暴露信息、替代方法，例如化学和体外分析，建立特定终点风险评估的定制策略。虽然 IATA 提供了数据集成平台和针对特定目的进行有针对性的测试的手段，但它不一定由机制驱动。而AOP 可用于提供这种机制基础，从而识别数据差距或将各种现有数据放在一个工作框架下。DA 由一个固定的数据解释程序组成，该程序适用于使用一组既定信息源生成的数据得出结果，该结果可以单独使用，也可以与 IATA 内的其他信息源一起使用，以满足特定的监管需求。

3.12.3 计算机模型

各种计算机模拟方法提供一种在没有实验数据的情况下快速、经济且合乎道德的方法来评估化妆品成分的毒理学危害的可能。这些计算机模型的开发通常基于一组相关物质的化学结构相似性及其与毒性之间的构效关系。常见工具包括基于构效关系（SAR）和定量构效关系（QSAR）的预测计算模型，以及用于将结构或功能相似物质的数据读取到目标（非测试）物质的计算工具。此外，还有基于结构活性规则、结构警报和/或 SAR（或 QSAR）模型的组合开发的毒性专家系统。目前已有许多计算机工具可用于监管危害与风险评估，涵盖了各种化学类型以及化学物质风险评估所需的许多关键毒理学终点。免费访问的计算机系统包括 OECD QSAR Toolbox[2]，用于评估重复剂量毒性的危害性评价体系(HESS)[3]，基于结构警报和专家知识的 Cramer 决策树、Benigni-Bossa 规则库，基于 QSAR 模型集合的毒性估计软件工具（T. E. S. T.）[4]，以及基于（Q）SAR 和其他计算机工具的 VEGA QSAR 平台[5]。

在欧盟，JRC 开发了 QSAR 模型报告格式（QMRF），用于总结和报告有关QSAR 模型的关键信息，包括任何验证研究的结果。ICCR 审查了使用计算机方法对化妆品成分进行安全性评估情况后出结论：目前用于化妆品成分安全性评估的计算机模拟方法在很大程度上仅限于行业和监管层面的内部决策，它们尚未被采纳为主流替代方法。SCCS《指南》认为，在化学品监管风险评估中使用计算机模型还存在一些限制和障碍。例如，当前可用的计算机模型/系统中几乎没有

---

❶ https：//aopwiki. org/。

❷ www. oecd. org/chemicalsafety/risk-assessment/oecd-qsar-toolbox. htm。

❸ www. nite. go. jp/en/chem/qsar/hess-e. html。

❹ www. epa. gov/chemical-research/toxicity-estimation-software-tool-test。

❺ www. vega-qsar. eu。

一个带有权威“验证”标签。计算机方法的其他限制包括大多数免费访问模型/系统无法准确估计化学物质、无机物质和纳米材料的不同立体异构体的毒性。然而，尽管计算机方法的官方验证存在局限性，但目前可用的一些高质量模型和工具可以提供额外的支持证据，用作化妆品成分风险评估证据权重的一部分。计算机评估的结果还帮助识别毒理学危害，从而指导进一步的毒性测试。

交叉参照是从其他结构或“相似”化合物的现有数据中得出查询物质（未经测试）的毒性估计值的计算方法。交叉参照根据构效关系和规则选择非常相似的类似物用于数据读取，有许多计算工具可用，如基于 kNN 模型的计算机平台 VEGA 和 TEST。其中，VEGA 平台的 ToxRead❶ 能以图形格式显示化学类似物，给出效果与目标化合物相关的推理，并描述每个规则的统计重要性。此外，OECD QSAR Toolbox、AMBIT❷ 和 Toxmatch❸ 也能应用交叉参照。需要强调的是，在进行交叉参照时应选择适当的工具，能根据结构-活性规则/算法公正地选择密切相关的类似物，而避免任何主观选择和使用仅基于个人选择或判断随机选择的少数类似物。《技术导则》提出，对于缺乏系统毒理学研究数据的非功效成分或风险物质，可参考使用分组/交叉参照进行评估。所参照的化学物质与该原料或风险物质有相似的化学结构，相同的代谢途径和化学/生物反应性，其中结构相似性表现在：a. 各化学物质具有相同的官能团（如醛类、环氧化物、酯类、特殊金属离子物质）；b. 各化学物质具有相同的组分或被归为相同的危害级别，具有相似的碳链长度；c. 各化学物质在结构上（如碳链长度）呈现递增或保持不变的特征，这种特征可以通过观察各化学物质的理化特性得到；d. 各化学物质由于结构的相似性，通过化学物质或生物作用后，具有相同的前驱体或降解产物可能性。

参考文献

[1] 国家食品药品监督管理局．化妆品新原料注册备案资料管理规定［Z］．2021-02-26.

[2] Costin G E，Raabe H，Curren R. In vitro safety testing strategy for skin irritation using the 3D reconstructed human EpiDermis［J］．Rom. J. Biochem.，2009，46.

[3] Welss T，Basketter D A，Schröder K R. In vitro skin irritation：Facts and future. State of the art review of mechanisms and models［J］．Toxicology in Vitro，2004，18（3）：231-243.

[4] Lim S E，Lee D，Bae S J，et al. Statistical analysis of the reproducibility and predictive capacity of MCTT HCE™ eye irritation test，a me-too test method for OECD TG 492［J］．Regulatory Toxicology and Pharmacology，2019，107：104430.

[5] Anna，Forsby，Kimberly，et al. Using novel in vitro NociOcular assay based on TRPV1 channel activation for prediction of eye sting potential of baby shampoos［J］．Toxicological Sciences，2012，129（2）：

---

❶ www.vegahub.eu/download/toxread-download/。

❷ http：//cefic-lri.org/toolbox/ambit/。

❸ https：//eurlecvam.jrc.ec.europa.eu/laboratoriesresearch/predictive _ toxicology/qsar _ tool s/toxmatch。

325-331.

[6] 钟声，宋志强．接触性皮炎的发病机制研究进展［J］．中国麻风皮肤病杂志，2015，31（1）：3.

[7] Wareing B，Urbisch D，Kolle S N，et al. Prediction of skin sensitization potency sub-categories using peptide reactivity data［J］. Toxicology in Vitro，2017，45：134-145.

[8] Roberts D W. Is a combination of assays really needed for non-animal prediction of skin sensitization potential? Performance of the GARD™（Genomic Allergen Rapid Detection）assay in comparison with OECD guideline assays alone and in combination［J］. Regulatory Toxicology and Pharmacology，2018，98：155-160.

[9] Cottrez F，Boitel E，Ourlin J C，et al. SENS-IS，a 3D reconstituted EpiDermis based model for quantifying chemical sensitization potency：Reproducibility and predictivity results from an inter-laboratory study［J]. Toxicology in Vitro，2016，32：248-260.

[10] Gibbs S，Corsini E，Spiekstra S W，et al. An epidermal equivalent assay for identification and ranking potency of contact sensitizers［J］. Toxicology and Applied Pharmacology，2013，272（2）：529-541.

[11] Kleinstreuer N C，Hoffmann S，Alépée N，et al. Non-animal methods to predict skin sensitization（Ⅱ）：An assessment of defined approaches［J］. Critical Reviews in Toxicology，2018，48（5）：359-374.

[12] Urbisch D，Mehling A，Guth K，et al. Assessing skin sensitization hazard in mice and men using non-animal test methods［J］. Regulatory Toxicology and Pharmacology，2015，71（2）：337-351.

[13] Takenouchi O，Fukui S，Okamoto K，et al. Test battery with the human cell line activation test，direct peptide reactivity assay and DEREK based on a 139 chemical data set for predicting skin sensitizing potential and potency of chemicals［J］. Journal of Applied Toxicology，2015，35（11）：1318-1332.

[14] Zang Q，Paris M，Lehmann D M，et al. Prediction of skin sensitization potency using machine learning approaches［J］. Journal of Applied Toxicology，2017，37（7）：792-805.

[15] Asturiol D，Casati S，Worth A. Consensus of classification trees for skin sensitisation hazard prediction［J]. Toxicology in Vitro，2016，36：197-209.

[16] Gilmour N，Kern P S，Alépée N. et al. Development of a next generation risk assessment framework for the evaluation of skin sensitisation of cosmetic ingredients［J］. Regulatory Toxicology and Pharmacology，2020，116：104721.

[17] Onoue S，Seto Y，Sato H，et al. Chemical photoallergy：Photobiochemical mechanisms，classification，and risk assessments［J］. Journal of Dermatological Science，2017，85（1）：4-11.

[18] Ulrich P，Homey B，Vohr H W. A modified murine local lymph node assay for the differentiation of contact photoallergy from phototoxicity by analysis of cytokine expression in skin-draining lymph node cells［J]. Toxicology，1998，125（2/3）：149-168.

[19] Latour J，Huygevoort T，Scase K，et al. The UV local lymph node assay（LLNA）for the assessment of the photoallergic and phototoxic（photoirritant）potential of drugs and compounds［J］. Toxicology Letters，2015，238（2）：S133.

[20] Onoue S，Igarashi N，Yamada S，et al. High-throughput reactive oxygen species（ROS）assay：An enabling technology for screening the phototoxic potential of pharmaceutical substances［J］. Journal of Pharmaceutical & Biomedical Analysis，2008，46（1）：187-193.

[21] Kejlová K，Jírová D，Bendová H. et al. Phototoxicity of bergamot oil assessed by in vitro techniques in combination with human patch tests［J]. Toxicology in Vitro An International Journal Published in Association with Bibra，2007，21（7）：1298-1303.

[22] Pape W J，Maurer T，Pfannenbecker U，et al. The red blood cell phototoxicity test（photohaemolysis and haemoglobin oxidation）：EU/COLIPA validation programme on phototoxicity（phase Ⅱ）［J]. Alternatives to Laboratory Animals Atla，2001，29（2）：145-162.

[23] Yin J J, Liu J, Ehrenshaft M, et al. Phototoxicity of nano titanium dioxides in HaCaT keratinocytes-generation of reactive oxygen species and cell damage [J] . Toxicology & Applied Pharmacology, 2012, 263 (1): 81-88.

[24] Galbiati V, Bianchi S, Martinez V, et al. Establishment of an in vitro photoallergen test using NCTC2544 cells and IL-18 [J] . Toxicology in Vitro An International Journal Published in Association with Bibra, 2013, 27 (1): 103-110.

[25] Martínez V, Galbiati V, Corsini E, et al. Establishment of an in vitro photoassay using THP-1 cells and IL-8 to discriminate photoirritants from photoallergens [J] . Toxicology in Vitro, 2013, 27 (6): 1920.

[26] Neumann N J, Hölzle E, Lehmann P, et al. Photo hen' s egg test: A model for phototoxicity [J]. British Journal of Dermatology, 1997, 136 (3): 326-330.

[27] 刘磊，孔雪，唐颖．改良光鸡胚试验评估化妆品用超细二氧化钛的光毒性 [J] . 日用化学工业，2021, 51 (2): 115-120, 138.

[28] 王亚楠，文海若，王雪．遗传毒性基因突变评价方法的研究进展 [J] . 癌变 · 畸变 · 突变，2019, 31 (5): 406-411.

[29] Curren R D, Mun G C, Gibson D P, et al. Development of a method for assessing micronucleus induction in a 3D human skin model (EpiDerm™) [J] . Mutation Research/Genetic Toxicology and Environmental Mutagenesis, 2006, 607 (2): 192-204.

[30] Greywe D, Kreutz J, Banduhn N, et al. Applicability and robustness of the hen' s egg test for analysis of micronucleus induction (HET-MN): Results from an inter-laboratory trial [J] . Mutation Research/Genetic Toxicology and Environmental Mutagenesis, 2012, 747 (1): 118-134.

[31] Frötschl R. Experiences with the in vivo and in vitro comet assay in regulatory testing [J] . Mutagenesis, 2014, 30 (1): 51-57.

[32] Reus A A, Reisinger K, Downs T R, et al. Comet assay in reconstructed 3D human epidermal skin models—investigation of intra- and inter-laboratory reproducibility with coded chemicals [J] . Mutagenesis, 2013, 28 (6): 709-720.

[33] Reisinger K, Blatz V, Brinkmann J, et al. Validation of the 3D skin comet assay using full thickness skin models: Transferability and reproducibility [J] . Mutation Research/Genetic Toxicology and Environmental Mutagenesis, 2018, 827: 27-41.

[34] SCCS. The SCCS notes of guidance for the testing of cosmetic ingredients and their safety evaluation-11th revision [Z] . 2021-03-30.

[35] Berwald Y, Sachs L E O. In vitro cell transformation with chemical carcinogens [J] . Nature, 1963, 200 (4912): 1182-1184.

[36] Kerckaert G A, Isfort R J, Carr G J, et al. A comprehensive protocol for conducting the Syrian hamster embryo cell transformation assay at pH 6. 70 [J] . Mutation Research/Fundamental and Molecular Mechanisms of Mutagenesis, 356 (1): 65-84.

[37] Vanparys P, Corvi R, Aardema M, et al. ECVAM prevalidation of three cell transformation assays [J]. ALTEX-Alternatives to Animal Experimentation, 2011, 28 (1): 56-59.

[38] 张丽，张利军，郭家彬，等 . ECVAM 验证的生殖发育毒性测试替代方法及其改进 [J] . 毒理学杂志，2015, 29 (6): 458-461.

[39] Baltazar M T, Cable S, Carmichael P L, et al. A next-generation risk assessment case study for coumarin in cosmetic products [J] . Toxicological Sciences, 2020, 176 (1): 236-252.

护肤品的功效性评价

功效型护肤品是运用活性成分针对性解决皮肤问题的护肤品。本章综述了防晒、祛斑美白、祛痘、控油、保湿、滋养、修护、舒缓、抗皱、紧致、去角质和宣称温和等功效宣称评价的基本原理和常用方法，为功效型护肤品的功效宣称评价提供了参考与指导，并对新功效评价方法的开发与标准化提出了建议。

4.1 皮肤与护肤品

4.1.1 皮肤的生理结构

皮肤，是人体最大的器官，约占成年人体重的15%。皮肤拥有众多重要的生理功能，包括构成人体外部的物理、化学和生物屏障，防止身体过度失水和调节体温等。皮肤器官由皮肤及其附属结构组成（图4-1），包含三个皮肤层：表皮、真皮和皮下组织。最外层是表皮，主要由角质形成细胞的特定细胞群组成，其功能是合成具有保护作用的角蛋白，形成角质层屏障。中间层是真皮，主要由纤维状结构的胶原蛋白组成。真皮层下面是皮下组织和脂膜，其中包含称为脂肪细胞的脂肪细胞小叶。这些皮肤层的厚度变化很大，取决于身体的解剖部位。例如，眼睑的表皮层最薄，小于0.1mm，而手掌和脚底的表皮层最厚，约为1.5mm。真皮在背部最厚，是其表皮层厚度的30～40倍。

4.1.1.1 表皮

表皮是分层的鳞状上皮层，主要由角质形成细胞和树突状细胞两种类型的细胞组成。角质形成细胞是主要的细胞类型，其与树突状细胞的不同之处在于，具有细胞间桥和大量可染色的细胞质。除了角质形成细胞，表皮中还含有少量黑素

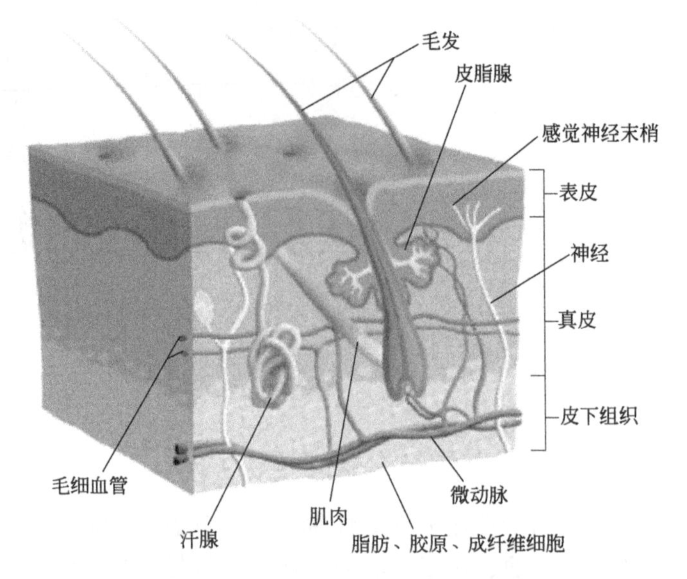

图 4-1　皮肤的解剖生理结构示意图

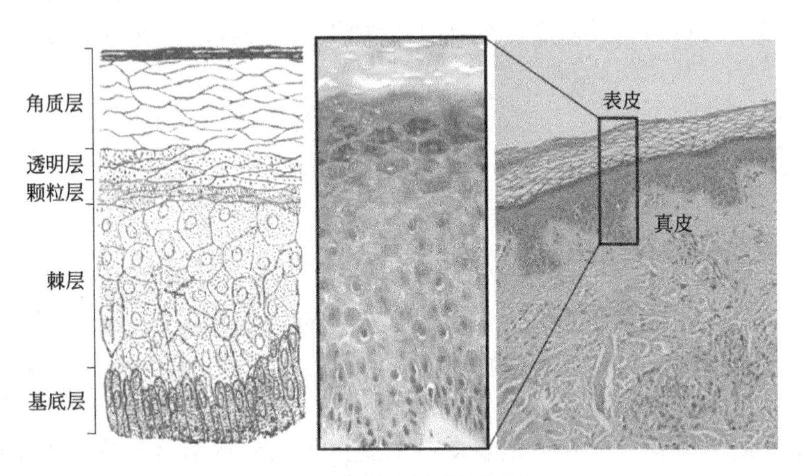

图 4-2　表皮的解剖位置与结构

细胞、朗格汉斯细胞和默克尔细胞。表皮通常根据角质形成细胞的分化形态和位置分成四层（图 4-2），从下到上分别为：基底细胞层（基底层）、鳞状细胞层（棘层）、颗粒细胞层（颗粒层）和角质细胞层（角质层）。此外，在手掌和脚底等表皮较厚的部位还能观察到一层位于颗粒层上方、由数层排列紧密、没有明晰界线的无核扁平细胞组成的透明细胞层（透明层）。表皮层是一个不断更新的动态组织。表皮的基底层细胞不断增殖，提供表皮的更新细胞来源并产生衍生结构，如毛皮脂腺、指甲和汗腺。基底层产生的角质形成细胞、黑素细胞和朗格汉斯细胞不断向皮肤表面迁移。角质形成细胞（占表皮细胞的 80%以上）从基底层迁移到皮肤表面时发生分化，形成角质细胞组成的角质层。角质层为下面的表皮提供机械保护，并为防止水分流失和外来物质入侵提供了屏障。人类的基底细胞从基底层迁移到角质层需要至少 14 天，而从角质层到最外层表皮迁移需要另外 14 天。

4.1.1.2 真皮

真皮是纤维、丝状和无定形结缔组织的综合层，包含神经血管网络、表皮附属器、成纤维细胞、巨噬细胞和肥大细胞。一些血源性细胞，包括淋巴细胞、浆细胞和白细胞，也会响应各种刺激进入真皮。真皮构成皮肤的主要部分，并提供其柔韧性、弹性和拉伸强度，保护身体免受机械损伤，真皮层还结合了大量水，帮助调节体温，并包括了感觉刺激的神经受体。真皮与表皮在真皮-表皮交界区域和表皮附属器发生过程中相互协作，在伤口愈合时修复和重塑皮肤。没有表皮那样的明显分化过程，但真皮中的胶原蛋白和弹性结缔组织也在正常生理、病理和对外部刺激的反应过程中经历更新和重塑。真皮的主要成分是胶原蛋白，属于蛋白质纤维家族，在人体皮肤中有至少 15 种不同的基因类型。胶原蛋白是全身的主要结构蛋白，存在于肌腱、韧带、骨骼内层和真皮中。真皮的主要成分是Ⅰ型胶原蛋白，是皮肤的主要抗压力材料，约占皮肤干重的 70%。另一方面，弹性纤维在保持弹性方面发挥作用，但对抵抗皮肤的变形和撕裂几乎没有作用。

4.1.2 护肤品的功效宣称

随着护肤意识的提高，消费者对护肤品的需求从基础的清洁、保湿与防晒，向着更加个性化的细分功效进阶。《化妆品监督管理条例》和《化妆品功效宣称评价规范》等系列二级法规的出台，使功效型护肤品迎来高速增长的同时，其各种细分功效宣称也面临着评价手段科学化、规范化的机遇与挑战。根据 2021 年颁布的《化妆品分类规则和分类目录》[1]，化妆品产品按使用人群分为：普通人群化妆品（不限定使用人群）；婴幼儿（0～3 周岁，含 3 周岁）化妆品，功效宣称仅限于清洁、保湿、护发、防晒、舒缓、爽身；儿童化妆品（3～12 周岁，含 12 周岁），功效宣称仅限于清洁、卸妆、保湿、美容修饰、芳香、护发、防晒、修护、舒缓、爽身。宣称孕妇和哺乳期妇女适用的产品将被视为新功效。关于护肤品的功效宣称释义如表 4-1 所示。而《化妆品功效宣称评价规范》明确提出，化妆品的功效宣称应当有充分的科学依据，功效宣称依据包括文献资料、研究数据或者化妆品功效宣称评价试验结果等。功效宣称评价包括了人体功效评价试验、消费者使用测试和实验室试验。除了能够通过视觉、嗅觉等感官直接识别，或者通过简单物理遮盖、附着、摩擦等方式即可发生效果（如物理遮盖祛斑美白、物理方式去角质和物理方式去黑头等）且在标签上明确标识仅具物理作用的功效宣称可免予提交功效宣称摘要，其他产品都应该提供功效宣称依据[2]。

表 4-1 《化妆品分类规则和分类目录》中关于护肤品的功效宣称释义

功效类别	释义说明和宣称指引
防晒	用于保护皮肤、口唇免受特定紫外线所带来的损伤(婴幼儿和儿童的防晒化妆品作用部位仅限皮肤)
祛斑美白	有助于减轻或减缓皮肤色素沉着,达到皮肤美白增白效果;通过物理遮盖形式达到皮肤美白增白效果(含改善因色素沉积导致痘印的产品)
祛痘	有助于减少或减缓粉刺(含黑头或白头)的发生;有助于粉刺发生后皮肤的恢复(注:调节激素影响、杀(抗、抑)菌和消炎的产品,不属于化妆品)
控油	有助于减缓施用部位皮脂分泌和沉积,或使施用部位出油现象不明显
滋养	有助于为施用部位提供滋养作用(注:通过其他功效间接达到滋养作用的产品,不属于此类)
修护	有助于维护施用部位保持正常状态(注:用于疤痕、烫伤、烧伤、破损等损伤部位的产品,不属于化妆品)
抗皱	有助于减缓皮肤皱纹产生或使皱纹变得不明显
紧致	有助于保持皮肤的紧实度、弹性
舒缓	有助于改善皮肤刺激等状态
保湿	用于补充或增强施用部位水分、油脂等成分含量;有助于保持施用部位水分含量或减少水分流失
去角质	有助于促进皮肤角质的脱落或促进角质更新
清洁	用于除去施用部位表面的污垢及附着物
卸妆	用于除去施用部位的彩妆等其他化妆品
芳香	具有芳香成分,有助于修饰体味,可增加香味
除臭	有助于减轻或遮盖体臭(注:单纯通过抑制微生物生长达到除臭目的的产品,不属于化妆品)
爽身	有助于保持皮肤干爽或增强皮肤清凉感(注:针对病理性多汗的产品,不属于化妆品)

4.2 防晒

4.2.1 紫外线及其对皮肤的损伤

到达地球表面的日光光谱由波长 200nm 以上的紫外区（200～400nm)、可见光（400～740nm）和红外区（760～2500nm）组成。其中紫外线约占 3%，可见光占 37%，红外线占 60%左右。适度的阳光照射会产生许多有益的影响，包括合成维生素 D、抗菌和改善心血管健康等。然而，紫外线辐射由于波长最短，能量最强，被认为是导致皮肤癌和各种急性或慢性皮肤损伤的主要风险来源。与此同时，生活中还有很多其他因素可能影响到达皮肤紫外线辐射能量，包括大气（空气分子、尘埃、烟雾、云量）、地理（海拔高度和纬度）、时间（季节和时段）、臭氧层（吸收 90%UVB 和几乎全部 UVC）、空气污染和防护措施（化妆品或防护服装）等。

广谱紫外线辐射的波长范围为 100～400nm，按照生物学效应可进一步分成三个区段（如图 4-3）：

(1) 长波紫外线 UVA（320～400nm）

UVA 也被称为“黑光区”，占紫外线的 74%，小部分被表皮吸收，大部分

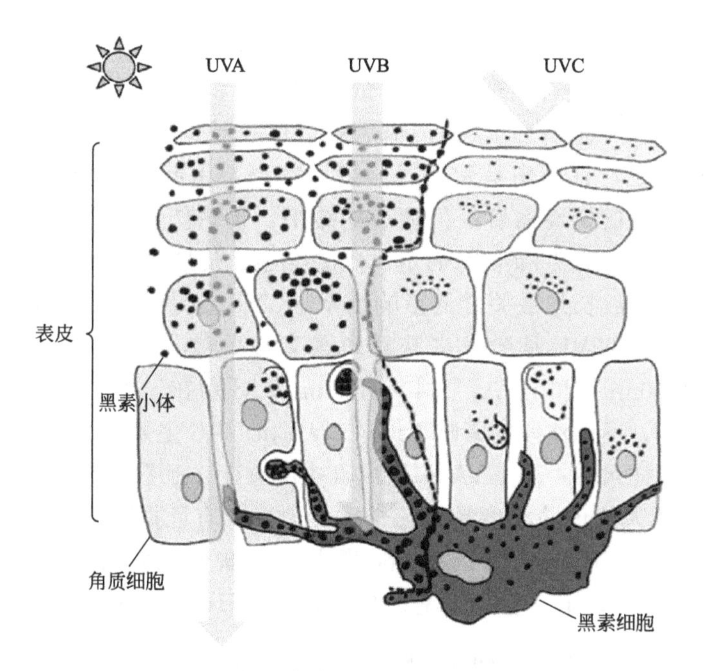

图 4-3　紫外线辐射不同区段的皮肤穿透性

透入真皮，最深可达真皮近皮下层。UVA 辐射通过穿透皮肤层并产生活性氧来损害皮肤，能够导致急性和慢性皮肤损伤。UVA 辐射可导致细胞核和线粒体 DNA 损伤、基因突变和皮肤癌、酶链反应失调、免疫抑制、脂质过氧化（膜损伤）以及光过敏和光毒性作用。

（2）中波紫外线 UVB（280～320nm）

UVB 也被称为“红斑区”，占紫外线的 19%，大部分被表皮（主要是棘层）吸收，小部分可达真皮上部。UVB 辐射可引起急性变化（如色素沉着和晒伤）和慢性变化（如免疫抑制和光致癌）。

（3）短波紫外线 UVC（100～280nm）

UVC 也被称为“杀菌区”，占紫外线的 7%，大部分被角质层反射或吸收，仅小部分可达棘层。尽管 UVC 是最短且能量最高的波段（致突变性最强），但此波段会被臭氧层吸收，不能穿透大气层。因此，一般日光防护不考虑 UVC。

正常人体皮肤暴露于紫外线辐射导致短期（红斑和色素沉着）和长期（光老化、光敏感和光致癌）的皮肤损害，UVA 和 UVB 各有其作用。具体总结如下：

4.2.1.1　日晒红斑

皮肤日晒红斑，即日晒伤，又称皮肤日光灼伤、紫外线红斑等，是在较大剂量的紫外光照射后，照射区皮肤出现红斑、水肿、甚至有水疱形成，重者可出现全身反应。其临床表现包括肉眼可见、边界清晰的斑疹（淡红、鲜红或深红色）和程度不一的水肿（重者出现水疱）。依据照射面积大小可有不同全身症状（灼热、刺痛、乏力、不适等），红斑消退后可出现脱屑及继发性色素沉着。

在发生机制上，日晒伤是紫外线照射后在局部引起的一种急性光毒性反应，是体液因素和复杂的神经血管反射调节的结果。日晒伤受到多种因素的影响，例如紫外线波长、辐照强度和照射剂量、皮肤类型、皮肤部位和肤色，以及生理或病理因素。紫外线波长是最关键的影响因素。UVB是导致晒伤的主要波段。有研究表明，307nm的UVB是激发皮肤红斑最有效的波长[3]。UVA波段可以分为UVA_2（320～340nm）和UVA_1（340～400nm），区别在于UVA_2具有更高的红斑诱导效率。此外，不同波段的影响不同：UVB和UVC主要导致表皮层病变，出现晒斑细胞、海绵样水肿；而UVA则造成真皮层改变、血管损伤及炎性细胞浸润。

辐射对象的人体皮肤类型是另一个重要因素。有证据表明，晒伤更常见于白皮肤和皮肤敏感的年轻人。Fitzpatrik将人类皮肤分成六种光生物学类型（如表4-2所示）。其中，Ⅰ、Ⅱ、Ⅲ型都是容易发生日晒伤的皮肤类型。

表4-2 Fitzpatrik的六种人皮肤光生物学类型

类型	晒斑反应	晒黑反应	非暴露区色泽
Ⅰ	极易发生(重度)	从不发生	白
Ⅱ	很易发生(中度)	很少发生(很淡)	白
Ⅲ	有时发生(轻度)	有时发生(浅棕)	白
Ⅳ	较少发生(很轻)	经常发生(棕色)	浅棕
Ⅴ	罕有发生	极易发生(深棕)	棕
Ⅵ	从不发生	黑色	黑

4.2.1.2 紫外线色素沉着

紫外线色素沉着，即日晒黑，指日光或紫外光照射后引起的皮肤黑化作用，通常局限于光照部位，是光线对黑素细胞的直接生物学影响，也可能导致不规则的色素沉着和色素沉着过度的区域，例如黄褐斑和炎症后色素沉着。临床表现为边界清晰的弥漫性灰黑色色素沉着。按照持久性和发生机制，日晒黑可以分成即时性黑化（即时发生，持续数分钟至数小时）、持续性黑化（持续数小时至数天）和延迟性黑化（数天内发生，持续数天至数月）。

UVA和UVB都能导致色素沉着，但发生机制可能不同。单次暴露于UVA（剂量小于6 J/cm）可能在Ⅲ和Ⅳ型皮肤引起即时性黑化，这种短时间内出现色素沉着的机制是皮肤中预先存在的黑色素发生光氧化。如果UVA剂量高于10 J/cm^2，可在几天或几周内检测到持续性黑化。这取决于UVA剂量黑化现象的即时性或持续性（机制都是黑色素光氧化），在Ⅲ型或Ⅳ型的皮肤中尤为明显。另一种机制是UVB导致的延迟性色素沉着，UVB的急性致红剂量是诱导其产生的必要条件。这种色素沉着是在暴露72h后出现的新皮肤黑化。其产生机制是黑素细胞在UV诱导作用下发生体积增大、树突延长、酪氨酸酶活性增强，黑色素合成增加，使表皮各层的黑色素相应增多，皮肤均匀地黑化。

除了辐照强度和照射剂量、紫外线波长和皮肤类型（Ⅳ、Ⅴ、Ⅵ型皮肤个体差异大），某些生理及病理因素也会影响日晒后色素沉着的发生，例如某些影响黑素细胞的药物（褪黑素）和疾病（白癜风）。

4.2.1.3 皮肤光老化

皮肤光老化是长期日光照射导致皮肤累积性衰老或加速衰老的现象，在许多方面与自然老化不同。光老化皮肤的临床症状众多，包括表皮变厚、色斑和皱纹增加、皮肤松弛脆弱、色素沉着症（包括痣和雀斑）、伤口愈合受损和毛细血管扩张等。组织学和超微结构研究发现光老化皮肤的主要变化是真皮弹性组织受损和胶原蛋白降解，Ⅰ型胶原蛋白流失和弹性纤维变性（弹性纤维上的溶菌酶沉积增加），还有皮肤中角质形成细胞和黑素细胞的诱变增加。

在发生机制方面，皮肤光老化过程包含紫外线诱导产生的光氧化和细胞中蛋白质和脂质等多种成分的氧化损伤及其引发的级联生化反应。简而言之，紫外线导致细胞产生炎症和大量自由基，使细胞耗竭抗氧化剂和抗氧化酶（SOD，过氧化氢酶），导致DNA损伤和基因突变。紫外线还引起免疫抑制和促炎介质的释放增加。后者使毛细血管的渗透性增强，促使中性粒细胞和其他吞噬细胞进入皮肤。中性粒细胞释放弹性蛋白酶和其他蛋白酶（组织蛋白酶G）引起更多炎症和基质金属蛋白酶的活化。炎症又进一步激活转录各种基质金属蛋白酶，导致异常的基质降解和非功能性成分的积累。一般认为，引起光老化的主要波段是光氧化性和穿透性更强的UVA波段。而UVB和UVA在光老化过程的分子机制尚不完全明确。

4.2.1.4 皮肤光敏感

紫外线可以同时具有免疫抑制、引发炎症、影响抗菌肽、产生活性氧和DNA损伤的作用。在光敏性物质的介导下，皮肤对紫外线的耐受性降低或感受性增高，从而引发皮肤光毒性或光变态反应，并导致一系列相关疾病。例如，UVA是诱导产生多形性光疹和特应性光皮肤病的主要波段，还可能加重某些免疫皮肤疾病（系统性红斑狼疮）的病情。而UVB和UVA_2能抑制免疫记忆和诱发延迟性超敏反应。皮肤光敏感在多种皮肤病中发挥作用，但大多数致病机制仍未完全明确。目前，只能通过避免接触已知的光敏性化合物或避免紫外线照射本身来防止光敏化。

4.2.1.5 皮肤光致癌

流行病学调查表明，阳光下的过度暴露会增加患皮肤光致癌的风险，尤其是在头、颈和手臂部位出现非黑色素瘤皮肤癌、鳞状细胞癌和基底层细胞癌。UVB辐射的累积终生剂量被认为是重要的光致癌因素。UVB可直接在细胞中诱发嘧啶二聚体和嘧啶酮光产物，导致基因突变和遗传不稳定。而UVA主要通过内源性光敏作用，通过间接的ROS途径，引起链断裂和氧化损伤，触发遗传毒性作用。

4.2.2 化妆品防晒剂

防晒剂，在降低由紫外线引起的人体皮肤疾病（例如光老化、皱纹和色素沉着）的发生率方面发挥着关键作用。还有研究发现，除了紫外线，防晒霜还可以保护皮肤免受其他大气因素的损伤（例如红外线、蓝光和污染）。防晒剂在机制上分为无机防晒剂和有机紫外吸收剂，无机防晒剂反射和散射光，而有机紫外线吸收剂可吸收过滤紫外辐射。在此基础上，还有同时包含有机和无机化合物特性的复合防晒剂以及通过抗氧化作用起到光防护作用的生物防晒剂。

① 无机防晒剂　又称物理防晒剂，常用无机防晒剂成分有ZnO、TiO_2、Fe_xO_y、炉甘石和滑石粉等。尽管它们通常比有机成分的毒性更小、更稳定且对人体更安全，自1990年以来，微米和纳米尺寸的TiO_2和ZnO被应用于防晒霜中以改善透明性和提升肤感，但是，大多数纳米颗粒可以产生ROS自由基，并且小到足以渗透到角质层，因此长时间暴露可能导致皮肤问题，例如光过敏性接触性皮炎和皮肤老化。

② 有机防晒剂　指人工合成的有机紫外吸收剂，又称化学防晒剂，可进一步分为UVA防晒剂（例如邻氨基苯甲酸盐、二苯甲酰甲烷和二苯甲酮）、UVB防晒剂（例如水杨酸盐、肉桂酸盐、对氨基苯甲酸衍生物和樟脑衍生物）。有机防晒剂一般以法规允许的水平组合使用，以提供广谱吸收性和提高SPF值。值得注意的是，一些光不稳定的有机防晒剂（例如阿伏苯宗和二苯甲酰甲烷）显示出光反应性，可能产生光产物，降低其光保护效果；而且这些光产物可能直接与皮肤接触，导致皮肤光毒性和光过敏性接触性皮炎。

③ 无机有机复合防晒剂　由有机成分（分子或有机聚合物）与无机成分（金属氧化物、碳酸盐、磷酸盐、硫属化物和相关衍生物）在分子或纳米尺度上杂化而成。一些毒性较小且生物相容性高的无机有机杂化材料已被用作化妆品防晒剂，例如含有氨基官能团的有机硅烷防晒剂。

④ 生物防晒剂　相较于化学防晒剂，指具有抗氧化和紫外线吸收能力的天然生物次生代谢物。常用的有维生素C、维生素E和多种植物提取物（酚类、类胡萝卜素和类黄酮化合物）。此外，具有修复DNA损伤能力的光解酶（黄素蛋

白，需要类黄酮作为吸收紫外线的辅助因子）也是近年来热门的生物防晒剂。

4.2.3 防晒的体外评价方法

4.2.3.1 紫外防护指数的仪器测定

利用仪器测试的方法进行体外测试可以粗略评价防晒产品的防晒效果。常用的方法有紫外分光光度计法和根据紫外分光光度计原理制成的 SPF 测试仪法。根据防晒化妆品中紫外线吸收剂和屏蔽剂阻挡紫外线的性质，将防晒产品涂在特殊胶带上，使用不同波长的紫外线照射，测试样品的吸光度，依据测试值大小直接评价产品的防晒效果。对 UVA 防护指数的体外测试方法有澳大利亚标准方法、Diffey 临界波长法、Boots 星级表示法和 COLIPA/ISO 标准方法。我国《化妆品安全技术规范》参考 Diffey 临界波长法建立了化妆品抗 UVA 能力仪器测定法。采用的方法是将样品涂于 3M 膜或具毛面聚甲基丙烯酸甲酯（PMMA）板上，用 SPF 测定仪测定其临界波长和 UVA/UVB 比值。总地来说，仪器法降低了测试成本，避免了伦理学问题，但是测得的结果与人体法有差异。例如，用防晒指数测试仪（Optometrics LLC SPF 290S）测物理防晒配方得到的 SPF 值易偏高。

4.2.3.2 细胞模型

紫外线可造成多种皮肤细胞的氧化应激和 DNA 损伤。常用成纤维细胞和角质形成细胞进行光老化建立损伤模型，再通过检测 ROS、GSH-Px、SOD 等氧化损伤生物标志物变化，对防晒剂的 UVA 或 UVB 防护效果进行评价。一种是保护型的抗老化的测试方法，先用样品处理细胞，再用一定剂量的紫外线照射细胞，与未进行保护的细胞对比；还有一种损伤修复型的抗老化测试方法，是将成纤维细胞先用紫外线辐射处理，再使用样品，评估修复程度。此外，由于黑素细胞是 UVA 作用的重要靶细胞。将黑素细胞暴露于低剂量的 UVA 即可观察到 DNA 断裂，即使检测不到细胞毒性和黑色素形成，也可以观察到彗星现象。因此，除了角质形成细胞和成纤维细胞，还可用黑素细胞研究防晒剂对 UVA 光氧化诱导 DNA 损害的影响与作用机制。

4.2.3.3 重组人皮肤模型

三维重组皮肤模型是利用组织工程技术将人源皮肤细胞培养于特殊的插入式培养皿上体外构建的具有三维结构的人工皮肤组织模型。皮肤模型在基因表达、组织结构、细胞因子、代谢活力等方面高度模拟真人皮肤。经过 20 多年的发展，皮肤模型从表皮模型（仅有表皮角质细胞）发展到包括简单全层皮肤（含有角质细胞和成纤维细胞）的多细胞共培养复层皮肤体系（如还包括黑素细胞、脂肪细胞和郎格汉氏细胞等)。紫外线照射导致表皮和真皮的损伤同时发生。在防晒功效性评价中，含有角质细胞和成纤维细胞的全皮模型可用于研究 UVA 或 UVB 在表皮和真皮层的光损伤机制；而含有黑素细胞和郎格汉斯细胞的皮肤模型可评估包括免疫应答在内的光防护效应。其中，模型中的表皮晒伤细胞可通过对环丁烷嘧啶二聚体的免疫组化观察；真皮成纤维细胞紊乱可通过 Vimentin 免疫组化染色定量分析；表皮细胞可以分离，用于蛋白质检测分析光毒性产物，也可以参考皮肤模型彗星试验方案观察 DNA 损伤情况[4]。

4.2.4 防晒的动物试验方法

一般采用对紫外线敏感的大鼠、小鼠或白化豚鼠，在反复照射 UVA、UVB 或 UVB+UVA 后构建动物光老化模型，然后通过观察皮肤外观表现和病理学变化以及皮肤匀浆上清液中氧化应激生物标志物（例如 CAT、GSH-Px、SOD 活性和 MDA 含量及总抗氧化能力）的变化，对防晒活性成分进行功效评价和机制研究。广东质量监督检测研究院报道了通过对皮肤组织病理学观察和检测黑色素瘤特异性标记（HMB45）的表达情况研究不同防晒标准品对紫外线致大鼠皮肤光损伤的防护作用，为防晒化妆品防晒功效评价提供了基础数据[5]。吴游海等研究报道了辅酶 Q10 防晒霜对受紫外线损伤小鼠的保护作用（角质层不脱落，SOD 活性、红细胞与血红蛋白含量上升，白细胞、MDA 含量和 MMP-1 mRNA 表达水平下降)[6]。与皮肤模型类似，动物试验也可对防晒剂的光稳定性进行评价。应该注意的是，随着 2013 年 3 月欧盟全面禁止化妆品动物试验，越来越多的国家和地区不再将动物试验作为研究化妆品防晒功效性的方法，体外细胞和组织模型成为新兴的发展方向。

4.2.5 防晒的人体评价方法

我国《化妆品安全技术规范》中对化妆品 SPF 值、PFA 值以及防水性能的检测方法有明确的规定，要求使用日光模拟仪检测防晒化妆品涂抹于人体前后对紫外线的防护能力，并计算其防晒性能指标[7]。

4.2.5.1 UVB 防护功效

日光防护系数（sun protection factor，SPF）的计算公式如下：

$$SPF=\frac{MED_p}{MED_u}$$

式中，MED_p 为有防护措施下的最小红斑量；MED_u 为未加防护措施下的最小红斑量。SPF表示在照射后16～24h内，引起皮肤清晰可见的红斑，其范围达到照射区域边界，且红斑面积超过照射面积50%所需要的紫外线照射最低剂量（J/m^2）或最短时间（s）。

SPF值的测定过程包括[7]：

（1）光源的选择和检查

所使用的人工光源必须是氙弧灯日光模拟器并配有过滤系统。紫外日光模拟器应发射连续光谱，在紫外区域没有间隙或波峰。光谱特征以连续波段290～400nm的累积性红斑效应来描述。每一波段的红斑效应可表达为与290～400nm总红斑效应的百分比值，即相对累积性红斑效应（%RCEE）。试验前光源输出应由紫外辐照计检查。

（2）受试者的选择

每种防晒化妆品的测试人数最少例数为10，最大例数为25。

① 选18～60岁健康志愿受试者，男女均可。受试者光皮肤类型为Ⅰ、Ⅱ、Ⅲ型，即对日光或紫外线照射反应敏感，照射后易出现晒伤而不易出现色素沉着者；其中所有受试者的个体类型角（ITA°）值应不小于28°。

② 无光感性疾病史，近期内未使用影响光感性的药物，受试部位的皮肤应无色素沉着、炎症、瘢痕、色素痣、多毛等。

③ 排除妊娠、哺乳、口服或外用皮质类固醇激素等抗炎药物，或近一个月内曾接受过类似试验者。

（3）MED的测定

照射后背可采取前倾位或俯卧位。样品涂布面积范围为30～60cm^2，涂布时间应在（35±15）s的范围内。样品用量及涂布方法：按（20.0±0.5）$mg/10cm^2$的用量称取样品，使用乳胶指套将样品均匀涂布于试验区，等待15min。在受试者背部皮肤选择一照射区域，取至少5点用不同剂量的紫外线照射，16～24h后观察结果。以皮肤出现红斑的最低照射剂量或最短照射时间为该受试者正常皮肤的MED。上述测试和MED的观察评价均应在（23±3)℃的环境温度下进行。在试验当日需同时测定下列三种情况下的MED值：

① 未防护皮肤的MED　根据预测的MED值调整紫外线照射剂量，测定受试者未防护皮肤的MED。

② 防护情况下的MED　将受试产品涂抹于受试者皮肤，测定在产品防护情况下皮肤的MED。在选择至少5点试验部位的照射剂量增幅时，可参考防晒产品配方设计的SPF值范围：对于SPF值＜25的产品，各照射点的剂量递增最大为25%，也可以选用其他更小的递增比例（如20%、15%或12%）；对于SPF值≥25的产品，各照射点的剂量递增不超过15%，也可选用更小的增幅比例（如12%）。整个测试过程中递增幅度应该保持一致。

③ 标准样品防护下的MED　在受试部位涂SPF标准样品。对于SPF值＜

25 的产品，可选择低 SPF 值标准品；对于 SPF 值≥25 的产品，推荐选择某一高 SPF 值标准品。

(4) SPF 值的计算

按照以下公式计算样品对单个受试者的 SPF 值。

$$\text{个体 SPF}=\frac{\text{样品防护皮肤的 }MED_p}{\text{未加防护皮肤的 }MED_u}$$

计算全部受试者个体 SPF 值的算术平均值，取其整数部分即为该测定样品的 SPF 值。估计均数的抽样误差可计算该组数据的标准差和标准误。要求均值的 95%置信区间 (95%CI) 不超过均值的 17% (如果均数为 10，95%CI 应在 8.3～11.7 之间)，否则应增加受试者人数 (不超过 25) 直至符合要求。

4.2.5.2 UVA 防护功效

UVA 防护指数 (protection factor of UVA) 以“+”表示产品防御长波紫外线的能力，是评价防晒化妆品防止皮肤晒黑能力的防护指标，以 PA 或 PFA 表示。PA 等级越高，防止皮肤晒黑效果越好。我国法规要求 PA 标识以产品实际测定的 PFA 值为依据，根据防晒能力可标注范围为 PA+(PFA=2～3)、PA++(PFA=4～7)、PA+++ (PFA=8～15) 和 PA++++ (PFA≥16)。计算公式如下：

$$PFA=\frac{MPPD_p}{MPPD_u}$$

MPPD 为最小持续色素黑化量，指辐照 2～4h 后在照射皮肤部位产生轻微黑化所需要的最小 UV 辐照量或最短辐照时间。

PFA 值的测定过程包括[7]：

(1) 光源的选择和检查

应使用可发射接近日光的 UVA 区连续人工光源。光源输出应保持稳定，在光束辐照平面上应保持相对均一。为避免紫外灼伤，应使用适当的滤光片将波长短于 320nm 的紫外线滤掉。波长大于 400nm 的可见光和红外线也应过滤掉，以避免其黑化效应和致热效应。应用紫外辐照计测定光源的辐照度、记录定期监测结果，每次更换主要光学部件时应及时测定辐照度并由生产商至少每年对辐照计进行一次校验。光源强度和光谱的变化可使受试者 MPPD 发生改变，应仔细观察，必要时更换光源灯泡。

(2) 受试者的选择

18～60 岁健康人，男女均可。每次试验受试者的数量应在 10 例以上，最大数量为 20。

① 受试者皮肤类型为Ⅲ、Ⅳ型，即皮肤经紫外线照射后出现不同程度色素沉着者。

② 受试者应没有光敏性皮肤病史。试验前未曾服用药物如抗炎药、抗组胺药等。

③ 试验部位选后背。受试部位皮肤色泽均一，没有色素痣或其他色斑等。

(3) MPPD 的测定

照射后背，单个光斑的最小辐照面积不应小于 $0.5cm^2$（或 ϕ8mm）。未加保护皮肤和样品保护皮肤的辐照面积应一致。进行多点递增紫外辐照时，增幅最大不超过 25%。样品剂量约为 $2mg/cm^2$ 或 $2\mu L/cm^2$。受试部位的皮肤应用记号笔标出边界，对不同剂型的产品可采用不同称量和涂抹方法。样品涂抹面积约为 $30cm^2$ 以上。为了减少样品称量的误差，应尽可能扩大样品涂布面积或样品总量。涂抹样品后等待 15min。上述测试和 MPPD 的观察评价均应在 (23±3)℃ 的环境温度下进行。

(4) PFA 值的计算

按照公式计算样品对单个受试者的 PFA 值。

$$\text{个体 PFA}=\frac{\text{样品防护皮肤的 }MPPD_p}{\text{未加防护皮肤的 }MPPD_u}$$

计算样品防护全部受试者 PFA 值的算术平均值，其整数部分即为该测定样品的 PFA 值。估计均值的抽样误差可计算该组数据的标准差和标准误。要求标准误应小于均值的 10%，否则应增加受试者人数（不超过 20）直至符合要求。

4.2.5.3 防水性能测定

防水性能测定方法规定了对防晒化妆品防水性能测定的目的（通过测试水浴后 SPF 值，和水浴前 SPF 值的比较来测试防晒化妆品的防水性能）、设备及水质要求和方法。该方法适用于测定防晒化妆品的防水性能。《化妆品安全技术规范》规定，如产品宣称具有抗水性，则所标识的 SPF 值应当是该产品经过 40min 的抗水性试验（一般抗水性测试）后测定的 SPF 值；如产品 SPF 值宣称具有优越抗水性，则所标识的 SPF 值应当是该产品经过下列 80min 的抗水性试验（优越抗水性测试）后测定的 SPF 值（表 4-3）。

表 4-3 《化妆品安全技术规范》中的防晒化妆品防水性能测定过程比较

一般抗水性测试	优越抗水性测试
①在皮肤受试部位涂抹防晒品，等待 15min 或按标签说明书要求进行 ②受试者在水中以中等量活动或水流中以中等程度旋转 20min ③出水休息 20min(勿用毛巾擦试验部位) ④入水再以中等量活动 20min ⑤结束水中活动，等待皮肤干燥(勿用毛巾擦试验部位) ⑥按 SPF 测定方法进行紫外线照射和测定	①在皮肤受试部位涂抹防晒品，等待 15min 或按标签说明书要求进行 ②受试者在水中以中等量活动 20min ③出水休息 20min(勿用毛巾擦试验部位)，入水再以中等量活动 20min ④出水休息 20min(勿用毛巾擦试验部位) ⑤入水再以中等量活动 20min ⑥按 SPF 测定方法进行紫外线照射和测定

4.3 祛斑美白

4.3.1 皮肤的色素沉着机制

4.3.1.1 黑色素与皮肤颜色

人类皮肤的颜色不是取决于黑素细胞的数量，而是取决于产生各种黑色素的量，取决于黑素体的数量、大小、分布及黑素化程度。因此，合成黑色素的黑素细胞的功能和数量是决定肤色的主要因素。人体黑色素可分为两类，一类为碱性难溶的真黑色素，另一类为碱性易溶的褐黑色素。真黑色素为不均匀的深棕色至黑色；褐黑色素为黄色或微红棕色，是产生红头发和雀斑的原因。真黑色素具有抗氧化特性，而褐黑色素表现出促氧化作用和光毒性。人体的皮肤或毛发中的黑色素，是这两种黑色素的混合，其比例决定了皮肤或毛发的颜色。这两种色素都在表皮基底层的黑素细胞中以酪氨酸为底物通过多步反应合成，随后转移至相邻的角质形成细胞中，并随着角质细胞的移行被带到表皮全层，最后随角化细胞的脱落而排出体外。

存在于人体皮肤中的黑色素是由酪氨酸生成的各种各样的吲哚化合物结合成的聚合物。黑色素的生成需要黑色素合成酶和构建黑素体原纤维基质的结构蛋白。其合成的关键酶是酪氨酸酶（TYR）、酪氨酸酶相关蛋白-1（TYRP-1）和酪氨酸酶相关蛋白-2（TYRP-2，多巴色素互变异构酶）。真黑色素和褐黑色素的生成过程均包含多步酶催化和自发氧化反应（图 4-4）。其中，酪氨酸酶是所有黑色素生成的限速酶，催化 L-酪氨酸羟基化为多巴以及将多巴氧化为多巴醌两个反应步骤。如果反应体系中存在半胱氨酸或谷胱甘肽，多巴醌反应生成半胱氨酰多巴及褐黑色素的苯并噻嗪衍生物。而在没有半胱氨酸的情况下，多巴醌经历自发的非酶分子内环化并进一步重排，产生多巴色素（反应快速）。多巴色素通过非酶促和酶促两条途径生成真黑色素。在非酶促途径，多巴色素发生自发脱羧，变成 5,6-二羟基吲哚（DHI），后者迅速氧化和聚合形成棕色或黑色的 DHI-黑色素。在非酶促途径，TYRP-2 催化多巴色素互变异构形成 DHI-2-羧酸（DHICA）。接下来，TYRP-1 催化 DHICA 氧化聚合形成棕色的 DHICA-黑色素。在存在多巴色素的情况下，TYRP-2 或金属离子（如铜或锌）更有利于 DHICA-黑色素而非 DHI-黑色素的形成。

4.3.1.2 黑素细胞与黑素体的生成

黑色素的生成发生在黑素细胞中的黑素体。黑素体又称黑素小体，是一种在单层膜内含有真黑色素或褐黑色素的色素颗粒结构。单个黑素细胞中可能同时存在真黑素体和褐黑素体。其区别在于，真黑素体较大，椭圆形，并包含用于真黑

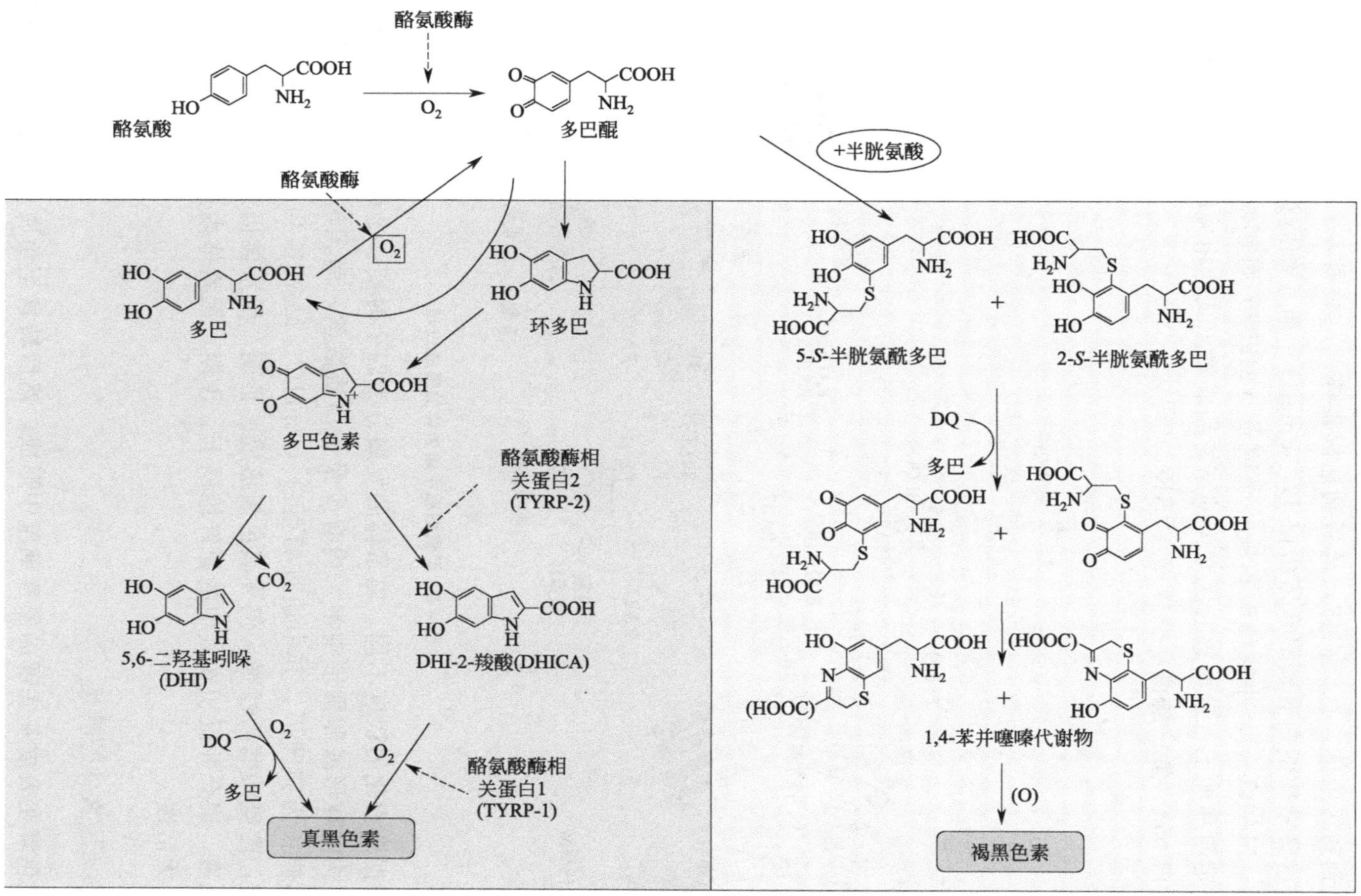

酪氨酸 酪氨酸酶 O_2 多巴醌

酪氨酸酶 O_2 多巴 环多巴

多巴色素 CO_2 5,6-二羟基吲哚(DHI) DHI-2-羧酸(DHICA)

酪氨酸酶相关蛋白2 (TYRP-2)

DQ 多巴 O_2 真黑色素

酪氨酸酶相关蛋白1 (TYRP-1)

+半胱氨酸

5-S-半胱氨酰多巴 + 2-S-半胱氨酰多巴

DQ 多巴 +

1,4-苯并噻嗪代谢物 (O) 褐黑色素

图 4-4 黑色素的生物合成过程

素合成的纤维状基质。褐黑素体较小，呈球形，其基质松散。大多数黑素体中有糖基化蛋白。这些蛋白质（包括酪氨酸酶）从早期内质网运输到高尔基体，然后被运送到初级内体、次级内体，最后到达黑素体[8]，如图 4-5。参与黑素体发展过程的重要结构蛋白有前黑素体蛋白-17（Pmel17）和 T 细胞识别的黑色素瘤相关抗原（MART-1）。小眼畸形相关转录因子（MITF）可影响 Pmel17 的表达、稳定、定向和加工，从而影响黑素体的结构和成熟。其他相关的蛋白质还有肿瘤抑制蛋白 p53、蛋白酶激活受体-2（PAR-2）等。

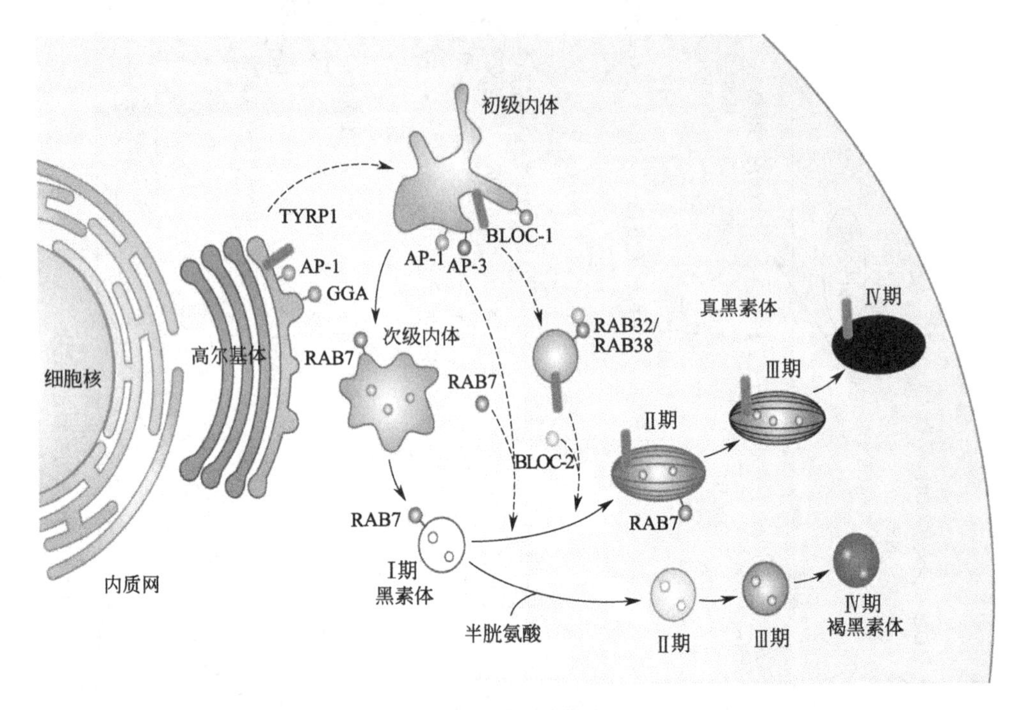

图 4-5　黑素细胞中黑素体的形成过程

根据黑素化的程度不同，黑素体的发展分为四个时期：Ⅰ期，黑素体为没有内部结构的球形或卵圆形空泡，内有少量蛋白质微丝，尚无黑色素形成。Ⅱ期，黑素体伸长为卵圆形，其中通过糖蛋白（Pmel17、MART-1）形成可见的纤维状基质，酪氨酸酶活性强，仍无黑色素形成。Ⅲ期，黑素体仍为卵圆形，开始产生黑色素，聚合并沉积在其中的原纤维网上。Ⅳ期，黑素体内充满黑色素，酪氨酸酶已无活性。

4.3.1.3　黑素体的转运

黑色素在表皮基底部的黑素细胞中形成，然后转移至角质形成细胞中，随着角质细胞的移行被带到表皮全层，最后随角化细胞的脱落而脱失。每个黑素细胞的树枝状突起大约可与 10～36 个角质形成细胞相接触，形成一个表皮黑素单元。

黑色素的合成及其在表皮的分布包括黑色素生成相关蛋白的转录、黑素体的生物发生、运输黑素体至黑素细胞树突顶端及最终转运到角质形成细胞等多个步骤。黑素体的转运过程需要众多蛋白参与。例如，转运的第一步是形成黑素细胞树突并延伸到周围的角质形成细胞。黑素细胞树突的延伸需要重组黑素细胞骨架的肌动蛋白丝和微管。GTP 酶 Rho、Rac 和 Cdc42 在细胞形态和树突形成中起关键作用。其次，黑素体从核周围到树突末梢的长途运输需要动力蛋白作为马达蛋白，将黑素体运送到微管上。而黑素体从树突末梢到细胞膜的短途移动则需要 Rab27a、嗜黑素和肌球蛋白 Va 复合物的参与。最后，角质形成细胞中表达的 PAR-2 在细胞吞噬中具有重要作用，是黑素体从黑素细胞转运进入角质形成细胞的调控因子。

总之，黑素细胞的增殖、分化和黑色素生成受到周围角质形成细胞和多种环境因素（包括紫外线、炎症、氧化压力、激素等）的信号调控。例如，紫外线可刺激角质形成细胞分泌细胞因子、α-促黑激素（α-MSH）和花生四烯酸代谢产物，刺激黑素细胞突触生长和合成黑色素。因外界刺激或日晒引起的皮肤炎症产生的炎症介质（如 IL-1、IL-6 和 TNF-α）可以直接影响黑素细胞功能，并可能导致皮肤色素合成不足或过度色素沉着。另外，黑素细胞也是皮肤免疫系统的重要组成部分。其本身能够分泌许多信号分子（细胞因子、生长因子和激素）给邻近的角质形成细胞和其他表皮细胞。

4.3.2 美白剂与美白化妆品

美白化妆品是指有助于减轻或减缓皮肤色素沉着，达到皮肤美白增白效果的化妆品。由于黑色素的生成实际上是人体正常生理功能的体现，美白化妆品对黑色素合成的抑制要适当，如果作用过强可能会严重干扰黑色素生成而对人体正常生理功能产生不利影响。与此同时，由于酪氨酸和酪氨酸酶也参与体内儿茶酚胺激素的代谢，美白剂过度作用也可能对儿茶酚胺激素的代谢产生不良影响。《化妆品监督管理条例》明确美白化妆品属于特殊化妆品范畴并实行注册管理。美国（OTC 药品）、日本（医药部外品）、韩国（机能性化妆品）等国家也均对此类产品实施严格管理。值得注意的是，在我国，仅通过物理遮盖形式达到皮肤美白增白效果的产品也归于祛斑美白类化妆品管理，尽管这类美白化妆品并不会真的改变肤色。二氧化钛、氧化锌、云母、滑石粉等原料是常用的物理美白成分。

美白剂是指为了体现出美白化妆品的有效性而配伍的成分。美白剂的作用机制常包含以下靶位点：

① 抑制诱导黑素细胞活性的化学递质　通过使用防晒化妆品减少进入皮肤的紫外线，以及使用 α-MSH 阻断剂（红没药醇）和抗炎活性成分可以减少皮肤的色素生成。

② 抑制黑素细胞中黑色素的生成　例如，苯乙基间苯二酚（“377”）、对苯二酚及其衍生物、维生素 C、维生素 E、熊果苷、曲酸、壬二酸、龙胆酸、芦荟素、白藜芦醇和光甘草定等通过抑制酪氨酸酶以及相关色素合成相关酶 TYRP-1、TYRP-2 和过氧化物酶的转录和活性来减少皮肤色素沉着。

③ 阻断黑色素的转运　黑素体从黑素细胞转移到角质形成细胞的效率，及随后在受体角质形成细胞中进行黑素体加工，在皮肤色素沉着中起关键作用。如果能成功阻断黑素体的转移，皮肤可能看起来基本上没有色素沉着。针对这一机制的皮肤美白剂有烟酰胺（维生素 B_3）、半月桂醇、PAR-2 抑制剂、凝集素和新糖蛋白。

④ 促进表皮黑色素的脱落　多种 α-羟基酸（如乙醇酸、乳酸和乙酸）、水杨酸、亚油酸和维甲酸通过刺激表皮更新和增加黑色素从表皮脱落，减少皮肤色素沉着。

4.3.3 祛斑美白的体外评价方法

4.3.3.1 酪氨酸酶活性抑制实验

酪氨酸酶同时具有酪氨酸羟化酶和多巴氧化酶的活性。在非细胞系统中常以 L-酪氨酸或 L-多巴为底物，通过体外试验检测美白祛斑成分对酪氨酸酶活性的抑制作用。酶材料常用的是蘑菇酪氨酸酶，也可从 B16 黑素瘤细胞或动物皮肤中得到。检测方法有同位素法、免疫学法或生化法。酶液的组成体系含有蘑菇酪氨酸酶、酪氨酸、L-多巴等，加入受试物经反应后，使用紫外光分光光度计分别在 305nm 和 475nm 波长处测定吸光度，计算酪氨酸酶和多巴的活性。这种生化酶法测试的优点是简单快速，适用于对美白活性成分的初筛和高通量筛选。缺点是体系过于简单，需要其他体外或人体试验进行验证。

4.3.3.2 黑素细胞模型

由于黑素细胞受到 UVB 或 α-MSH 刺激后会导致黑色素含量上升。体外培养的黑素细胞（例如人体 A375 黑素瘤细胞、小鼠 B16 细胞等），用 UV 光照或 α-MSH（黑素生成因子）刺激细胞上调黑色素合成水平后可构建细胞模型。一般采用分光光度法，图像分析技术法或 MTT 法观察美白活性物质对黑素细胞生长情况、细胞中酪氨酸酶活性、细胞黑色素含量与黑色素合成相关基因（如 MITF 表达水平）的影响。细胞试验便于研究美白剂的细胞毒性和与其他协同因子的联合作用，是研究美白活性物质的最常用方法。在体外，除了单一的黑素细胞模型，还可以按比例将黑素细胞与角质形成细胞混合培养构建“表皮黑素单元”共培养模型，适用于研究黑素细胞与角质形成细胞间的相互作用。例如，彭晓明等报道了利用 Transwell 技术建立人黑色素瘤细胞-人永生化角质形成细胞

（A375-HaCaT）共培养模型和研究不同纯度高良姜素对中黑素细胞增殖及黑素合成的影响[9]。

4.3.3.3 重组人皮肤模型

利用皮肤模型评价美白祛斑类化妆品时，通常使用添加了黑素细胞的表皮模型。测试时将受试物直接涂抹于模型表面，结合 UV 光照培养后，观察相对于对照组模型的颜色和亮度变化或定量检测表皮中黑色素含量、酪氨酸酶活性和黑色素合成及转运相关基因的表达情况。若化妆品能够有效降低皮肤中黑素细胞合成黑色素的能力或抑制黑色素的转运，则可为化妆品的美白祛斑功效提供依据。与单层细胞相比，皮肤模型模拟了正常皮肤的结构，可用于评估黑色素形成过程中多种细胞相互作用的研究，也便于控制培养条件，探索美白剂的作用机制。

4.3.4 祛斑美白的动物试验方法

4.3.4.1 哺乳动物模型

由于豚鼠皮肤黑素细胞和黑素体的分布近似于人体，可选用动物试验法进行美白功效评价，一般采用的是黑色或棕色成年豚鼠，在其背部两侧剃毛形成若干无毛区，将待测样品均匀涂布于该区域，一段时间后对该区域的皮肤进行组织学观察；也可以采用花色豚鼠建立美白功效评价动物模型，用紫外线照射在剃去毛的动物的皮肤上，使皮肤形成色素斑，然后连续涂敷试验物质，利用皮肤生物物理检测技术，同时结合组织化学染色及图像分析技术对皮肤黑素颗粒进行定量分析。

4.3.4.2 斑马鱼模型

斑马鱼是辐鳍亚纲鲤科短担尼鱼属的一种硬骨鱼，因其体侧具有类似斑马的条纹而得名。斑马鱼与人类基因相似度高达 87%，已成为研究相关疾病的重要模型生物之一。斑马鱼体表具有黑色素，可以用于筛选黑色素抑制剂。试验时，将斑马鱼胚胎暴露在不同浓度的受试物中，观察其黑色素生成情况，还能测定体内酪氨酸酶的活性变化和其他相关基因的时空表达。2021 年，浙江省健康产品化妆品行业协会发布了《化妆品美白功效测试斑马鱼胚胎黑色素抑制功效测试方法》（T/ZHCA 012—2021）的团体标准。

4.3.5 祛斑美白的人体评价方法

2021 年 3 月，《化妆品安全技术规范》增加了对化妆品祛斑美白功效的紫外线诱导人体皮肤黑化模型测试方法与人体开放使用试验方法，通过皮肤色度计或反射分光光度计测量皮肤 $L^* a^* b^*$ 颜色空间数据和计算个体类型角（ITA°）来表征人体皮肤颜色。

4.3.5.1　紫外线诱导人体皮肤黑化模型祛斑美白功效测试法

（1）受试者的招募

按入选和排除标准选择合格的受试者，有效例数均不低于 30 人。

① 入选标准　18～60 岁，健康男性或女性；测试部位肤色个体类型角（ITA°）值在 20°～41°；无过敏性疾病，无化妆品或其他外用制剂过敏史；既往无光感性疾病史，近期未使用影响光感性的药物；受试部位的皮肤应无色素沉着、炎症、瘢痕、色素痣、多毛等现象；能够接受测试区域皮肤使用人工光源进行晒黑者；能理解测试过程，自愿参加试验并签署书面知情同意书者。

② 排除标准　妊娠或哺乳期妇女，或近期有备孕计划者；有银屑病、湿疹、异位性皮炎、严重痤疮等皮肤病史者；近 1 个月内口服或外用过皮质类固醇激素等抗炎药物者；近 2 个月内口服或外用过任何影响皮肤颜色的产品或药物（如氢醌类制剂）者；近 3 个月内参加过同类试验，或 3 个月前参加过同类试验但试验部位皮肤黑化印迹没有完全褪去者；近 2 个月内参加过其他临床试验者；其他临床评估认为不适合参加试验者。

（2）建立人体皮肤黑化模型

首先确定每位受试者试验部位的 MED。然后在试验部位选定各测试区（优先选择背部作为试验部位，也可选择大腿、上臂等非曝光部位），每个黑化测试区面积应不小于 $0.5cm^2$，并应位于每个涂样区域内。用能够产生 UVA＋UVB 紫外线的氙弧灯日光模拟仪（去除 290nm 以下的波长）在相同照射点按 MED 剂量的 $\frac{3}{4}$ 每天照射 1 次，连续照射 4 天。照射结束后的 4 天为皮肤黑化期，不作任何处理。照射结束后第 5 天，对各测试区皮肤颜色进行视觉评估和肤色仪器检测，剔除一致性差的测试区（ITA°值与全部测试区均值相差大于 5 的区域）。

（3）测量计算 ITA°值和 MI 值

照射结束后第 5 天开始在各黑化测试区根据随机表涂抹祛斑美白化妆品、空白对照或阳性对照（7％维生素 C 配方），涂样面积应不小于 $6cm^2$，涂样量为 $(2.0\pm0.1)mg/cm^2$ 或 $(2.0\pm0.1)L/cm^2$（乳液、膏霜、液体等以涂擦方式施用的产品）或按产品实际施用方式施用足够数量（贴片式面膜等）。连续涂抹受试物至少 4 周，在涂抹后 1 周、2 周、3 周和 4 周应对皮肤颜色进行视觉评估和仪器检测。用皮肤色度仪测量各测试区域的 $L^* a^* b^*$ 值并计算 ITA°值；用皮肤黑素检测仪分别测量各测试区域的 MI 值。

（4）应用统计分析软件进行数据的统计分析

试验产品涂抹前后任一时间点肤色视觉评分差值、ITA°差值或 MI 差值与阴性对照相比有显著改善（$P<0.05$），或经回归系数分析整体判断试验产品与阴性对照相比皮肤黑化显著改善时（$P<0.05$），则认定试验产品具有祛斑美白功效。

4.3.5.2 人体开放使用祛斑美白功效测试法

（1）受试者的招募

按入选和排除标准选择合格的受试者，并按随机表分为试验组和对照组。在受试部位左右两侧色斑对称的情况下，可分为试验产品侧和对照产品侧，确保最终完成有效例数不少于30人/组（侧）。

① 入选标准　18～60岁，健康女性或男性；受试部位至少有一个和周围邻近皮肤的ITA°差值大于10°的明显色斑，且直径不小于3mm（非临床上使用外用制剂难以改善的雀斑、色素痣等）；无过敏性疾病，无化妆品及其他外用制剂过敏史；既往无光感性疾病史，近期未使用影响光感性的药物；受试部位皮肤应无胎记、炎症、瘢痕、多毛等现象；能够理解试验过程，自愿参加试验并签署书面知情同意书者。

② 排除标准　妊娠或哺乳期妇女，或近期有备孕计划者；患有银屑病、湿疹、异位性皮炎、严重痤疮等皮肤病史者；患有其他慢性系统性疾病者；近1个月内口服或外用过皮质类固醇激素等抗炎药物者；近2个月内使用过果酸、水杨酸等任何影响皮肤颜色的产品或药物（如氢醌类制剂）者；近3个月内试验部位使用过维A酸类制剂或进行过化学剥脱、激光、脉冲光等医美治疗者；不可避免长时间日光暴露者；近2个月内参加过其他临床试验者；其他临床评估认为不适合参加试验者。

③ 受试者限制　在试验期间受试部位必须使用试验机构提供的试验产品或对照产品，不能使用其他任何具有祛斑美白功效或者可能对测试结果产生影响的产品；在试验期间不能有暴晒情况，并应做好试验部位的防晒工作。

（2）对入组的合格受试者进行产品使用前皮肤基础值评估和测试

包括视觉评估、仪器测试和标准图像拍摄，并记录；在产品使用后2周、4周±1天及之后的每4周、8周±2天分别再次进行相同的评估和测试。测试区域皮肤的ITA°值越大或MI值越小，肤色越浅，反之越深。用图像分析软件分析受试部位不同访视时点相关参数（色斑光密度均值、色斑面积占比），受试部位图像色斑光密度均值越小，肤色越浅。

（3）应用统计分析软件进行数据统计分析

试验组（侧）使用产品前后任一访视时点视觉评估、仪器测试或图像分析相关参数中任一参数的变化结果相差显著（$P<0.05$），或使用样品后测试值结果显著优于对照组（侧）结果时（$P<0.05$），则认定产品有祛斑美白功效。

4.4 祛痘

4.4.1 皮肤痤疮的产生机制

寻常痤疮是一种在毛囊皮脂腺组织部位发生的慢性炎症性皮肤病，是因皮肤油脂的分泌与代谢异常而引发的炎症反应。痤疮的临床表现主要包括在面部和胸背部等皮脂分泌旺盛区域出现轻微粉刺、丘疹、结节、囊肿甚至瘢痕等。如图 4-6，痤疮发生在皮脂腺部位并涉及许多过程。痤疮形成的关键因素包括皮脂分泌过多和皮脂组成改变、激素水平失调、与神经肽相互作用、毛囊角化过度、炎症诱导和与皮脂功能障碍相关的皮脂腺活动紊乱[10]。目前痤疮发病机理尚未研究透彻，但通常认为有以下几种原因：激素水平失调；毛囊皮脂腺导管角化过度；痤疮丙酸杆菌过度增殖；炎症免疫反应。

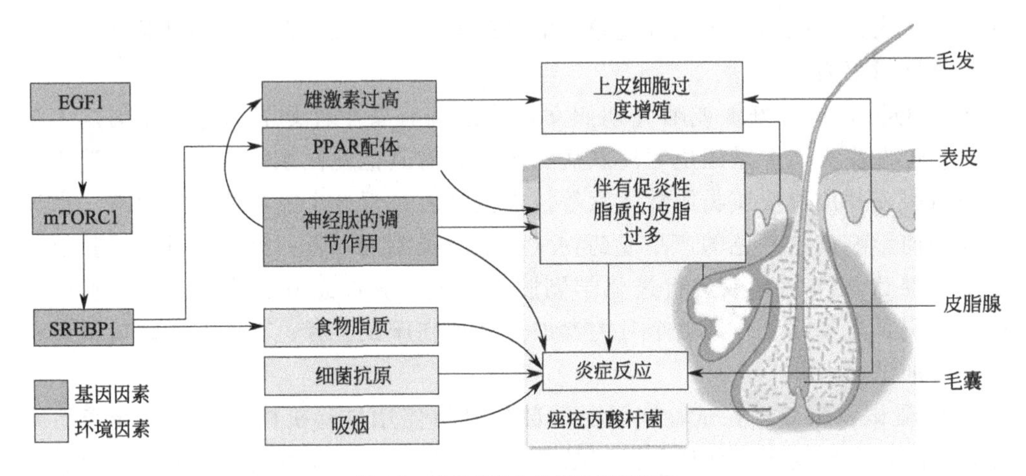

图 4-6 痤疮的产生机制及影响因素

4.4.1.1 激素水平失调

激素水平的失衡会导致皮脂腺分泌皮脂异常，从而引发痤疮症状（如图 4-7）。皮脂腺细胞产生类固醇激素，包括雄激素、雌激素和糖皮质激素。其中雄激素在痤疮发病中起着重要作用。雄激素存在于血液中的主要形式为：睾酮、脱氢表雄酮（DHEA）、双氢睾酮（DHT）、雄烯二酮、硫酸脱氢表雄酮（DHEAs）。皮肤中具有活性的雄激素主要是睾酮和 DHT。血液中未与性激素结合蛋白（SHGB）结合的游离睾酮具有生物活性（一般数量为 1%～2%），DHT 在细胞内 5α-还原酶的作用下转变成 5α-DHT（活性增强 5～10 倍）。5α-DHT 可与雄激素受体相互结合，从而促进皮脂腺细胞分化及提高皮脂分泌量，此外还可诱使合

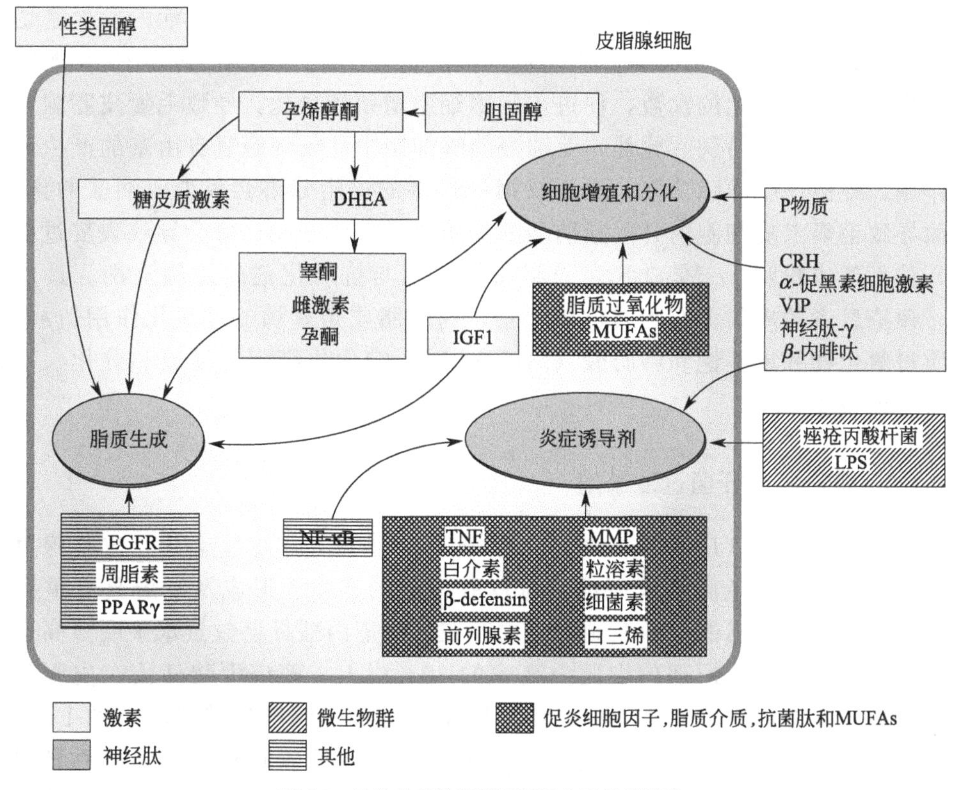

图 4-7 寻常痤疮的病理过程及主要影响因素

成皮肤细胞内核蛋白、生成游离脂肪酸（FFA）等物质，这些物质的增加能够导致毛囊漏斗部、毛囊皮脂腺导管处发生异常角化，脂质堆积造成毛囊堵塞形成栓塞，使得皮脂无法正常排泄最终致使痤疮形成。皮肤类固醇的产生还可由局部产生的促肾上腺皮质激素释放激素（CRH）、促肾上腺皮质激素或细胞因子调控。研究表明，患有痤疮的成年女性和男性的血清中类胰岛素生长因子-1（IGF-1）水平的升高与痤疮病变数量、青春期患者面部皮脂分泌率、5α-DHT 和 DHEAs 等水平相关[11]。IGF-1 通过磷酸肌醇 3 激酶（PI3K）和丝裂原活化蛋白激酶（MAPK）信号转导通路诱导固醇调节元件结合蛋白 1（SREBP1），刺激角质形成细胞增殖和脂质合成。糖皮质激素能够促进皮脂细胞增殖并抑制脂质合成，可能具有抑制皮脂细胞分化的作用。除了糖皮质激素和 IGF-1 外，高蛋白、糖类食物的摄入与 IGF-1 信号通路的激活和哺乳动物雷帕霉素靶蛋白 1（mTOR1）信号通路的激活有关，能调节 SREBF1 水平。

4.4.1.2 皮脂腺导管角化异常

毛囊皮脂腺导管发生角化过度，导管口径减小，使得皮脂和上皮细胞在毛囊口处聚积，致使诱发痤疮的形成。目前导致皮脂腺角化异常的因素主要有两个：

一是皮损处脂质转变。研究发现，游离脂肪酸（FFA）与痤疮炎症的发生密切相关。皮肤表面的 FFA 主要来源于痤疮丙酸杆菌对甘油三酯的分解。FFA 能够增加毛囊导管发生角化的次数，促进皮脂腺细胞增殖和分化，导致毛囊皮脂腺角化异常，从而形成微粉刺。此外，亚油酸能够抑制中性粒细胞氧自由基的产生和吞噬作用，维持皮肤屏障功能。然而皮损处过多的皮脂分泌会减少亚油酸的含量，从而导致毛囊上皮细胞内必需脂肪酸的脂质含量大大减少，将会导致表皮过度角化，从而形成粉刺。二是皮肤表面脂质氧化剂与抗氧化剂的比例失衡。具体来说，痤疮患者的皮脂含有脂质过氧化物，这是脂质角鲨烯的过氧化作用造成的。脂质过氧化物和单不饱和脂肪酸（MUFAs）影响角化细胞的增殖和分化，导致毛囊过度角化。

4.4.1.3 痤疮丙酸杆菌过度繁殖

痤疮丙酸杆菌（*Propionibacterium acnes*）是在人体皮肤毛囊和皮脂腺里共生的一种革兰氏染色阳性厌氧菌，对皮肤痤疮的产生、形成及发展具有重要作用。痤疮患者的皮损部位和毛囊导管内存在的痤疮丙酸杆菌数量水平明显高于常人，可占痤疮患者皮损部位细菌分离率的 30%以上。痤疮丙酸杆菌在皮脂腺中大量增殖，其释放出的酶物质可分解皮脂中的甘油三酯产生游离状态的 FFA 和少许小分子量多肽。FFA 能够诱使毛囊壁发生炎症反应同时还可促使毛囊皮脂腺增生及导管过度角化，从而影响皮脂分泌与代谢平衡。FFA 和小分子量多肽还能够趋化炎症细胞，使其释放出水解酶和多种炎症介质，诱使毛囊壁受到损伤、甚至破裂，而脱落的上皮细胞在进入真皮层后会加深炎症反应，进一步诱发痤疮形成。痤疮丙酸杆菌通过激活炎症细胞、角质形成细胞、单核细胞和皮脂细胞导致痤疮炎症，并诱导其分泌白细胞介素 IL-1β、IL-6、IL-8 和肿瘤坏死因子（TNF-α）等促炎细胞因子。痤疮丙酸杆菌可在单核细胞、巨噬细胞和皮脂腺细胞中触发 NLRP3 炎症小体激活，这种激活依赖于蛋白酶和活性氧，并导致分泌 IL-1β 炎症因子。因此阻断 NLRP3 表达可阻断痤疮丙酸杆菌诱导皮脂腺细胞分泌 IL-1β。痤疮丙酸杆菌还可与毛囊周围的巨噬细胞相互作用诱导分泌 IL-1β 并加剧炎症反应，并且可以通过 CD1、CD14、TLR 识别和激活角质形成细胞与皮脂腺细胞，导致 IL-1α 的释放。

4.4.1.4 炎症反应

皮肤痤疮是一种慢性皮脂腺炎症疾病。在痤疮初始形成阶段，皮损处产生大量促炎因子发挥趋化作用，使得不同炎症细胞向皮损处聚拢，使大量炎症因子产生，进一步诱发炎症反应。毛囊皮脂腺导管角化过度和炎症现象发生的次序尚无明确定论。角质形成细胞过度增殖之前，未受损伤的毛囊周围 IL-1 水平提升暗示了炎症的触发。一旦炎症形成，包括编码基质金属蛋白酶（MMP）、β-防御素、IL-8 和颗粒蛋白的基因表达上调。痤疮损伤还会激活核转录因子-κB（NF-κB）并上调其控制的细胞因子 IL-1β、IL-8、IL-10 和 TNF-α。TNF-α 可通过 JNK、PI3K 和 AKT 通路诱导脂质生成。IL-8 水平的升高可以吸引炎症细胞，包括多形核白细胞和淋巴细胞[12]。脂质介质的水平和代谢途径在痤疮病变中也存在异常。例如，前列腺素由环氧合酶（COX）合成，皮脂腺细胞可同时表达 COX 同工酶 COX1 和 COX2，且 COX2 在痤疮患者皮脂腺中表达明显上调[13]，因此 COX2 介导的前列腺素 E2 合成增加，从而促进痤疮的形成。此外，过氧化物酶体增殖物激活受体-γ（PPARγ）可诱导 COX2 上调。皮脂腺表达多种神经肽的功能受体，包括 CRH、黑素皮质激素、β-内啡肽、血管活性肠多肽（VIP）、神经肽-γ 和降钙素基因相关肽等。这些受体在人类皮脂腺细胞中的激活可调节细胞因子的产生、细胞增殖和分化、脂肪生成和雄激素代谢。P 物质（SP）是一种有很强的生物活性的肽类，能够诱导炎症局部的 T 细胞增殖，加强吞噬细胞的代谢活动及吞噬作用，同时释放溶酶体酶，生成活性氧类物质介导炎症反应。例如，通过体外细胞培养试验得到的 SP 能够刺激人体皮脂腺细胞发生增殖，引诱细胞内合成脂质；此外，在器官培养试验中发现 SP 可以显著地增大皮脂腺体积，增加脂质的形成；并且研究已经证实 SP 能够在痤疮表皮病变部位的皮脂腺周围引起程度较强的免疫反应[14]。在痤疮丙酸杆菌诱导的痤疮中，促炎细胞因子和趋化因子是通过固有免疫 toll 样受体（TLR）释放的，TLR 在先天免疫系统中发挥重要作用，对抗多种微生物病原体。TLR 激活信号通路可导致 NF-κB 和 MAPK 信号通路的激活[15]。

4.4.2 化妆品祛痘剂

根据《化妆品分类规则和分类目录》，祛痘化妆品是指有助于减少或减缓粉刺（含黑头或白头）的发生，有助于粉刺发生后皮肤的恢复的化妆品。用于调节激素影响的、杀（抗、抑）菌和消炎的产品，不属于化妆品范畴。祛痘剂是指为了体现出祛痘化妆品的有效性而配伍的成分，按作用机制可分为以下几类：

① 溶解角化细胞间黏合质，清除松弛的角化细胞，清理毛囊　维甲酸类药物可导致皮肤细胞增殖和角质化减少。此外还包括阿达帕林、他扎罗汀、水杨酸、柠檬酸、乳酸、果酸、壬二酸及其衍生物等。

② 抑制皮脂分泌　主要有乙酰辅酶 A 羧化酶抑制剂，乙酰辅酶 A 羧化酶是脂肪酸生物合成的关键酶，通过对其进行抑制可以影响脂质合成。此外还包括外用螺内酯、壬二酸及其衍生物等。

③ 抑制痤疮丙酸杆菌生长和减少炎症反应　过氧化苯甲酰可显著减少痤疮丙酸杆菌和炎症性痤疮病变，并能适度减少非炎症性痤疮病变；克林霉素和红霉素由于会对痤疮丙酸杆菌产生耐药性，已禁止单独使用；异维甲酸、维甲酸和他扎

罗汀可抑制 toll 样受体的表达，抑制细胞炎症发生；壬二酸可通过抑制硫氧还蛋白还原酶，影响痤疮丙酸杆菌的 DNA 合成；其他有效成分还包括四环素、强力霉素、米诺环素、水杨酸、果酸、季铵盐-73、壬二酸及其衍生物、金银花、苦参、黄芩、黄连、大黄、藁本、丹参、当归、菟丝子、杏仁、蒲公英、连翘等中药提取物和茶树精油、广藿香精油、迷迭香精油、薰衣草精油、罗勒精油等植物精油。

4.4.3 祛痘的体外评价方法

4.4.3.1 对痤疮丙酸杆菌的生长抑制

测定受试物对痤疮丙酸杆菌的抑制效果可间接反映其祛痘功效。抑菌测试方法可参考中华人民共和国工业和信息化部在 2012 年发布的《日化产品抗菌抑菌效果的评价方法标准》（QB/T 2738—2012）。使用微量肉汤稀释法测定最低抑菌浓度、悬液定量法测定抑菌率，用抑菌圈法检测抑菌效果。将抑菌功效按照形成抑菌圈的大小来分级进行评估，用游标卡尺测量抑菌环直径，直径大于 7mm 者，产品有抑菌作用，反之则无抑菌作用。

4.4.3.2 特异性痤疮炎症模型

痤疮丙酸杆菌通过激活炎症细胞、角质形成细胞、单核细胞和皮脂细胞导致痤疮炎症，并诱导其分泌白细胞介素 IL-1β、IL-6、IL-8 和 TNF-α 等促炎细胞因子。因此可利用痤疮丙酸杆菌或脂多糖（LPS）刺激相关细胞（HaCaT、THP-1 和 RAW264.7 细胞），建立特异性痤疮炎症模型，再通过检测细胞活性、细胞形态和细胞分泌炎症因子水平，评价护肤品的祛痘功效[16]。此外，永生化的人皮脂腺细胞（SZ95 细胞）可调控皮脂腺功能并与核受体密切相关，也常用于痤疮炎症模型的建立，可以通过检测细胞形态、脂滴数量和大小，以及核受体、脂滴和 PPAR 等相关基因和蛋白质等指标反映样品的祛痘功效。此外，还可建立基于含毛囊皮脂腺的离体人皮肤组织模型，通过表面给药模拟人体使用过程和检测模型组织形态、脂滴形成以及皮脂腺相关蛋白质含量变化，评估样品的祛痘功效[17]。

4.4.3.3 皮脂相关模型

（1）体外皮脂腺器官培养模型

体外皮脂腺器官培养模型（SG）可探索涉及皮脂腺病理生理学的人类皮肤疾病，即皮脂分泌异常、痤疮等。此类模型是开发和评估化妆品和药品产品的重要方式。体外皮脂腺器官培养模型是通过剥离真人皮肤（来源于手术废弃物或捐赠遗体）通过显微解剖和剪切等方式分离得到 SG。使用完整的 SG 可以测量痤疮患者的脂质生成以及样品对脂质生成的影响，可同时培养皮脂腺细胞，并检测细胞增殖、脂质形成等指标。SG 原位模型是从动物体内分离的 SGs 培养进行抗痤疮研究。Toyoda 等人对小鼠 SG 进行器官培养，计算神经肽（降钙素基因相关肽、P 物质、血管活性肠多肽、神经肽）与神经生长因子的作用[18]，用 P 物质处理 SG，通过提升皮脂细胞分化和增殖的速度，加快腺体的脂质合成，可建立假应激反应导致的痤疮模型[19]。

（2）皮脂腺细胞单层培养模型

此类模型通过外植体生长法或 SG 消化方法建立。可使用成纤维细胞营养层和无血清培养基培养获得人类皮脂腺细胞培养模型。人类皮脂腺细胞培养是一种结构良好的模型，可以改变局部环境生长条件，并促进细胞代谢研究，特别是雄激素代谢和脂质合成。在皮脂细胞中，脂质的合成是剂量依赖性的。此外，啮齿类动物的包皮腺也可以作为人类生殖腺的模型。利用大鼠包皮腺产生单层培养物，经分离、消化并培养在成纤维细胞营养层上。这些细胞的包皮单层培养是评价激素对皮脂腺发育和生长影响的合适模型。此外，雌激素对包皮细胞行为的影响和培养细胞的测定，以及雄激素和 PPAR 的作用已被报道[20]。

（3）毛囊模型

该模型用于评估皮脂细胞、角质形成细胞和痤疮丙酸杆菌之间的联系。痤疮丙酸杆菌在皮肤表面和毛囊皮脂腺单位上定植。为了确定皮脂细胞、角质形成细胞和痤疮丙酸杆菌之间的联系，将皮脂细胞（SZ95）和角质形成细胞（HPV-KER）在同一腔室内培养，腔内用可渗透聚酯膜隔开。可渗透聚酯膜避免了可溶分子在腔室之间的分散。在健康的毛囊皮脂腺单位中，痤疮丙酸杆菌只在毛囊细胞中被发现[21]。

（4）角鲨烯氧化模型

该模型利用角鲨烯在特定条件下的氧化反应，可确定皮脂的组成以及角鲨烯氧化衍生物的作用[20]。将重建的人表皮模型（RHE）在氧气、紫外线照射和受控条件下孵育，然后用气相色谱-质谱联用和核磁共振对氧化后的角鲨烯衍生物进行分析测定，并在此基础上，研究 RHE 的形态改变与炎症因子等特异性标志物的变化。该模型能计算药物的体外活性和配方来抑制痤疮的发展[22]。

4.4.4 祛痘的动物试验方法

动物试验常用小鼠、家兔、犀鼠、墨西哥无毛犬、猪等动物建立痤疮模型，模拟人类痤疮的病理、临床表现和生化变化。小鼠痤疮模型应用较为广泛，可用来研究痤疮的炎症发病机制及评价抗痤疮药物的疗效。一般利用痤疮丙酸杆菌、化学药物刺激和雄激素诱导建立小鼠痤疮模型。例如可将巴豆油涂抹于小鼠右耳，以诱导小鼠急性耳水肿，建立小鼠炎症痤疮模型。巴豆油中的佛波酯通过激活蛋白激酶、NF-κB 以及白细胞介素等介质，诱导磷脂酶 A2 酶促作用而发生炎症，从而形成代谢产物（如IL-6、白三烯等）促炎因子。兔耳模型是最常用的痤疮药物抗角化实验模型。美国皮肤病学会在1989年制定了兔耳模型的使用规范。制备兔耳模型时，通常于家兔内侧面耳管开口处2cm×2cm范围，每日涂煤焦油或油酸1次，连续14天造模。通过测定兔血清中的睾酮水平、P物质的生成、细胞炎症因子的释放等指标评定祛痘效果。犀鼠痤疮模型一般用于检测药物的局部抗角化、溶解粉刺的治疗作用。可通过犀鼠毛发退行期存在的缺陷导致永久脱毛，49～56天后，原毛囊单位和皮脂腺逐渐被皮脂和过多积累的角化细胞残骸挤胀，形成类似人黑头、粉刺的结构。在使用维甲酸后，在共聚焦显微镜下可以观察到椭圆囊中的毛囊角质栓消除，椭圆囊逐渐转变为正常滤泡结构[23]。

4.4.5 祛痘的人体评价方法

《化妆品功效宣称评价规范》中规定祛痘类护肤品必须进行人体试验。目前对于祛痘类护肤品的人体功效，主要通过两种方式进行评估：仪器法和受试者自我评估。对于以改善皮肤屏障状态、皮肤皮损状态等宣称为主的祛痘类产品的功效评价，可通过临床症状ISGA评分（如表4-4所示）、图像对比、角质层水分含量、经皮水分流失、皮肤pH值、皮肤纹理面积分析等来表征。如前所述，痤疮多以粉刺、丘疹、脓疱等为特征，多发生于皮脂腺密集的区域。因此针对以改善面部油脂含量、粉刺计数等宣称为主的祛痘类产品的功效评价，可通过面部整体或局部拍照、粉刺计数、图像对比、皮脂含量等指标来进行。此外，受试者可根据祛痘产品的使用情况进行主观自我评估。目前，我国尚未出台祛痘类功效性护肤品临床评价的国家或行业标准，目前应用较多的是由中国非公立医疗机构协会皮肤专业委员会于2020年发布的《祛痘类功效性护肤品临床评价标准》（T/CNMIA 0012—2020）。

表4-4 ISGA痤疮评分表

分值	内容
0分	正常，无痤疮皮损
1分	有少量粉刺，几乎无炎性丘疹（丘疹已经缓解，可留有色素沉着，不是粉红色），无结节
2分	少量丘疹或脓疱，炎症轻微，有粉刺，无结节
3分	多个粉刺（非炎性病变为主），部分炎性皮损，可有一个小结节或无结节
4分	多个炎性皮损，甚至很多粉刺，可有少数结节或者无结节
5分	以炎性皮损为主，有不同数量的粉刺，很多丘疹、脓疱或结节

4.4.5.1 主要测试指标

(1) 皮肤油脂的含量

皮肤油脂含量的变化是祛痘类产品功效评价的重要指标。测定皮肤油脂含量常用的仪器为皮肤油脂测试仪（Sebumeter SM815）。它基于光度计原理设计，利用一种 0.1mm 厚的消光胶带，吸收人体皮肤上的油脂后，胶带变成半透明，导致透光量发生变化，间接反映皮肤油脂含量。

(2) 皮肤水分含量和皮肤水分散失

痤疮患者的皮肤屏障功能会受到一定损伤，较正常人皮肤经表皮失水率增高。测定皮肤水分的散失情况，可间接反映受试物对痤疮患者皮肤的改善作用。正常皮肤含水量为 20%～35%，痤疮患者一般皮肤屏障功能受损，影响皮肤表层的水分保持能力。同时，痤疮患者皮肤常发生炎症反应，致使皮肤表面温度升高，加速新陈代谢。因此，在进行祛痘功效评价时，水分含量和水分散失的改善是一个常用的评价指标。

(3) 痤疮特征性荧光反应

卟啉类衍生物是痤疮丙酸杆菌合成和代谢形成的物质，通常会堵塞毛孔导致痤疮产生。卟啉类衍生物具有一定的光敏性质，用 VISIA-CR 拍照，在橙光条件下可发出荧光，呈现出圆形白色斑点。由于荧光和脸部背景的较大色差，选择有荧光点并计算其数量、面积等参数，间接反映皮肤中痤疮丙酸杆菌的数量。

(4) 痤疮皮损面积/数量分析

常用临床照片比较，辅助 VISIA Red 图像识别炎症区域。为了避免视觉评估的主观性，可使用 Image-Pro 或 Image-J 软件对 VISIA Red 图像进行分析。该方法将图像转换为 8 位灰度，并通过阈值设定，以区分色素沉着与痤疮红斑，从而自动检测痤疮病变。通过测量痤疮的面积和红斑强度来量化痤疮病变的程度。

4.4.5.2 祛痘功效的临床评价试验

(1) 受试者招募

依据各祛痘类功效性护肤品所针对的不同类型痤疮受试者，选择合适的受试人群，入选及排除标准可参考《中国痤疮治疗指南》(2019 年修订版)[24]。

(2) 对入组的合格受试者进行产品使用前皮肤基础值评估和测试

包括视觉评估、仪器测试和受试者自我评价并记录。产品使用第 0、1、7、14 和 30 天等时间点进行相同的评估和测试；在测试部位涂抹受试的祛痘类功效性护肤品，用注射器取 (2.0±0.1)mg/cm^2，使用乳胶指套将样品均匀涂抹于受试区，并记录涂抹量。视觉评估包括通过 ISGA 进行评分（如表 4-4 所示），计算皮损减少比例。仪器测试包括分别使用皮脂测定仪、经表皮水分流失检测仪、表皮含水量检测仪、pH 值检测仪测定涂抹区域的皮脂量、经皮失水量、表皮含水量以及 pH 值，每个区域测定 3 次，取平均值，然后计算改善情况，通过面部图像分析。受试者清洁面部 30min 后用 VISIA 皮肤图像分析仪拍摄面部图像，观察其面部纹理、红色区及卟啉分值，分析在涂抹前后的差异。受试者自我评估包括对皮肤改善情况的自我评价以及对受试品的满意度评价。

(3) 应用统计分析软件进行数据的统计分析

依据试验中所涉及的计数、计量数据，分别通过 t 检验、方差、X^2 及秩和检验等进行分析。

4.5 控油

4.5.1 皮肤油脂的产生机制

皮肤表面的脂质由皮脂腺分泌的皮脂以及角质层细胞崩解产生的脂质（表皮脂质）共同组成。皮脂主要由中性脂质组成，甘油三酯、游离脂肪酸、蜡酯、胆固醇、角鲨烯含量较高。其中，角鲨烯和蜡酯是皮脂中特有的成分。成熟的皮脂腺可分为三个区，其中包含不同分化阶段的细胞。外周区由小的、有丝分裂活跃的细胞组成。在分化过程中，这些细胞向腺体中心移动、失去有丝分裂活性、增大体积、积累脂滴、形成成熟区。在中央坏死区，分化末期的皮脂细胞解体并通过全分泌释放内容物。这种连续的分化程序受各种旁分泌、内分泌和神经介质的控制并经与皮脂细胞表达有关的各种受体调节。

4.5.1.1 激素的影响

皮脂由毛囊皮脂腺产生，而毛囊皮脂腺的发育及分泌过程受激素与相应的受体调控，激素水平的失衡会导致皮脂腺分泌皮脂异常。皮脂腺细胞产生类固醇激素，包括雄激素、雌激素和糖皮质激素等。其中雄激素在皮脂分泌中起着重要作用。雄激素刺激皮脂腺的皮脂生成，在人类皮脂腺和体外人类皮脂腺细胞中都发现了雄激素受体的存在。睾酮和 5α-DHT 可促进皮脂细胞的增殖。尽管雄激素不能单独调节皮脂细胞的脂质合成，但在亚油酸刺激下，能通过 PPAR 途径调节脂质生成。此外，皮脂细胞能够代谢和合成雄激素。皮脂细胞能够合成睾酮，并将睾酮转化为更有效的 5α-DHT，通过激活 PPAR 促进脂质合成[25]。其他雄激素 DHEA 和雄烯二酮也可以进入皮脂腺细胞，并且被转化成为睾酮发挥作用。与雄激素的作用相反，尽管雌激素受体 α 和 β 以及孕酮受体在皮脂腺中有表达，最初雌激素被认为是抑制皮脂腺的脂质生成，但近年来发现女性类固醇 17β-雌二醇和孕酮在体外既不影响 SZ95 皮脂腺细胞的增殖也不影响脂质合成。因此，雌激素对皮脂分泌的影响仍需进一步研究。此外，作为固醇激素的维生素 D_3 由皮肤角质形成细胞产生，可调节多种皮肤细胞类型的分化。SZ95 皮脂细胞可以表达维生素 D_3 受体，而维生素 D_3 可以调节皮脂细胞增殖、减少脂质生成、降低 IL-6 和 IL-8 因子的释放和上调抗菌肽在 SZ95 油脂细胞中的表达。

4.5.1.2 生长激素和生长因子的影响

皮脂腺功能也受到生长激素（GH）和生长因子的控制。在大鼠包皮皮脂细胞模型中，GH 加速了皮脂细胞的分化，但对增殖没有显著影响。相比之下，类胰岛素生长因子-1（IGF-1）显示在各种组织中介导 GH 的生理作用，对分化的影响较小，但它显著增加了皮脂腺细胞的增殖。胰岛素可刺激皮脂细胞增殖和分化，并增强 GH、IGF-1 和 5α-DHT 的作用。在人皮脂腺细胞系中，GH 和 IGF-1 都能够增强脂质合成，且 IGF-1 效果更显著。IGF-1 也可通过 PI3K 和 MAPK 信号转导通路诱导 SREBF1 刺激角质形成细胞增殖和脂质合成。表皮生长因子（EGF）受体也存在于人类皮脂细胞中。在动物模型中，EGF 增加了皮脂腺中的细胞数量，但对人皮脂腺体外模型的分化具有明显抑制作用[26]。

4.5.1.3 内分泌介质和神经递质的影响

内分泌介质和神经递质对皮脂分泌具有一定影响。皮脂腺表达多种神经肽的功能受体，包括 CRH、黑素皮质激素、β-内啡肽、血管活性肠多肽（VIP）、神经肽-γ 和降钙素基因相关肽等。这些受体在人类皮脂腺细胞中的激活调节细胞因子的产生、细胞增殖和分化、脂质生成和雄激素代谢。例如，人类皮脂腺可以表达 CRH 受体（CRHR1 和 CRHR2），体外培养的 SZ95 皮脂细胞自分泌的 CHR 通过作用于 CRH 受体（CRHR1 和 CRHR2），提高 3β-羟甾体脱氢酶/Δ5-4 异构酶的表达，参与脂质合成和雄性激素的产生。此外，CRH 刺激 IL-6 和 IL-8 的释放而不影响 IL-1α 和 IL-1β 的释放，但是抑制 SZ95 皮脂细胞的增殖。

4.5.1.4 脂质介质的影响

除了上述机制外，皮脂分泌也受到旁分泌和自分泌脂质介质的控制。例如，花生四烯酸（arachidonic acid，AA）和亚油酸可以诱导皮脂细胞的末端分化，促进皮脂细胞的脂质合成[27]。人体能够产生内源性大麻素，内源性大麻素可能有多种靶向受体，例如离子性大麻素受体、瞬时受体电位（TRP）离子通道超家族的某些成员（即 TRPV1、TRPV2、TRPV4、TRPA1 和 TRPM8 等）。参与内源性大麻素代谢的内源性大麻素及其受体和酶统称为内源性大麻素系统，是人体最复杂的信号系统之一。研究发现，皮脂细胞可以产生内源性大麻素，并表达大麻素受体和代谢酶。内源性大麻素可以与 MAPK 和大麻素受体-2（CB2）结合通过 PPAR 途径上调脂质合成以及皮脂细胞凋亡和分化。

4.5.2 控油化妆品

《化妆品分类规则和分类目录》对控油的释义为："有助于减缓施用部位皮脂

分泌和沉积，或使施用部位出油现象不明显。”皮肤的控油可以通过口服和外用药品来实现。对于较严重的油性皮肤，或者有严重痤疮和脂溢性皮炎的，可以通过口服药物来抑制皮脂腺增殖、分化以及皮脂合成。外用药物或化妆品主要依赖以下作用机制：

① 通过激素调节皮脂水平　维甲酸在体外表现出双向效应，在低浓度时刺激皮脂细胞增殖，而在高浓度时抑制细胞增殖；抗雄激素醋酸环丙孕酮和氯地孕酮联合雌激素可抑制皮脂分泌；螺内酯可拮抗睾酮和 5α-二氢睾酮的刺激作用；黄体酮、皮质类固醇、酮康唑、视黄醇和一些其他分子也具有皮脂抑制作用。

② 通过脂质介质调节皮脂水平　例如假神经酰胺可以弥补缺少的保湿和屏障特性，外用维生素 B_3 和维生素 B_5 可以抑制皮脂腺细胞以葡萄糖为底物合成脂质的反应。其他减少皮脂腺分泌的物质还有锌、维生素 B_6 等。

③ 物理去除或吸附多余的皮脂　可以利用淀粉合成的多聚体颗粒来吸附油脂，例如甲基丙烯酸酯共聚物的凝胶、丙烯酸酯共聚物等；也可使用含有酸类成分的产品，溶解角质的同时可以使毛囊导管开口收缩，从而减少皮脂的排出，例如甘油、凡士林、羊毛脂、羟基酸、尿素等。

4.5.3　控油的体外评价方法

在祛痘功效评价中介绍的与皮脂产生相关的 SZ95 永生化人皮脂腺细胞、体外培养的皮脂腺器官培养模型、皮脂腺细胞单层培养模型、毛囊模型和角鲨烯氧化模型，也能用于受试物的控油功效评价，可参照 4.4.3 节。例如，有研究用植物提取物处理皮脂细胞，并通过 ^{14}C-醋酸盐掺入试验，观察其抑制脂质合成的作用。结果表明，白芷提取物可以抑制类胰岛素生长因子-1（IGF-1）诱导的皮脂细胞中角鲨烯的合成；欧前胡素抑制 IGF-1 诱导的 AKT 磷酸化。此外，欧前胡素显著下调了脂质合成的重要转录因子 PPARγ 和 SREBP-1[28]。可以基于含毛囊皮脂腺的离体人皮肤组织模型的检测，通过表面给药的方式，将样品模拟人体使用过程，均匀涂布于离体人皮肤模型表面，通过检测模型组织形态、脂滴形成以及皮脂腺相关蛋白质含量变化，评估样品的控油功效。

4.5.4　控油的动物试验方法

叙利亚仓鼠耳垂的腹侧有丰富的皮脂腺，腺体大且类似于人类的皮脂腺毛囊。叙利亚仓鼠的皮脂腺有一个漏斗管，一个皮脂腺导管，多个小叶和一个毛囊皮脂腺单位。研究通过平面测量法测量了腺体的大小，并且使用氚化胸腺嘧啶和氚化组氨酸放射自显影法测量了皮脂腺细胞活性。研究表明，叙利亚仓鼠注射丙酸睾酮后腺体积增加，细胞活性升高。雄激素敏感性及腺体大小使仓鼠耳垂腹侧皮脂腺成为适宜研究皮脂分泌的模型[29]。

4.5.5 控油的人体评价方法

对于化妆品控油功效的人体评价，可使用基于吸油纸垫、光度评估、膨润土和油脂斑贴的几种方法中的一种进行客观、无创伤的测量。测定皮肤油脂含量常用的仪器为皮肤油脂测试仪（Sebumeter SM815）。它基于光度计原理设计，利用一种 0.1mm 厚的消光胶带，与人体皮肤接触 30s 吸收油脂后，胶带变成半透明，导致透光量发生变化，透明度的增加与皮脂含量成正比。数字读数显示为每平方厘米的皮肤含有的油脂数值，提供了具体的皮肤脂质总量。油脂斑贴是一种白色的多孔胶带，可以捕捉油脂并变得半透明。从皮肤上去除后，它会被镶嵌在黑色的背景中。不同大小和密度的点形成一种模式，与油脂的分泌量成比例。此外吸油纸垫、膨润土等方法通过收集皮肤上的脂质，使用溶剂萃取、称重等方式对皮肤分泌的油脂进行检测。此类方法由于试验周期长、重复性较差而逐渐被淘汰。受试者自我评估也是控油化妆品功效评价的一种方式。Arbuckle 制订并验证了两份关于患者皮肤油性自我评估的问卷内容[30]。第一种是油性皮肤自评量表（OSSAS），测量面部油性皮肤的严重程度，由三份问卷组成，通过油性皮肤视觉感知、油性皮肤触觉感知和油性皮肤感觉问题来评估受试的油性面部皮肤。第二种是油性皮肤影响量表（OSIS），使用两份问卷来评估油性皮肤的情绪影响。一个评估受试者的生活影响程度，另一个评估受试者自我形象的影响程度。但 OSSAS 量表与皮肤油脂测试数据的相关性较低。

在控油的人体试验标准方面，我国有浙江省保健品化妆品行业协会发布的《化妆品功效控油方法》（T/ZHCA 002—2018）和中国产学研合作促进会发布的《化妆品抗皱、紧致、保湿、控油、修护、滋养、舒缓七项功效测试方法》（T/CAB 0152—2022）。前者的主要试验过程包括：

（1）受试者招募

按入选和排除标准选择合格的受试者，有效例数均不低于 30 人。

① 入选标准　在测试人员管理下，志愿者用碱性皂基清洁产品清洁面部，清水冲洗干净后用无屑吸水干纸巾吸干，在符合标准的测试环境中静坐，前额暴露，保持放松，避免触碰前额。使用皮肤表面皮脂测试仪 Sebumete 测量前额的皮肤表面皮脂量，志愿者前额皮脂量在 8h 内超过 $120\mu g/cm^2$ 者作为受试者。

② 排除标准　近一个月使用影响皮脂分泌制剂者；近一周使用抗组胺药或近一个月内使用免疫抑制剂者；近两个月内受试部位应用任何抗炎药物者；受试者患有炎症性皮肤病临床未愈者；胰岛素依赖性糖尿病患者；正在接受治疗的哮喘或其他慢性呼吸系统疾病患者；近六个月内接受抗癌化疗者；免疫缺陷或自身免疫性疾病患者；哺乳期或妊娠妇女；双侧乳房切除及双侧腋下淋巴结切除者；

在皮肤待试部位由于瘢痕、色素、萎缩、鲜红斑痣或其他瑕疵而影响试验结果的判定者；参加其他的临床试验研究者；体质高度敏感者；非志愿参加者或不能按试验要求完成规定内容者。

（2）上样测试

受试部位为前额。样品涂抹区域和对照区域随机分布在前额左、右侧，样品涂抹区域和对照区域面积一致，各区域面积至少 3cm×3cm，区域间隔至少 1cm，确保样品涂抹区域和对照区域在统计学上达到平衡。在测试人员管理下，受试者用碱性皂基清洁产品清洁受试部位，清水冲洗干净后用无屑吸水干纸巾吸干。3min 内，分别测量样品涂抹区域和对照区域皮肤表面皮脂量，在各区域内不同位置测量 3 次，测量结果以 3 次测量平均值表示，作为初始值。样品按 $(2.0\pm0.1)mg/cm^2$ 的用量进行单次涂抹，通过注射器或相当者进行定量取样，使用乳胶指套将样品均匀涂抹于规定区域内，并记录实际涂样量。在设定的测量时间点，分别在样品涂抹区域和对照区域内不同位置测量 3 次，获得各区域皮肤表面皮脂量，测量结果以 3 次测量的平均值表示。设定的测量时间点间隔应不少于 1h，可根据产品评价需要设定多个测量时间点，整个测试周期通常不超过 24h。不同测量时间点测量时，避开已测量过的位置。测试期间，受试者前额暴露，避免触碰受试部位。同一个受试者的测试必须使用同一仪器由同一测试人员完成。化妆品测试时，对照区域为空白对照。样品使用期间如受试者皮肤出现不良反应，应立即终止测试，并对受试者进行适当医治。对不良反应应予以记录。

（3）应用统计分析软件进行数据的统计分析

对样品涂抹区域和对照区域的测量值进行描述性统计，包括数量、均值、标准差、最小值、中位数和最大值等。分别计算样品涂抹区域和对照区域的初始值与其他测量时间点测量值之间的差值，然后利用此差值，统计分析不同测量时间点样品涂抹区域和对照区域的差别。如测试数据为正态分布，则采用 t 检验方法进行统计分析；如测试数据为非正态分布，则采用秩和检验方法进行统计分析。统计方法均采用双尾检验，检验水准 $\alpha=0.05$。

4.6 保湿

4.6.1 皮肤保湿功能的关键因素

正常情况下皮肤的水量约占人体所有水量的 18%～20%，大部分贮存在皮内，婴儿皮肤贮水量高达 80%，女性皮肤贮水量比男性高。维持皮肤正常的屏障功能和保湿性是护肤品最基本的功能。皮肤保湿功效的三个关键要素是天然保湿因子、细胞间屏障脂质和透明质酸。

4.6.1.1 天然保湿因子

天然保湿因子（natural moisturizing factors，NMF）是一类皮肤自身存在的、具有吸水特性，由丝聚蛋白（FLG）降解形成的氨基酸集合而成，存在于角质层内能与水结合的一些低分子量物质的总称。NMF 化合物在角质细胞中以高浓度存在，占角质层干重的 20%～30%，是通过渗透压吸收大气的水并溶解在自身的结合水中，吸湿性天然保湿因子组分充当非常有效的保湿剂，保持角质层最外层的水分，在角质层内与水结合而维持皮肤屏障功能。FLG 是一种位于角质层角质细胞层的高分子量蛋白质，在角质层较浅的层转化为 NMF[31]。NMF 黏度随着湿度的降低而增加，从而减缓皮肤脱水的速度，达到保湿的目的。

4.6.1.2 细胞间屏障脂质

角质层的角质细胞嵌入细胞间屏障脂质中，在皮肤屏障功能方面发挥主要作用。细胞间屏障脂质主要包括胆固醇、必需脂肪酸和神经酰胺。必需脂肪酸主要由多不饱和脂肪酸组成，其中亚油酸是含量最多的一种。角质细胞在神经酰胺等胞外脂质共价结合的基质连续相中物理堆积，为水分子的通过创造了一条曲折的路径，从而降低了经皮扩散的水通量，阻碍经皮水分散失（TEWL）。此外，角质层中的凝集素和桥粒也有助于维持其结构的稳定性。细胞间屏障脂质有助于维持皮肤的胶原蛋白和弹性蛋白水平，最大限度地减少 TEWL，增加水合作用，保护皮肤屏障。TEWL 的增加会影响正常的皮肤角质脱落过程，导致皮肤干燥和脱屑。所有三种屏障脂质都是角质层成熟和自然皮肤脱屑所必需的。特应性皮炎的特征在于所有三种关键屏障脂质的减少。

4.6.1.3 透明质酸

透明质酸（hyaluronan，HA）是一种糖胺聚糖，由 D-葡萄糖醛酸和 *N*-乙酰化-D-葡萄糖胺的重复聚合双糖组成，是细胞外基质的主要成分。皮肤中的 HA 由表皮角质形成细胞和真皮成纤维细胞中的透明质酸合成酶（HAS）合成。HA 在真皮和表皮中结合和保留水分子的独特能力决定着皮肤的水合作用，HA 有助于增加皮肤水分，改善干燥皮肤。除了在皮肤中的快速周转率（约 24h），内在和外在因素都会促使表皮 HA 减少，使其成为缺水皮肤中观察到的最显著变化之一。HAS 是一种促进透明质酸合成的酶，透明质酸酶（HAase）是一种降解透明质酸的酶，皮肤保湿通过使 HAS 最大化和 HAase 最小化的制剂进行优化[31]。有研究表明，摄入的 HA 可能会通过血液和淋巴运输系统到达皮肤，从而使皮肤保湿，而且摄入的 HA 的代谢物可以滋润皮肤。有研究表明，摄入的 HA 可能会通过血液和淋巴运输系统到达皮肤，从而使皮肤保湿，而且 HA 的代谢物可以滋润皮肤。高分子量 HA 在制造人成纤维细胞填充的胶原晶格时促进细胞增殖，增殖的细胞填充皮肤细胞间隙，增加皮肤中 HA 的合成量，从而抑制皮肤水分流失。

4.6.2 皮肤保湿剂

保湿剂是一类能模拟人体皮肤中由油、水、NMF 组成的天然保湿系统，帮助皮肤延缓水分散失、增加真皮-表皮水分渗透、促进皮肤屏障修复的功效原料。按作用机制有以下几种类型：

① 封闭保湿　成分主要为油脂类，其作用机制是通过在皮肤表面形成致密的防水膜，阻止皮肤水分向外界蒸发（锁水），让皮肤慢慢吸收体内散发的水分来达到皮肤保湿的效果。根据来源不同，常用的封闭性油脂主要分为矿物油脂（凡士林、白矿油）、合成油脂（烷烃类）和植物油脂（橄榄油、霍霍巴油、乳木果油、澳洲坚果油等）。

② 吸湿保湿　这是一类与表皮中 NMF 和人体蛋白质、多糖等相似的物质，通过毛孔进入皮肤内部，或携带水分，或将皮肤内尚未流失的水分包裹起来使其不再流失，使皮肤内水分得以保留。主要包括甘油、蜂蜜、乳酸钠、尿素、丙二醇、山梨糖醇、吡咯烷酮羧酸、壳聚糖、动物胶、透明质酸、维生素及蛋白质等。局部外用的吸湿剂大多是从真皮而非环境中吸收水分。

③ 生理调节保湿　随着皮肤保湿机理相关研究的深入，一些对水通道蛋白-3（AQP3）、HAS 等具有促进作用的保湿剂被研发出来。这类保湿剂通过促进皮肤中内源性 NMF 的生成而改善皮肤的储水和锁水功能。例如，神经酰胺能改善角质细胞间黏合力，形成细胞间质屏障，起到长效保湿的作用。

4.6.3 保湿的体外评价方法

4.6.3.1 细胞模型

一般利用体外培养的人角质形成细胞或成纤维细胞建立细胞模型，如 HaCaT 细胞、NHEK 细胞模型，通过观察细胞接触受试物前后培养细胞的状态并检测与保湿相关的蛋白质表达情况，进而研究保湿剂对皮肤细胞的影响。比如可以通过流式细胞术和逆转录聚合酶链反应（RT-PCR）对受试物处理前后 AQP3、Caspase-14、FLG 等蛋白质及 mRNA 的表达，判断受试物对皮肤屏障和结构的影响。Kim 等[32] 利用 HaCaT 细胞角质形成细胞的体外模型，实时荧光定量 RT-PCR，并使用苯酚提取方法从人角质形成细胞中分离总 RNA，计算透明质酸合成酶-2（HAS2）和 AQP3 的 mRNA 和蛋白质表达水平。结果表明，植物乳杆菌 K8 裂解物可通过上调 HaCaT 细胞中 HAS2 和 AQP3 的表达来增强皮肤保湿活性。

4.6.3.2 重组人皮肤模型

可以采用人原代表皮角质形成细胞构建重组人皮肤模型，采用表面给药的方式，一方面通过免疫荧光的方法检测皮肤表皮层丝聚蛋白含量的变化，另一方面，通过皮肤屏障功能方面的改善，判断护肤品的保湿功效。David[31] 利用重建人表皮模型，通过基因表达分析了与皮肤屏障功能和水合作用相关的生物标志物表达，包括水通道蛋白（AQP，跨细胞膜运输水、甘油和尿素的蛋白质）、克劳丁（CLD，调节角质层通透性的紧密连接蛋白质的一种成分）、HAS 和 HAase。结果显示，CLD、AQP 和 HAS 的表达升高，同时 HAase 的表达显著降低。2019 年，上海日用化学品行业协会发布了《化妆品体外保湿功效评价体外重组表皮皮肤模型测试方法》（T/SHRH 022—2019），对给药后的 EpiKutis 表皮模型进行角质层吡咯烷酮羧酸（PCA）与尿刊酸（UCA）的提取和含量分析，PCA 和 UCA 的任一含量显著升高表明受试物具有保湿功效。

4.6.4 保湿的动物试验

无毛小型猪和无毛 AD 小鼠曾被作为评估各种保湿剂功效的干皮动物模型。对于哺乳类动物，可通过皮肤生理学测定（如角质层含水量和 TEWL）来定量评估化妆品的保湿功效和潜在作用机制。此外，斑马鱼的表皮具有一定的渗透压耐受范围，当超过耐受范围时产生脱水现象。因此，可以使用高渗透氯化钠溶液处理斑马鱼，使其皮肤表面失水皱缩，建立补水保湿模型，然后给予不同浓度的受试物，在一定温度的培养箱中孵育一段时间后，以斑马鱼尾部面积评价受试物的补水保湿功效。同时设置空白对照组和模型对照组。

4.6.5 保湿的人体评价方法

4.6.5.1 角质层水分含量测试法

角质层含有足够的水分是非常重要的，它能保持皮肤的表面柔顺光滑、具柔韧性、一定的湿度并维持表皮完整的屏障保护功能。适当的角质层含水量是维持皮肤基本结构和功能活动的首要条件。保湿功效化妆品的主要作用是补充或有助于保持施用部位水分含量，通过对角质层含水量进行直接或间接检测可以验证化妆品的保湿功效。

（1）直接测量法

利用拉曼（Raman）光谱、核磁共振光谱仪（NMR）、傅里叶变换衰减全反射红外光谱法（ATR-FTIR）、近红外（NIR）光谱仪等仪器直接对皮肤中水分子进行检测。例如，Crowther[33] 利用共聚焦拉曼光谱观察保湿剂对角质层厚度、水分梯度以及总水合作用的短期和长期影响，通过将共焦显微镜原理与拉曼光谱相结合，获得皮肤水分剖面图，实时获取水分含量分布。拉曼光谱提供化学分析，而共焦显微镜允许通过角质层内小而离散的体积确定该信息。角质层水合作用可以通过“光学切片”皮肤组织进行测量，并将相对含水量表示为深度的函数。水含量是根据皮肤内的水信号与水和蛋白质的组合信号之比计算得出的，还可以用于估计体内不同部位的角质层厚度差异。此类方法精确度高、准确可靠，但由于仪器价格昂贵等原因而未得到广泛应用。

（2）间接测量法

利用皮肤角质层的电生理特性表征皮肤角质层含水量，包括电容法、电阻法和电导法等。在《化妆品抗皱、紧致、保湿、控油、修复、滋养、舒缓七项功效测试方法》（T/CAB 0152—2022）中，验证产品保湿功效的原理是基于电容法或电导法测量皮肤角质层水分含量。

① 电容法　对皮肤角质层中水分含量量化测量，具有灵敏、精确、重现性好、操作简单、成本低等诸多优点，电容法尤其对于测量水合程度较低的情况灵敏度更高。电容法的测试结果基于仪器的探头与皮肤表面形成频率各异的场强，场强的形式和深度由其接触的绝缘物质决定。干燥的角质层是一个绝缘媒介，当角质层发生水合时，整个系统的电容随之发生变化，进而表明皮肤的水合状态改变，通过测试探头与皮肤接触后电容值的变化可以反映皮肤角质层中的含水量，角质层含水量越高，其电容量也越高。电容法的常用仪器有德国 CK 皮肤水分含量测试探头 Corneometer CM 820 和 825，芬兰 Delfin 皮肤角质层水合测量仪 MoistureMeter SC、组织水含量和水肿测量仪 MoistureMeter D。2011 年，中华人民共和国工业和信息化部发布的《化妆品保湿功效评价指南》（QB/T 4256—2011）是国内首个关于化妆品功效评价的行业标准，其中的方法就是利用电容法测定人体皮肤角质层的水分含量。

② 电阻法　测量皮肤水分含量依据的是角质层的水合程度、组织成分及状态，原理是基于阻抗的电容值，阻抗值是应用不同频率的交流电累计测量而得到的。电阻法的常用仪器有 SCIM（surface characterizing impedance monitor）和 Nova DPM 9003。

③ 电导法　基于角质层发生水合作用时电特性的改变，高频电导与皮肤角质层含水量相关，电导的大小与角质层水分成正相关。干燥的角质层导电性较弱，水合的角质层对电场较敏感，导致介电常数升高进而引起皮肤电导的升高，角质层的水分含量与其导电能力的相关系数达到 0.99。电导法的常用仪器是 Skicon-200，与 Corneomete 相比，Skicon 的重现性稍差，但其更适合于测量皮肤水分含量的升高。

4.6.5.2 经皮水分散失测试法

化妆品保湿功效的另一个作用是减少施用部位的水分散失。经皮水分散失

（trans epidermal water loss，TEWL）虽然不能直接反映出皮肤角质层的水分含量，但其是表征皮肤角质层屏障功能的重要参数，可以代表皮肤保水能力的强弱。测试经皮水分散失的仪器有芬兰 Delfin 经皮水分散失测量仪 VapoMeter 和常用的 Tewameter，其中，Tewameter 的 TEWL 测试原理来源于菲克扩散定律：

$$\frac{\mathrm{d}m}{\mathrm{d}t}=-DA\frac{\mathrm{d}p}{\mathrm{d}x}$$

式中，m 为水分的扩散量，g；t 为扩散时间，h；D 为水蒸气在空气中的扩散常数，0.0877g/(m·h·mmHg)；A 为扩散面积，m^2；p 为蒸汽压力，mmHg[1]；x 为测量点间的距离，m。

TEWL 测试原理是使用特殊设计的两端开放的圆柱形腔体测量探头在皮肤表面形成相对稳定的测试环境，通过 2 组温度、湿度传感器测定皮肤（约 1cm 以内）的水蒸气压力梯度，直接测出表皮蒸发的水分量。TEWL 值越低，表明经皮水分流失量越少，角质层的屏障功能越好。

此外，角质层水负荷试验，也被称为吸附-解吸试验，可以评价皮肤保持水分和吸收水分的能力，是研究皮肤动态水合过程和角质层保水能力的有效方法。人体皮肤水分含量用湿度测量值（moisture measurement value，MMV）表示。在正常环境下，人体皮肤水分含量为 MMV_0，将 1 滴蒸馏水或生理盐水滴在测试皮肤表面，一定时间（10s）后擦去皮肤表面水分，形成相对湿度为 100％的环境，此时皮肤水分含量为 MMV_{max}。MMV_{max} 与 MMV_0 的差值称为吸水能，差值越大，表明该区域皮肤吸收水分的能力越强。继续在不同时间测量皮肤水分含量，会得到 MMV 随时间的延长而逐渐减小的变化规律，即水分放出曲线：$MMV_t=MMV_{max}e^{-\lambda t}$。式中 λ 为水分释放常数。λ 数值越小，表示水分释放速度越慢，皮肤保水能力越好。

4.6.5.3 脱落指数测试法

该方法利用透明胶带获取角质层表面的松弛细胞和鳞屑，用计算机图像分析系统来客观地分析测定角质层脱落部分的面积和厚度，最后计算“脱落指数”来评价皮肤的干燥程度。主要操作步骤如下：

① 角质层取样　取样装置是一个直径为 22mm 的透明圆碟，一面涂有均匀医药级的黏滞层。黏合剂能够安全地获取角质层表面的松弛细胞和鳞屑，并能提供最佳的可见度。

② 获取视频图像　应用计算机图像分析系统获取视频图像，样品的摄影图像通过与立体显微镜相连的、具有高分辨率的黑白 CCD 摄像机拍摄，然后由图

[1] 1mmHg=133.3224Pa。

像分析程序分析图像。

③ 图像分析　应用图像分析程序选定图像上 $200mm^2$ 作为测量区域，测量脱落细胞所占据的所有区域和厚度。利用程序计算出脱落细胞厚度和面积的占比，按如下公式得到脱落指数[34]。

$$D.I. = \left[2A + \sum_{n=1}^{5} Tn(n-1)\right] / 6$$

式中，D.I. 为脱落指数；A 为被角质细胞所占区域的百分比；Tn 为角质细胞与厚度的比值；n 为厚度。

该方法重现性较好，有比较好的评价效果，但对操作人员熟练度和仪器设备有一定要求。

4.6.5.4　皮肤摩擦系数测试法

角质层含水量下降常导致皮肤干燥、脱屑。皮肤摩擦系数是指当物体在皮肤表面运动时所受到的阻力与物体对皮肤表面压力的比值。用轮廓仪可测得皮肤粗糙程度与干燥程度成正比，通过仪器测量皮肤的动态摩擦系数，即探头在皮肤表面转动时所产生的摩擦力与探头对皮肤压力的比值来表征皮肤的粗糙程度。常用的测试仪器是德国 Couragekhazaka 公司生产的 Frictiometer（RFR770）。

4.7　滋养

4.7.1　护肤品滋养皮肤的原理

随着年龄的增长，加上多种外界因素的影响，如紫外线的照射、空气污染、季节交替、身体疲劳等，皮肤出现暗沉，变得粗糙、干燥，失去弹性和光泽感（通常在寒冷、干燥季节有加重趋势）。皮肤滋养功效指通过给使用部位提供营养而改变肤质粗糙、肤色暗沉或色素沉着等现象，使皮肤维持滋润、光滑、有弹力的健康状态。皮肤生理学上，滋养功效与皮肤的脂质、水分含量以及油水平衡有一定的关联。

皮肤脂质由皮脂细胞、角质形成细胞和皮肤微生物产生。皮脂腺细胞衍生的脂类由皮脂腺合成并分泌到皮肤表面，主要成分有角鲨烯、甘油三酯、脂肪酸类、蜡酯、胆固醇和胆固醇酯等。角质形成细胞衍生的脂质前体由角质形成细胞合成并以板层小体的形式分泌，最终将脂质前体和脂质合成酶释放到细胞外角质层的间隙。随后脂质前体由脂质合成酶催化产生角质层脂质，主要包括神经酰胺、脂肪酸类和胆固醇。此外，皮肤微生物群也是皮肤脂质的重要来源，不容忽视。

皮肤脂质从不同的功能层面会显著影响皮肤状态。在物理化学功能层面，角质层的结构与砖墙结构相似，形状扁平的细胞构成了砖墙结构的砖块；包覆在“砖块”周围的皮肤脂质则相当于砖墙结构的水泥灰浆，与细胞共同构成了皮肤的物理化学屏障。在生化功能层面，皮肤脂质在起源于表皮的复杂信号通路中起着信号作用，被认为是影响表皮代谢、炎症、细胞增殖和分化过程的重要多功能介质。在微生物功能层面，皮肤脂质可被视为皮肤常驻微生物菌群的生长介质或抑菌剂；微生物代谢皮脂细胞和角质层脂质，产生改变皮肤状态的“活跃的”脂质[35]。正常的皮肤脂质可滋养皮肤，维持人体皮肤表面常驻菌的生态稳定性，抗感染，提供皮肤屏障，调节并维持皮肤健康。

皮肤油水平衡是皮肤脂质与角质层水分之间达到平衡互动状态的描述。此时皮肤处于不干不油、细腻、富有弹性、对外界刺激不敏感的健康状态。在正常情况下，细胞间脂质与角化细胞构成的砖墙结构有效地防止了水分的流失；皮脂腺分泌的油脂、角质细胞产生的脂质与汗腺分泌的汗液形成的皮脂膜起到覆盖作用，滋润皮肤、减少皮肤表面水分的蒸发。另外，参与皮肤脂质合成的酶活性取决于表皮的含水量，如果含水量较低，相关酶的活性就较低，皮肤脂质的合成也就不足。滋养型护肤品能通过调控皮肤的油水平衡达到滋养皮肤，维持皮肤正常生理功能，保护体内环境稳定和抵御外界刺激的作用。

4.7.2 皮肤滋养剂

皮肤滋养剂应有助于使用部位的滋养与皮肤状态的改善。例如皮肤含水量的增加可改善面部皮肤粗糙状态、提升皮肤光泽度等。在机制上可以通过非生理性脂类、生理性脂类和保水类成分达到皮肤的油水平衡，进而滋养皮肤。

① 非生理性脂类　矿物油、凡士林、羊毛脂、蜂蜡等，这些油质原料在皮肤表面进行封闭式保水，填充于角质层细胞间，形成不透水的薄膜，阻止水及电解质的散失，但不会渗入板层小体参与代谢。此外，外源性补充脂肪酸也有助于恢复脂肪酸缺乏引起的皮肤干燥，改善皮肤表观。

② 生理性脂类　神经酰胺、胆固醇、游离脂肪酸等，这些脂质可以渗入角质层进入颗粒层细胞，并联合自身产生的脂质，参与皮肤油水平衡与滋养。亚油酸（ω-6）和 α-亚油酸（ω-3）是皮肤必要的脂肪酸，可以渗入皮肤表层，ω-6 主要存在于神经酰胺和胆固醇中，保持皮肤水屏障。亚油酸的局部滴旋可以修复干性皮肤和稳定由于表面活性剂而损伤皮肤的脂肪酸水平，可以减弱皮肤深层的水分损失，滋养皮肤。

③ 保水类　水溶性成分如多糖（β-葡聚糖、芦荟多糖、甘草多糖等）和皂苷类（如五环三萜皂苷、人参皂苷等）的结构中都存在羟基，通过氢键作用具有很好的水合吸收水分和保持水分特性；而黄酮（如槲皮素等）和多酚（如茶多酚、原花青素等）中的酚羟基结构可通过氢键结合水分，也具有吸收和保持水分的能力。

4.7.3 滋养的体外评价方法

滋养功效的体外评价一般选用重组人皮肤模型。皮肤的滋养与皮肤脂质高度相关，所以在评价滋养功效的重组人皮肤模型中选用3D表皮模型。试验时，模拟受试物作用于人体时的反应，通过测定皮肤脂质（神经酰胺、脂肪酸等）含量的变化，从而进行滋养功效的评估。但对比不同的3D皮肤模型中表皮所含的脂质成分与天然皮肤的差异发现，皮肤模型的极性神经酰胺5和极性神经酰胺6的含量较低，神经酰胺7缺失，游离脂肪酸的含量很低[36]。重组皮肤模型与天然皮肤相比还有较大的差异。

4.7.4 滋养的人体评价方法

滋养是《化妆品功效宣称评价规范》要求必须通过人体试验进行评价的新功效。然而，相比其他功效，滋养在人体评价方面的经验较欠缺。目前关注点还是聚焦在皮肤基础生理参数的测量上，通过粗糙度参数或平滑度参数、角质层水分含量、经皮水分散失、皮肤光泽度、皮肤弹性、真皮致密度、图像对比、受试者自评等指标来评估产品的滋养功效。

一般来说，滋养的人体研究方案应符合伦理道德要求，依据实验目的选择受试者的数量、性别、年龄、皮肤状况等，一般每组不少于30人，年龄18～60岁，男女均可。排除不满足实验要求的特殊情况，如妊娠、疾病、用药、体质敏感等。实验周期一般为2～8周，在实验期间使用测试样品施用于待测部位，一日2次，早晚各1次，连续使用。对照组在实验期间只使用基础保湿类化妆品，不使用具有滋养功效的化妆品或药品。按照实验周期，在受试者使用前0天和使用后至少设置2次随访，每次随访为日间同一时间。可以通过测试受试者使用样品前后皮肤角质层的含水量、经表皮水分散失、皮肤粗糙度、皮肤油脂含量❶、皮肤光泽度❷、受试者自评等综合评价滋养类化妆品使用后的滋养功效。对测试值进行统计分析后，若试验组（侧）使用产品前后任一访视时相关参数中任一参数的变化结果相差显著（$P<0.05$），或使用样品后测试值结果显著优于对照组（侧）结果（$P<0.05$），则认定产品有滋养功效。

在《化妆品抗皱、紧致、保湿、控油、修护、滋养、舒缓七项功效测试方法》（T/CAB 0152—2022）团体标准中，选择了皮肤粗糙度、光泽度、真皮致密度、弹性四个参数作为滋养功效的测试指标。当两个及以上参数有显著改善时，可作为产品具有滋养功效的依据。

---

❶ 基于光度计原理设计，利用0.1mm厚的消光胶带，吸收人体皮肤上的油脂后，胶带变成半透明，导致透光量发生变化，间接反映皮肤油脂含量。

❷ 根据CIE 1976的三个色标L^*、a^*、b^*的位置来表征样品，$L^*=0$表示黑色，$L^*=100$表示漫射白色；负a^*值表示绿色，正a^*值表示洋红色；负b^*值表示蓝色，正b^*值表示黄色。

4.8 修护

4.8.1 皮肤的损伤与修护

皮肤修护功效指维护皮肤屏障和正常生理功能。皮肤的正常状态应该是水分和油分比例适中、保持良好的弹力、光滑平整、对外界环境的扰动具有抵抗力。下面从修护皮肤物理屏障、维护细胞外基质和修护光损伤三方面展开讨论：

4.8.1.1 修护皮肤物理屏障

皮肤作为人体抵御外界刺激的第一道屏障，具有保护机体免受各种物理、化学及生物等因素侵袭的作用。皮肤物理屏障结构主要由角质细胞、细胞间脂质及水脂膜三部分构成。皮肤屏障的稳态是一个复杂的网络调控过程，包含皮肤细胞的生长、分化、免疫反应及炎症等多种病理生理过程。角化包膜是表皮分化过程中外皮蛋白（INV）、兜甲蛋白（LOR）、丝聚蛋白（FLG）、毛透明蛋白等相关蛋白质通过二硫键和转谷酰胺酶的交叉连接作用共同形成的稳定角质化蛋白壳膜，是重要的角质层屏障结构之一。FLG 的缺失可能导致水合功能障碍，LOR 和 INV 主要是限制细胞内的水分流失和细胞外的水分进入到细胞内。细胞间脂质与皮肤角质层屏障保持水分的能力密切相关。水脂膜是皮肤屏障结构的最外层防线，其水分来自汗腺分泌和透表皮的水分蒸发，脂类来自皮脂腺的分泌产物。除此以外还有许多表皮代谢产物、无机盐等参与皮肤的润滑和减少皮肤表面水分的蒸发。蛋白质的缺失、结构性脂质的任何变化包括数量的减少或组成比例的变化以及水脂膜的破坏，均会直接影响皮肤的屏障结构，导致 TEWL 增加，皮肤干燥、脱屑等。

4.8.1.2 修护细胞外基质

基质是一类存在于细胞周围，由细胞自身合成、分泌的生物活性物质的总称。基质是由纤维形成结构分子、非纤维形成结构分子和基质-细胞蛋白所构成的复杂三维网状结构，构成支持细胞的框架，负责组织的构建，并能通过其信号传导功能对细胞的形态、生长、分裂、分化和凋亡起调控作用。皮肤中最常见的纤维形成结构分子主要有胶原蛋白、纤维蛋白、弹性蛋白、纤维连接蛋白和玻璃黏连蛋白，决定组织的硬度和弹性。非纤维形成结构分子主要是蛋白聚糖和糖胺聚糖，主要有透明质酸、硫酸软骨素、硫酸皮肤素、肝素、肾上腺皮质素等，占据大部分组织空间，分散、缓冲组织压力。基质-细胞蛋白主要有骨桥蛋白、骨连接素、结缔组织生长因子等。它们不参与细胞外基质的机械结构，而是作为细胞旁分泌的信号分子发挥作用[37]。皮肤在保护人体的同时，自身难免要受到伤害，于是演化出一套基质自我修护机制，以维护皮肤的正常状态。细胞合成的基质成分通过一定方式分泌至细胞外空间，再进行组装，将破损的基质结构修护成平衡状态。

4.8.1.3 修护光损伤

与自然老化相比，日光损伤给人类皮肤带来的急性损伤和慢性损伤更为严重。在4.2.1部分阐述了紫外线对皮肤的损伤，当皮肤受到超过所能承受的UVA和UVB辐照剂量时，会产生急性皮炎，轻者可见红斑，境界鲜明；重者可出现水肿或大疱，感觉瘙痒、灼热、疼痛。皮肤光损伤的主要机制包括急性炎症反应、氧化应激、DNA损伤和皮肤细胞外基质的合成和降解。例如，表皮角质形成细胞经UVB辐射之后，会释放大量炎性介质以及趋化因子，如IL-1、IL-6、IL-8、TNF-α、NO等，使毛细血管扩张，整体上表现为皮肤红斑；随后血管通透性增加导致液体渗出，表现为水肿；紧接着各种白细胞穿过血管壁渗出到血管外，并且在趋化因子的作用下进入组织间隙，表现出炎症细胞浸润，炎症后期还会出现炎症细胞增生现象。从紫外线造成皮肤光损伤的机制出发，通过选用合适的护肤品可以对光损伤进行一定程度的修护，从而维护皮肤的正常状态。

4.8.2 化妆品修护剂

基于对皮肤屏障、基质、光损伤的理解，护肤品可以添加相应的修护功效成分，例如促进FLG等蛋白质的表达、维护结构性脂质平衡与稳定等皮肤屏障修护所需要的成分；促进成纤维细胞和表皮细胞合成层黏蛋白、整联蛋白、胶原蛋白、纤维连接蛋白和透明质酸等基质修护所需要的成分；提高胶原含量，抑制IL-1、IL-6、TNF-α等炎症因子的表达，修复皮肤细胞的氧化损伤和光损伤所需要的成分。具有这类功效的原料有：

① 青刺果油　可以从蛋白水平增加紧密连接蛋白、角化套膜蛋白的表达，并通过加速表皮通透屏障中细胞间脂质合成酶的表达，从而提高脂质的合成，加速表皮通透屏障的修复。

② 大豆提取物　富含糖蛋白和多糖，能激活真皮层成纤维细胞，合成胶原蛋白、纤维连接蛋白和糖胺聚糖等细胞外基质成分，修复基质结构，提高成纤维细胞对基质的黏附能力，增强细胞活性。

③ 酵母提取物　有效促进表皮细胞和成纤维细胞合成整联蛋白、Ⅳ型胶原和Ⅶ型胶原等基底膜组分，修复基底膜和锚纤维结构，强化真表皮连接，将真皮层中的水分、营养按需传至表皮，提高表皮细胞代谢活力。

④ 黄酮类物质　可以通过抑制炎症因子的表达、参与炎症相关信号转导、抗氧化、减少DNA损伤、维持细胞外基质合成和降解平衡来修护紫外线诱导的光损伤。

⑤ 抗氧化、抗衰老成分　在对皮肤进行修护的同时，还可以添加具有抑制胶原酶、弹性蛋白酶等基质降解酶活性的功效成分，防止胶原和弹性蛋白的异常降解。另外，添加具有抗氧化、清除自由基的功效成分也可以有效抑制基质降解酶的表达，如维生素C、维生素E、青梅提取物、辅酶Q10和番茄红素等。

4.8.3 修护的体外评价方法

4.8.3.1 透明质酸酶抑制实验

透明质酸（HA）是细胞外基质中含量最多、所占比例最大的成分，具有很强的水结合能力和黏滞性，可维持细胞间质体积，调控细胞生长因子和细胞因子的分泌，影响细胞的黏附、生长、增殖和分化，因而在维持皮肤水分和弹性、创伤愈合和血管形成等过程中起主要的作用。透明质酸酶（HAase）是透明质酸的特异性裂解酶，抑制HAase的活性可保证HA含量和正常功能。因此，透明质酸酶抑制率能作为评价修护功效的体外指标，抑制率越大则修护活性越强。

4.8.3.2 细胞模型

常用成纤维细胞和角质形成细胞。成纤维细胞生长因子在机体组织中通过重新激活发育信号通路和调节代谢功能，促进组织修复与再生。樊雨梅等用人成纤维细胞模型，通过测定细胞存活率、酶联免疫吸附检测方法（ELISA）测定Ⅰ型胶原蛋白含量水平，用划痕法测定细胞迁移率，评价了阿胶在皮肤屏障损伤修护方面的作用[38]。吴庭等通过反复低剂量UVB重复照射建立人正常角质形成细胞光损伤体外模型，然后通过检测细胞活力以及人透明质酸合酶2、Ⅰ型胶原蛋白、弹性蛋白、超氧化物歧化酶（SOD）、丙二醛（MDA）含量，结合含NLR家族Pyrin域蛋白3、半胱氨酸天冬氨酸蛋白酶-1、白介素-1β和凋亡相关斑点样蛋白质的表达变化，评价了玄参提取物对HaCaT细胞光损伤的防护作用[39]。

4.8.3.3 重组人皮肤模型

2019年，上海日用化学品行业协会发布了《化妆品屏障功效测试 体外重组3D表皮模型测试方法》(T/SHRH 023—2019）的团体标准。该标准用十二烷基硫酸钠处理EpiKutis表皮模型，造成皮肤屏障与模型组织的损伤后将受试物涂抹于模型表面，然后以ET_{50}值的变化评价受试物对皮肤屏障的修护作用。屏障提升功效是通过一系列物理、生物化学的作用，提升皮肤活细胞层与角质层的结构与屏障功能。钟建桥报道了以Ⅰ型胶原为基质混合包埋成纤维细胞、联合角质形成细胞构建体外3D皮肤模型。实验组和对照组均予以UVA和UVB混合照射，照射后24h通过观察各组皮肤病理组织学改变、细胞凋亡情况及SOD、MDA等氧化应激相关指标的变化，评价了核转录相关因子E2对皮肤光损伤的影响[40]。吴越等利用构建的体外皮肤模型，通过Masson染色、免疫荧光染色、TUNEL试验和IL-1α、TNF-α、MMP-1相关因子测定，揭示了多环芳烃致皮肤细胞DNA和皮肤屏障功能损伤的机理，并且发现一种具有修护功效的“喜雪复合物”[41]。

4.8.4 修护的动物试验方法

4.8.4.1 哺乳动物模型

常用小鼠作为研究对象，将小鼠背部去毛后，通过激光照射或连续胶带粘贴法构建小鼠皮肤屏障受损模型，通过紫外线照射小鼠背部裸露皮肤构建光损伤模型。徐良恒等报道了在小鼠背部进行激光损伤，建立屏障损伤模型，然后通过测定TEWL、角质层含水量和增殖细胞核抗原表达情况，研究了透明质酸对BALB/c小鼠激光损伤后屏障功能修复的影响[42]。李福民等用UVB辐照小鼠后涂抹0.2%维生素E脂质体，两周后，用免疫组化检测8-羟基-2-脱氧鸟苷和细胞增殖相关抗原Ki-67的表达水平，用水溶性四唑盐法检测SOD活性，用ELISA检测血清基质金属蛋白酶-13的含量。结论显示，维生素E脂质体通过减缓胶原降解修护了小鼠皮肤的光损伤[43]。

4.8.4.2 斑马鱼模型

斑马鱼尾鳍具有强大的自我再生功能。转基因斑马鱼的中性粒细胞可在荧光显微镜下被明显观察。试验时，切断尾鳍完成造模，将受试物加入，避光孵育一段时间后，将各组斑马鱼在体视显微镜下拍照并保存图片，用高级图像分析软件对斑马鱼尾鳍面积进行定量分析，通过评估尾鳍再生速度、伤口附近的中性粒细胞数量评价修护功效。

4.8.5 修护的人体评价方法

通常选用皮肤敏感或受损的志愿者，或者通过连续胶带粘贴法或紫外线照射在背部皮肤处造成损伤，涂抹受试物后通过测量角质层水分含量、经皮水分散失、皮肤红斑和黑素指数等指标来表征产品的修护功效。例如，在国内一项修护功效的人体试验中[44]，受试者（30名乳酸刺痛试验筛选呈阳性的女性受试者，18～45岁，自身前后对照）每天早晚洁面后使用受试物，取适量样品，以打圈方式涂抹于全面部至吸收，每天2次，连续使用28天。分别在第0、14、28天进行临床测试和评估。分别采用经皮失水率TEWL值测试、乳酸刺痛试验、皮肤红斑指数3个指标对宣称有修护功效的某化妆品进行功效评估。使用测试产品后乳酸刺痛评分较使用前降低，且具有统计学意义，说明皮肤对外界刺激的反应性降低。通过无创仪器测试结果，皮肤TEWL值逐渐下降，并且具有统计学意义，表明产品能明显改善皮肤的锁水和屏障功能。红斑指数结果虽无显著性差异，但其数值也有一定程度的降低。

2022年，广东省化妆品学会发布了《化妆品修护功效人体评价方法》（T/GDCA 009—2022）的团体标准。类似的还有中国产学研合作促进会发布的《化妆品抗皱、紧致、保湿、控油、修护、滋养、舒缓七项功效测试方法》。主要试验步骤如下：

（1）受试者的招募

受试者人数有效例数应不低于30例。

① 入选标准　年龄介于18至60岁，健康男性或女性；乳酸刺痛阳性；自觉皮肤有干燥、脱屑、泛红等皮肤屏障功能受损症状之一；能理解测试过程，自愿参加试验并签署知情同意书；能够按照要求按量使用产品。

② 排除标准　怀孕或哺乳期妇女，或近期有备孕计划；有银屑病、湿疹、异位性皮炎等皮肤病史；近一个月内口服或外用过皮质类固醇激素等抗炎药物；目前或近1个月参加其他临床试验；非自愿参加，不能按时完成所要求的内容；其他临床评估认为不适合参加试验。

（2）上样测试

在试验期间受试部位应使用试验机构提供的试验产品，不能使用其他任何具有同等功效或者可能对测试结果产生影响的产品。其他日用品如香皂、沐浴露等的使用习惯须保持一致。试验样品为宣称具有修护功效的化妆品；对照样品为空白对照（不使用任何产品）、安慰剂对照（不具有修护功效的产品）或者基质对照（不具有修护成分的基质配方产品）。提供样品量满足受试者累积使用量，随机发放试验产品和对照品；提供样品使用方法、使用手法、每次用量、使用频次、使用注意事项、使用记录表格。

（3）仪器测试

初次来访及使用后各个访视时点对受试者进行仪器测试，并记录数据。可根据评价需要设定多个访视时点，通常持续4周以上。用经表皮失水率测试仪测量TEWL（主要参数）；用角质层含水量测试仪测量角质层含水量（次要参数）；用皮肤红色素测试仪或皮肤色度仪等测量泛红参数，或使用图像采集分析仪拍摄及分析皮肤泛红参数（次要参数）；用皮肤油脂测试仪测量皮肤油脂量（次要参数）；用皮肤酸碱度测试仪测量皮肤 pH 值（次要参数）。

（4）数据统计分析

应用统计分析软件进行数据的统计分析。计量资料表示为均值±标准差，并进行正态分布检验。符合正态分布要求时，自身前后（或自身样品区域与空白区域对照、安慰剂对照、基质对照）的比较采用配对 t 检验，不符合正态分布要求时，采用两个相关样本秩和检验；试验组与对照组的比较采用独立 t 检验或秩和检验。上述统计分析均为双尾检验，显著性水平为 $\alpha=0.05$。使用产品后任一访视时点与使用前相比，至少两个参数（包含一个主要参数）显著改善（$P<0.05$），或试验组（侧）与对照组（侧）相比，至少两个参数（包含一个主要参数）显著改善（$P<0.05$），则认定试验产品具有修护功效，否则认为试验产品不具有修护功效。

4.9 舒缓

4.9.1 敏感性皮肤与舒缓功效

根据《中国敏感性皮肤诊治专家共识》，敏感性皮肤（sensitive skin，SS）是皮肤在生理或病理条件下发生的一种高反应状态，表现为受到物理、化学、精神等因素刺激皮肤易出现灼热、刺痛、瘙痒及紧绷感等主观症状，可能伴有红斑、鳞屑、毛细血管扩张等客观体征[45]。正常情况下，大部分敏感性皮肤无明显体征，少数出现皮肤红斑、毛细血管扩张、干燥脱屑等。需要注意的是，虽然敏感性皮肤不属于疾病，但是当受试者表现出皮肤敏感时，应多加谨慎，因为各种皮肤和皮肤外疾病可能伴随着敏感性皮肤[46]。

舒缓的目的在于恢复皮肤的屏障功能，降低皮肤敏感性和炎症反应，从而提高皮肤耐受性。敏感性皮肤的机理尚未明确阐明，根据目前的研究，认为有 3 种可能的机制，主要是皮肤屏障受损、神经系统异常和免疫炎症反应，而且敏感性皮肤的形成是内外因素累积的结果。此外，还有报道称敏感性皮肤与皮肤表面微生物及其变化相关。例如，有研究发现敏感性皮肤表面的表皮葡萄球菌显著少于正常皮肤[47]。

4.9.1.1 皮肤屏障受损

皮肤屏障受损，即“砖墙”结构不牢固或出现缺陷。敏感性皮肤会导致中性脂质明显减少，这些脂质与屏障稳定性降低有关，同时与屏障稳定性降低有关的鞘脂水平也会上调。表皮屏障受损或较弱时会导致皮肤营养物质流失，表皮失水增加，神经酰胺含量显著减少，还会增强刺激物或过敏原的透皮吸收，神经末梢得不到充分保护，更深层的皮肤暴露在微生物及外界刺激下，诱发皮肤局部炎症反应，出现泛红发痒、灼热刺痛等症状[48]。

4.9.1.2 神经传导功能增强

皮肤中的神经感觉功能障碍是敏感性皮肤的形成机制之一。一方面，皮肤屏障受损促使皮肤神经纤维末梢得不到充分保护，在受到外界刺激时，分布于伤害性感觉神经末梢、角质形成细胞及肥大细胞的 TRPV1 被激活，引起皮肤感觉反应增强，而这些表皮内神经纤维的密度增加可能会促进痛觉超敏感，从而出现瘙痒、疼痛、烧灼的不适感。另一方面，介导疼痛、瘙痒和发热的神经纤维（如无髓鞘 C 纤维），配备了感觉神经感受器，如内皮素（ET）和瞬时受体电位（TRP）通道。其中，IL-1α 是皮肤中一种非常重要的炎症因子，在角质形成细胞中组成性表达，并在细胞质所有表皮层的角质形成细胞中积累。在完整的表皮中，由于没有用于跨膜分泌的疏水先导序列，IL-1α 通过脱落自然消除。因此，IL-1α 仅在细胞损伤或膜扰动后从渗漏细胞中释放，但是 IL-1α 会通过与 IL-1 受体结合，诱导自身以及其他促炎因子（如 IL-6 和 IL-8）的表达；IL-6 是一种影响炎症反应的多效性细胞因子，也是一种有效的 B 细胞分化因子，刺激角质形成细胞增殖；IL-8 是一种趋化因子，对中性粒细胞和淋巴细胞具有强烈的趋化作用，此外，它会增加细胞间钙离子浓度并诱导颗粒胞吐。角质形成细胞在 IL-1α、IL-1β、IFN-γ 或 TNF-α 刺激后表达 IL-8，并且 IL-8 的增强表达已被证明是对各种有害物质的一种非特异性反应。TRP 家族的成员和内皮素受体都会在敏感性皮肤中引起疼痛、灼热和瘙痒，它们的激活过程也可能代表了外部刺激传递给敏感性皮肤个体的机制。有研究表明，敏感性皮肤的表皮内神经纤维密度较低，尤其是无髓鞘的 C 纤维密度，会导致神经性疼痛和热痛检测阈较低，表现出神经末梢的高反应性[49]。

4.9.1.3 皮肤炎症反应

血管活性肠多肽、P 物质、降钙素基因相关多肽和其他神经递质可能是神经源性炎症的诱导剂。除了在神经元细胞中，TRPV1 也在皮肤非神经元细胞中表达，例如角质形成细胞、肥大细胞和朗格汉斯细胞。TRPV1 的激活导致神经肽（如 P 物质）的局部皮肤释放，在角质细胞中会引起钙离子内流增加，随后激活皮肤中的不同细胞类型，如角质形成细胞、肥大细胞、抗原呈递细胞和位于感觉神经末梢附近的 T 细胞，诱导局限性神经源性炎症的发生以及细胞凋亡，最终损伤皮肤屏障功能，且该受体的激活会延缓损伤皮肤屏障的修复。P 物质通过与其受体结合，诱导促炎细胞因子和趋化因子的释放，导致进一步的免疫细胞亚群募集到皮肤上；TRPV1 在 T 细胞上功能性表达，激活后上调。TRPV1 与激活剂如树脂毒素和4α-佛波醇-12,13-二癸酸酯等会促进T细胞受体（TCR）诱导的钙离子内流，并促进炎症性疾病中的致病性T细胞反应。Sun等[50] 发现两种特定的TRPV1基因型与皮肤敏感性有关，表明TRPV1可能参与了敏感性皮肤的发病机制。

4.9.1.4 其他影响因素

其他影响因素包括环境因素、生活习惯、生理学因素、遗传因素、化妆品的使用等等。环境因素主要包括空气污染、气候、紫外线强度；生活习惯与皮肤敏感性的恶化有关，如睡眠时间和生活压力，这些因素会影响炎症因子的水平，并导致皮肤敏感；生理学因素主要是指压力、情绪负担等；内分泌失衡可能导致皮肤抵抗力减弱、皮肤免疫反应增强而引起皮肤敏感；敏感性皮肤还具有一定的家族遗传性。此外，混合使用多种化妆品会给皮肤带来更大的压力，反复使用不同质地的产品和反复清洁可能会影响屏障结构的完整性，增加表皮失水，从而影响天然屏障功能。同时，具有各种活性成分的混合物也可能是一种潜在的刺激物。

4.9.2 皮肤舒缓剂

化妆品中的皮肤舒缓剂应至少具备两点：对皮肤的刺激性低或不对皮肤产生刺激性；能促进皮肤屏障修复、抑制炎症反应或降低神经敏感性，缓解皮肤的敏感状态。常见皮肤舒缓剂有保湿剂、TRPV1拮抗剂、抗炎因子和降低血管高反应性物质等，一般具有如下作用：

① 修护皮肤屏障　保湿剂如透明质酸、神经酰胺等皮肤屏障修复成分能为皮肤屏障恢复提供良好环境，提高表皮含水量，缓解皮肤敏感状态；还有一些植物提取物，如马齿苋、洋甘菊、茶多酚、蓝蓟油、仙人掌提取物等。这些成分具有抗敏、抗炎和抗外界刺激的作用，可缓解皮肤过敏，为皮肤提供天然保护屏障，有效修复受损的皮肤，激发细胞蛋白质生化合成以及细胞的再生，重建皮肤免疫系统。

② 保护神经系统　人工合成的TRPV1拮抗剂（如反式-4-叔丁基环己醇）可以抑制神经离子通道TRPV1的活性，有效降低皮肤热感，舒缓皮肤。

③降低血管高反应性物质　羟基酪醇、维生素A醛、海藻、茶多酚等可以降低TRPV1受体活化后的皮肤血管反应性。

④ 抗炎舒敏　加入抗炎舒敏成分，减少抗原进入皮肤的同时避免正常细胞产生变态反应，加快皮肤屏障自我修复速度。例如α-红没药醇是天然的倍半萜烯醇，具有一定的抗炎作用。还有一些植物提取物也具有抗炎效果，如马齿苋、积雪草等。

4.9.3 舒缓的体外评价方法

4.9.3.1 透明质酸酶抑制实验

透明质酸是细胞外基质中含量最多、占比最大的成分，可维持细胞外基质体积，调控细胞生长因子和细胞因子的分泌，影响皮肤水分和弹性，促进皮肤屏障修复和血管形成。透明质酸酶（Haase）是透明质酸的特异性裂解酶，HAase的抑制活性越大，则抗炎、舒缓功效越强。此方法与修护体外评价方法中的透明质酸酶抑制实验相同，可参考4.8.3节。

4.9.3.2 细胞模型

常用体外培养的巨噬细胞、角质形成细胞、肥大细胞等，使用刺激成分建立敏感细胞模型或在体外培养特定细胞，通过观察细胞形态和毒性增殖等指标及分析特定基因通路、相关炎症因子（IL-1α、TNF-α等）、蛋白质（如屏障相关蛋白质、保湿相关蛋白质等）表达等对受试物的舒缓功效进行评价。也可以利用神经元细胞，通过荧光分光光度计检测动作电位。将化妆品原料或成品施用于细胞模型（如巨噬细胞），通过ELISA、IHC/IF等方法检测炎症因子、相关蛋白质，并且用MTT法检测组织活力；利用肥大细胞P18模型，通过显微镜拍照，观察脱颗粒形态，评价受试物在细胞水平的缓解敏感、抗炎效果。参考标准有团体标准《化妆品舒缓功效测试-体外TNF-α炎症因子含量测定》（T/SHRH 033—2020）。

4.9.3.3 重组人皮肤模型

由人角质形成细胞培养而成的重组人表皮模型（如EpiKutis）可以用于皮肤屏障、保湿、抗炎、UV防护、经皮吸收等功效性检测，经表面活性剂或微生物等刺激后的表皮或全皮敏感模型，通过检测化妆品对刺激后皮肤模型组织活力的影响、炎性介质和炎症因子（如IL-1α、IL-8 PGE2和TNF-α等）的分泌情况以及相关基因的表达情况来评估化妆品功效原料或配方的抗炎修复能力。例如，在化妆品屏障增强功效评价实验中，将化妆品样品暴露于表皮模型，利用免疫荧光技术对不同处理条件下的模型进行蛋白质水平分析。与对照组相比，样品处理后，FLG与LOR均显著升高，表明受试物具有增强皮肤屏障的功能[51]。参考标准有《舒敏类功效性护肤品安全/功效评价标准》（T/CNMIA 0013—2020）。

此外，还可以采用不同种类及浓度的细胞因子组合模拟建立不同类型的敏感性皮肤模型。例如，在用IL-4和IL-13刺激表皮后诱导的过敏型敏感性皮肤模型中，可以检测到表皮细胞凋亡、特异性基因表达增加；在皮肤重建的过程中通过有意识地减少培养基中胆固醇的量构建的敏感性皮肤模型中会检测到FLG、LOR、

CA2、NELL2、TSLP和透明质酸合成酶3（HAS3）的表达改变以及屏障功能的改变（如跨上皮电阻值的下降和荧光素渗透值的显著升高）；还可以将Th2细胞因子（IL-4或IL-13）与促炎细胞因子（TNF-α或IL-1α）组合作用于皮肤48h，利用其协同作用诱导皮肤胸腺基质淋巴细胞生成素的产生，进而诱发成AD型敏感性皮肤。在这种模型中会检测到FLG和LOR等表皮分化蛋白的表达降低、TSLP分泌增加，以及涉及脂质的屏障特性的改变。通过上述特定皮肤模型可以研究角质细胞特异性反应，分析释放到培养基中的细胞因子变化以及观察病理学的特征变化。

4.9.4 舒缓的动物试验方法

一般采用小鼠或豚鼠构建过敏模型和瘙痒模型。其中，小鼠过敏模型和瘙痒模型可以通过向小鼠静脉注射刺激物构建。施用样品后，通过观察小鼠的毛细血管通透性、染色后的风团面积、瘙痒持续时间等指标，评价样品的抗炎、缓解敏感以及止痒的效果。例如，张海娣等[52]用伊文思蓝与磷酸组胺诱导构建小鼠过敏模型，用右旋糖酐构建小鼠瘙痒模型。在目标部位使用舒敏配方后，过敏小鼠腹部的风团面积显著减少（$P<0.05$），且毛细血管通透性升高（$P<0.01$）；瘙痒小鼠的瘙痒次数和瘙痒持续时间均显著减少，结果表明舒敏配方具有止痒、缓解过敏的功效。

4.9.5 舒缓的人体评价方法

舒缓功效的人体功效评价主要是通过问卷调查（主观评估）和刺痛试验（半主观评估）筛选敏感性皮肤受试者，通过刺痛测试法、电流感知阈值测量法、图像分析法、皮肤参数评价法、主观评分等指标来表征产品的功效。

4.9.5.1 刺痛测试法

（1）乳酸刺痛试验

乳酸刺痛试验（lactic acid stingling test，LAST）是用来评价敏感性皮肤最广泛的方法。主要使用涂抹法：在室温下，将5%或10%的乳酸水溶液50μL涂抹于鼻唇沟及任意一侧面颊，分别在第0、2.5、5和8min询问受试者的自觉症状，按4分法进行评分（0分为没有刺痛感，1分为轻度刺痛，2分为中度刺痛，3分为重度刺痛）。然后将两次分数相加，总分≥3分者为乳酸刺痛反应阳性[53]。其原理是当皮肤屏障受损，乳酸进入皮肤后，刺激无髓C类神经，从而产生刺痛感。

（2）辣椒素试验

辣椒素试验是用来评价感觉神经性敏感性皮肤的方法。测试方法为：将直径为0.8cm的两层滤纸放置于一侧鼻唇沟外约1cm处及任意一侧面颊，将含量为

0.1%的辣椒素50μL置于滤纸上，询问受试者的感觉（1分为勉强可以觉察，2分为轻度可以觉察，3分为中度可以觉察，4分为重度可以觉察，5分为疼痛）。如果受试者的灼痛感觉持续时间>30s，且程度≥3分则为阳性[53]。

4.9.5.2 电流感知阈值测量法

电流感知阈值（CPT）测量法是一种定量评估感觉性皮肤刺激抑制剂的方法。Lee等[54]在受试者皮肤上施用刺激抑制剂前后，使用电流发生器（Neurometer CPT/C）在环境控制的房间（温度24±4℃，相对湿度40%～45%）中测量感官知觉。Neurometer产生的三个正弦波刺激（2000Hz、250Hz和5Hz）为神经纤维的三个子集提供了选择性刺激，2000Hz电流刺激Aβ纤维，250Hz电流刺激Aδ纤维，5Hz电流刺激C纤维。刺激部位是鼻唇沟和脸颊。该器件以0～10mA的强度以每个频率发射正弦交流电，每次增加一个电刺激，直到受试者报告特定的感觉，然后以逐渐降低的振幅施加短刺激，直到检测到最小但一致的阈值，结果表明在使用刺痛抑制剂后，CPT显著升高。此外，作者还进行了乳酸刺痛试验以验证CPT测量法的可行性。

4.9.5.3 图像分析法

图像分析法主要包括图像采集技术和图像处理分析技术，除了提供直观可视化的图像结果外，配备相应的软件分析算法能够根据需要实现对图像数据的定量测量和输出。VISIA皮肤分析仪通过偏振光的图片采集技术，可得到皮肤表面使用舒缓化妆品前后的皮肤红斑照片，直接反应真皮乳头层的血红色素情况，从而可间接反映皮肤的炎症状态，实现对抗刺激和舒缓类产品的功效性评价。另外，皮肤微循环检测可以提供微血管中的血流变化影像，可应用于紫外线诱导的亚红斑量的定量评价、斑贴试验红斑评估等方面。激光多普勒血流仪可输出反应血流情况的数据并给出血流与时间关系的曲线图。典型的激光多普勒血流仪为PeriScan PIM 3以及激光多普勒散斑血流仪实时成像系统Moor FLPITM。

4.9.5.4 皮肤参数评价法

皮肤参数评价即客观评价，通过仪器对受试者使用化妆品前后的皮肤状态参数进行采集、样本分析和统计分析，进而对化妆品进行功效评价。测试化妆品的舒缓功效通常通过测量使用护肤品前后皮肤红斑的变化，对比角质层含水量、经皮水分散失量、皮肤油脂分泌量、皮肤表面pH值、皮肤厚度以及皮肤表面结构的改变等，从而判断护肤品对皮肤敏感的改善情况[53]。

（1）皮肤红斑指数

可以直接反映真皮乳头层的血红色素情况。红斑指数的增加表示皮肤的血管反映性较高，测试皮肤与受试物接触后的红斑指数，能够间接反映皮肤的过敏程度。通常使用 DermaSpectrometer、ErythemaMeter 等反射光谱测量法、VISIA 标准化多光源图像采集仪器、三色分析法中的 ChromaMeter 仪器测试法。

（2）角质层含水量

常用的测试仪器包括 Corneometer 电容测试仪以及 Skincon 电导测试仪等。水分是皮肤上介电常数最大的物质，通过测试探头与皮肤接触后，电容值或电导值的变化反映皮肤角质层中的含水量。

（3）经皮水分散失量

当皮肤屏障功能受到破坏时，经皮水分散失量增大。常用的测试仪器为 Tewameter 仪。

（4）皮肤油脂分泌量

过多的皮脂会影响角质层脂质正常的排列模式，还会影响皮肤屏障的完整性。此参数采用皮肤皮脂测量仪进行测定，除此之外，还常常采用光度计原理进行测试。

（5）皮肤表面 pH 值

皮肤表面的 pH 值适宜时才能构建坚实致密的皮肤屏障，pH 值升高可直接或间接影响角质形成细胞的代谢，引起角质形成细胞增生、分化异常，皮肤屏障功能改变，角质层致密性降低。皮肤的 pH 值越高，则对水通透的屏障功能越低。

4.9.5.5 主观评分

视觉评分中，通过观察使用产品前后皮肤红斑量的减少和皮肤的干燥程度的缓解情况来评估化妆品对被刺激皮肤的舒缓作用。Farage 等[55]研究了化妆水对皮肤的刺激或舒缓作用，在受试者前臂的悬褶表面上进行试验，用十二烷基硫酸钠（SLS）的闭塞斑贴预处理测试部位 24h，以诱导轻度或中度皮肤刺激。随后反复用化妆水擦拭涂层组织，组织擦拭后由测试人员立即评分（以组织擦拭后等级表示）。结果显示，皮肤表面的干燥和红斑没有显著增加，且具有舒缓功效成分（如凡士林碱、脂肪酸蔗糖酯）的化妆水使皮肤的干燥和红斑减少。由此可以得出主观评分可以评估化妆品的舒缓功效。

瘙痒评分是通过测试瘙痒程度对皮肤生理学参数（由测试人员操作）及生活质量的影响（由志愿者填写问卷）进行评分，结合志愿者对所使用产品的自主评分来评估产品的功效。皮肤敏感在一定程度上会发展为特应性皮炎，Hon 等[56]测试儿童特应性皮炎患者对乳霜/清洁剂组合的可接受性、疗效和皮肤生物生理效应。首先测量皮肤敏感的严重程度，即特应性皮炎指数（scoring atopic dermatitis，SCORAD）。采用 SCORAD 客观指数对瘙痒和睡眠丧失、睡眠障碍进行评分，评分范围为 0 到 10（0 分未受影响，10 分受影响最严重），检测儿童皮肤病生活质量指数（CDLQI）。同时检测使用产品前后皮肤水合作用和经皮失水情况，再让志愿者对产品进行总体评价（例如很好、好、一般、差、很差），从多面评估化妆品的舒缓功效。此外，还可以结合口服抗组胺药缓解敏感。

2020 年，中国非公立医疗机构协会发布了团体标准《舒敏类功效性护肤品临床评价标准》（T/CNMIA 0015—2020），要求受试者入选及排除标准参照《中国敏感性皮肤诊治专家共识》，通过主观评价（如灼热评分、刺痛评分、瘙痒评分、红斑评分、脱屑评分等）、半主观评价（乳酸刺痛和辣椒素试验）、客观评价（面部图像采集和皮肤参数检测）以及受试者自评的方法评估产品的舒缓功效。《化妆品抗皱、紧致、保湿、控油、修复、滋养、舒缓七项功效测试方法》（T/CAB 0152—2022）中，通过评估皮肤发红、瘙痒、刺痛等刺激状态的改善，验证产品的舒缓功效。

4.10 抗皱

4.10.1 皱纹的形成、分类与检测

4.10.1.1 皱纹的形成

皮肤皱纹主要是皮肤老化（自然老化与光老化）的结果，并与多种因素有关。年轻皮肤与老化皮肤的变化分布在皮肤的各个层面。如图 4-8，表现在皮肤老化包括真表皮连接变薄，层黏连蛋白减少，胶原蛋白、氨基葡聚糖及皮下脂肪丢失，重力及肌肉、关节的运动也发生了变化。在真皮层，皮肤弹性蛋白合成明显减少，弹性纤维分解退化，使真皮弹性纤维数量减少，胶原纤维和弹性纤维排列紊乱，导致皱纹产生。在表皮层，随年龄增长，角质层中的 NMF 含量减少，使皮肤水合能力下降，导致皮肤组织细胞皱缩、老化，出现组织形态学改变，表现为皮肤细小皱纹的产生。

皱纹是皮肤衰老的重要表型之一，其产生受内在激素、种族、遗传因素、氧化压力及系统性疾病等因素和外在日光、温度、空气污染、吸烟、酒精等因素的影响。已有多种关于皮肤衰老产生机制的学说，总结如下：

（1）遗传基因学说

Hayflik 最早在细胞体外培养中发现了细胞传代规律，认为发育进程有时间顺序性，控制机制随着年龄增长而减弱，最终导致衰老。遗传基因学说认为，随着年龄增加，细胞对 DNA 变异或缺损的修复能力下降，从而导致细胞衰老，甚至死亡。皮肤衰老主要是皮肤细胞染色体 DNA 及线粒体 DNA 中合成抑制物基因表达增加，许多与细胞活性有关的基因受到抑制，且氧化应激对 DNA 损伤而

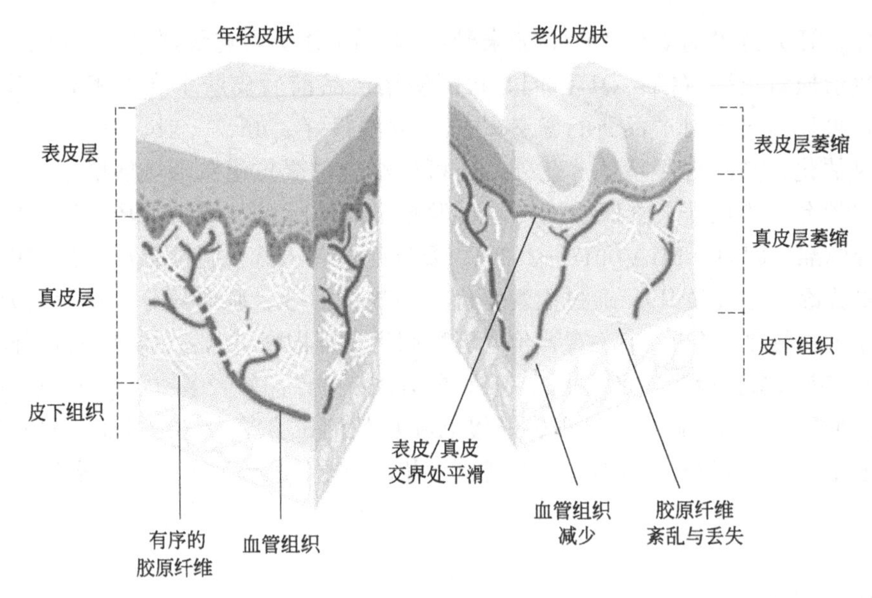

图 4-8　年轻皮肤与老化皮肤的对比

影响其复制、转录和表达的结果，故基因调控被认为是皮肤及其他相关细胞衰老的根本因素。主要生物标志物有 DNA 甲基化、端粒缩短、线粒体 DNA 变化等。

（2）自由基学说

1956 年由德罕·哈门（Denham Harman）提出，认为衰老的退行性变化是由自由基的副作用所引起的，活性氧可以引发机体内脂类中的不饱和脂肪酸过氧化，而产生脂类过氧化自由基。丙二醛是不饱和脂类过氧化作用的产物，它在人体衰老过程中与蛋白质、核酸等结合生成难溶性物质，使生物膜硬化导致其通透性降低，影响细胞物质交换。自由基损害正常组织功能，破坏基质正常组分，使胶原合成下降及基质金属蛋白酶释放增加，最终使胶原降解大于合成，从而引起皮肤衰老。主要生物标志物有丙二醛、细胞谷胱甘肽、羰基化和硝化蛋白质、氧化低密度脂蛋白等。

（3）非酶糖基化衰老学说

晚期糖基化终产物在体内不断积累，能使相邻的蛋白质等物质发生交联，不仅影响上述物质的结构，也可造成生物学功能的改变，造成皮肤弹性下降，皱纹不易平复并不断加深，从而促进皮肤衰老。主要生物标志物有 MAPKs 中的细胞外信号调节激酶（ERK1/2）、磷脂酰肌醇-3 激酶、p21Ras、NF-κB 等。

（4）内分泌系统与皮肤衰老学说

激素可以影响皮肤的形态和功能、皮肤的通透性、皮肤的愈合、皮质的脂肪形成和皮肤细胞的代谢。机体内分泌系统功能的减退是皮肤衰老的重要影响因素之一。主要生物标志物有睾酮、脱氢表雄酮、脱氢表雄酮硫酸盐、雌二醇、生长激素、维生素 D 等。

4.10.1.2 皱纹的分类

面部的皱纹可以分为三大类，即体位性皱纹、动力性皱纹和重力性皱纹。体位性皱纹大都是颈阔肌长期伸缩的结果，主要出现在颈部。体位性皱纹的出现并非都是皮肤老化，但随着年龄的增长，横纹变得越来越深，出现皮肤老化性皱纹；动力性皱纹是表情肌长期收缩的结果，主要表现在额肌的抬眉纹、皱眉肌的眉间纹、眼轮匝肌的鱼尾纹、口轮匝肌的口角纹和唇部竖纹、颧大肌和上唇方肌的颊部斜纹等。重力性皱纹主要是由于皮下组织脂肪、肌肉和骨骼萎缩，皮肤老化后，加上地球引力及重力的长期作用逐渐产生的。此外还可以按照皱纹形成的原因分为生理性皱纹、病理性皱纹和光照性皱纹及老化性皱纹；按照形态学还可分为线形皱、圆形皱和波形皱。

4.10.1.3 皱纹的检测

（1）客观检测方法

目前，国内外已提出了多种定量分析皮肤皱纹的方法，可分为间接测量法和直接测量法。间接测量法是对皮肤的硅胶覆膜样品进行诸如光学测量法、机械测量法、激光测量法和透射测量法的测量。该方法并不直接摄取皮肤的表面图像，而是首先制备皮肤的硅胶覆膜样品，然后对该复制品进行测量。间接测量法较为不便，已不常用。直接测量法是目前的主流测试方法，包括三种技术类型：a. 光栅投影法，即用结构光（或光栅）投影到物体表面，根据结构光在不平表面的变形，恢复其三维结构。但该方法对于结构光投影设备要求较高，价格昂贵。b. 共焦显微法，即激光聚焦成接近单个分子的极小斑点，照射样品，使之产生荧光。但只有焦点处的荧光可以被探测到，离开焦点的荧光将受到紧靠探测器的空间滤波器的阻碍，不会进入探测器，被探测到的交点构成样品细胞一个层面的图像。连续改变激光的焦点，可在一系列层面上进行扫描，得到整个样品细胞的三维结构图。c. 数字图像处理技术对人脸皮肤图像中的皱纹进行检测的方法，限制条件相对宽松，成本较低。该类方法根据对皱纹的定义不同，又可以进一步分为两种方法。在第一种应用相对比较广泛的方法中，皱纹被认为是“老化皮肤纹理”，在第二种方法中，皱纹被确定为曲线对象，可被检测定位。两种方法首先都会对输入图像进行特征提取，可以是简单的图像灰度化或经过某种滤波后获得的滤波结果。然后，在将皱纹视为老化皮肤纹理的方法中分析图像的纹理特征，其中就包含了皱纹信息。在将皱纹作为曲线对象分析的方法中，则需要提取曲线对象以检测皱纹，再对提取到的曲线对象（即皱纹）进行进一步的分析[57]。

（2）主观分级方法

利用视觉评估对皱纹进行主观分级的方法。检查者对志愿者额头、眼角及其他测试区域皮肤的皱纹进行直接目测分级、打分，由分值对皱纹形态进行分析评价，或直接利用拍摄的皮肤图片或组织图像，对皮肤皱纹进行观察并初步分级评分。利用分级评分结果进行统计学分析评价，结果有一定的可重复性，方法简便易行，但需熟练的评分人员。现在常采用并且适合亚洲人的分级图谱主要是《SKIN AGEING ATLAS》ASIAN TYPE VOLUME 2 中的分级图谱（图 4-9）和日本香妆品学会的眼角纹分级图谱（图 4-10）。

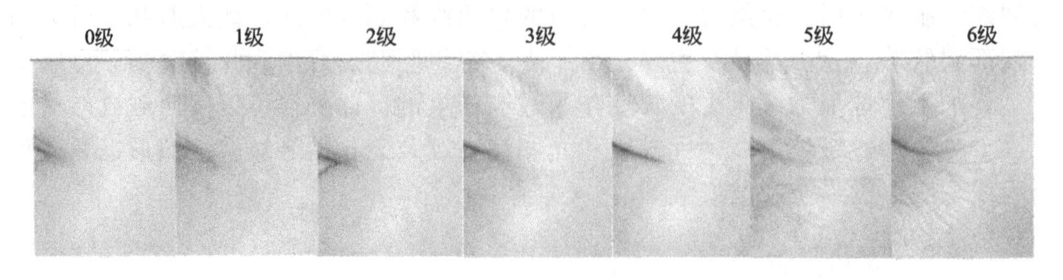

图 4-9 《SKIN AGEING ATLAS》 ASIAN TYPE VOLUME 2 眼角纹分级图谱

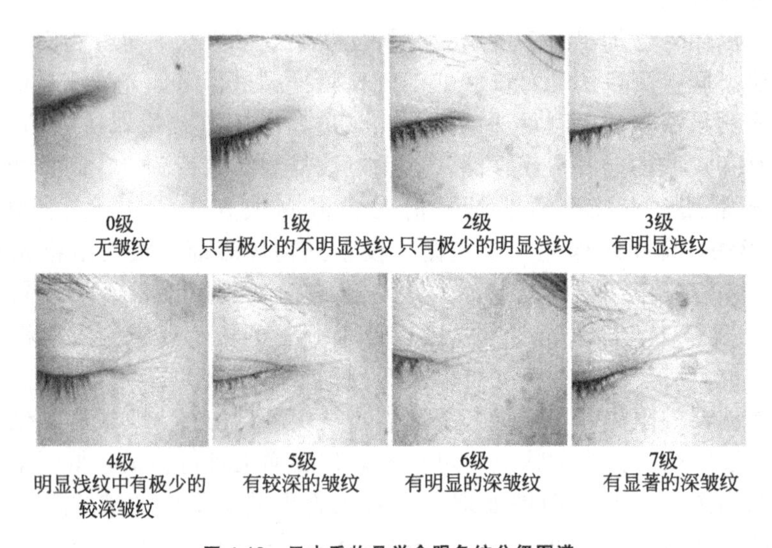

图 4-10 日本香妆品学会眼角纹分级图谱

4.10.2 抗皱剂与抗皱化妆品

针对皱纹形成原理和过程，已开发的防衰老抗皱活性成分主要包括：影响保护成纤维细胞并且促进胶原蛋白合成的成分；促进皮肤保湿与修复皮肤屏障功能的活性成分；抗氧化损伤、抑制金属蛋白酶活性的成分。另外，在防衰老抗皱产品中还会加入一些抵抗紫外线的成分，帮助皮肤减轻因日晒引起的皮肤损伤。

① 多肽类　谷胱甘肽是一种具有清除自由基、保护细胞膜完整、防止线粒体的脂质过氧化等作用的三肽；海洋肽类可以抵御真皮中的成纤维细胞产生刺激

作用，促进其合成胶原蛋白和弹性蛋白。

② 维生素类　视黄醇不仅可以促进真皮胶原蛋白的形成，还能增加弹性蛋白纤维的形成并诱导基因表达弹性蛋白；烟酰胺可以减少表层水分损失和改善表皮角质层的含水量，还可以降低衰老细胞中组蛋白乙酰转移酶和组蛋白 H4 的含量，同时减少多余黏多糖。

③ 腺苷　在韩国化妆品法案中注册的抗皱原料中明确提到腺苷具有抗动态皱纹的功能，其机制可能与限制钙诱导的细胞收缩有关。

4.10.3　抗皱的体外评价方法

4.10.3.1　抑制金属蛋白酶法

基质金属蛋白酶（MMPs）分泌增加会加速胶原蛋白的降解，造成皮肤胶原蛋白流失，皮肤松弛，弹性下降，细纹增多且不断加深。因此可以通过抑制 MMPs 的能力大小评价化妆品的抗皱功效。检测方法有荧光底物测定法、酶联免疫测定法、明胶酶谱法、高效液相色谱法和毛细管电泳法等，目前用于化妆品功效研究的主要是荧光底物测定法。荧光底物测定法原理是荧光底物与 MMPs 混合，加入抑制剂候选物后荧光强度发生变化，在一定范围内，荧光变化速度与酶反应速度成正比，通过荧光强度变化的大小来反映 MMPs 抑制率大小。这种生物化学测试方法的优点是操作简单、成本低、易于实现、速度快，可以用于对抗皱原料的高通量筛选。但该方法不能全面评估体系的作用机理，在应用中受到限制。

4.10.3.2　抑制弹性蛋白酶法

弹性蛋白酶作为具有极高选择性和专一性的蛋白分解酶，对许多氨基酸如甘氨酸、亮氨酸、丙氨酸、缬氨酸等含羧基的多肽键具有催化水解的作用，可以使结缔组织蛋白质中的弹性蛋白分解。弹性蛋白酶抑制剂能够有效抑制弹性蛋白酶活性，减慢弹性蛋白的降解速度，起到延缓衰老、减少皱纹的作用。抑制弹性蛋白酶的实验原理是猪胰腺弹性蛋白酶Ⅳ型与底物发生催化反应，添加活性物质后吸光度发生变化，通过吸光度变化的大小反映弹性蛋白酶抑制剂抑制率大小，从而对弹性蛋白酶抑制剂进行筛选。

4.10.3.3　细胞模型

表皮细胞活力会影响皮肤保湿功能，使用人皮肤角质形成细胞作为研究对象，在一定浓度的受试物存在的条件下培养一段时间，可以通过测试水通道蛋白（AQP）、紧密连接蛋白（TJP）和透明质酸（HA）的含量，活性氧（ROS）等氧化应激指标来评价受试物的抗皱功效。2020 年，上海日用化学品行业协会发布了《化妆品紧致、抗皱功效测试-体外角质形成细胞活性氧（ROS）抑制测试方法》（T/SHRH 032—2020）的团体标准。

真皮中成纤维细胞活力会影响皱纹的形成，使用人成纤维细胞作为研究对象时，细胞可以是正常细胞，也可以是经紫外线照射或者 H_2O_2 损伤的细胞，还可以将细胞暴露在高糖培养液中促进细胞的衰老，在受试物存在的条件下培养一段时间，通过测试细胞活力、MMPs 等相关酶活性、细胞抗氧化和胶原蛋白生成等指标来评价受试物的功效。Chiang 等[58] 使用 UVB 照射人皮肤成纤维细胞 15s 后，添加榄仁舅水提物培养一段时间，进行 MMT 实验、抑制 MMPs 和总胶原蛋白含量测定。实验发现榄仁舅水提物能降低 MMP-1、MMP-3 和 MMP-9 的表达，促进胶原蛋白的生成。2020 年，上海日用化学品行业协会发布了《化妆品紧致、抗皱功效测试-体外成纤维细胞Ⅰ型胶原蛋白含量测定》（T/SHRH 031—2020）的团体标准。

4.10.3.4 重组人皮肤模型

由于皱纹的形成与真皮关系非常密切，因此通过构建全层皮肤模型，在体外模拟皮肤的真表皮结构，重现皮肤不同细胞间、细胞与细胞基质间的各种反应，模拟受试物作用于人体时的反应。试验时，通过测试活性物的清除自由基能力、抗氧化能力和模型胶原蛋白含量等指标和模型的组织形态变化，可以评价化妆品对细胞增殖分化及抗氧化能力的影响。还可以通过 UVR 照射全层皮肤模型，模拟皮肤老化状态，通过测试不同指标来评估活性物的抗皱功效。Michelet 等[59] 在 EpiSkin 模型上研究了四氢茉莉酸抗衰老效果，使用实时 RT-qPCR 分析发现透明质酸合酶 2 和透明质酸合酶 3 的增加，还观察到了基底层和基底上层中 HA 的增加以及基底层中 Ki67 阳性角质形成细胞的百分比和表皮厚度增加。免疫组织化学研究表明，晚期分化蛋白丝聚蛋白和转谷氨酰胺酶 1 的合成未被修饰。以上结果表明四氢茉莉酸具有抗皱的潜在功效。

4.10.4 抗皱的动物试验方法

4.10.4.1 哺乳动物模型

常用皮肤衰老模型的哺乳动物有犬、小鼠、大鼠、沙鼠等，其中以大鼠、小鼠最为常用，还可选用无毛小鼠。试验时，注射 D-半乳糖或者用紫外线照射使动物皮肤老化产生皱纹，或者选择自然老龄动物，雌雄各半或单一雌性。在其背部两侧剃毛形成若干无毛区，将待测样品均匀涂布于该区域，一段时间后分析动物的表观指标、病理指标和生化指标。陈雅等通过在裸鼠颈部注射 D-半乳糖，结合 UVA 和 UVB 照射，建造了裸鼠亚急性衰老及光老化模型，通过检测皮肤中超氧化物歧化酶（SOD）的活性、羟脯氨酸（HYP）以及丙二醛（MDA）含量变化，评价了某眼霜的抗皱功效[60]。

4.10.4.2 斑马鱼模型

斑马鱼幼鱼对外界环境刺激反应非常敏感，过量紫外线照射会使幼鱼身体弯曲发育畸形，甚至造成死亡；斑马鱼鱼鳍相当于人类的手臂或腿，其皮肤结构与人体相似。紫外线照射后将使皮肤结构中的胶原蛋白、弹性蛋白等发生变化，使鱼鳍发生皱缩、变形等现象。添加受试物后，通过对尾鳍面积的变化，分析受试物保护斑马鱼尾鳍变形的程度，可评价其抗皱功效。2022 年，浙江省健康产品化妆品行业协会发布了《化妆品抗皱功效评价 斑马鱼幼鱼尾鳍皱缩抑制率法》（T/ZHCA 014—2022）的团体标准。

4.10.5 抗皱的人体评价方法

2019 年，浙江省保健品化妆品行业协会发布了《化妆品抗皱功效测试方法》（T/ZHCA 006—2019）的团体标准。2021 年，广东省日化商会发布了《化妆品抗皱功效测试方法》（T/GDCDC 019—2021）的团体标准。同年，上海日用化学品行业协会发布了《化妆品改善眼角纹功效 临床评价方法》（T/SHRH 018—2021）的团体标准。2022 年，中国产学研合作促进会发布了《化妆品抗皱、紧致、保湿、控油、修护、滋养、舒缓七项功效测试方法》（T/CAB 0152—2022）的团体标准。主要试验步骤如下：

（1）受试者的招募

依据统计学中心极限定理，要求完成例数不少于 30 人。

① 入选标准　年龄 18～60 岁（从试验开始时计）；眼角有细纹或皱纹，符合《SKIN AGEING ATLAS》ASIAN TYPE VOLUME 2 分级 1 到 6（该条款可依据产品特性在研究方案中细化）；受试者近三个月来没有参加其他临床研究。

② 排除标准　近一周使用抗组胺药或近一个月使用过免疫抑制剂；近两个月受试部位使用任何抗炎药物；胰岛素依赖糖尿病患者；正在接受治疗的呼吸道疾病患者；哺乳期或妊娠妇女；过敏体质、过敏性皮肤炎等人群，有皮肤病或疾病史；正在接受皮肤科治疗的人群，或一个月内服用羟基酸类、美白类以及抗衰老类药物的受试者；测试区域有大面积胎记、抓痕、白斑、色素痣、疤痕疙瘩等影响试验的皮肤表征；除上述外，其他试验负责人判断为不适合作为本次试验对象的人群。

（2）上样测试

可依据样品有效时间选取合适的时间，测试次数一般为基础值一次，试验中期一次，末次来访一次，也可依据需要减少或增加测试次数。为了验证效果，需要将时间设定在2周以上，以确保时间充足。以周期4周，每位受试者来访3次（0周、2周、4周）为例。4周连用（允许前后1天的误差）试验样品，必须标记制剂的简要特征（如眼霜、眼贴膜等）。试验期间，按照所规定的方法取适量样品涂抹，直到试验结束前一天。

（3）仪器测试

使用皮肤纹理测试仪（VC98）对眼角细纹进行测试，使用皮肤三维成像系统（PRIMO）拍照对眼角细纹和皱纹进行分析。

（4）视感评估

由受训合格的评估员依据《SKIN AGEING ATLAS》ASIAN TYPE VOLUME 2中的分级图谱或日本香妆协会的分级图谱进行评估，见图4-10。

（5）统计分析

应用SPSS软件对各个测量值进行描述性统计。眼角细纹分析中测试参数SEW值呈显著性降低（$P<0.05$），表示该受试物具有减少眼角细纹的功效。眼角细纹和皱纹分析中眼角皱纹数量、长度、深度、面积、面积占比、体积参数中的任意两个参数显著性降低（$P<0.05$），表示该受试物具有减轻减少皮肤皱纹的功效。视感评估中眼角纹评级显著下降（$P<0.05$），表示该受试物具有减轻减少皮肤皱纹的功效。

4.11 紧致

4.11.1 皮肤松弛与紧致功效

皮肤的松弛下垂和皱纹是众所周知的衰老特征，主要体现在脸颊、口唇周围、上眼睑及下颚部。不同于皱纹与表皮层和真皮层高度相关的发生机制，皮肤衰老下垂的机制主要是地心引力对皮肤的渐进性拉伸导致的皮肤变形（力学），真皮皮下脂肪组织厚度、肌肉功能的下降及弹性纤维受损失去弹性等。

首先，关于地心引力的影响，有学者通过坐姿和仰卧姿的面部照片计算了下垂指数，评估了皮肤下垂和机械方向性之间的联系，以及脂肪量的增大（肥胖）对皮肤衰老下垂的加剧等，都证实了重力效应对面部下垂的影响[61]。

在皮下脂肪层，有一个胶原纤维网状结构，称为真皮支持带，可通过帮助抵消重力和张力并维持三维纤维结构，在皮下组织的结构维持中发挥作用。研究发现，面颊部皮肤支持带（RC）的密度降低与皮下组织弹性的减少和面部皮肤松弛的外观有很大关系[62]。并且皮下脂肪层厚度与真皮弹性参数，即弹性形变、弹性形变恢复、延展性、总形变恢复、黏弹性膨胀比和总弹性（包括蠕变和蠕变恢复）呈负相关关系[63]；厚度的增加在面部形态上导致了皮肤的下垂。此外，与动态皱纹不同的是，衰老或减少面部表情变化（不活动）导致的肌肉功能下降也可能是下垂的原因之一。

衰老真皮胶原纤维和弹性纤维降解导致皮肤支撑力和弹性下降是皮肤松弛下垂的重要因素。真皮中成纤维细胞的分泌胶原蛋白、弹性蛋白、糖胺聚糖、蛋白聚糖、纤维连接蛋白和其他细胞外基质蛋白，为皮肤提供支撑和弹性。胶原蛋白占真皮重量的70％～80％，其中Ⅰ和Ⅲ型胶原蛋白组成的纤维结构主要负责皮肤的强度和弹性。真皮胶原的密度、厚度和组织程度作为组织整体硬度和弹性的主要贡献者，会随年龄降低，最终导致皮肤僵硬和弹性丧失，临床表现即为皱纹和下垂[64]。另外，弹性纤维占比虽不到真皮重量的1％～2％，但在通过抵抗变形力并使皮肤恢复到放松状态方面发挥着巨大的功能作用。总之，皮肤下垂是一个多因素综合作用的结果，其机制尚未完全阐明。

4.11.2 皮肤紧致剂

目前宣称具有“提拉”“紧致”“提升”等功效的市售抗衰老类产品所使用的功效原料大多针对自由基、遗传等引起的内源性老化和紫外线照射、空气污染、不良生活习惯等引起的外源性老化的机理开发而成，如维生素类、酶类、蛋白质类、天然提取物等。也有一些针对皮下脂肪组织、弹性纤维等的原料被开发。

① 酪氨酸-精氨酸二肽　通过刺激细胞外基质的分子以防止和处理皮肤下垂。

② 咖啡因　通过影响儿茶酚胺分泌来加速脂肪分解，从而增加脂肪细胞中的环磷酸腺苷合成并激活甘油三酯脂肪酶，从而增加甘油三酯的降解。在局部应用时，它可以抑制皮下组织中的脂肪堆积并减少脂肪细胞的数量。

③ 维生素A　在促进胶原蛋白和弹性蛋白合成的同时，减少蛋白酶的合成，以达到紧致的效果。

4.11.3 紧致的体外评价方法

4.11.3.1 细胞模型

人真皮成纤维细胞可以作为研究化妆品提升胶原含量的细胞模型。通过测定受试物与空白对照给药后，胶原蛋白含量的上调率，评价受试物在促进胶原蛋白合成方面是否具有功效。胶原含量的测定有多种方法，通过ELISA法和Western Blot杂交可分别精确定量体外培养的成纤维细胞分泌及细胞本身胶原含量的变化。也可选择角质形成细胞作为研究对象，通过氧化应激指标的测定评估受试物的功效。2020 年，上海日用化学品行业协会发布了《化妆品紧致、抗皱功效测试-体外角质形成细胞活性氧（ROS）抑制测试方法》（T/SHRH 032—2020）的团体标准和《化妆品紧致、抗皱功效测试-体外成纤维细胞Ⅰ型胶原蛋白含量测定》（T/SHRH 031—2020）的团体标准。

4. 11. 3. 2 重组人皮肤模型

常选用全层皮肤模拟皮肤老化的过程。在模型的构建过程中，来自乳头真皮和深真皮层的成纤维细胞具有不同的体外增殖以及合成细胞外基质的能力。随着皮肤老化，在真皮表面上发生的最显著的变化包括：真皮与表皮的连接减弱，成纤维细胞数量减少以及合成一些重要蛋白质的能力减弱，如胶原蛋白（与皮肤强度相关）、弹性蛋白（与皮肤弹性相关）和蛋白聚糖（与真皮含水量相关）。试验时，可以通过分析真皮层细胞形态或免疫组化分析Ⅳ型胶原蛋白含量的变化来评价受试物的紧致效果。

4. 11. 4 紧致的动物试验方法

4. 11. 4. 1 哺乳动物

可以选用无毛小鼠作为研究对象。例如有研究通过比较 UVA 与 UVB 照射小鼠背部皮肤的变化发现，暴露于 UVA 下的小鼠在表观上出现了皮肤的松弛，在组织学上出现了组织增厚、弹性纤维丧失、弹性增生、胶原蛋白丢失和黏液物质增加的现象。所以可以通过 UVA 的照射构建皮肤松弛下垂的动物模型，之后将待测样品按时均匀涂布于小鼠背部固定区域，一段时间后分析动物的表观指标、病理指标和生化指标。例如通过对石蜡包埋组织的彩色图像分析，定量分析真皮弹性纤维的含量，冷冻切片观察表皮厚度[65]。

4. 11. 4. 2 斑马鱼模型

弹性蛋白由 2 种类型的短肽段交替排列构成，eln1、eln2 负责编码弹性蛋白不同的肽段，共同调控弹性蛋白的表达水平，使皮肤紧致有弹性。斑马鱼具有与人相似的弹性蛋白（eln1、eln2）基因。通过检测斑马鱼 eln1、eln2 基因相对表达量可表明受试物是否具有紧致功效。加入化妆品一段时间后，对斑马鱼进行收样，使用试剂盒提取 RNA，使用 q-PCR 检测目的基因的转录水平，通过斑马鱼皮肤弹性蛋白基因相对表达量评价受试物的紧致功效。2022 年，浙江省健康产品化妆品行业协会发布了《化妆品紧致功效评价 斑马鱼幼鱼弹性蛋白基因相对表达量法》（T/ZHCA 015—2022）的团体标准。

4.11.5 紧致的人体评价方法

Fisher 等运用 Cutometer 的多探头适配器评估了皮肤弹性、紧致度和下垂度。皮肤紧致度（R0）表示皮肤在负压（450mbar❶）下形变的抵抗力。计算皮肤沿皮肤测量仪内管向上移动的距离（1～10mm），较低的值表示较高的硬度。弹性（R2）量化了皮肤在形变后恢复到其原始状态的程度，在从 0 到 1 的范围内，值越接近 1，皮肤越有弹性。下垂（R9）表示皮肤经过多次抽吸和释放循环后恢复到原始状态的能力，R9 值越低，皮肤越不下垂[66]。Xhauflflaire-Uhoda 等运用 Reviscometer® RVM 600 测量超声横波传播的谐振运行时间（RRTM）来评估使用产品后的皮肤紧致效果，RRTM 值越小，皮肤的弹性越大[67]。

2021 年，天津市日用化学品协会发布了《化妆品紧致功效测试方法》（T/TDCA 003—2021）的团体标准。具体试验步骤如下：

（1）受试者的招募

按入选和排除标准选择合格的受试者，确保最终完成测试有效例数不低于 30 例。

① 入选标准　年龄在 30～55 岁之间，健康男性或女性；使用皮肤弹性测试仪，分别在左、右面部颧骨下方测试区域内不同位置测量 3 次，建议纳入左、右两侧 F4 值的平均值均高于 6，或左、右两侧 R2 值的平均值均不高于 0.65，其他负压加载和清除测定仪器可用 Cutometer 校正；无过敏性疾病，无化妆品或其他外用制剂过敏史；受试部位皮肤无影响测试结果的因素；能理解测试过程，自愿参加试验并签署书面知情同意书者。

② 排除标准　妊娠或哺乳期妇女，或近期有备孕计划者；有银屑病、湿疹、异位性皮炎、严重痤疮等皮肤病史者，或其他可能影响试验结果的判定者；近一周使用抗组胺药或近一个月内使用免疫抑制剂者；近两个月内受试部位参加过其他临床试验者；近三个月内接受过可能影响皮肤紧致功效测试的面部美容手术、其他美容方式者或应用过任何外用药物者；近六个月内接受抗癌化疗者；胰岛素依赖性糖尿病患者；正在接受治疗的哮喘或其他慢性呼吸系统疾病患者；免疫缺陷或自身免疫性疾病患者；其他临床评估认为不适合参加试验者。

（2）消费者使用测试

评价形式包含面谈、调查问卷、消费者日记等，可借助辅助设备观察和记录消费者评价过程（使用辅助设备观测消费者评价过程时需说明辅助设备的用途、型号和厂家等）。受试部位不局限于面部颧骨下方，也可选择眼角、手指关节处等适合消费者感知的区域。评估内容包含但不限于皮肤紧实度、皮肤弹

---

❶ 1mbar＝100Pa

性。在调查问卷设计或面对面访谈等方式中，不得使用诱导性用语，确保消费者能够真实客观地反映测试结果，产品功效宣称的内容需在问卷及面谈问题中体现。

(3) 仪器测试

受试区域选用面部颧骨下方，样品涂抹侧和对照侧的涂样面积应不小于3cm×3cm。即时功效测试涂样量为（2.00±0.05）mg/cm^2，并且由专业人员涂抹；长期功效测试提供的样品量应满足受试者累计使用量，提供样品使用说明，明确样品的使用方法（包括使用量、使用方式、使用频次、注意事项等），对受试者进行使用指导，并采取措施确保受试者按照要求使用。根据产品的功效宣称情况，设计合适的访视时点，即时功效测试的时间间隔设定应大于1h，可设定多个测量时间点，通常不超过24h；长期功效测试可根据产品评价需要设定多个测量时间点，整个测试周期至少为2周。用皮肤弹性测试仪测量各测试区域的F值和R值，在测量区域内不同位置测量3次，取平均值记录。

(4) 统计分析

试验组（侧）使用产品前后任一访视时点主观评估结果有效或仪器测试相关参数中任一参数的变化结果显著改善（$P<0.05$），或者使用样品后测试值结果显著优于对照组（侧）结果时（$P<0.05$），则认定试验产品具有紧致功效。

4.12 去角质

4.12.1 皮肤角质的新陈代谢机理

皮肤是一个不断更新代谢的器官。表皮的最外层角质层，由已死亡的角化细胞组成，每层的厚度大约为0.02mm，由10～15层组成。表皮细胞从最下层（基底层）开始，不断分裂新细胞、不断往上推挤，经成熟、转化，最后在角质层形成老化的角质，然后自然脱落，这是一个不停的角化过程，也称皮肤的新陈代谢，周期一般为28天。此过程使表皮维持一定厚度，提供表皮基本的摩擦、防晒、保湿等功能，连续不断的脱落过程有助于清除有害微生物或传染性病毒。当角质层受到外界刺激或环境因素破坏时，更新的速度会加快以排除异物和修复皮肤。另外，反复性的刺激也会导致角质层变厚，这都是皮肤应对外界刺激的防御性反应。需要注意的是，年龄增长，皮肤老化、污染、未清洁等因素，都会减缓皮肤新陈代谢，出现角质层过厚，不但使皮肤失去光泽、活力降低，而且新角质细胞的生成也会变慢，影响护肤品的吸收效果。

4.12.2 化妆品去角质剂

去角质的目的在于去除死细胞，加速皮肤代谢，促进对护肤品的吸收，同时光滑皮肤。常见的去角质产品有磨砂膏、啫喱、洁面产品等。去角质成分按工作机理可以分为三类：

① 物理去角质剂　指通过物理的方法去除角质，即在皮肤上涂抹含有磨砂颗粒的去角质成分进行物理摩擦。多种固体微粒在去角质产品中都可以充当磨砂颗粒，如核桃等坚果的壳磨成细粉、弹性硅胶颗粒、矿石的粉末、塑胶粒子等。

② 化学去角质剂　指一些酸类或阳离子表面活性剂通过“腐蚀”作用，去除多余的角质。其中，果酸在剥离角质的同时能渗透皮肤刺激皮肤新生，有一定的保湿作用，但是刺激较大，容易过敏；水杨酸的油溶性质使之容易渗透进入毛孔内部，去除黑头粉刺等，效果与果酸相近，但刺激性更小，不足之处在于使用后会使皮肤干燥。部分阳离子表面活性剂也能使角质层的角质蛋白变性而脱落，这类成分多做成啫喱产品，性质也较为温和。我国目前对于去角质产品的国家标准有《去角质啫喱》(GB/T 30928—2014)，适用于 pH 值在 2.0～8.5 范围内的非驻留型凝胶状产品。此外，酸类在化妆品中的添加有严格的使用限制和技术要求[7]。值得注意的是，使用含酸类的化妆品与“刷酸”有本质区别，禁止明示或者暗示具有医疗作用，也要避免使用“换肤”等不当宣称。

③ 生物去角质剂　主要是利用酶类（如 α-角蛋白酶、木瓜蛋白酶等）和动植物提取物来分解角质蛋白让多余角质松动脱落。角质层中胆固醇硫酸盐对角质细胞脱屑也有重要作用，过量的胆固醇硫酸盐抑制脱屑，而其水解则促进脱屑。多种蛋白酶通过分解连接角质细胞的角化桥粒，参与调控角化细胞从皮肤表面脱落（脱屑）过程。激肽释放酶相关肽酶是其中的主要蛋白酶，除了分解角化桥粒钙黏蛋白使角质细胞脱落，还可激活蛋白酶激活受体-2，加重皮肤炎症。生物去角质效果相对化学和物理法较弱，其优势是作用温和、刺激性小。

4.12.3 去角质的体外评价方法

常用离体猪皮为模型，通过检测器官模型的角质层细胞或角质蛋白含量的变化，检测化妆品的去角质效果。角质层的死细胞主要是蛋白和脂质成分，在猪皮上施用去角质产品后会有蛋白质脱落，即蛋白质含量会发生变化。角质细胞的变化与蛋白质脱落数量成正比，可以通过细胞计数法检测脱离角质细胞的变化情况、BCA 检测总蛋白含量的变化，从而达到评价受试物的去角质功效的目的。

4.12.4 去角质的动物试验方法

可利用无毛小鼠脱水敏感的皮肤建立模型，使用去角质成分后观察表皮细胞的形态变化及表皮层的厚度，以检测产品的去角质效果。例如，Imayama 等[68]报道了在白化无毛小鼠背部涂抹 30%水杨酸乙醇或聚乙二醇溶液，观察到表皮变薄、角化细胞剥离、毛囊扩张和脱落现象，证实了水杨酸的去角质效果。也可以利用小鼠的耳部对外界刺激敏感建立鼠耳模型，利用光学相干层析成像技术对化妆品原料或成品去角质化的过程进行无损、非侵入的观测，判断去角质产品作用前后角质层变化[69]。还可以采用 SD 大鼠模型，运用光学显微镜、扫描电镜和透射电镜观测受试物对动物皮肤角质层有序排列结构和皮肤通透性的影响。

4.12.5 去角质的人体评价方法

人体评价方法主要是通过皮肤角质更新来检测去角质产品的去角质功效。在健康的、皮肤无破损的受试者皮肤上施用去角质产品，通过荧光标记法、皮肤镜观察法、胶带剥离法或通过仪器检测皮肤粗糙度、摩擦系数等参数的方法，评估去角质功效。

4.12.5.1 荧光标记法

荧光标记法是一种非放射性方法，其原理是使用荧光染色剂对皮肤进行染色，在紫外灯（320～400nm）照射下检测荧光的消失时间。即检测角质层更新时间。这个时间也是皮肤整个表皮角质层脱落并重新由未被染色的、新分裂成熟的表皮角质细胞所取代的时间。例如，Kitsongsermthon 等[70] 测试凝胶磨砂膏的去角质效果，将产品涂抹在志愿者的受试部位（左前臂或右前臂），皮肤表皮角质层经丹磺酰氯染色后在紫外灯（365nm）照射下检测荧光，荧光完全消失的时间被记录为角质层周转时间，检测使用去角质产品后皮肤角质层荧光消退时间，与正常水洗皮肤后荧光消退时间作对比，可评估去角质功效。荧光标记法可以检测化妆品对表皮更新的影响，具有灵敏性高、可重复、简便和对人安全等优点。除此之外，还可以对皮肤染色后，在固定时间频率使用去角质产品，利用色度计测量每个部位原始皮肤颜色的颜色恢复情况，从而评估产品的去角质功效。

4.12.5.2 皮肤镜观察法

皮肤镜观察法是用表面显微镜观察和计算皮肤鳞片密度评价去角质功效的方法，具有较高的评分可靠性。Axio Zoom 显微镜能够获得被研究皮肤表面的 Z 叠层图像，以说明皮肤表面形貌的变化。例如，Wernham 等[71] 研究了一种颗粒状海盐基去角质霜的去角质效果，在日常擦洗频率较低的部位（大腿前下部）使用去角质产品和润肤霜，对照部位用清水清洗，利用 Axio Zoom 显微镜观察，发现使用产品的部位鳞片明显减少，并将每张图像分成 850 个小正方形（34×25 网格），以计算包含鳞片的数量。计算得出使用去角质产品的部位鳞片数量显著少于只用清水清洗部位的鳞片数量，平均鳞片密度减少了 72.1%。

4.12.5.3 胶带剥离法

胶带剥离法通过反复使用合适的胶带顺序去除角质层，通过量化去除的角质层数量来研究体内角质层的内聚性。蛋白质是角质层中的主要组成部分，由于脱落的角质细胞与脱落蛋白质数量成正比，因此可以使用对脱落蛋白质定量，来评价产品有无去角质功效及去角质功效的强弱。例如，在受试者皮肤（双掌侧前臂）上使用去角质产品或原料后，用合适的胶带粘下角质层，将角质层固定带浸入氢氧化钠溶液中以提取可溶性角质层蛋白质组分，然后用盐酸中和含有角质层蛋白质的溶液。这种定量方法可以准确、重复地测定黏附在单个胶带上的角质层的质量（微克级别）。利用胶带剥离法评估从皮肤表面到底层的渐进性黏合及去角质产品（如水杨酸）对皮肤表面鳞片和脱皮的影响，可以评估去角质功效[72]。

4.12.5.4 皮肤生理参数评价法

皮肤生理参数评价即客观评价，通过仪器对受试者使用去角质化妆品前后的皮肤状态参数进行采集、样本分析和统计分析，进而对去角质化妆品进行功效评价。测试化妆品的去角质功效，通常通过测量使用产品前后的皮肤表面粗糙度、皮肤摩擦系数、皮肤的电导值、皮肤水合作用、皮肤黏着力、皮肤厚度以及皮肤表面结构的改变等，从而判断去角质化妆品对皮肤角质的改变情况。去角质的皮肤参数评价与保湿功效相似，可参照 4.6.4 节。

4.13 宣称温和

4.13.1 皮肤屏障与皮肤耐受性

不同年龄段以及不同类型皮肤的皮肤屏障功能有所不同，皮肤耐受性也有所差异。例如，婴幼儿和儿童的皮肤角质层和表皮厚度都比成人低，且皮肤没有完全发育成熟，所以皮肤屏障功能弱于成人，对于外界刺激的耐受性低；干性皮肤的角质层含水量低于 10%，其皮脂分泌量少，皮肤干燥，皮肤屏障功能较弱；女性在怀孕期间体内的雄激素和孕激素升高，影响免疫系统，导致皮肤的屏障功能和修复能力下降，皮肤耐受性下降，变得敏感，甚至变成敏感性皮肤。另外，面部皮肤脆弱的部位（如眼周），对于外界刺激较其他部位更敏感。宣称温和的化妆品要避免皮肤刺激的产生，同时可以考虑添加一部分具有皮肤屏障修护和舒缓炎症反应的功效原料。

4.13.2 宣称温和化妆品的配伍要求

宣称温和的化妆品在选择化妆品原料及用量时，都会倾向于刺激性小的原料。如今很多化妆品宣称无酒精添加，无防腐剂或绿色防腐剂等，目的都是为了表明产品温和不刺激，适合各种皮肤类型使用。表面活性剂和乳化剂都能降低溶液的表面张力，并在溶液中形成胶束，这使它们成为许多化学和美容产品的基本成分，但是它们也可以与皮肤脂质相互作用，进而导致皮肤的不良反应。然而，并非所有表面活性剂或乳化剂都具有刺激性。宣称温和清洁产品中，表面活性剂的选择倾向于采用更温和、刺激性更低的表面活性剂，两性表面活性剂（羟磺基甜菜碱、甜菜碱、氧化铵、两性醋酸钠等），非离子表面活性剂（如烷基糖苷和吐温等），阴离子表面活性剂（如脂肪醇聚氧乙烯醚羧酸钠、磺基琥珀酸酯盐）和氨基酸类表面活性剂。在宣称温和的化妆品中，温和防腐剂（如苯氧乙醇和苯甲酸钠）使用频率均较高。值得注意的是，未列入防腐剂目录但具有防腐功效的多元醇类（如戊二醇、己二醇）和绿色防腐剂（如聚赖氨酸、辛酰甘氨酸）以及植物提取物也常在宣称温和的化妆品中使用。

4.13.3 温和功效的体外评价方法

4.13.3.1 玉米醇溶蛋白溶解度试验

玉米醇溶蛋白具有独特的溶解性。它不溶解于水，也不溶解于无水醇类，但可以溶解于体积分数为60%～95%的醇类水溶液中。表面活性剂对玉米蛋白的溶解是预测表面活性剂对蛋白质损伤或变性电位的常用方法，表面活性剂诱导的玉米蛋白变性和增溶与表面活性剂的皮肤刺激潜力有关。以表面活性剂（清洁成分）溶液溶解玉米蛋白作为表面活性剂蛋白质变性电位的指标，将玉米蛋白粉与5%表面活性剂溶液混合24h，然后使用尼龙膜过滤溶液，将溶解的玉米蛋白与未溶解的材料分离，并通过紫外线吸光度测定溶液内玉米蛋白浓度，评估表面活性剂对蛋白质的损伤程度，进而评价表面活性剂的温和程度[73]。

4.13.3.2 EpiOcular和NociOcular眼刺激/刺痛试验

基于眼角膜上皮组织模型的EpiOcular和基于TRPV1通道激活的NociOcular 在一项国外的研究中被分别用作筛选温和眼刺激防晒产品的第一层和第二层体外试验策略[74]。在第一层的眼刺激性筛选中，将组织模型暴露于受试物并对照处理 15min～24h。处理后，冲洗组织并测定细胞毒性。然后计算 ET_{50} 值（相对活力降低 50％的时间）来确定眼部刺激性。在第二层的眼刺痛测试中，采用过度表达的神经元模型中与疼痛感相关的 TRPV1 通道蛋白的 NociOcular 法，判断受试物是否能引起刺痛反应。最后，人眼滴入法作为第三层，将产品滴入眼部，并在 30s、15min 和 60min 后由眼科医生评估眼部刺激程度。参与的受试者还被要求在从轻微刺痛到严重刺痛的 0～3 分范围进行评分，同时以具有良好眼部耐受性的婴儿洗发水作为参比对照。关于 EpiOcular 和 NociOcular 的试验原理请参考 3.3.5 节和 3.3.7 节。

4.13.3.3 改良的鸡胚绒毛尿囊膜血管试验

传统的鸡胚绒毛尿囊膜血管试验用于眼刺激性评价，通过观察鸡胚尿囊膜绒毛膜（CAM）的血管反应评估样品的刺激性。Tang 等将此方法进行了改良，应用于化妆品膜布的温和性评价[75]。试验时，将 CAM 环内区域暴露于斑贴样品（直径 60mm）的穿孔圆盘中，立即用无菌水湿润。以水为阴性对照，99.7％乙醇为阳性对照。待小心移除受试物后，观察 CAM 的血管反应。通过从测试样品的平均得分值中减去溶剂对照的平均得分值，计算校正血管得分和刺激指数。膜布的温和性根据刺激指数进行分级，并可与其他纺织品（棉布、天丝和医用纱布）进行比较。

4.13.3.4 基于重组皮肤模型的试验

一般采用重组表皮模型，如 EpiDerm™、EpiSkin™ 等。表皮模型的生理学结构与真人表皮部分相似，但在物质通过角质层的渗透率上大约高出 10～30 倍，这在温和产品配方的皮肤刺激性试验中反而是一个优势。试验时，通过检测使用产品原料后细胞活性或细胞毒性的变化、形态变化、基因或蛋白质的差异表达或分布，比较和评价产品的温和性。常用指标包括组织细胞活率、细胞膜完整性（NRU 或 LDH）和细胞因子（如 IL-1α、IL-6、IL-8、TNF-α、IL-10、花生四烯酸代谢产物、钙离子等）的差异表达。Ma 等[76] 报道了利用 EpiSkin 模型测试清洁产品的皮肤刺激性，测试指标包括：HE 染色来观察重建的皮肤模型的结构，MTT 法测定组织活性和 ELISA 检测 IL-1α 的释放。基于重组皮肤模型的时间毒性方法也可以评估化妆品温和性。此方法在 SIT 安全性试验方法的基础上，通过测定组织活性下降 50％的暴露时间，判断受试物的刺激程度或是否温和。如 ET_{50} 值在 16～24h 之间，表明受试物非常温和（可参考 3.4.3）。Yamamoto 等[77] 建立了一种皮肤模型吹塑法（SMBM），通过在重组人皮肤模型上应用少量测试样品，吹干，然后测定细胞活力；结果发现，SMBM 法获得的皮肤刺激性结果与兔皮肤刺激指数之间存在高度相关性。

4.13.4 温和功效的动物试验方法

2021 年，广州开发区黄埔化妆品产业协会发布了团体标准《化妆品 温和刺激性的测定斑马鱼胚法》（T/HPCIA 006—2021)，用来进行化妆品（膏霜、乳液、凝胶、精华等）及原料的温和刺激性评价。此标准使用 24 孔细胞培养板，每孔加入 24hpf（受精后小时数）的斑马鱼胚胎 10～20 枚和 1mL 受试物溶液，设置空白对照或阳性对照，在体式显微镜下进行观察。根据胚胎对受试物的刺激性反应（胚胎的刺激摆动、死亡情况）记录鱼胚刺激摆动（卵黄囊位置的移动）的次数和鱼胚死亡数量，以评价样品的温和刺激性。

4.13.5 温和功效的人体评价方法

4.13.5.1 角质测量法

角质测量法类似于去角质人体功效评价方法中的胶带剥离测试法，可参考 4.12.5 节。敏感干皮人群的角质易脱落，使用角质测量法可实现清洁剂（主要指表面活性剂）对实际人体角质层的影响可量化、可视化。用特定胶带取下受试者皮肤角质，浸泡于清洁剂溶液中，一段时间后冲洗、干燥并进行染色，刺激性物质会诱发皮肤样品的强烈染色，而温和的溶液将诱导最低程度的染色，通过色度计测量并计算温和比色指数。温和比色指数（CIM）计算公式为 $CIM=L^*-C^*$，其中 $C^*=[(a^*)^2+(b^*)^2]^{1/2}$，CIM 越高，表示产品越温和。同时可以结合产品的清洁性能和保湿性能，综合评价产品的温和程度[73]。

4.13.5.2 反复损伤性斑贴试验

反复损伤性斑贴试验（repeated insult patch test，RIPT）以发生过敏或刺激为终点，评估护肤品尤其是婴幼儿产品（如婴儿湿巾）的温和性[78]。反复损伤性斑贴试验的方法类似于一般的斑贴试验，需要注意的是受试者筛选：皮炎急性期不宜作斑贴试验；受试前 2 周及试验期间不得应用皮质类固醇激素，试验前 3 天及受试期间宜停用抗组胺类药物；孕妇不宜作受试者。Hiromi 等[79] 研究了化妆品中通常用作添加剂的刺激物样品来评估皮肤刺激反应的最佳应用时间，将样品贴在受试者的上背部，并封闭 4h、24h 或 48h。发现斑贴应用时间为 24h 就足以检测化妆品中刺激物对皮肤的原发性刺激，在斑贴去除后 48h 反应变弱。

4.13.5.3 累积性皮肤刺激试验

累积性皮肤刺激试验（cumulative irritation test，CIT）主要针对婴儿尿布区域使用的产品。通过为期 5～21 天的多次重复封闭性皮肤斑贴，在封闭和连续使用的条件下，在受试者的同一皮肤位置上施加封闭性斑贴，每天停留约 23h，对皮肤耐受性、舒适度进行分级（可以通过主观评分判定），并测量皮肤 pH 值。角质层稳态受 pH 依赖性酶的影响，而尿布区域的皮肤包含褶皱和折痕，不仅容易产生尿液和粪便残留，而且容易由摩擦造成轻微屏障损伤，皮肤同时暴露于尿液和粪便容易导致皮肤 pH 值升高，激活粪便中的蛋白质水解酶和脂解酶，影响角质层的整体结构和屏障状态。因此，对于婴儿产品，有效控制尿布区域的皮肤 pH 值可以预期对改善皮肤状况有益[80]。

4.13.5.4 皮肤生理参数测量法

评价温和功效的化妆品（如清洁产品）通常对比角质层含水量、皮肤油脂分泌量、皮肤表面 pH 值、皮肤厚度等，以判断产品对皮肤的刺激或改善敏感的情况，进而评估产品的温和程度。对于婴幼儿的清洁产品，杨婷等[81] 认为将避免高刺激性的表面活性剂及筛选高温和性的表面活性剂两种手段相互结合，可以更全面地优化配方中清洁剂组合的温和性。Gfatter 等[82] 分别采用自来水、液体清洁剂、固体清洁剂和碱性皂清洁婴幼儿表面皮肤，考察皮肤表面 pH、皮脂含量、水分含量等 3 项指标，结果显示用 4 种样品清洁后，使用碱性皂的皮肤表面 pH 改变最大（约增加 0.453）、皮脂减少最多（约 4.81μg/cm），水分含量在清洁前后无明显改变。从单次清洁评估结果来看，皂基清洁产品对皮肤原本的 pH 和皮脂含量均有较大改变，具有潜在的刺激性，考虑到日常清洁的频率，多次清洁会增加刺激风险。

4.14 新方法的验证与标准化

化妆品作用机理复杂、评价方法多样，完善现有的功效评价方法以及开发新型评价方法将是功能性化妆品研发领域的一个重要任务。近年来，随着科技进步和国际上全面禁止化妆品动物试验，动物替代体外试验模型的开发与在化妆品评价领域的应用是一个重要的研究方向。为了克服体外模型在研究复杂生物学效应时缺乏新陈代谢、细胞微环境异于人体和难以进行生物的整体效应评价等缺点，多种基于生物传感器、仿生微流控技术和计算机芯片技术的新模型被开发出来，用于新的药物和活性产物筛选和系统生物学研究。例如，哈佛大学 Wyss 研究所利用生物3D打印研制了包括肺、肾、肝等在内的多个带集成传感系统的人体器官芯片。器官芯片是一种多通道3D微流体细胞培养芯片，包含具有活性的人类细胞，并能模拟器官系统的活动、机制以及生理反应。如果用于化妆品原料的安全和功效性评价，人体器官芯片将为化妆品功效原料的体外筛选、毒代动力学研究和个性美容医疗等开辟一条新的途径。

4.14.1 新体外方法的验证

《化妆品功效宣称评价规范》规定，化妆品功效宣称评价的方法应当具有科学性、合理性和可行性，并能够满足化妆品功效宣称评价的目的。使用强制性国家标准、技术规范以外的试验方法，都需要进行方法验证，经验证符合要求的，方可开展新功效的评价。同时，在产品功效宣称评价报告中应阐明方法的有效性和可靠性[2]。一项新的试验方法从研究开发到最终标准化通常要经过5个主要阶段：

① 建立方法　在起始实验时初步明确试验目的与必要性、建立适宜的方法、使用合适的试剂、采用有效的实例和形成标准操作程序。

② 预验证　进行小范围的非正式实验室间研究，以试验方法的规范和修正预测模型，获得其相关性和可靠性的初期评价。包括方法修订、方法转移和方法评价三个组成部分。

③ 正式验证　在盲性试验条件下进行大规模的实验室间研究，以获得更明确的相关性和可靠性的评价。验证内容包括研究设计、试验方法和实验室选择、化学物质的分配和选择、数据收集和分析、结果评价。在正式验证阶段，试验数据库的建立必不可少，充分积累化学物质数据以更好地检验试验方法的性能。一般需要选择10～20种不同化学物质，积累200～250个试验数据。

④ 自主评价　经过预验证和正式验证后，对新建试验方法的预测率、速度、简便性及经济性做进一步的评价，决定该试验方法是否可能作为标准化方法使用。

⑤ 标准化与法规接收　如有效性验证完成，可提交有关机构审查，成为技术标准推广使用。定量和定性试验的常用方法学参数如表4-5所示。

表4-5　定量和定性试验的常用方法学参数

定量方法	定性方法
准确度、真实性、精密度	灵敏度和特异性
不确定性	不可靠区域
敏感性和特异性	假阳性和假阴性率
选择性、干扰	选择性、干扰
线性范围	阈值
检测限	检测限
测试稳定性	测试稳定性

验证过程是指出于明确的目的，对特定的试验、方法、程序或评价的相关性和可靠性建立程序的过程。相关性或有效性是指试验方法的科学价值，即对所关注效应的相关程度，以及为了特定的目的，某种方法是否适用和具有科学意义；而可靠性是试验结果的可重复性，即实验室内和不同实验室间能否在一定的准确度内正常使用某种方法，可靠性通过实验室内和实验室间的再现性，以及实验室内的重复性进行评价。一项新的试验方法需要经过验证研究获得一系列评价指标，进而得到有效性和可靠性数据（表 4-6）。

表 4-6　验证研究的常用参数

参数	释义
再现性	反映具有不同资质的实验室使用相同的试验规程和试验物质是否能得出质量和数量上一致的结果；通常将实验室内再现性的评定作为验证的第一步，反映同一间实验室具有资质的实验员在不同时间内使用指定的实验方案是否能成功重复试验结果；实验室间再现性反映了试验方法在不同实验室间可以成功传递的程度
一致性	所有检测的化学物质正确地分类为阳性（真阳性）或阴性（真阴性）的比例，这是对试验方法运行进行测量的一个指标，也是“相关性”的一个方面；一致性经常与“准确性”互换使用，除了指试验方法得出正确结果所占的比例，还能指试验方法结果与参考值之间的一致性程度
重复性	在指定条件下和给定时间内，一个实验室对相同物质检测获得一致结果的接近度
预测性	用试验方法检测阳性（阴性）物质能得到正确阳性（阴性）反应的比例，是评价试验方法准确性的一个指标，反映了试验方法的灵敏度，受测试时混合率的影响
敏感性	在一个试验方法中，所有阳性化学物质被正确鉴别为阳性的比例，是评价试验方法准确度的指标
特异性	在一个试验方法中，所有阴性化学物质被正确鉴别为阴性的比例，是评价试验方法准确度的指标
可靠性	测量试验方法可以在实验室间长时间重现的程度，是通过测定实验室内和实验室间的重现性和实验室内的重复性来评价的
普适性/可转移性	试验方法或试验程序可以精确和可靠地在不同资质的实验室实行的能力

4.14.2　实验室质量保证体系

《化妆品功效宣称评价规范》规定，承担化妆品功效宣称评价的机构应当建立良好的实验室规范，完成功效宣称评价工作和出具报告，并对出具报告的真实性、可靠性负责[2]。因此，实验室应制定质量保证计划，确保研究遵从良好的实验室规范（GLP）和临床试验管理规范（GCP）。质量保证计划是实验室的管理规程，独立于研究之外，与技术研究和科学研究无关。质量保证计划应由实验室负责人任命的正式质量保证人员兼职或者全职承担，包括检查研究计划和 SOP 是否适用；试验过程中不定期检查试验质量，检查设备、材料、环境和人员能力的符合性；出具质量检查报告，在研究报告中签署独立的质量声明文件。检查中注意信息流程、样品监护、数据交叉点的衔接是否符合要求。在体外试验方面，OECD 发布了《良好体外方法规范（GIVIMP）》《良好细胞培养规范》的指南文件，为体外方法提供设计指南，在确保测试结果的质量和科学完整性等方面提供了良好规范。我国广东出入境检验检疫局也制定了《化妆品体外替代试验实验室规范》（SN/T 2285—2009）行业标准，规定了从事化妆品体外毒理学安全评价试验时，实验室应遵守的良好规范。2019 年，国家食品药品监督管理局颁布的《化妆品检验检测机构能力建设指导原则》可作为指导检验检测机构能力建设的通用性指南，亦可作为监管部门对检验检测机构进行能力评价的参考性文件。

参考文献

[1]国家食品药品监督管理局．化妆品分类规则和分类目录[Z]. 2021-04-08.

[2]国家食品药品监督管理局．化妆品功效宣称评价规范[Z]. 2021-04-08.

[3]Battie C,Verschoore M. Cutaneous solar ultraviolet exposure and clinical aspects of photodamage[J]. Indian Journal of Dermatology,Venereology and Leprology,2012,78:9-14.

[4]程树军,黄健聪,陈志杰．防晒原料的体外生物学评测方法[J]. 日用化学品科学,2018,41(6):22-26.

[5]徐颖愉,黄晓辉,江漪,等．不同防晒标准品对紫外线致大鼠皮肤光损伤的防护作用[J]. 实验动物与比较医学,2020,40(1):33-38.

[6]吴海游,梁美婷,邱楚群,等．三种含辅酶 Q10 的防晒剂抗小鼠皮肤紫外线损伤的效果评价[J]. 中国皮肤性病学杂志,2017,31(4):365-368.

[7]国家食品药品监督管理局．化妆品安全技术规范（2015 年版）[Z]. 2015-12-23.

[8]Cichorek M,Wachulska M,Stasiewicz A. Heterogeneity of neural crest-derived melanocytes[J]. Open Life Sciences,2013,8(4):315-330.

[9]彭晓明,霍仕霞,赵萍萍,等．不同纯度高良姜素对 A375-HaCaT 共培养模型中黑素细胞增殖及黑素合成的影响[J]. 中国中医药信息杂志,2014,21(1):58-61.

[10]Huang C M,Shu C W,Two A, et al, Propionibacterium acnes in the pathogenesis and immunotherapy of acne vulgaris[J]. Current Drug Metabolism,2015,16(4):245-254.

[11]Aizawa H,Niimura M. Elevated serum insulin-like growth factor(IGF) levels in women with postadolescent acne[J]. The Journal of Dermatology,1995,22(4):481-491.

[12]Kang S,Cho S,Jin H C, et al. Inflammation and extracellular matrix degradation mediated by activated transcription factors nuclear factor-κB and activator protein-1 in inflammatory acne lesions in vivo[J]. American Journal of Pathology,2005,166(6):1691-1699.

[13]Alestas T,Ganceviciene R,Fimmel S,et al. Enzymes involved in the biosynthesis of leukotriene B4 and prostaglandin E2 are active in sebaceous glands[J]. Journal of Molecular Medicine,2006,84(1):75-87.

[14]Selway J L,Kurczab T,Kealey T, et al. Toll-like receptor 2 activation and comedogenesis:Implications for the pathogenesis of acne[J]. BMC Dermatology,2013,13:1-7.

[15]cosmetics-microbiology-guidelines for the risk assessment and identification of microbiologically low-risk products . 2 ed: ISO 29621:2017[Z]. 2017-09-06.

[16]Lim H J,Kang S H,Song Y J,et al. Inhibitory effect of quercetin on propionibacterium acnes-induced skin inflammation[J]. International Immunopharmacology,2021,96(1):1-8.

[17]张淑妍,杜雅兰,汪洋,等．脂滴——细胞脂类代谢的细胞器[J]. 生物物理学报,2010,26(2):97-105.

[18]Zouboulis C C,Xia L,Akamatsu H,et al. The human sebocyte culture model provides new insights into devel-

opment and management of seborrhoea and acne[J]. Dermatology,1998,196(1):21-31.
[19]Cunliffe W J,Shuster S. Pathogenesis of acne[J]. Lancet,1969,293(7597):685-687.
[20]Rosenfield R L,Deplewski D,Kentsis A,et al. Mechanisms of androgen induction of sebocyte differentiation [J]. Dermatology,1998,196(1):43-46.
[21]Nakatsuji T,Yang S,Zhu W,et al. Bioengineering a humanized acne microenvironment model:Proteomics analysis of host responses to propionibacterium acnes infection in vivo[J]. Proteomics,2010,8(16):3406-3415.
[22]Esselin N,Capallere C,Meyrignac C,et al. 075 Generation and quantification of oxidized squalene to develop an acne testing model in vitro based on skin tissue engineering[J]. Journal of Investigative Dermatology,2016,136(9):S173.
[23]Nakano K,Kiyokane K,Andrade C B,et al. Real-timereflectance confocal microscopy,a noninvasive tool for in vivo quantitative evaluation of comedolysis in the rhino mouse model[J]. Skin Pharmacol Physiol,2007,20(1):29-36.
[24]鞠强．中国痤疮治疗指南（2019 修订版）[J]. 临床皮肤科杂志,2019,48(9):583-588.
[25]Makrantonaki E,Zouboulis C C. Testosterone metabolism to 5 α-dihydrotestosterone and synthesis of sebaceous lipids is regulated by the peroxisome proliferator-activated receptor ligand linoleic acid in human sebocytes[J]. British Journal of Dermatology,2007,156(3):428-432.
[26]Matias J R,Orentreich N. Stimulation of hamster sebaceous glands by epidermal growth factor[J]. Journal of Investigative Dermatology,1983,80(6):516-519.
[27]Wróbel A, Seltmann H, Fimmel S, et al. Differentiation and apoptosis in human immortalized sebocytes [J]. Journal of Investigative Dermatology,2003,120(2):175-181.
[28]Hwang Y L,Im M,Lee M H,et al. Inhibitory effect of imperatorin on insulin-like growth factor-1-induced sebum production in human sebocytes cultured in vitro[J]. Life Sciences,2016,144:49-53.
[29]Plewig G,Luderschmidt C. Hamster ear model for sebaceous glands[J]. Journal of Investigative Dermatology,1977,68(4):171-176.
[30]Arbuckle R,Atkinson M J,Clark M,et al. Patient experiences with oily skin:The qualitative development of content for two new patient reported outcome questionnaires[J]. Health and Quality of Life Outcomes,2008,6(1):1-15.
[31]McDaniel D H,Dover J S,Wortzman M,et al. In vitro and in vivo evaluation of a moisture treatment cream containing three critical elements of natural skin moisturization[J].J Cosmet Dermatol, 2020, 19(5):1121-1128.
[32]Kim H,Jeon B,Kim W J,et al. Effect of paraprobiotic prepared from Kimchi-derived Lactobacillus plantarum K8 on skin moisturizing activity in human keratinocyte[J]. Journal of Functional Foods,2020,75:1-7.
[33]Crowther J M,Sieg A,Blenkiron P,et al. Measuring the effects of topical moisturizers on changes in stratum corneum thickness,water gradients and hydration in vivo[J]. Br J Dermatol,2008,159(3):567-577.
[34]陈亚飞,余汉谋,姜兴涛．皮肤保湿剂的功效评价方法[J]. 日用化学品科学,2015,38(12):27-30.
[35]Jia Y,Gan Y,He C,et al. The mechanism of skin lipids influencing skin status[J]. Journal of Dermatological Science,2018,89(2):112-119.
[36]Ponec M,Boelsma E,Weerheim A,et al. Lipid and ultrastructural characterization of reconstructed skin models[J]. International Journal of Pharmaceutics,2000,203(1):211-225.
[37]陈佳,刘青武,何秀娟,等．细胞外基质在皮肤创面修复中的研究进展[J]. 中国临床药理学与治疗学,2019,24(6):716-720.
[38]樊雨梅,帖航,赵海晴,等．阿胶对皮肤屏障损伤的修复作用[J]. 日用化学品科学,2021,44(12):18-22.
[39]吴庭,孙弦,刘睿,等．玄参提取物抑 UVB 诱导的角质形成细胞光损伤及其机制研究[J]. 时珍国医国药,2021,32(3):585-588.

[40]钟建桥,高小青,熊霞,等. Nrf2 对体外三维皮肤光损伤模型的作用[J]. 中国皮肤性病学杂志,2018,32(1):575-588.
[41]吴越,孙芳卉,宋肖洁. 多环芳烃体外皮肤损伤的模型建立和应用[J]. 香料香精化妆品,2019(5):66-70.
[42]徐良恒,顾华,郭美华,等. 透明质酸对 BALB/c 小鼠激光损伤后皮肤屏障功能修复的研究[J]. 中华皮肤科杂志,2014,47(5):345-348.
[43]李福民,刘媛,廖金凤,等. 维生素 E 脂质体对小鼠皮肤光损伤的修复作用[J]. 中国临床药理学杂志,2019,(5):465-467.
[44]雷翠婷,郑木创,陈楚微. 皮肤修护类化妆品功效评价方法探讨[J]. 日用化学品科学,2021,44(12):28-30.
[45]何黎,郑捷,马慧群,等. 中国敏感性皮肤诊治专家共识[J]. 中国皮肤性病学杂志,2017,31(1):1-4.
[46]Chen L,Zheng J. Does sensitive skin represent a skin condition or manifestations of other disorders[J]. J Cosmet Dermatol,2021,20(7):2058-2061.
[47]Zheng Y,Liang H,Li Z,et al. Skin microbiome in sensitive skin:The decrease of Staphylococcus epidermidis seems to be related to female lactic acid sting test sensitive skin[J]. J Dermatol Sci,2020,97(3):225-228.
[48]Misery L,Loser K,Stander S. Sensitive skin[J]. J Eur Acad Dermatol Venereol,2016,30(1):2-8.
[49]Huet F,Misery L. Sensitive skin is a neuropathic disorder[J]. Experimental Dermatology,2019,28(12):1470-1473.
[50]Xiao X,Qiao L,Ye R,et al. Nationwide survey and identification of potential stress factor in sensitive skin of Chinese women[J]. Clin Cosmet Investig Dermatol,2020,13:867-874.
[51]李潇,张晓娥,卢永波,等. 化妆品功效评价(Ⅷ)——3D 皮肤模型在化妆品功效评价中的应用[J]. 日用化学工业,2018:489-494.
[52]张海娣,董银卯,孟宏. 舒敏方对过敏和瘙痒模型的影响[J]. 中国实验方剂学杂志,2011,17(23):177-179.
[53]王欢,盘瑶. 化妆品功效评价(Ⅴ)——舒缓功效宣称的科学支持[J]. 日用化学工业,2018:247-254.
[54]Lee E,An S,Lee T R,et al. Development of a novel method for quantitative evaluation of sensory skin irritation inhibitors[J]. Skin Res Technol,2009,15(4):464-469.
[55]Farage M A,Ebrahimpour A,Steimle B,et al. Evaluation of lotion formulations on irritation using the modified forearm-controlled application test method[J]. Skin Res Technol,2007,13(3):268-279.
[56]Hon K L,Tsang Y C,Pong N H,et al. Patient acceptability,efficacy,and skin biophysiology of a cream and cleanser containing lipid complex with shea butter extract versus a ceramide product for eczema[J]. Hong Kong Med J,2015,21(5):417-425.
[57]程艳,祁彦,王超,等. 防衰老抗皱化妆品的功效评价与展望[J]. 日用化学工业,2006,36(3):178-181.
[58]Chiang H M,Chen H C,Chiu H H,et al. Neonauclea reticulata (Havil.)merr stimulates skin regeneration after UVB exposure via ROS scavenging and modulation of the MAPK/MMPs/Collagen pathway[J]. Evidence-based Complementary & Alternative Medicine (eCAM),2013,324864:1-9.
[59]Michelet J F,Olive C,Rieux E,et al. The anti-ageing potential of a new jasmonic acid derivative (LR2412):In vitro evaluation using reconstructed epidermis EpiSkin[J]. Experimental Dermatology, 2012, 21(5):398-400.
[60]陈雅,孟德胜,徐果,等. 抗皱眼霜抗皮肤衰老作用实验研究[J]. 中国药师,2012,15(12):1709-1710.
[61]Ezure T,Hosoi J,Amano S,et al. Sagging of the cheek is related to skin elasticity,fat mass and mimetic muscle function[J]. Skin Research and Technology,2009,15(3):299-305.
[62]Sakata A,Abe K,Mizukoshi K,et al. Relationship between the retinacula cutis and sagging facial skin[J]. Skin Research and Technology,2018,24(1):93-98.
[63]Ezure T,Amano S. Influence of subcutaneous adipose tissue mass on dermal elasticity and sagging severity in lower cheek[J]. Skin Research & Technology,2010,16(3):332-338.
[64]Lee H,Hong Y J,Kim M. Structural and functional changes and possible molecular mechanisms in aged skin

[J]. International Journal of Molecular Sciences, 2021, 22(22), 12489: 1-17.

[65]Moloney S J. The hairless mouse model of photoaging: Evaluation of the relationship between dermal elastin, collagen, skin thickness, and wrinkles[J]. Photochem Photobiol, 1992, 56: 505-511.

[66]Fisher N, Carati D. Application of synthetic peptides to improve parameters of skin physiology: An open observational 30-Day study[J]. Journal of Cosmetics, Dermatological Sciences and Applications, 2020, 10: 163-175.

[67]Xhauflaire-Uhoda E, Fontaine K, Pi é rard G E. Kinetics of moisturizing and firming effects of cosmetic formulations[J]. International Journal of Cosmetic Science, 2008, 30(2): 131-138.

[68]Imayama M S, Ueda S, Isoda M. Histologic changes in the skin of hairless mice following peeling with salicylic acid[J]. Arch Dermatol, 2000, 136: 1390-1395.

[69]李伟军，方玉宏，董葵，等．去角质化的光学相干成像检测[J]. 激光生物学报，2017: 508-511.

[70]Kitsongsermthon J, Kreepoke J, Duangweang K. et al. In vivo exfoliating efficacy of biodegradable beads and the correlation with user's satisfaction[J]. Skin Res Technol, 2018, 24(1): 26-30.

[71]Wernham A G, Cain O L, Thomas A M. Effect of an exfoliating skincare regimen on the numbers of epithelial squames on the skin of operating theatre staff, studied by surface microscopy[J]. J Hosp Infect, 2018, 100(2): 190-194.

[72]Bashir S J, Dreher F, Chew A L. Cutaneous bioassay of salicylic acid as a keratolytic[J]. Int J Pharm, 2005, 292(1/2): 187-194.

[73]Regan J, Mollica LM Ananthapadmanabhan K P. A novel glycinate-based body wash : Clinical investigation into ultra-mildness, effective conditioning, and improved consumer benefits[J]. Clinical Aesthetic, 2013, 6: 23-30.

[74]Narda M, David R L, Greg Mun, et al. Three-tier testing approach for optimal ocular tolerance sunscreen [J]. Cutaneous and Ocular Toxicology, 2019, 38(3): 212-220.

[75]Tang Y, Liu L, Han J J, et al. Fabrication and characterization of multiple herbal extracts-loaded nanofibrous patches for topical treatment of acne vulgaris[J]. Fibers and Polymers, 2021, 22(2): 323-333.

[76]Ma X, Wang F, Wang B. Application of an in vitro reconstructed human skin on cosmetics in skin irritation tests[J]. J Cosmet Dermatol, 2021, 20(6): 1933-1941.

[77]Yamamoto N, Miyamoto K, Katoh-Yakugaku Z K. Development of alternative to animal experiment in evaluation of skin irritation caused by alcohol-based hand rubs[J]. The Pharmaceutical Society of Japan, 2010130 (8): 1069-1073.

[78]Rodriguez K J, Cunningham C, Foxenberg R, et al. The science behind wet wipes for infant skin: Ingredient review, safety, and efficacy[J]. Pediatr Dermatol, 2020, 37(3): 447-454.

[79]Kanto H, Washizaki K, Ito M, et al. Optimal patch application time in the evaluation of skin irritation[J]. J Dermatol, 2013, 40(5): 363-369.

[80]Adam R, Schnetz B, Mathey P, et al. Clinical demonstration of skin mildness and suitability for sensitive infant skin of a new baby wipe[J]. Pediatr Dermatol, 2009, 26(5): 506-513.

[81]杨婷，刘红旗，石荣莹．温和婴幼儿洗护产品研究进展[J]. 中国洗涤用品工业，2020, 6: 113-118.

[82]Tyebkhan G. Skin cleansing in neonates and infants-basics of cleansers[J]. Indian Journal of Pediatrics, 2002, 69(9): 767-769.

发用化妆品的功效性评价

本章综述了针对毛发纤维的生物物理学仪器分析技术、针对头皮的体外生物学模型及体内试验方法在发用化妆品功效性评价中的应用，为发用化妆品进行功效宣称与评价提供了参考与指导。

5.1 毛发和发用化妆品

5.1.1 毛发的生理结构与生长机制

5.1.1.1 毛发与毛囊的结构

毛发由埋在皮肤下方的毛囊与皮肤表面的毛干组成（图 5-1）。毛囊是头皮的表皮向真皮处下陷而形成的重要的附属结构，是用来生长毛发的皮肤器官，也是哺乳动物唯一终生呈周期性循环的器官，分布在除了手掌、脚掌和嘴唇以外的全身体表皮肤上。毛囊的大小和形状因位置而异，但它们都具有相同的基本结构，分为表皮层与真皮层两部分。毛囊的表皮层包括内根鞘和外根鞘。内根鞘在皮脂腺开口处与内陷的表皮水平相连，其尺寸和曲率决定了毛发的形状（例如圆形的内根鞘头发是直的，而椭圆形头发是卷曲的）。毛囊的真皮层包含了毛乳头和结缔组织鞘。皮脂腺上方的毛囊区域称为漏斗部，皮脂腺和立毛肌之间的区域称为峡部。立毛肌是附着在毛囊外根鞘上的平滑肌束。峡部下方的区域称为下半部，包含毛囊下端膨大成的毛球。下半部在整个生命中经历退化和再生的循环，而漏斗部和峡部永久保留。

皮肤表面以上的毛干部分直径约 50～100μm，由毛表皮、毛皮质和毛髓质三部分组成。

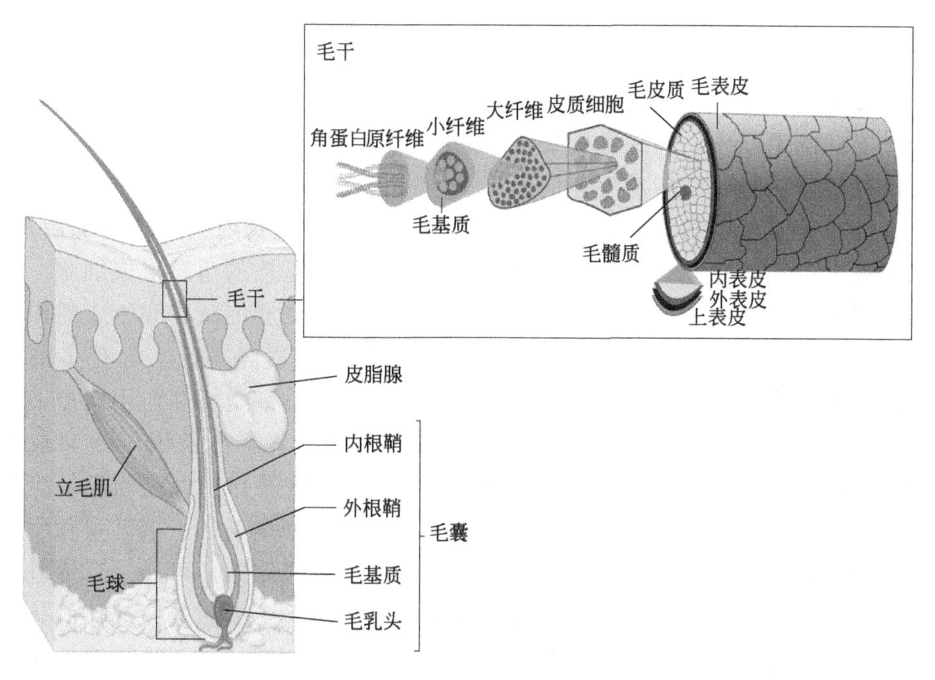

图 5-1　毛发的解剖生理结构示意图

① 毛表皮　位于最外层的角质层，由薄而平坦的角质细胞以鳞片状重叠而组成，构成了毛发表面约 5μm 厚的保护层。最外部还含有一层脂质蛋白膜，厚度大约为 5～10nm，通过硫酯键与半胱氨酸残基连接到下面的纤维蛋白层，起到保护层的作用，防止头发内部水分散失，同时也影响头发的摩擦特性和粗硬程度。毛表皮又可细分为上表皮、外表皮和内表皮，其中，上表皮的胱氨酸含量最高。

② 毛皮质　位于毛发中间区域，由毛皮质细胞沿纤维轴紧密排列组成，是毛发主要的结构支撑部分（约 45～90μm）。皮质细胞由卷曲螺旋的 α-角蛋白和角蛋白缔合蛋白（KAP）横向组装成的微纤维和间质材料构成。角蛋白内部的胱氨酸由二硫键连接形成稳定的交联网。角蛋白呈螺旋状卷曲形成中间丝，组成原纤维；多根原纤维呈螺旋状形成小纤维，再由小纤维聚成大纤维；数根螺旋状的大纤维形成外纤维，这些纤维中细胞类型分布的差异决定着头发卷曲的程度。毛皮质细胞中色素颗粒的含量和类型决定了毛发的颜色[1]。

③ 毛髓质　位于毛发最内层，厚度约 5～10μm，为空心结构，含有少量角蛋白原纤维，对头发的形状和光泽度有一定的影响。

此外，还有由蛋白质和脂质组成的细胞间复合物（cell membrane complex，CMC）存在于毛表皮细胞之间、毛皮质细胞之间和毛表皮与毛皮质细胞间，起到黏合细胞的作用。

5.1.1.2 毛发的生长周期

毛发能不断生长，关键靠毛囊中含有的干细胞。毛发的干细胞位于两处，一处位于毛球的毛基质，另一处则在毛发的外根鞘。毛基质的干细胞负责产生毛干以及内外根鞘。基质细胞沿毛囊向上移动，进入内根鞘的细胞数量决定了头发的粗细。随着头发的生长，毛干和内根鞘都向上发展，直到内鞘到达峡部后脱落。毛球中还含有黑素细胞，能产生黑素体并转移到毛球基质的角质形成细胞。毛发颜色由黑素体在毛干中的分布决定。衰老会导致黑素细胞的减少和相应的黑素体生成减少，从而导致毛发变白。外根鞘形成突起的毛囊隆突区，含有多种干细胞，这些干细胞与附近的表皮细胞、内外根鞘、基纤维细胞相互作用调控毛发的生长。在毛发的生长调节方面，真皮毛乳头产生胰岛素样生长因子-1 和成纤维细胞生长因子-7，在毛囊发育和生长周期循环中发挥重要作用。控制头发生长的激素因素包括雌激素、甲状腺激素、糖皮质激素、类维生素 A、催乳素和生长激素。值得注意的是，雄激素（睾酮及其活性代谢物二氢睾酮）可通过真皮乳头中的雄激素受体起作用，导致青春期时胡须区域的毛囊产生雄激素依赖性的体积增长；但是另一方面，雄激素又会使头皮中的毛囊发生萎缩，从而导致雄性激素源性脱发。

毛发的生长以周期性方式发生。每个毛囊都作为一个独立的单元发挥作用。毛发生长细胞周期由三个阶段组成：生长期、退行期和休止期（图 5-2）。生长期是活跃的生长阶段，通常在头皮上持续大约三到五年，在此期间头发以每天约 0.33mm 的速度生长。生长期的长度随着年龄的增长而减少，并且在患有脱发症的个体中显著减少。退行期通常持续约两周，外根鞘中的许多细胞经历细胞凋亡后毛发变成棒状。休止期在头皮上持续大约三到五个月，这个阶段的头发最终被生长的生长期毛干推出。身体上的其他部位往往有较短的生长期和较长的休止期，导致大多数体毛较短并保持较长时间。除了由角蛋白或其他结构蛋白突变和瘢痕性脱发引起的罕见先天性毛发缺陷外，脱发和不需要的毛发生长被认为是源自毛发生长周期的偏差，而且是可逆事件。毛发的生长周期可由许多不同的生理因素影响。例如，生长期或休止期的同步终止被称为休止期脱发，常在分娩、手术、体重减轻和严重压力的创伤后观察到，也与药物、内分泌失调、贫血和营养不良有关[2]。

5.1.2 发用化妆品的功效类型

发用化妆品包括染发、烫发、防脱发类的特殊化妆品和护发类的普通化妆品（表 5-1）。它们的作用对象包括了毛发及其赖以生长的头皮区域。生活中，发用化妆品的品种繁多，功能和作用机理各异。例如洗发水用于清洁头发和头皮，护

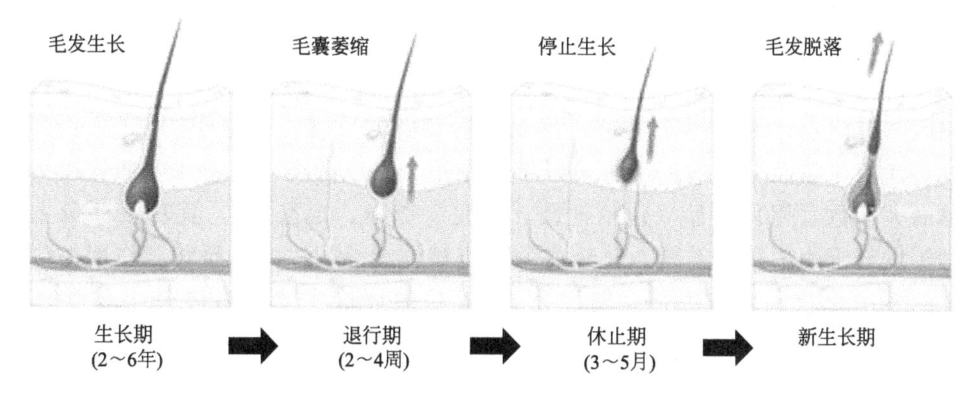

图 5-2 毛发的生长周期示意图

发素用于保护头发纤维并提供理想的外观和触感。这些产品主要改变头发表面的粗糙度、摩擦和黏附性能，而染发和烫发产品则主要通过改变头发内部的化学成分及相关物理性质来实现其功能。我国发用化妆品行业发展迅速，市场竞争激烈，消费者日趋理性。如果化妆品功效宣称缺乏充分的科学依据，势必影响产品的市场推广。因此，如何运用科学手段对发用化妆品的不同功效进行量化评价，是发用化妆品研发的重要课题，也是化妆品行业十分感兴趣的问题。

表 5-1 《化妆品分类规则和分类目录》中的发用化妆品功效宣称[3]

功效类别	释义说明和宣称指引
染发	以改变头发颜色为目的，使用后即时清洗不能恢复头发原有颜色
烫发	用于改变头发弯曲度（弯曲或拉直），并维持相对稳定（注：清洗后即恢复头发原有形态的产品，不属于此类）
防脱发	有助于改善或减少头发脱落（注：调节激素影响的产品、促进生发作用的产品，不属于化妆品）
护发	有助于改善头发、胡须的梳理性，防止静电，保持或增强毛发的光泽
防断发	有助于改善或减少头发断裂、分叉；有助于保持或增强头发韧性
去屑	有助于减缓头屑的产生；有助于减少附着于头皮、头发的头屑
发色护理	有助于在染发前后保持头发颜色的稳定（注：为改变头发颜色的产品，不属于此类）
脱毛	用于减少或除去体毛
辅助剃须剃毛	用于软化、膨胀须发，有助于剃须剃毛时皮肤润滑（注：剃须、剃毛工具不属于化妆品）

5.2 发用化妆品功效的体外评价方法

化妆品功效的体外试验主要通过离体培养的细胞、微生物和组织等体外生物学模型进行。由于头发的发干部分由无生命的蛋白质纤维构成，发用化妆品的体外评价还可以采用以波谱学、理化分析为代表的材料学仪器分析。2013 年欧盟全面禁止化妆品动物试验禁令的提出，推动了体外试验技术在化妆品评价领域的发展与进步。与此同时，相对于试验周期长、成本高、主观性强的传统动物试验和人体试验，体外试验在评价时还具有试验周期短、经济简便和易于开展深层次机理研究等优点，因此越来越受到行业和消费者的重视。根据作用部位的不同，可以将发用化妆品分为作用于头发纤维和作用于头皮两类。对于作用部位在头发纤维的大多数发用化妆品（包括清洁、修复、漂染、定型等），其功效评价主要针对头发纤维的形貌、结构、化学成分和机械性能等的改变，而对于作用部位在头皮的发用化妆品（如去屑、防脱发），其功效评价主要通过体外生物学模型进行。

5.2.1 针对头发纤维的体外评价

5.2.1.1 显微成像分析

运用各种显微成像技术可方便地对头发纤维的微观结构进行观察，并对包括化妆品、光照、机械损伤、干燥等对毛发的影响进行评估。

（1）扫描电子显微镜

扫描电子显微镜（SEM）是一种在真空下利用聚焦电子束扫描使样品表面产生放大和清晰图像的成像技术[4]。利用 SEM 可以对头发纤维的微观结构和形态学变化进行直接观察，是对头发进行显微成像分析最常用的方法。例如头发纤维表面毛鳞片的形态容易受到光照、风化和梳理的影响，而发梢与发尾通常存在明显的老化差异。巴黎欧莱雅集团（中国区）用 SEM 对一名女性的 4.3m 长发的发根、中间部分和发尾部分进行观察，发现毛发根部的毛鳞片组织结构完好，中间部分的毛鳞片翘起、边缘变得粗糙，而发梢的毛鳞片已经完全脱落，直接暴露了毛皮质[5]。SEM 还能观察发用化妆品对头发微观结构的影响，从而对其损伤或修复功能进行定性或半定量评价。Ahn[6] 曾报道了一项永久性染发剂对毛发损伤的 SEM 研究，发现未染色的毛发具有完整而致密的毛鳞片，毛发表面均匀有光泽，而染发的毛鳞片则变得破碎、剥离和脱落。西班牙学者 Fernández 等[7] 通过 SEM 发现使用朝鲜蓟提取物制备成的护发剂对头发表面毛鳞片在老化过程中的翘起有改善作用，认为其具有护发功效。

（2）透射电子显微镜

透射电子显微镜（TEM）是将经加速和聚焦的电子束投射到非常薄的样品（一般需要切片）上，利用电子与样品中的原子碰撞产生立体角散射而成像的。透射电镜由电子光学系统、真空系统和电源与控制系统三大部分组成。当电子束通过样品时，由于衍射电子束的角度分布而形成可观察的图像。利用 TEM 可以观察头发纤维内部横截面的超微结构。在上述 Ahn 等[6] 的研究中，还同时应用

TEM 观察永久性染发剂染发引起毛发表层在横截面上的变化，发现染发导致的结构损伤（表现为角质层细胞的破碎和空洞化）在 6～24h 内最严重，需要 8 周才能恢复到未染发状态，因此建议消费者补染发的间隔为 8 周[6]。类似的，2016 年巴西的一项利用 TEM 分析毛发内部结构的研究也观察到了头发在紫外辐射和水洗过程中的微观结构损害，认为光照和过度清洗都会使毛发变得脆弱[8]。而韩国的一项 TEM 研究表明，在护发产品中添加原花青素低聚物可以减缓漂染处理中毛发皮质中黑素体和蛋白质的降解[9]。

（3）原子力显微镜

原子力显微镜（AFM）是通过探针与被测样品之间微弱的相互作用力即原子力来获得物质表面形貌的信息，从而获得纳米尺度显微成像的技术。AFM 被广泛地应用于研究头发角质层的各种微纳结构（如外表皮，内皮细胞和细胞膜复合物），并用这些数据来比较、研究环境因素和化妆品处理对头发粗糙度和摩擦力学性质的影响，从而对产品的护发效果进行评价。Chen 等[10] 利用 AFM 的不同模式对头发表面上的护发素的分布、厚度与头发摩擦力学性质之间的关联性进行了研究。AFM 还可以用来表征毛发纤维的各种物理特性，如摩擦力、附着力、磨损、弹性刚度和黏弹性等纳米力学性能。2013 年，英国朴次茅斯大学使用 AFM 图像确定了头发表面亚结构的微尺度摩擦系数、尖端-表面黏附力和相应的黏附能量值[11]。另一项研究通过 AFM 成像表征了头发纤维的纳米杨氏模量，并发现漂白后毛发表面的模量降低，表现为纤维弹性下降[12]。

（4）光学相干断层扫描

对头发纤维截面的高分辨率图像分析还可以通过光学相干断层扫描（OCT）进行。OCT 利用低长度相干干涉测量的原理，通过设备的直接相干反射光子获得具有高分辨率层析成像的生物结构图像[13]。2014 年，巴黎欧莱雅集团（美国区）使用 X 射线断层显微镜研究了非裔美国女性毛发断裂情况，发现当头发纤维拉伸超过 30%后，毛发的横截面积（尤其是断裂发生的部位）明显减小[14]。此外，由于 OCT 可以分析毛发在相同部位由外界因素引起的结构和形态学变化，具有对同一部位的变化进行精确比较、减小测量误差的优点。巴西圣保罗大学报道了使用 OCT 观察氧化型染发剂染发引起同一部位毛发的超微结构变化，发现染发后毛发的散射系数和折射率增加，而毛髓质和毛皮质的 OCT 图像清晰度降低，从而判断毛髓质和毛皮质结构受损[15]。

5.2.1.2 光谱分析

光谱分析是根据物质的光学特性，鉴别物质及确定其化学成分的技术。目前在发用化妆品功效评价中最常用的是紫外可见光谱、荧光光谱、红外光谱和拉曼光谱。

（1）紫外可见光谱

紫外可见光谱（UV-visible spectroscopy）包括了紫外可见光区域（320～780nm）的漫反射光谱和吸收光谱。漫反射光谱反映了物质在紫外可见光波段的反射率，常用于判断样品的色彩和明暗度。通过将放射率数值转换为 CIE $L^*a^*b^*$ 色彩空间，漫反射光谱可用于定量评价染护发产品处理后头发纤维的光泽和颜色变化。北京工商大学唐颖[16] 通过漫反射光谱研究了包括自然白发或自然黑发、灰发和漂染发等不同类型的中国人头发在 UVA 光老化中的颜色变化，结果发现，不同类型的头发对紫外辐射的敏感程度和光变色反应具有明显差异。漂染过的头发表现出光变暗，而自然白发表现出光黄化。Dario 等[17] 的一项研究发现，将石榴提取物复配成护发素可以有效减少染发在光老化中的颜色变化。吸收光谱反映了物质生色团在可见光波长范围内的吸收特征，常用于染料或吸光物质的定量分析。2014 年，Pires-Oliveira[18] 通过分析毛发提取物溶液的吸收光谱，比较研究了 4 种表面活性剂引起的毛发损伤，发现吸收峰面积与毛发降解的黑色素颗粒及蛋白质成分成正比，建立了对毛发损伤进行表征的分光光度法。

（2）荧光光谱

荧光光谱是指利用某些荧光物质在紫外光照射下产生荧光的特性进行物质的定性或定量分析的方法。头发角蛋白中的氨基酸如色氨酸、酪氨酸、半胱氨酸都是荧光基团，因此可以通过荧光光谱评估头发中蛋白质成分的降解以及护发产品中功效成分对毛发的保护作用。Estibalitz 等[19] 发现通过对头发中色氨酸荧光强度的监测可定量毛发的光损伤；并在此基础上发现使用大米提取物制备成护发素对头发具有光防护作用[7]。除了用二维发射光谱对色氨酸进行定量检测外，还可以利用三维荧光光谱得到指纹图谱对头发纤维中存在的多种氨基酸及其氧化产物同时进行分析，鉴别不同化妆品处理过的头发类型及研究其光老化规律[16]。

（3）傅里叶变换红外光谱

傅里叶变换红外光谱（FTIR）由化合物的分子振动能级在吸收红外光照后发生跃迁而产生，包含了化合物的官能团、结晶态等结构信息。将 FTIR 与 ATR 衰减全反射相连，可直接对头发纤维进行测量，利用红外光谱的指纹特征性评估不同化妆品处理（如保湿、漂白和染色等）对头发角蛋白分子结构和形态的影响[20]。唐颖[16] 利用 FTIR 指纹图谱对不同漂染处理后的头发样本进行分析，发现 UVA 和过氧化氢可以使毛发中胱氨酸的二硫键断裂，产生半胱氨酸，而后者易被氧化产生大量磺基丙氨酸。由于头发中胱氨酸含量相对恒定（约 11%～18%），因此磺基丙氨酸可用来监测高硫蛋白的氧化程度。

（4）拉曼光谱

拉曼光谱是利用化合物受光照射后发生振动产生的非弹性散射光谱（即拉曼效应），对物质的组成和分子结构进行定性和定量分析的技术。对头发纤维拉曼光谱的测量，可以反映蛋白质主链的骨架振动、氨基酸的侧链构象与存在形式以及外部环境变化引起的微小改变（S—S的构象和蛋白质分子的二级结构等）[21]。2006—2010年，日本中央研究实验室通过一系列基于拉曼光谱的机制研究，探讨了老化和漂染等对毛发在黑色素含量、蛋白质纤维结构和抗拉强度等方面的影响[22,23]。他们通过直接分析不同年龄、不同处理（漂白发或黑色头发）在不同深度横截面的拉曼光谱，发现随着年龄的增长，毛发皮质区黑色素颗粒含量减少[24]；而漂白处理后毛发中的二硫键从角质层到皮质层的含量降低，同时半胱氨酸含量增加，此外，漂白粉中的氧化剂还促进了头发皮质中黑色素颗粒的分解，使黑发在漂白过程中二硫化物基团的裂解水平更高[25]。

5.2.1.3 色谱

色谱分析是按物质在固定相与流动相间分配系数的差别而进行分离、分析的技术。在评价化妆品对毛发的损伤程度时，常利用色氨酸对蛋白质成分的损失进行定量评估，而用荧光分光光度法定量色氨酸容易受到检测系统中其他荧光物质的影响。Dario[26] 开发了一种使用具有荧光和UV检测的高效液相色谱法(HPLC)，在毛发样品碱水解后对色氨酸和光氧化物犬尿氨酸进行定量检测的方法。结果表明，漂白和染色过程会导致蛋白质和氨基酸的损失，但色氨酸不会在毛发的光老化中大量降解。Khumalo[27] 将头发经盐酸水解后结合氨基酸分析仪进行色谱分析，发现受损的毛发中的精氨酸、瓜氨酸和胱氨酸含量降低，谷氨酰胺水平增加。此外，色谱还常与质谱联用，广泛用于化妆品中的功效成分或禁限用成分的定量检测。

5.2.1.4 质谱

质谱（MS）是将被测物质离子化，按离子的质荷比分离，通过测量各种离子谱峰的强度而实现分析目的一种分析方法。毛发中的角蛋白和角蛋白缔合蛋白（KAP）赋予了毛发重要的结构和机械性能。基于蛋白质组学的质谱技术可以通过鉴定毛发中存在的所有角蛋白和主要KAP中氨基酸基团的修饰变化，对经不同化妆品处理或环境因素对毛发纤维蛋白质影响进行表征。新西兰农业研究所Dyer等[28] 使用LC-MS/MS鉴定碱处理、漂白处理前后毛发样品中蛋白质含量变化。结果表明，碱处理会轻微增加毛发的氧化损伤程度，而漂白处理对毛发角蛋白（主要是半胱氨酸）造成明显的氧化损害。2016年，北京工商大学和Dyer合作采用此技术分析中国人的常染发人群的头发样本，发现染发的蛋白质氧化水平比未染发增加了近1.6倍，因此常染色的毛发更容易受到日光损伤[29]。

5.2.1.5 热分析

热分析是在程序控温下，测量物质的物理性质随温度变化的一类技术，包括了热重分析（TG）、衍生热重分析（DTG）、差热分析（DTA）和差示扫描量热法（DSC）。其中，DSC常用于角蛋白变性温度以及角蛋白变性焓的测定[30,31]。DSC越来越多地用于护发产品的功效评价。Rigoletto等[32]通过DSC评估毛发角蛋白降解和评价化妆品对损伤毛发的修复效果。结果表明，随着热处理温度从205℃上升到232℃，角蛋白的变性温度和变性焓均显著下降，蛋白质降解更加严重，而使用聚合物（月桂基甲基丙烯酸酯共聚物、聚季铵盐-55等）对毛发进行处理后，可有效降低角蛋白的热降解和减轻毛小皮损伤。花王公司研究发现当干发中的α-角蛋白发生变性和降解时，湿发的DSC变性温度反而降低，提出DSC还应与XRD、拉伸试验等方法联用以更好地理解化妆品对毛发的作用效果[33]。

5.2.1.6 机械性能分析

毛皮质中的α-角蛋白和二硫键决定了毛发纤维的机械性能（拉伸性和扭转性）。与此同时，毛发的机械性能还受到各种环境因素的影响：相对湿度或温度的升高会导致杨氏模量的降低和延展性的增加，而扭曲会对毛发纤维造成伤害，导致断裂应力、断裂应变和杨氏模量的降低[34]。对毛发的拉伸等机械性能分析可以利用美国英斯特朗（INSTRON）系列万能材料测试仪、英国戴亚斯特隆公司（Dia-Stron）MTT拉伸试验机等仪器，测试参数包括拉伸强度、断裂应力、断裂应变曲线、断裂伸长率等[32-35]。Davis等[35]通过拉伸性测试和扭转测试发现包含咖啡因、烟酰胺和泛醇的配方具有增强毛发拉伸力和柔韧性的功效。毛发纤维在外力作用下的拉伸性和扭转性还与其柔韧性相关，除了护发产品，还可用于评价毛发造型类产品。例如，Yan[36]通过测定一种聚氨酯聚合物涂覆对毛发机械性能的影响，评价了这种发用定型剂的形状记忆效应和耐水洗性能。

5.2.1.7 梳理性能表征

毛发纤维的摩擦系数和弹性特性是毛发梳理性能中的重要物理参数。与毛发的摩擦学特性紧密相关的是其毛干表面的脂质（18-甲基二十烷酸）和角蛋白构成的毛鳞片。当毛发光老化或损伤后，脂质流失、毛鳞片变得翘起、剥落，就会导致毛发表面变得粗糙，摩擦系数上升，同时手触摸时的柔软度下降，毛发变得难以梳理或易打结。因此，表征毛发表面的摩擦力学性质对于量化梳理性能和评估洗护发产品的功效十分重要。Chevalier[37]通过尼龙螺纹试验得到了计算单根毛发的自摩擦系数方程，并用此测得湿发的静摩擦系数明显高于干发，还发现碱处理会导致毛发摩擦系数的不可逆增大。自20世纪50年代Roeder开发首个毛发静摩擦力的测试方法以来，目前已有多种方法和技术可对毛发-毛发界面的摩擦力进行定量测定，包括Dussaud的“斜面法”和Luengo的“AFM悬臂法”

等[37,38]。并出现了专门针对毛发的测试仪器，方便对发用化妆品梳理性能进行评价，如 Dia-Stron MTT 系列测试仪和亚什兰公司的 Aqualon SLT 组件等。圣保罗大学 Da 等[39] 使用 Dia-Stron MTT175 分析不同护发剂对染后毛发的保护作用，发现含烷三醇和泛醇的配方可降低毛发的梳理阻力。

5.2.2 针对头皮的体外评价

对于作用部位在头皮的防脱、去屑类化妆品，主要通过人工培养的细胞、微生物模型和离体的毛囊组织来进行相关功效的体外评价。

5.2.2.1 细胞模型

防脱发类化妆品产品在功效评价时常采用真皮乳头细胞、角质细胞和毛囊上皮细胞，通过受试物对细胞增殖的促进作用、细胞因子（如 VEGF）和相关基因表达的变化等来衡量其功效成分对毛发增长的促进效果。韩国学者 Rho 等[40] 报道了木香烃内酯（一种木香根中的倍半萜类提取物）可以刺激永生化的人头皮毛囊真皮乳头细胞（hHFDPC）的增殖，并在进一步的动物试验中得到了印证，表明该成分具有显著的防脱发效果。永生化人角质细胞（HaCaT）和真皮乳头细胞（DP）被广泛应用于防脱发功效成分的筛选，多种植物提取物及化学合成物质在体外细胞和在进一步的动物试验中得到了一致的结果[41-43]。此外，由于白发的产生被认为与高氧化压力对黑色素的破坏有关，欧莱雅报道了采用过氧化氢损伤的人原代黑色素细胞模型用在乌发功效的评价上。何首乌提取物被发现可有效抑制细胞内 ROS 产生和细胞凋亡，抑制了氧化应激下黑色素的减少，起到了乌发的作用[44]。

5.2.2.2 微生物模型

马拉色菌与头皮屑的形成密切相关，头皮上真菌主要为马拉色菌，其中限制性马拉色菌（*Malassezia. restricta*）和球形马拉色菌（*Malassezia. globaso*）为优势种属[45]。因此，马拉色菌抑菌试验被广泛应用于添加了抗菌成分的去屑洗发水的功效评价。德国拜尔斯道夫公司[46] 报道了通过对马拉色菌抑菌圈大小的测定，结合人体试验，比较含有不同抗菌原料（如吡罗克酮乙醇胺、氯胺酮和吡啶硫酮锌）洗发水的去屑功效。除了比较不同配方产品，马拉色菌试验还被应用于抑菌去屑功效原料的筛选。多篇文献[47,48] 报道了用马拉色菌最小抑菌浓度（MIC）的测定筛选天然植物去屑剂（如茶树油、芦笋根提取物等）。

5.2.2.3 组织模型

组织模型包含从人或者动物分离培养的毛囊体外培养系统和商业化的 3D 皮

肤模型。与细胞系相比，这类组织模型在三维结构和生理功能等方面更接近真实人体，一般认为在功效评价时具有更高的可靠性。因此，近年来，体外毛囊培养系统在国内外被广泛应用于生发、防脱发药品及其防脱发类化妆品的研究与开发。Park[49] 报道了使用离体培养的人毛囊组织研究双-油酰氨基异丙醇（BOI）对毛发生长的影响，发现 BOI 处理能促进毛囊中的毛发生长并能将毛发的生长期由生长终期诱导转化为生长初期。此外，组织模型还可以与外源微生物共培养，进行去屑功效的评价。2013 年，联合利华报道了将马拉色菌接种于 VitroSkin™ 皮肤模型上，发现复配有抗菌成分（吡啶硫酮锌和甘宝素）的洗发水具有良好的去屑功效[46]。

5.2.3 发用化妆品体外评价方法

与传统的动物和人体试验方法相比，以生物物理学仪器分析和离体生物学模型为代表的体外评价方法，具有经济、简便、快捷的优点，对于发用化妆品功效性原料的筛选、作用机理研究和配方的优化设计均具有重要的现实意义。表 5-2 总结了目前常用的发用化妆品的体外功效评价技术。其中，针对头发纤维部位的评价主要采用无损或微损的仪器分析，评价化妆品处理后头发纤维在颜色、亮度、微观结构、蛋白质损失和力学特性等方面的变化。对于作用部位在头皮的发用化妆品，其功效评价主要采用体外生物学模型。多种皮肤细胞、毛囊组织和微生物模型在防脱发、去屑类产品的功效评价中得到了广泛的应用。应该注意，发用化妆品功效复杂、种类繁多，单一的体外试验方法很难对产品进行全面评价。化妆品评价人员需要在掌握产品功效成分和作用机制的基础上，综合运用多种体外方法，将不同靶部位、不同层面的试验技术手段有机结合起来，才能实现对一款发用化妆品的多角度、系统性功效评价。与此同时，如何在已有体外方法的基础上，开发出适合临床的原位快速检测毛发理化性质及成分变化的试验技术也是未来发用功效评价发展的重要方向。

表 5-2　常用的发用化妆品功效评价的体外试验方法

试验技术或模型	检测指标	评价功效
扫描电子显微镜	毛发表面的微观形貌	染色、清洁、防晒、修复
透射电子显微镜	毛发表面和内部微观结构	染色、防晒、修复
原子力显微镜	毛发表面粗糙度、摩擦力、附着力	清洁、修复、定型
光学相干断层扫描	毛发表面和内部微观结构	染色、防晒、修复
紫外可见光谱	生色团变化	染色、发色护理、修复
荧光光谱	蛋白质损失	防晒、修复
傅里叶变换红外光谱	官能团变化	染色、防晒、修复

续表

试验技术或模型	检测指标	评价功效
拉曼光谱	官能团变化	染色、防晒、修复
质谱	蛋白质修饰和损失	防晒、修复
色谱	蛋白质损失	防晒、修复
扫描差热分析法	角蛋白变性温度、变性焓	防晒、修复
拉伸性分析	拉伸强度、断裂应力	修复、定型
摩擦力测试	摩擦系数	修复、护发
毛发梳理性	梳理功	修复、护发
毛囊真皮乳头细胞	细胞增殖、基因表达	防脱发
黑色素细胞	黑色素含量	发色护理
离体毛囊培养系统	毛发生长速率、毛发生长期	防脱发
微生物模型(马拉色菌)	抑菌能力	抗菌、去屑

5.3 发用化妆品功效的体内评价

对化妆品功效的体内评价以动物试验和志愿者人体试验为主，还包括了人体感官和主观性评价。目前，依赖于体内评价的发用化妆品功效主要有防脱发、防断发、去屑和护发，其中防脱发功效宣称必须进行化妆品防脱发人体功效测试。

5.3.1 防脱发的人体试验方法

2021 年 3 月，《化妆品安全技术规范》增加了化妆品防脱发人体功效测试方法。通过评估防脱发化妆品使用前后脱发数量、头发密度参数的变化，应用统计分析软件进行数据的统计分析，测试试验产品是否有防脱发功效[50]。试验流程包括：

(1) 受试者的招募

按入选和排除标准选择合格的受试者，并按随机表分为试验组和对照组，确保最终完成有效例数不少于 30 人/组。

① 入选标准　18～60 岁，健康女性或男性；受试者年龄和性别比例可根据具体试验产品使用说明所述消费对象相应确定；头发长度在 5～40cm 之间；有脱发多和/或头发轻度稀疏困扰，且按 60 次梳发法，脱发计数大于 10 根、2 周洗脱期后仍大于 10 根者；近 1 个月内没有进行过染发、烫发、定型等特殊美发

处理者；能够理解试验过程，自愿参加试验并签署书面知情同意书者。

② 排除标准　妊娠或哺乳期妇女，或近期有备孕计划者；重度雄激素源性脱发、斑秃、炎性瘢痕性脱发或其他患有头皮、毛发疾病患者；患有精神类或心理疾病者；或者有长期睡眠、情绪控制障碍者；近3个月内使用过具有防脱发功效的化妆品或其他具有此类功效或生发功效的产品者；近6个月内服用过或局部使用过任何影响头发生长的药物者；曾接受过头发移植治疗者；头发卷曲者；体质高度敏感者；近2个月内参加过其他临床试验者；临床评估认为不适合参加试验者。

③ 受试者限制　受试者筛选和试验期间每次访视前（48±4）h内不能洗头，且每次访视前不洗头发的时间基本保持一致，访视当天不能自行梳发；试验期间每次访视评估前2周内不理发；试验期间不能进行任何头发护理和美发处理措施，也不能接受任何防脱发、生发方面的治疗；试验期间需保持原有的生活习惯，避免情绪波动大。

（2）对入组的合格受试者进行产品使用前基础评估和测试

入选正式试验的受试者按照分层随机法分为试验产品组和对照产品组，确保可能影响试验结果的重要因素（性别、年龄、头发长度、脱发严重程度等）的平衡。对入选受试者进行使用产品前毛发基础值评估，包括脱发计数、毛发密度评估和图像拍摄，并记录；产品使用后4周、8周、12周再次进行相同的评估和测试。

① 脱发计数　由经过培训的工作人员采用60次梳发法梳理受试者头发，对脱落头发计数。

② 毛发密度评估　毛发密度评估包括整体毛发密度评估和局部毛发密度评估。其中整体毛发密度评估包括临床评估和图像评估，采用毛发密度分级评分表评价头顶区域头发密度（表5-3），计算两者的平均值作为整体毛发密度。视觉评估是由皮肤科医生现场对毛发密度进行评估。图像评估是以头顶为中心拍摄全头头发照片，由皮肤科医生对拍摄的照片进行毛发密度评估。局部毛发密度是采用皮肤镜对剪除毛发区域正中央进行局部头发图像拍摄，拍摄时皮肤镜镜头与头皮完全贴合且保持垂直，并检查拍摄图像的清晰度，用图像分析软件或者人工计数方法，计算局部毛发数量和密度。

表5-3　毛发密度分级评分表

分级	描述	分级	描述
0	无头发	4	中等密度，可见少量头皮
1	极稀疏，头皮清晰可见	5	偏稠密，可见极少量头皮
2	稀疏，容易看见头皮	6	稠密，头皮隐约可见
3	偏稀疏，可见头皮	7	非常稠密，头皮几乎不可见

(3) 应用统计分析软件进行数据的统计分析

根据数据分析结果，试验期间任何访视时间点，使用试验产品前后脱发计数无显著增加或前后脱发计数差值（产品使用后某一访视时间点的脱发计数－产品使用前的脱发计数）显著低于对照组（$P<0.05$）；又或者毛发密度（整体毛发密度或局部毛发密度）无显著减少、前后毛发密度差值（产品使用后某一访视时间点的毛发密度－产品使用前的毛发密度）显著高于对照组（$P<0.05$），则认定试验产品有防脱发功效，否则认为试验产品无防脱发功效。

5.3.2 防断发的人体试验方法

2020 年 12 月，广东省日化商会发布了《发用产品强韧功效评价方法》（T/GDCDC 012—2020）团体标准，通过对受试者使用产品前后的头发进行单根拉伸测试，测试试验产品是否具有强韧功效。试验过程包括：

(1) 受试者的招募

按受试者纳入和排除标准选择合格的受试者，确保人数设定有效例数不低于 30 例。

① 受试者纳入标准　年龄介于 18～60 周岁，身体健康；受试者无严重慢性消耗性疾病的情况（如哮喘，糖尿病等）；能很好按实验方案的要求配合研究者；近一个月未参加其他临床试验者；目前没有同时参加其他的临床测试项目；头发及肩及以上长度；受试者头发有染烫史且留有染烫部分或头发有轻度以上受损问题（如脆弱易断、干枯毛躁等症状）。

② 排除标准　怀孕或哺乳期妇女；近一周使用抗组胺类药物或近一个月内使用免疫抑制剂者；近两个月内受试部位应用任何抗炎药物者；头皮患有脂溢性皮炎或其他炎症临床未愈者；头部皮肤高度敏感者；病理性头部问题者（如斑秃、病理性脱发）；头部近两年有严重创伤或手术史；胰岛素依赖性糖尿病患者或免疫缺陷或自身免疫性疾病患者；不能配合试验者。

③ 受试者其他注意事项　受试者测试期间禁止使用其他类型洗发产品，其他如护发素、发膜或其他护理品可按以往习惯照常使用；受试者禁止摄入影响测试结果制剂（如抗炎药、感冒药、注射针剂）；禁止在测试期间进行头发护理、剪发或其他染烫操作；受试者在测试期间不能更换洗护发用产品。

(2) 测定前准备

同一试验，所有受试者的受试部位统一为头部四个区域（头发额前区，头发左侧区，头发右侧区，头发靠后区）。每次测试前，受试者应有两周脱洗期，测试发丝应在 (23±1)℃、(60±5)%湿度环境保存 24h；每次测试时，均需采集同一部位头发，且每个测试时间点采集发丝应尽量直径较为接近。

（3）发丝的仪器测定

在各测试区域中分别随机选择发丝，每个部位每人每次分别完整剪下5根头发（即每人每次共取20根头发），并立刻保存，有必要时对采集样品进行标记。把所需的测量时间点的样品均采集后，进行样本分析操作。先对发丝进行直径测量与记录，按照测试仪器操作要求、对头发进行单根拉伸测试，导出分析得到的完整数据，并分析拉断功跟抗拉强度，记录数据。

头发拉伸强度测定：发丝的强韧情况由拉伸性能决定，难以拉伸或拉断的发丝，较为强韧。头发拉伸强度测定作为一种测量单根发丝的抗拉性能和研究其引起的强度变化的常见方法，通过最大拉断力、拉断功、断裂伸长率和断裂强度等指标参数来评价头发机械性能变化，从而通过对头发的拉伸性能的测量来评价洗发护发产品的防断发效果。

（4）应用统计分析软件进行数据的统计分析

测试组（侧）使用产品前后拉断功、抗拉强度任一变化结果相比对照组（侧）发丝有显著性改善（$P<0.05$），则说明产品具有改善发丝的强韧性的效果，具有强韧功效。测试组（侧）使用产品前后拉断功、抗拉强度任一变化结果相比对照组（侧）发丝不具显著性改善（$P>0.05$），则说明产品不具有改善发丝的强韧性的效果，不具有强韧功效。

5.3.3 护发的人体试验方法

护发的基本原理是将护发成分附着在头发表面，润滑头发表层，改善梳理性，减小摩擦力，从而减少因梳理等外力而引起头发损伤的概率。护发产品感官评价采用半头测试的对比评价模式，即按照产品使用特性在受试者头部的左右两边同时使用等量的待评价样品，由专门的评价员通过制定的评分系统来评估，并对各个评价员的各项评价结果采用均值、标准偏差进行统计分析。发用产品感官评价指标包括梳理性、光泽度、光滑度、抗静电性等。头发的梳理性是指当梳子通过头发时遇到的阻力大小，梳理性越好，产品的护发效果就越好。头发的光泽是视觉观察易于评价的重要性质，当光照射到头发上时，一部分光会进入头发纤维内部；一部分光在由致密的角蛋白构成的毛小皮表面发生反射或折射[51]。健康的头发往往能发出自然的光泽，所以通过对头发光泽度的测定可以来评价洗护产品的护发功效。头发光滑度即头发表面的摩擦作用，影响头发柔软、顺滑性的要素主要为头发表面的摩擦力及头发本身的刚度，可分别由摩擦力试验和纯弯曲试验测试。摩擦阻力系数小、头发刚度小，说明头发柔软、顺滑，梳理效果好，表明洗发护发产品的护理效果好[52]。梳理头发时，发梳会与头发摩擦产生静电，头发为不良导体，产生的静电使头发纤维之间存在排斥作用，造成飘拂，难以梳理。通过测量头发的抗静电性能可以评价头发洗护产品的护发功效。林燕静等[53]采用七段法双向等距标度建立了一套发用产品感官评价方法。所谓七段等距标度法即在设计发用产品的差量表时，先要确定被测对象的相关属性（各项评价参数）。每个属性选择一对意义相反的形容词，分别放在量表的两端，其等间距分为 7 个等级，分别以＋3、＋2、＋1、0、－1、－2、－3 表示不同程度，评价对象之间是否有强度差异、差异的方向以及大小。

5.3.4 去屑的人体试验法

头皮屑是最常见的皮肤病之一，全球一半以上的成年人被头皮屑困扰[54]。头皮屑会引起皮肤瘙痒、剥落，并伴有轻微的炎症反应[55]。头皮屑的存在与头皮微生态失衡密切相关，头皮微生态是由头皮表面的宿主细胞及分泌物、头皮微生物以及所处的微环境共同组成的整体，防止其他外来微生物或者可能致病的微生物在头皮表面定植或迁徙[56]。头皮微生物群通常由细菌和真菌组成，一般包括葡萄球菌、丙酸杆菌和马拉色菌等[57]。健康的头皮生态环境由三大平衡维持：油脂、菌群、代谢平衡。当头皮油脂分泌失衡，头皮就会变得油腻；当头皮菌群环境失衡，有害菌大量滋生，就会出现头痒的现象；而头皮角质层代谢过快，脱落就形成头屑[58]。目前针对去屑功效的评价方法主要有研究者临床评估、受试者自我评估、图像分析法、马拉色菌定量检测法等。

5.3.4.1 研究者临床评估

研究者临床评估多采用双盲随机平行对照试验、半头试验法[59]对头皮屑严重程度的改善情况进行评估。双盲随机平行对照试验，即将受试者随机分为两组，每组使用不同功效的去屑香波或其中一组使用不含去屑成分的香波，比较或证实产品的去屑效果。半头试验法，即二种不同香波分别用于头皮左右两侧。有研究表明，双盲随机平行对照试验法和半头试验法在检测去屑功效的产品差异方面表现出相似的能力，但是半头试验法所需样本量较少，成本相对低[60]。

（1）研究者临床评估受试者纳入标准

年龄介于 18～60 周岁；受试者具有明显头皮屑。

（2）排除标准

头部有湿疹、银屑病、头癣、石棉样糠疹或明显脂溢性皮炎等头皮皮肤病者；近一个月内参加药物临床试验或其他试验者；近一个月内有外用或内服抗真菌药物或糖皮质激素者；一周内使用可能对试验结果有影响的洗发香波者。

Rose 等[61]采用半头试验法评估含吡罗克酮乙醇胺洗发水和含吡啶硫酮锌洗发水的去屑效果，并结合受试者自我评估法评价头皮瘙痒的改善程度。童欣云等[62]采用自身使用前后对照法研究含有吡硫鎓锌、水杨酸的头皮洗护产品改善脂溢性皮炎的头皮瘙痒、头皮屑和皮脂溢出的效果和安全性。选择 33 名患有不同程度脂溢性皮炎的受试者使用该产品，分别在第 0、7、28 天随访，通过皮肤镜和黏着性头皮屑十级评分法[63]评价头皮屑的严重程度，并检测头皮皮脂分泌率、经皮水分丢失等生理指标。

5.3.4.2 受试者自我评估

受试者自我评估采取问卷调查的方式，每位受试者的头发分成两组，一组使用测试样品，另一组使用对照样品，让受试者自我评价两侧头皮屑数量、头皮瘙痒、头皮油脂量及头发干燥等的改善程度。按 0～3 分记录，其中 0 分表示改善不大；1 分表示稍有改善；2 分表示显著改善；3 分表示完全改善或基本恢复。此外还有将受试者的自我评价结果分为五级，如在一项比较含焦油及不含焦油香波的功效研究中，5 分表示非常好；4 分表示很好；3 分表示好；2 分表示一般；1 分表示差[64]。受试者自我评估的方法需要受试者认真细致，密切配合。

5.3.4.3 图像分析法

图像分析法是基于人体试验，通过对头皮屑进行定量图像分析，客观地评估去屑效果。图像分析技术的定量评价便于建立标准操作规程，能在较大程度上避免技术人员主观因素的影响。苏宁等[65]采用半头试验设计结合数字图像分析技术的方法对产品的去屑效果进行评价。首先将受试者的头发分成左右两半，两侧随机使用去屑香波 A 或去屑香波 B，均由同一技术人员在实验室进行操作，收集头屑然后进行定量图像分析。

5.3.4.4 马拉色菌定量检测法

马拉色菌在头皮上大量繁殖会引起头皮角质层的过度增生，从而促使角质层细胞以白色或灰色鳞屑的形式异常脱落，这种鳞屑即为头皮屑。马拉色菌的大量繁殖作为造成头皮屑的重要因素之一，所以通过测定头皮马拉色菌的数量也可以间接评价发用产品的去屑功效。有研究选用单位面积头皮上定植的孢子数量的变化作为定量指标，主要方法是将具有一定压力的自动黏着性圆盘放在头皮屑最严重的区域约 5s，取下后染色 20min，经计算机图像分析系统计算每平方毫米皮屑区定植的孢子数量，使用待测产品前后单位面积头皮孢子数量的变化作为去屑功效的评价[66]。谢小元等[67]采用研究者评估、受试者自评及马拉色菌定量培养方法，通过比较试验前后两侧头皮的临床评分及马拉色菌量的变化来评价去头屑香波的功效，同时进行安全性评估。

马拉色菌定量培养方法：每侧取材部位同头皮屑评分部位，每侧头皮对称部位各取三处面积为 4cm^2 大小的皮屑区。采用擦洗法取材，皮屑接种至含有 5%芝麻油的沙氏平皿培养基中，在 37℃恒温箱培养 8～10 天，观察并记录马拉色菌的菌落数结果。

5.3.5 发用化妆品功效的动物试验方法

由于小鼠基因组与人类高度接近，毛发生长变化周期与人类也相似，常被选作动物模型进行防脱发、防脱发功效原料开发和机制研究。脱发动物模型的建立有多种方法，为了便于观察以及考虑到与人类脱发的相似度，目前主要以 C57BL/6 小鼠作为试验动物，也有研究报道使用昆明小鼠和 SFJ 小鼠。C57BL/6 小鼠表皮颜色呈现“黑色”“灰色”“粉红色”，可对应其毛囊的生长期、退行期、休止期，是观察毛发生长、毛囊生长周期的天然模型之一[68]。将小鼠的背部皮肤上毛发剃掉，采用松香石蜡拔毛法、脱毛膏、硫化钠化学诱导法等对动物进行局部脱毛，将待测样品均匀涂布于该区域，记录新毛发生长过程，以新生毛发生长状况评分作为主观指标，与脱毛区新生毛发的重量、长度等客观指标联合评价待测物的促毛发生长的作用；根据皮肤厚度和毛发周期组织学观察评估待测物对生长期的诱导活性。也可以采用皮下注射睾酮或二氢睾酮诱导小鼠脱发建立脂溢性脱发小鼠模型。Matias[69] 研究发现应用外源性睾酮或二氢睾酮可诱导小鼠脱发，并且二氢睾酮比睾酮诱导毛发脱落的效果更佳。其作用机制为二氢睾酮进入细胞核，对代谢系统产生作用，影响毛发蛋白合成，致使毛母质细胞失去活力，开始角质化，发展为休止期毛发，最终毛发脱落。将待测物局部涂抹在小鼠的背部，通过观察毛发颜色、毛发脱落情况、毛发重量以及毛囊形态（毛囊的长度、毛囊密度、毛球直径、毛囊生长期和休止期）评价待测物防脱发的效果。此外，有研究报道咪喹莫特可以诱导 C3H/He J 小鼠形成类似于人类斑秃的动物模型，其机理可能与咪喹莫特诱导激活毛囊周围的 TLR7 受体有关。脱发动物模型试验一般采用治疗脱发的临床药物米诺地尔、非那雄胺作为阳性对照。

5.3.6 发用化妆品功效的体内评价方法

与体外试验相比，人体评价试验是最接近化妆品实际使用情况的试验方法，能够最直接、最真实地反映化妆品的功效。动物试验在防脱发、防脱发化妆品的原料开发和机制性研究中具有十分重要的作用。表 5-4 总结了常用发用化妆品的体内功效评价试验方法。随着体外评价方法的增多，将体外评价技术与体内评价方法相结合，可以更全面评估发用化妆品的功效，其优势在于既可以保证测试样品直接作用于人、减少环境因素的影响，也可以将评价指标量化，消除主观因素的影响。

表 5-4 常用的发用化妆品功效评价的体内试验方法

试验方法/模型	检测指标	评价功效
化妆品防脱发功效测试方法	毛发密度评估、脱发计数	防脱发
发用产品强韧功效评价方法	拉断功、抗拉强度	防断发
感官评价	柔顺性、梳理性、光泽度、抗静电性	护发
研究者临床评估	头皮屑严重的改善程度	去屑
受试者自我评估	头皮屑数量、头皮瘙痒程度、头皮油脂量及头发干燥等的改善程度	去屑
图像分析法	头皮屑	去屑
马拉色菌定量检测法	马拉色菌的菌落数	去屑
小鼠动物模型	毛发脱落、毛发生长	防脱发

参考文献

[1] Antunes E, Cruz C F, Azoia N G, et al. Insights on the mechanical behavior of keratin fibrils [J]. International Journal of Biological Macromolecules, 2016, 89: 477-483.

[2] Kolarsick P A J, Kolarsick M A, Goodwin C. Anatomy and physiology of the skin [J] . Journal of the Dermatology Nurses' Association, 2011, 3 (4): 203-213.

[3] 国家食品药品监督管理局 . 化妆品分类规则和分类目录 [Z] . 2021-04-08.

[4] Ali N, Zohra R R, Qader S A, et al. Scanning electron microscopy analysis of hair index on Karachi's population for social and professional appearance enhancement [J] . International Journal of Cosmetic Science, 2015, 37 (3): 312-320.

[5] Thibaut S, De B E, Bernard B A, et al. Chronological ageing of human hair keratin fibres [J] . Int J Cosmet Sci, 2010, 32 (6): 422-434.

[6] Ahn H J, Lee W S. An ultrastuctural study of hair fiber damage and restoration following treatment with permanent hair dye [J] . International Journal of Dermatology, 2010, 41 (2): 88-92.

[7] Fernández E, Martínezteipel B, Armengol R, et al. Efficacy of antioxidants in human hair [J] . Journal of Photochemistry & Photobiology B Biology, 2012, 117: 146-156.

[8] Richena M, Rezende C A. Morphological degradation of human hair cuticle due to simulated sunlight irradiation and washing [J] . Journal of Photochemistry & Photobiology B Biology, 2016, 161: 430-440.

[9] Kim M M. Effect of procyandin oligomers on oxidative hair damage [J] . Skin Research and Technology, 2011, 17 (1): 108-118.

[10] Chen N, Bhushan B. Morphological, nanomechanical and cellular structural characterization of human hair and conditioner distribution using torsional resonance mode with an atomic force microscope [J] . Journal of Microscopy, 2010, 220 (2): 96-112.

[11] Smith J R, Tsibouklis J, Nevell T G, et al. AFM friction and adhesion mapping of the substructures of human hair cuticles [J] . Applied Surface Science, 2013, 285 (21): 638-644.

[12] Clifford C A, Sano N, Doyle P, et al. Nanomechanical measurements of hair as an example of micro-fibre

analysis using atomic force microscopy nanoindentation [J] . Ultramicroscopy, 2012, 114 (4): 38-45.

[13] Velasco M V, Baby A R, Sarruf F D, et al. Prospective ultramorphological characterization of human hair by optical coherence tomography [J] . Skin Research & Technology, 2010, 15 (4): 440-443.

[14] Camacho-Bragado G A, Balooch G, Dixon-Parks F, et al. Understanding breakage in curly hair [J]. British Journal of Dermatology, 2015, 173 (S2): 10-16.

[15] Velasco M V R, Freitas A Z, Bedin V, et al. Optical coherence tomography to evaluate the effects of oxidative hair dye on the fiber [J] . Skin Research & Technology, 2016, 22 (4): 430-436.

[16] Tang Y, Smith G J. Spectroscopic investigation of human hair from Chinese subjects during UVA photoageing [J] . Spectroscopy and Spectral Analysis 2016, 36 (6): 1783-1788.

[17] Dario M F, Baby A R, Velasco M V. Effects of solar radiation on hair and photoprotection [J] . Journal of Photochemistry & Photobiology B: Biology, 2015, 153: 240-246.

[18] Oliveira R P, Joekes I. UV - vis spectra as an alternative to the Lowry method for quantify hair damage induced by surfactants [J] . Colloids & Surfaces B: Biointerfaces, 2014, 123: 326-330.

[19] Fernãndez E, Barba C, Alonso C, et al. Photodamage determination of human hair [J] . Journal of Photochemistry & Photobiology, B: Biology, 2012, 106 (1): 101-106.

[20] Miyamae Y, Yamakawa Y, Ozaki Y. Evaluation of physical properties of human hair by diffuse reflectance near-infrared spectroscopy [J] . Applied Spectroscopy, 2007, 61 (2): 212.

[21] Fedorkova M V, Brandt N N, Chikishev A Y, et al. Photoinduced formation of thiols in human hair [J]. Journal of Photochemistry & Photobiology B: Biology, 2016, 164: 43-48.

[22] Kuzuhara A. Analysis of structural changes in permanent waved human hair using Raman spectroscopy [J]. Biopolymers, 2010, 85 (3): 274-283.

[23] Kuzuhara A. Internal structural changes in keratin fibres resulting from combined hair waving and stress relaxation treatments: A Raman spectroscopic investigation [J] . International Journal of Cosmetic Science, 2016, 38 (2): 201-209.

[24] Kuzuhara A, Fujiwara N, Teruo Hori. Analysis of internal structure changes in black human hair keratin fibers with aging using Raman spectroscopy [J] . Biopolymers, 2010, 87 (213): 134-140.

[25] Kuzuhara A. Analysis of structural changes in bleached keratin fibers (black and white human hair) using Raman spectroscopy [J]. Biopolymers, 2010, 81 (6): 506-514.

[26] Dario M F, Freire T B, Caso P, et al. Tryptophan and kynurenine determination in human hair by liquid chromatography [J] . Journal of Chromatography B: Analytical Technologies in the Biomedical & Life Sciences, 2017, 1065-1066: 59-62.

[27] Khumalo N P, Janet S, Freedom G, et al. 'Relaxers' damage hair: Evidence from amino acid analysis [J] . Journal of the American Academy of Dermatology, 2010, 62 (3): 409-410.

[28] Dyer J M, Bell F, Koehn H, et al. Redox proteomic evaluation of bleaching and alkali damage in human hair [J] . International Journal of Cosmetic Science, 2013, 35 (6): 555-561.

[29] Tang Y, Dyer J M, Choudhury S D, et al. Trace metal ions in hair from frequent hair dyers in China and the associated effects on photo-oxidative damage [J] . Journal of Photochemistry & Photobiology B: Biology, 2016, 156: 35-40.

[30] Lima C R R C, Machado L D B, Velasco M V R, et al. DSC measurements applied to hair studies [J]. Journal of Thermal Analysis & Calorimetry, 2018 (1): 1-9.

[31] Kamal A A, Mohamed I M, Abdel-Nabi E M. Thermal analysis of some antidiabetic pharmaceutical compounds [J] . Advanced Pharmaceutical Bulletin, 2013, 3 (2): 419-424.

[32] Zhou Y, Rigoletto R, Koelmel D, et al. The effect of various cosmetic pretreatments on protecting hair from thermal damage by hot flat ironing [J] . Journal of Cosmetic Science, 2011, 62 (2): 265-282.

[33] Popescu C, Gummer C. DSC of human hair: A tool for claim support or incorrect data analysis? [J]. International Journal of Cosmetic Science, 2016, 38 (5): 433-439.
[34] Yang Y, Wen Y, Wang B, et al. Structure and mechanical behavior of human hair [J] . Materials Science & Engineering C: Materials for Biological Applications, 2017, 73: 152-163.
[35] Davis M G, Thomas J H, Velde S V D, et al. A novel cosmetic approach to treat thinning hair [J]. British Journal of Dermatology, 2015, 165 (S3): 24-30.
[36] Yan L, Jun L Y, Hu J, et al. Development of a smart, anti-water polyurethane polymer hair coating for style setting [J] . International Journal of Cosmetic Science, 2016, 38 (3): 305-311.
[37] Chevalier N R. Hair-on-hair static friction coefficient can be determined by tying a knot [J] . Colloids & Surfaces B: Biointerfaces, 2017, 159: 924-928.
[38] Dussaud A, Fieschi-Corso L. Influence of functionalized silicones on hair fiber-fiber interactions and on the relationship with the macroscopic behavior of hair assembly [J] . International Journal of Cosmetic Science, 2009, 60 (2): 261-271.
[39] Gama R M D, Franca-Stefoni S A, Sá-Dias T C, et al. Protective effect of conditioner agents on hair treated with oxidative hair dye [J] . Journal Cosmet Dermatol, 2018, 17 (6): 1090-1095.
[40] Rho S S, Park S J, Hwang S L. et al. The hair growth promoting effect of Asiasari radix extract and its molecular regulation [J] . Journal of Dermatological Science, 2005, 38 (2): 89-97.
[41] Begum S, Lee M R, Gu L J, et al. Comparative hair restorer efficacy of medicinal herb on nude (Foxn1nu) mice [J] . Biomed Research International, 2014, 2014.
[42] Woo H, Lee S, Kim S, et al. Effect of sinapic acid on hair growth promoting in human hair follicle dermal papilla cells via Akt activation [J] . Archives of Dermatological Research, 2017, 309 (5): 381-388.
[43] Liang D, Hao H J, Xia L, et al. Treatment of MSCs with Wnt1a-conditioned medium activates DP cells and promotes hair follicle regrowth [J] . Scientific Reports, 2014, 4 (1): 1-9.
[44] Sextius P, Betts R, Benkhalifa I, et al. Polygonum multiflorum radix extract protects human foreskin melanocytes from oxidative stress in vitro and potentiates hair follicle pigmentation ex vivo [J] . International Journal Cosmetic Science, 2017, 39 (4): 419-425.
[45] Soares R C, Camargo-Penna P H, Moraes V C S D, et al. Dysbiotic bacterial and fungal communities not restricted to clinically affected skin sites in dandruff [J] . Frontiers in Cellular & Infection Microbiology, 2016, 6: 157.
[46] Turner G A, Matheson J R, Li G-Z, et al. Enhanced efficacy and sensory properties of an anti-dandruff shampoo containing zinc pyrithione and climbazole [J] . International Journal of Cosmetic Science, 2013, 35 (1): 78-83.
[47] Sathishkumar P, Preethi J, Vijayan R. et al. Anti-acne, anti-dandruff and anti-breast cancer efficacy of green synthesised silver nanoparticles using Coriandrum sativum leaf extract [J] . Journal of Photochemistry & Photobiology B: Biology, 2016, 163: 69-76.
[48] Onlom C, Khanthawong S, Waranuch N, et al. In vitro anti-malassezia activity and potential use in anti-dandruff formulation of Asparagus racemosus [J] . International Journal of Cosmetic Science, 2014, 36 (1): 74-78.
[49] Park B M, Bak S S, Shin K O, et al. Promotion of hair growth by newly synthesized ceramide mimetic compound [J] . Biochemical & Biophysical Research Communications, 2017, 491 (1): 173-177.
[50] 国家食品药品监督管理局. 化妆品安全技术规范（2015 年版）[Z] . 2015-12-23.
[51] Keis K, Ramaprasad K R, Kamath Y K. Studies of light scattering from ethnic hair fibers [J]. International Journal of Cosmetic Science, 2004, 26 (4): 218-218.
[52] Edin B B. Quantitative analysis of static strain sensitivity in human mechanoreceptors from hairy skin [J].

Journal of Neurophysiology, 1992, 67 (5): 1105-1113.

[53] 林燕静,丛琳,刘向前. 感官评价在发用产品中的应用 [J]. 广东化工, 2018, 45 (6): 137-138, 134.

[54] Piérard-Franchimont-C, Xhauflaire- Uhoda E, Piérard G E. Revisiting dandruff [J]. International Journal of Cosmetic Science, 2006, 28 (5): 311-318.

[55] Sheth U, Dande P. Pityriasis capitis: Causes, pathophysiology, current modalities, and future approach [J]. Journal of Cosmetic Dermatology, 2021, 20 (1): 35-47.

[56] 任慧,汤小芹,陈明华. 敏感性头皮与微生态屏障 [J]. 日用化学工业, 2020, 50 (9): 638-642.

[57] Ranganathan S, Mukhopadhyay T. Dandruff: The most commercially exploited skin disease [J]. Indian journal of dermatology, 2010, 55 (2): 130.

[58] 金瑞涛,吴庆辉,李建树. 头皮生态与头发健康的相关性研究进展 [J]. 中国医学创新, 2019, 16 (5): 168-172.

[59] Nowicki R. Modern management of dandruff [J]. Polski Merkuriusz Lekarski: Organ Polskiego Towarzystwa Lekarskiego, 2006, 20 (115): 121-124.

[60] Diao Y, Matheson J R, Pi Y, et al. Comparison of whole - head and split-head design for the clinical evaluation of anti - dandruff shampoo efficacy [J]. International Journal of Cosmetic Science, 2021, 43 (5): 510-517.

[61] Schmidt-Rose T, Braren S, Fölster H, et al. Efficacy of a piroctone olamine/climbazol shampoo in comparison with a zinc pyrithione shampoo in subjects with moderate to severe dandruff [J]. International Journal of Cosmetic Science, 2011, 33 (3): 276-282.

[62] 童欣云,王晓慧,仲少敏, 等. 含吡硫鎓锌、水杨酸的头皮洗护产品改善脂溢性皮炎的效果和安全性研究 [J]. 中国美容医学, 2017, 26 (7): 68-70.

[63] Bacon R A, Mizoguchi H, Schwartz J R. Assessing therapeutic effectiveness of scalp treatments for dandruff and seborrheic dermatitis, part 1: A reliable and relevant method based on the adherent scalp flaking score (ASFS) [J]. Journal of Dermatological Treatment, 2014, 25 (3): 232-236.

[64] Piérard-Franchimont C, Piérard G E, Vroome V, et al. Comparative anti-dandruff efficacy between a tar and a non-tar shampoo [J]. Dermatology, 2000, 200 (2): 181-184.

[65] 苏宁,朱建宇,郑洪艳, 等. 基于图像分析技术的发用产品去头屑功效定量评价研究 [J]. 香料香精化妆品, 2013 (4): 72-76.

[66] Mcginley K J, Leyden J J, Marples R R, et al. Quantitative microbiology of the scalp in non-dandruff, dandruff, and seborrheic dermatitis [J]. Journal of Investigative Dermatology, 1975, 64 (6): 401-405.

[67] 谢小元,王然,赖维, 等. 去头屑化妆品功效评价方法的探讨 [J]. 中国美容医学, 2010, 19 (1): 72-74.

[68] 杨淑霞,马圣清,钟志红, 等. C57BL6 小鼠毛发周期动物模型的建立 [J]. 中华皮肤科杂志, 1999 (4): 34-35.

[69] Matias J-R, Malloy V, Orentreich N. Animal models of androgen-dependent disorders of the pilosebaceous apparatus [J]. Archives of Dermatological Research, 1989, 281 (4): 247-253.

第六章

彩妆的功效性评价

彩妆是涂敷于脸部、眼部、唇部等部位，具有遮盖性、修饰性，使容貌光彩焕发，增加美感，达到修饰目的化妆品。本章综述了不同类型彩妆的功效特点与常用评价方法，涵盖了主观和客观评价。

6.1 彩妆的分类和功效特点

根据使用的目的和部位，彩妆类化妆品可分为面部底妆、面部彩妆、眼部彩妆和唇部彩妆。面部底妆是均匀肤色、遮盖瑕疵、修饰脸部最基本的妆容，能为后续的彩妆提供好的基础。面部底妆使用最为广泛，已从单一的粉饼扩展至粉底液、粉底膏、妆前乳/霜、隔离霜、BB/CC 霜、气垫 BB/CC、素颜霜、遮瑕膏、修容霜等多种品类。面部与眼部彩妆是在底妆的基础上，对眼、唇、脸局部赋予色彩、调整肤色、加强阴影，让妆面更加精致立体，包括腮红（胭脂）、修容粉、高光膏等面部彩妆，以及眼影、眼线、睫毛膏、眉笔、眉粉等眼部彩妆。唇部彩妆类产品包括口红、唇膏、唇彩、唇蜜以及唇线等产品。常见彩妆化妆品类型及执行标准如表 6-1。值得注意的是，《化妆品分类规则和分类目录》明确规定 3 岁以下婴幼儿使用的化妆品不包括彩妆。

表 6-1 彩妆化妆品类型及执行标准

彩妆类型	执行标准	彩妆类型	执行标准
粉底	修饰乳液(Q/TDVH04)	眉笔	化妆笔、化妆笔芯(GB/T 27575—2011)
蜜粉	香粉(蜜粉)(GB/T 29991—2013)	睫毛膏	睫毛膏(GB/T 27574—2011)
粉饼	化妆粉块(QB/T 1976—2017)	唇膏	唇膏(QB/T 1977—2004)
腮红、眼影	化妆粉块(QB/T 1976—2004)	润唇膏	润唇膏(GB/T 26513—2011)

在《化妆品分类规则和分类目录》中，彩妆类化妆品的功效宣称主要属于美容修饰类，指用于暂时改变施用部位外观状态，达到美化、修饰等作用，清洁卸妆后可恢复原状[1]。《化妆品功效宣称评价规范》指出，能够通过视觉、嗅觉等感官直接识别或者通过简单物理遮盖、附着、摩擦等方式发生效果且在标签上明确标识仅具物理作用的功效宣称，可免予公布产品功效宣称依据的摘要[2]。因此，彩妆产品的部分功效宣称可免予宣称依据，但行业亦应根据产品功效宣称趋势和消费者使用需求，建立完善的评价体系。

6.1.1 面部底妆的功效特点

面部底妆是均匀肤色、遮盖瑕疵，修饰脸部最基本的部分，是使用最广泛的美容制品，其功效也逐渐丰富：除了修饰皮肤颜色、提亮肤色、遮盖瑕疵，还具有隐匿毛孔和细纹、改变皮肤质感、使面部立体等功效，在视觉上呈现健康完美肌肤。一些产品附加能够对外部侵害（紫外线、环境污染）起隔离外界污染物和保护皮肤的作用。

6.1.1.1 修饰皮肤颜色

粉底类产品中都含有粉质类的原料，这些粉质原料被涂敷于皮肤表面后，在皮肤表面形成覆盖层，修饰皮肤颜色，以及达到美白和提亮的效果。影响皮肤颜色的因素很多，包括年龄、紫外线、饮食习惯、睡眠时间、电子产品、生活环境、空气污染等等，负面的因素会给皮肤带来负担，使肌肤老化、肤色不均、皮肤暗黄、泛红等。根据色彩学补色原理，利用彩色底妆产品来中和、调整肤色，可将泛红、暗沉的肌肤调整为红润的健康色。

6.1.1.2 遮盖瑕疵

由于色斑、毛孔粗大、细纹等皮肤问题使皮肤看起来粗糙、肤色不均，因此，能有效遮盖这些瑕疵，让肌肤看起来更加健康自然，也是人们对底妆类产品的关键诉求。粉底类具有遮盖面部瑕疵、调节肤色等作用，常用的如粉底霜、粉底液及 BB 霜等。化妆品中的粉质原料一般均来自天然矿产粉末，是化妆品中很重要的一类基质原料，在彩妆中应用很广泛，在香粉类（如普通香粉、粉饼、爽身粉等）产品中用量可高达 30%～80%。常用有二氧化钛（钛白粉）、氧化锌（锌白粉）、滑石粉、高岭土、膨润土等成分。其中二氧化钛的颜色最白，遮盖力最强，但延展性较差，所以在配方中的用量不宜过多，可与氧化锌混合使用，提高增白及遮瑕效果[3]。

6.1.1.3 改变皮肤质感

干性皮肤细而薄，没有明显的毛孔，皮脂分泌少而均匀，没有油腻感，皮肤干燥，看起来干净、细腻，但容易老化起皱纹，特别是在眼周、嘴角处。油皮皮脂分泌多，特别在面部及T型区可见油光，但较能经受外界刺激，不宜老化，面部出现皱纹较晚。不管是油性皮肤还是干性皮肤，都可以通过合适的底妆来改变皮肤质感和光泽度，如现代妆容描述的奶油肌、雾面感、水润感、光泽感等。

6.1.1.4 隐匿毛孔和细纹

面部毛孔粗大是常见的皮肤问题之一，是皮肤老化的一项重要表现。面部毛孔粗大发生原因和机制尚不清楚，可能与以下因素有关：a. 皮脂分泌量过高，皮脂腺分泌与毛孔大小存在正相关性。当皮脂产生速率每3h超过1.5mg/10cm^{2}时，人体可能出现油性皮肤、痤疮、毛孔粗大和脂溢性皮炎。而雄激素水平、饮食及外源性刺激物质等作用下均可导致皮脂分泌旺盛。b. 皮肤衰老导致毛囊周围支持结构弹性丧失，毛囊体积增加。此外，紫外线照射产生的光老化也可以损害皮肤胶原纤维，皮肤老化往往会导致毛孔粗大。c. 皮肤有炎症。炎症性皮肤病常常会导致局部组织水肿，从而造成毛孔粗大[4]；面部细纹尤其是眼周细纹是皮肤老化的表现之一。眼周是人体皮肤最薄的部位之一，该区域皱纹出现较早，基因、光老化、激素和环境压力是主要诱因。通过底妆来改善、修饰毛孔和细纹，可将粗大的毛孔从视觉上变小，甚至达到隐形的效果。

6.1.1.5 定妆与持妆

市场上定妆的产品主要有蜜粉、散粉和矿物质粉等，一般都含有精细的滑石粉，能吸收面部多余油脂、减少面部油光，令妆容更持久，柔滑细致，防止脱妆。这些定妆产品用在底妆之后，一般没有什么遮盖效果，不过可以使妆容看上去更柔和，有一种哑光朦胧的美感。使用粉饼是夏天补妆的一种极其方便的选择，根据使用方式可分为干、湿两种类型。干粉饼更适合油性皮肤的补妆。有些高品质的蜜粉饼产品拥有微米级颗粒，在补妆后，既能控油、隐毛孔，还使皮肤达到无妆感境界，恢复自然妆容，其补妆效果优于粉饼[5]。

持妆度是衡量一款底妆产品妆效的重要指标，一款持妆久的底妆产品，应同时具备防止皮肤自身油脂分泌造成的妆面破坏（抗皮脂能力）以及防止高温或运动出汗后导致的脱粉（防水抗汗能力）。妆效下降的主要表现有[6]：a. 脱妆。产品在使用一段时间后，其中起遮盖作用的原料作用减弱，导致整体妆效下降。改善的方法就是添加有成膜效果的原料，使产品在皮肤表面整体形成一层薄的保护膜，对其脱妆现象有明显改善。b. 溶妆。产品在使用一段时间后，由人体皮肤分泌的油脂，溶解、分散了配方中起遮盖作用的粉类原料等，从而使皮肤浮现油光、局部妆效下降。该种情况下油性皮肤中更明显。可添加具有吸油性的原料，吸附人体皮肤分泌的油脂；减少封闭性、难吸收、渗透性差的油脂添加量（如矿油等）从而改善溶妆情况。c. 浮粉。产品在使用一段时间后，由于挥发性油脂的挥发，以及滋润型油脂的吸收，导致配方中的浮粉浮出，干性皮肤的人较常出现此类现象。调整配方中挥发性油脂的使用量同时使用适量可在皮肤表面形成长效滋润的油脂以及软脂类原料可改善此类现象。

6.1.1.6 隔离作用

产品宣传中能隔离灰尘与污浊空气的说法，实际上是膏霜类产品都具备的一项功能。因为膏霜类化妆品都含有油脂性成分，涂抹后其会在皮肤角质层表面形成一层薄膜，这层薄膜就是外界污染物与皮肤之间的一层屏障[7]。

6.1.1.7 防晒、保湿、控油等功效

许多底妆产品具有防晒的作用，主要是由于原料中的二氧化钛和氧化锌（同时具有增白和遮瑕效果）能够起到一定的防晒作用。但是要注意底妆的防晒作用是有限的。如果是需要外出或紫外线较强的话需要使用专门的防晒产品才能更好防晒；一些粉底类产品具有一定的保湿功效，尤其对于干皮人群以及在秋冬干燥季节，具有保湿功能的底妆在上妆时更服帖，不易卡粉浮粉，让肌肤更有光泽；散粉、蜜粉类产品具有一定的吸油、吸汗的效果，主要是原料中含滑石粉，可以吸收面部多余油脂，减少油光，使肤色通透自然，延长妆容的持久度。

6.1.2 面部与眼部彩妆的功效特点

运用腮红（胭脂）、修容粉、高光膏等面部彩妆，主要增加妆容的饱满度、立体度。亚洲人面部相对平整，皮量感厚重，五官圆钝，折叠度低，与欧美人相比，面部立体感不强。利用深浅明暗度不同的底妆以及面部彩妆，通过光影错觉调整面部整体比例，面部轮廓以及五官形态，视觉上看起来脸会更精致立体。增加面部立体度的化妆思路其实与素描绘画类似，以明暗结构线条来凸出和增加物体的层次和立体感。深色粉底可涂在脸部凹陷的地方，如鼻梁、眼窝、两腮等。明亮的粉底可涂在脸部凸出的部位。通过二者的明暗对比，使面部立体感增强。眼部彩妆主要包括眼影、眼线、睫毛膏、眉笔、眉粉等。眼睛对传递信息起到重要作用，同样，眼部妆容在整个化妆过程中也是最出彩的地方。眼部彩妆色彩种类更加丰富，一些产品还会使用珠光颜料（如云母），通过阴影和色调反差，显

出立体美感，修饰眼部形状和轮廓。而眉妆产品通过修饰眉部的颜色和形状，为妆容增色。

6.1.2.1 色彩校正原理

当底妆产品不足以覆盖某一区域，颜色校正是一个有用的工具。当需要校正某一种颜色时，利用互补色来抵消不需要的颜色。例如红色和绿色是互补色，蓝色和橙色是互补色，黄色和紫色也是互补色。在色彩学中，用等量的补色中和一种颜色时，结果是灰色的。灰色显然不是理想的肤色，所以在校正颜色时要小心，以保持健康的肤色。有些颜色难以隐藏（例如文身、瘀伤、色斑），因此了解颜色理论如何与颜色校正相结合很重要。

① 校正红色（瑕疵、斑点、酒渣鼻） 绿色可中和不必要的红色，但不可过度，完全遮盖粉红色或脸颊自然的红色可能会导致不健康的外观。

② 校正蓝色（眼睛下方、胡须阴影、瘀伤、文身） 橙色、桃色或杏色会中和蓝色或蓝灰色的阴影。

③ 校正蓝紫色（眼睛下方、瘀伤） 黄色有助于隐藏紫色区域。

④ 校正棕色（黑斑、眼睛下方、阳光伤害） 根据肤色和棕色的色调，粉色、淡紫色、桃红色或橙色会有效。

⑤ 校正黄色（皮肤发黄） 淡紫色有助于抵消皮肤中多余的黄色。

⑥ 校正灰色或暗沉 红色或粉色会给灰色或暗沉的皮肤增添玫瑰色，帮助恢复活力。

6.1.2.2 彩妆的心理学影响

人类面部皮肤有丰富的颜色信息，比如皮肤颜色和面部对比度，它们对判断健康和吸引力非常重要。皮肤颜色主要指面部分布、色调、亮度等。化妆会使他人对化妆者的年龄，性吸引力，健康程度等指标的认知产生影响，也会对自身的情绪产生积极作用，增强个人自信心，使工作学习效率上升，降低自身负面情绪。妆容不同，对他人的认知产生的影响也不同。彩妆的运用往往包含了消费者社会心理学层面的需求。日本资生堂在 20 世纪 80 年代初建立了彩妆心理研究所。彩妆化妆品的色彩设计和感官评价需要考虑心理学影响。

(1) 影响年龄感知

Russell[8] 等人研究了化妆对感知年龄的影响，结果显示化妆会使 30、40、50 岁的女性看起来更年轻，但 20 岁年轻女性化妆反而显老，不过所有年龄段的女性化妆后均变得更有吸引力。化妆对年龄感知的作用受皮肤均匀性、面部对比度和面部特征大小的影响。化妆和女性气质在社会表征层面上存在重要联系。在许多情况下，人们可能会含蓄地将化妆与成年联系起来。化妆和成熟度之间的这种关联可以为面部年龄的感知提供“自上而下”的输入，在这种情况下，感知者在年龄估计中提供了一个“向上”的偏见。这表明，人们把化妆与成年联系在一起。化妆改变年龄的发现具有重要的现实意义。由于年龄影响在就业环境中普遍存在，因此通过化妆来操纵年龄感知可能会提供职场便利。Mafra[9] 等人通过网络问卷调查的方式，研究了巴西女性使用化妆品作为吸引伴侣和与对手竞争的策略。化妆的使用具有双重进化效用：它既是异性间吸引的行为策略，也是同性竞争的行为策略。年龄、同性竞争、配偶价值和关系状态是女性化妆的积极因素。

（2）提升吸引力

人们化妆时，通常会表现更高水平的自信和幸福感，这反过来会影响他人对他们的看法。因此，在某种程度上，人们可以通过使用化妆品等视觉资源从战略上操纵感知的可信度。这些资源可能不仅会产生个人利益，比如增加自信，而且也可能提高需要合作、协调和信任的人际互动的效率。Póvoa[10] 等人进行了一项信任度实验，以调查女性化妆时是否比不化妆时更受信任。实验中女性参与者扮演受托人的角色，在化妆和不化妆两种不同的条件下拍照，然后随机分配给委托人，委托人转移给受托人的金额被用作衡量信任的标准。结果基本与假设一致，参与者认为化妆的受托人确实比没有化妆的受托人更值得信赖，并且男性受托人对感知吸引力的影响大于女性，男性比女性对化妆效果更敏感。外观的视觉操纵可能不会仅限于女性。如果男性选择留胡子或化妆来改变自己的容貌，也可能会对信任产生同样的影响。在宏观经济理论中，口红效应指在经济衰退期间口红销量增加。因为女性转向小的乐趣来弥补损失，并在更具竞争性的环境中增加她们的外表优势[11]。

（3）缓解心理焦虑

化妆美容基于美学理论基础，对人的五官、身体进行外在修饰，达到满意的视觉效果，给自身及他人带来愉悦的情感体验，有利于社会交往，益于身心健康。临床上，化妆有助于缓解皮肤病、肿瘤等疾病患者的心理焦虑和紧张，甚至对于心理疾病和神经疾病有一定缓解作用，被称为“化妆疗法”。皮肤病人（如白癜风）和癌症患者适当化妆有助于缓解疾病患者的心理焦虑和紧张。此种方法在国外已广泛应用。

（4）情感共鸣

颜色可以唤起并引发某些情绪。表 6-2 列举了一些色彩的常见情感联想。在创造富有表现力的彩妆设计（例如时装、戏剧、人体彩绘）时，可能需要考虑人们看到某些颜色时自然感受到的心理影响。例如，冷色与放松和宁静有关，与水和天空有关。暖色与火和太阳有关，与能量和强度有关。企业在对彩妆产品进行品牌推广和营销时常运用这些因素。

表 6-2　不同颜色的常见情感联想

颜色	情感联想	颜色	情感联想
红色	能量、激情、爱、力量、强度、侵略、暴力	紫色	灵性，宁静，幻想，皇室，神秘、奢华、平静、和平
粉红色	敏感、细腻、爱、甜蜜	棕色	保守、朴实、可靠
橙色	活力、创造力、友善、快乐、兴奋、勇气	灰色	平衡、实用、中立、沉闷
黄色	快乐、积极、振奋、幸福、乐观、喜悦	白色	干净、纯洁、和平、纯真、善良
绿色	希望、自然、和谐、宁静、成长、新鲜、生活	黑色	戏剧、传统、智慧、力量
蓝色	平静、舒适、放松、忠诚、智慧、安宁、寒冷		

6.1.2.3　不同场合的妆容特点

化妆不仅是个人审美的体现，还具有社会性。妆容受种族的面部特征、地区的文化差异以及社会的性质和趋势影响，不同历史时期的妆容特征也是不同的。化妆具有社会性，社会趋势会影响妆容的风格。化妆的心理效应及社会性还有很多应用领域等待发掘。表 6-3 总结了不同场合的妆容特点。

表 6-3　不同场合妆容特点

场合	妆容特点
日常妆	追求自然舒适，粉底液的颜色要尽量贴合肤色，没有厚重的妆感，稍施粉黛即可，妆色宜清淡典雅、自然协调、尽量不露出化妆痕迹
职业妆	讲究精致干练，突显自信专业，妆容淡雅洁净，切忌浓妆艳抹
舞台妆	由于舞台离观众距离较远，妆面强调面部轮廓和五官立体突出，在色彩运用上以明度低，纯度高的色彩为主。可以大量运用修饰品，例如亮片、亮粉、钻等
T 台妆	T 台灯光很强会冲淡色彩，因此妆面立体感要强，用色夸张且面积大
晚宴妆	妆色艳丽，用色大胆，以冷色调为主
节目装	节目晚会光源中蓝色成分较多，光色通常是冷色系，故用色要高明度、高纯度
摄影妆	妆容依据摄影风格而定，同样要强调脸部的立体感

6.1.3　唇部彩妆的功效特点

6.1.3.1　唇部的生理结构与功效需求

嘴唇是面部皮肤的延伸，在口腔内与黏膜相连。与面部皮肤相比，两唇角质层不仅薄，而且连颗粒层也薄，其中的颗粒及黑色素皆已不存在，使真皮乳头的毛细血管的红色呈现，因而两唇显出红润。嘴唇主要由皮肤、口轮匝肌、疏松结缔组织等部分组成。嘴唇最外层为支撑软组织的胶原蛋白，扮演着类似于“水泥”的角色，连接各种组织支撑起皮肤。然而，胶原较为脆弱，外界的变化会加速嘴唇的老化，使之脱皮干裂。嘴唇上的皮肤组织结构层很薄，只有身体皮肤的1/3厚。由于它本身没有汗孔，没有皮脂腺，不具备自行分泌油脂和调节水分的基本功能，使得停留在双唇的水分非常容易蒸发、消失，对冬季干燥的空气、低温等环境自然就特别敏感。加上双唇的肌肉纤薄柔嫩，微笑、喝水、吃东西、说话等均易牵动嘴唇而产生皱纹和干裂脱皮（表 6-4）。故唇彩产品的保湿功效十分必要。唇膏中油脂和蜡基原料在唇部形成保护膜，抑制唇部水分的挥发，同时对唇部皮肤角质层起浸润和软化作用，使唇部不再感觉刺激，使人获得滋润的感受。

表 6-4 面部与唇部皮肤比较

	皮肤	唇
皮脂腺	有	无
角质层	有，有角质化	相当薄，无角质化
毛发	有	无
黑素细胞	有	无
水分蒸发速率	慢	快
天然保湿因子含量	较多	少
水分含量	多	稍少

6.1.3.2 唇部彩妆的修饰功效

唇部彩妆不仅有滋润、保护嘴唇的效果，更能增加面部美感及修正嘴唇轮廓，其色彩方面的功效特点包括：a. 修饰嘴唇。唇妆产品从颜色、质地、形状线条三方面修饰嘴唇。唇妆与年龄、肤色、季节、服装相结合，为面部妆容和整体气质起到点睛之笔的作用。例如一般而言，大红、砖红或者咖啡色不太适合年轻女性，这些颜色会给人一种成熟或者浮夸的印象。中老年女士嘴唇容易干燥，颜色不够红润。选择不太明艳的偏暖色系的口红为好。口唇轮廓线则使用比口红略深一点的同色为宜。皮肤白皙的人群可选择玫瑰红、粉红等浅色系的颜色；皮肤偏黄或者较为暗沉的人适合选择橙红等暖橘色系的口红；等等。b. 唇部持妆（不沾杯）。几乎所有唇膏都存在着易脱妆、易掉色的缺点，尤其是喝水后会在水杯上留下唇印。不沾杯唇膏较普通唇膏的主要优点是持久，不易脱妆。不沾杯唇膏在配方中加入了更多的挥发性硅油，调整了油脂和蜡的比例，唇膏涂抹在唇部后硅氧烷挥发，在成膜剂的覆盖下颜料更加贴合唇部皮肤。大量的硅油可以提高唇膏的疏水性及用后抗水性，因此不易沾杯（脱妆）。但为了达到持久的效果，不沾杯唇膏通常较干，相比普通唇膏滋润度降低，长期使用可能会对唇部造成损伤。

6.2 彩妆功效的客观评价

6.2.1 彩妆功效的体外评价试验

6.2.1.1 遮瑕度

遮瑕度指彩妆产品遮盖皮肤瑕疵（如毛孔、细纹、斑点等）的能力。遮盖度测试方法有目视法和仪器法。目视法包括单位面积质量法、楔形膜层法和多齿槽刮涂法。目视法简单方便，易于操作，使用不受限制，但是手工操作，无法定量，人为误差较大。仪器法主要有对比率法和色差法，再现性好，人为误差小。其中，对比率法是参考色漆的遮盖力测定方法，通过对比率反应彩妆产品的遮盖力[12]。对比率（CR）是指放在规定反射率的黑色（≤1%）和白色[(80±2)%]底材上同一涂膜反射率的比值，即：

$$CR=\frac{\text{黑卡上涂膜的反射率}}{\text{白卡上涂膜的反射率}}$$

如果涂膜完全不透明，入射光线无法到达底材，底材本身的反射率不起作用，此时对比率为 1。测定时将色差仪设置为 Yxy 色彩空间模式，分别测试样品在黑卡和白卡上 3 个点的 Y 值，取平均值。根据上述公式计算该样品对比率。CR 值越接近 1，遮瑕度越好[13]。

6.2.1.2 光泽度

光泽度指彩妆产品对肤色的光亮度的提升程度以及改善肤色暗沉等现象的能力。皮肤光泽测定可采用光泽度测试仪（例如皮肤光泽度测试探头 Skin-Glossymeter GL200，德国 Courage+Khazaka，50829 Koln）。上海家化的研究人员[13]构建了利用人造皮革作为测试载体的体外试验方法。人造皮革与皮肤表面特征整体相似度、纹理、光泽度、柔软度和粗糙度相似度均显著线性相关，各个特征参数的回归系数比较接近。在人造皮革上涂抹适量产品，测定涂抹前后光泽度，可评估肤色提亮效果。

6.2.1.3 抗汗和抗皮脂性能（持妆度）

持妆度是衡量一款底妆产品妆效的重要指标，一款持妆久的底妆产品应同时具备防止皮肤自身油脂分泌造成的妆面破坏（抗皮脂能力），以及防止高温或运动出汗后导致的脱粉（防水抗汗能力）。按照测试原理，与持妆度的测量有以下两种方法：

（1）色差分析法

采用色差仪测定上妆后不同时间段的 L^*、a^*、b^*、C、h 颜色特征值以计算 ΔE 值。L 值代表亮度，较低的 L 值代表颜色较暗，较高的 L 值代表颜色较亮（L＝100 为白色，L＝0 为黑色）；a 值为黄蓝值指标，代表从红色（＋a）到绿色（－a）的颜色变化；b 值为黄蓝值指标，代表从黄色（＋a）到蓝色（－a）的颜色变化。珀莱雅研究人员[14] 采用 3M 胶带为载体，将样品涂抹于 3M 胶带上后置于人工汗液中，使用分光测色仪测定不同样品浸泡前后颜色的各表征值（L^*、a^*、b^* 值），将数据分析处理得到颜色变化表征值（ΔL^* 和 ΔE 值）。通过比较样品浸泡前后颜色变化，评价样品的持妆效果。该方法具有无创、客观和操作简便的特点。

（2）动态接触角法

当液滴自由地处于不受力场影响的空间时，由于界面张力的存在而呈圆球状；当液滴与固体平面接触时，其最终形状取决于液滴内部的内聚力和液滴与固体间黏附力的相对大小。当一滴液滴放置在固体平面上时，液滴能自动地在固体表面铺展开来，或以与固体表面成一定接触角的液滴存在。通俗地说，接触角就是在气、液、固三相交点处所作的气液界面的切线与固液交界线之间的夹角 θ，是润湿程度的量度。从接触角原理可推断，实验中平衡接触角越高，动态接触角下降的程度越小，表示样品的抗汗、抗皮脂性能越好。上海家化公司[13] 以人工汗液和人工皮脂为接触液，测定在底妆产品涂膜上的接触角大小，评价抗汗和抗皮脂效果。

6.2.1.4　唇部彩妆抗迁移性（沾杯程度）

唇部彩妆的抗迁移性测定常用色差分析法，通过测定外界迁移之后唇膏薄膜的 Lab 值和计算 ΔE 色差评价不同配方唇部彩妆的抗迁移能力。ΔE 色差数值越低，表明配方抗迁移效果越好。瓦克化学公司的研究人员[15] 将不沾杯唇膏薄膜通过专用拉膜器在白色卡纸上进行拉制。待配方干透，用 BYK 光泽度仪测试唇膏膜的 L^*，a^*，b^* 值（选取 10 个测试点，计算平均值）。覆盖同等大小的卡纸，用带自重的滚轴在卡纸上进行来回滚动。重复 15 次后，取下上层卡纸，测定外界迁移之后唇膏薄膜的 Lab 值，通过 ΔE 值评价产品的抗迁移能力。

6.2.1.5　控油、保湿、防晒等功效

彩妆的控油、保湿、防晒等性能的体外评价试验可参考第四章护肤品的功效性评价。

6.2.2 彩妆功效的人体评价试验

6.2.2.1 肤色与肤质——VISIA-CR 皮肤检测

VISIA-CR 皮肤检测仪是美国 Canfield® 公司主导研发的一种皮肤分析仪器，它在标准白光、偏振光及紫外光三种光源下采集患者面部正位及双侧 45°斜位资料，然后机器进行数据分析。VISIA 内置 5 种光源模式：标准光 1、标准光 2、交叉偏振光、平行偏振光、UV 光，能够对皮肤中的红斑、色素沉着以及伤疤等皮肤颜色进行扫描并通过灰度处理技术进行色度指标的定量，从而检测皮肤的颜色变化和面部彩妆功效[16]。其中，标准光 1 图像，即白光图像，可用于底妆产品上妆前后皮肤特性、妆容改善的定性观察及临床评估；标准光 2 图像，因减少了亮点和阴影的影响，适用于彩妆功效性评价中大多数表面皮肤参数的定量分析，包括表征斑点、皮肤颜色、肤色均匀性、皮肤平滑度的相关参数；平行偏振光图像，通过平行偏振片产生平行偏振光源，经表面反射，能更好地反映皮肤的表面形态，如毛孔、细纹等；平行偏振光图像与交叉偏振光图像做运算得到新图像，可进一步分析得到皮肤光泽度数据。表 6-5 列出了评价指标与测试妆效。另外，交叉偏振光图像主要用于观察皮下细节，UV 光拍摄的紫斑图像反映的是色素沉着、卟啉情况，与彩妆功效无关，可不做分析[17]。

表 6-5 彩妆功效的图像分析相关参数及测试妆效

图像类型	评价指标	测试妆效
标准光 1 图像	全脸照片	定性观察面部整体妆容
标准光 2 图像	颜色直方图的 Hue 偏差值	皮肤颜色均匀性
	ITA° 值	皮肤提亮改善效果和暗沉效果
	斑点个数和比例	遮瑕效果
	线性光强度偏差值	皮肤光滑度改善效果
	Lab 值	皮肤和唇部颜色变化（L^*：黑色和白色；a^*：绿色和红色；b^* 蓝色和黄色）
	RGB 值	皮肤和唇部颜色变化（R 值：红色；G 值：绿色；B 值：蓝色）
	强度均值	唇部颜色明亮程度
	色斑光密度均值	唇部颜色均匀程度
平行偏振光图像	毛孔个数和比例	隐匿毛孔效果
平行偏振光-交叉偏振光图像	光泽度指标：颜色直方图的 Intensity 平均值	皮肤光泽度、油亮度

类似地，唇部彩妆功效和持妆度可采取自然或人为处理的脱妆方式，利用

VISIA-CR 拍摄图像并使用 IPP 软件进行图像分析。岑晓娟[18] 等人对涂抹口红的志愿者进行人为干扰处理模拟口红脱妆过程，采集志愿者唇部图像并对口红颜色变化进行数据分析后建立数学模型，对口红持妆给予客观的量化判定，同时建立分级图谱，将口红的持妆程度分为 6 个等级，用于判定口红的持妆程度。

6.2.2.2 隔离和卸妆性能

底妆产品可能宣称具有隔离作用，其作用机制是在皮肤表面形成一层保护层，防止污染颗粒黏附和渗透进入皮肤。Eurofins 临床实验室[19] 开发了一种通过测量颗粒在皮肤上的附着力来评价化妆品隔离与卸妆功效的试验方法。这项测试是在一组健康的成年志愿者身上进行的。如图 6-1 所示，每个志愿者前臂上有两个区域：一个区域是使用产品的处理组，另一个区域作为对照组（无产品处理）。然后在这两个区域施加一定数量的植物炭颗粒，其粒度与大气污染物颗粒（$PM_{2.5}$）相似。然后将这些区域送至标准化气流或使用清洁剂进行标准化清洗。使用 C-Cube 相机（Pixience）拍摄每个区域的图片，然后通过图片分析测量每个区域和每个动力学点上的粒子密度。清洁或暴露在气流中后，比较处理区域和对照区域之间的颗粒残留量，可以测量产品限制皮肤黏附的能力。该方法可以显示护理产品的隔离效果，还可以评估卸妆产品对色素颗粒的清洁效果。

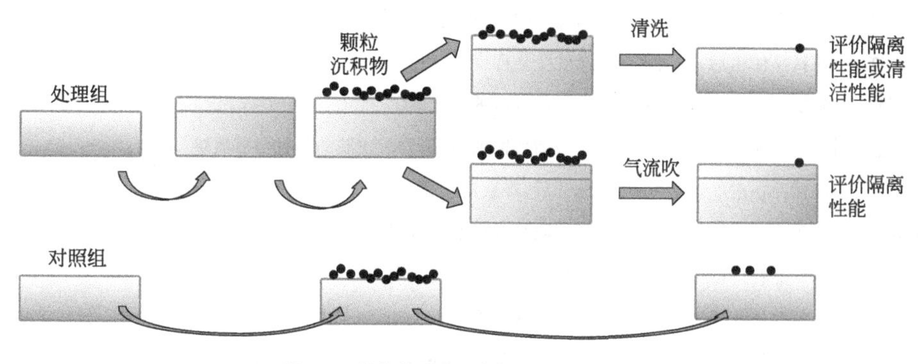

图 6-1 彩妆的隔离、卸妆功效评价流程

6.3 彩妆功效的主观评价

6.3.1 彩妆功效的感官评价

彩妆的感官评价可视作在护肤品感官评价的基础上增加了关于“妆感”及妆容效果的评价。底妆产品具有遮盖瑕疵、隐匿毛孔等效果，从感官测试角度来

看，底妆产品能够直观改变皮肤颜色和状态，除了肤感以外兼具妆效。肤感侧重于触感，而妆效侧重于视觉效果，因而底妆的感官评价可分为肤感指标和妆效指标[20]。吴梦洁[20] 等人建立了底妆产品感官评价方法，其中妆效指标从底妆产品特点出发，分为底妆产品表现（如贴肤性、嵌粉程度、遮瑕力）以及皮肤直观改变（如皮肤白度、透明感、毛孔隐匿情况、肤色提亮程度）两个方面，其对肤感和妆效指标建立了详细的指标定义、分值维度以及标样，结合评价小组的培训与考核、测试流程与规范形成底妆感官评价系统。王鹏[21] 等人研究了综合加权评分法在粉底液感官评价中的应用。马萍[22] 等人研究了感官评估在遮瑕产品市场研究中的应用。彩妆的感官评价环境、评价流程、评价员要求及数据统计分析方法均可参考护肤品感官评价。表 6-6 列举了面部底妆和唇妆的常用感官指标。

表 6-6　常用面部底妆和唇妆的感官指标及释义

名称	释义
	产品肤感指标
质感	乳化体的质地，包括乳化体形成后的紧致程度、厚度等结构性的程度指标
滑爽感	测试品在皮肤上使用时，测试品干和滑的程度指标
涂抹性	化妆品在皮肤上的推开感，阻力的大小显示涂抹的难易程度
厚重感	测试品接触皮肤后，初期涂抹以及后期侵入的重力感和吸收性
均匀性	产品在皮肤表面涂抹至均匀状态的难易程度
光泽度	测试品使用后，皮肤表面光泽的变化程度
滋润感	测试品接触皮肤，组分侵入皮肤结合后的皮肤感觉
黏滞感	测试品使用后，测试品在皮肤表面残留的情况，同时皮肤的黏腻与滞涩感
油腻感	测试品在皮肤上使用时，涂抹开后，观察油脂在皮肤上的油质感
柔软性	使用后，测试品在吸收后导致皮肤呈现出的柔软程度
平滑感	测试品在皮肤上完全吸收后，皮肤呈现的平滑与阻滞感
铺展性	测试品堆在手背上，一次推开的容易程度
湿润感	测试品接触皮肤后，测试品的水润感觉，体现测试品质地的另一指标
	面部妆感指标
贴肤性	指使用特定产品后，测试品在皮肤上的贴肤性
嵌粉	指使用特定产品后，测试品在皮肤上嵌粉现象
遮瑕	指以肤色修饰为目的的测试品，在使用后达成遮盖皮肤特定区域原有肤色的能力
皮肤白度	指使用特定产品后，肤色白度增加或降低的程度
透明感	又称为“无妆感”，指使用特定产品后，视觉状态下皮肤表面没有明显的妆感痕迹
隐匿毛孔	指使用特定产品后，面部毛孔遮盖的程度
提亮肤色	指使用特定产品后，肤色亮度变化的程度

续表

名称	释义
	唇部妆感指标
铺展性	测试品堆在手背上，一次推开的容易程度
均匀性	产品在皮肤表面涂抹至均匀状态的难易程度
遮盖力	指使用特定产品后，遮盖嘴唇原有颜色的能力
显色度	口红在嘴唇上的显色程度，是否容易上色
滋润度	测试品接触皮肤，组分侵入皮肤结合后的皮肤感觉

6.3.2 彩妆功效的消费者调查

消费者使用测试是指在客观和科学方法的基础上，对消费者的产品使用情况和功效宣称评价信息进行有效收集、整理和分析的过程。评价形式包含面谈、调查问卷、消费者日记等，可借助辅助设备观察和记录消费者评价过程。具有简易灵活、直接受众面广、采集信息量大的特点，相比于人体功效评价试验和实验室试验成本更低，还可为企业提供消费者信息。

彩妆是注重体验感和视觉感受的商品，消费者的感知非常重要。叶迎[23] 等人研究了不同年龄段女性对粉底液的感官偏好，招募 20～39 岁和 40～59 岁女性志愿者各 50 位，采用自我感官评估方式对 10 款不同的粉底液进行涂抹性、贴肤性、遮瑕力、透明度、提亮肤色 5 个指标的妆感评价。经过主成分法分析发现，遮瑕力是 2 个年龄群体对粉底液的共同的诉求，很大程度上决定了整体偏好性。与 20～39 岁女性相比，40～59 岁女性更注重粉底液的贴肤性和提亮肤色。同时主成分分析法为不同群体间的化妆品喜好度差异提供了一种新的横向比较方法。郑希[24] 等人采用定性与定量相结合的方式，以 100 名粉底使用者为研究对象，对 2 款具有差异性的粉底产品进行了盲测。通过相关性计算和电话深访，得出消费者的喜好要素；通过主成分分析法和聚类分析法，得到不同人群（不同地区、年龄段、皮肤类型和化妆习惯）对产品的认知结果。

消费者调查或测试通常没有精密的仪器进行测量，其数据可能受组织者、消费者主观因素的影响，导致数据不如人体功效评价试验和实验室试验客观和严谨。至于怎么最大程度地保证数据的准确性，需要在明确试验目的的基础上，把握好受试者选择、样本量大小、信息收集方法、试验的组织和实施、数据统计分析、结果解释等各个环节，这样才能对化妆品功效宣称提供科学支持，为产品开发和市场定位提供可靠依据[25]。

6.3.3 彩妆功效的心理学试验

对化妆产生的心理学效应和审美认知的研究通常采用对比方法。例如，

Russell[8] 等人研究了化妆对感知年龄的影响，志愿者分为四个年龄段（20岁、30岁、40岁和50岁），由同一化妆师为其化妆，拍下化妆前和化妆后的照片，然后由另一组志愿者进行年龄评估，最终比较不同年龄段化妆前后对他人年龄感知的影响。Póvoa[10] 等人进行了一项信任度实验，以调查女性化妆时是否比不化妆时更受信任。实验中女性参与者扮演受托人的角色，在化妆和不化妆两种不同的条件下拍照，然后随机分配给委托人，委托人转移给受托人的金额被用作衡量信任的标准，以此判断受托人化妆与否的影响，同时实验结果也可以得到委托人性别对于受托人信任度判断的影响。

Tadokoro[26] 研究了"化妆疗法"对老年痴呆症患者的即时有益影响。36名被诊断为阿尔兹海默病的女性被随机分为对照组（$n=17$）和化妆治疗组（$n=19$）。一组只接受皮肤护理治疗（对照组），一组接受皮肤护理加化妆治疗（化妆治疗组），在治疗前后患者接受了认知功能、老年抑郁量表（GDS）和冷漠量表（AS）的简易精神状态检查，并用摄像头拍摄面部，由人工智能（AI）软件进行分析——人工智能软件可以快速、定量地评估化妆疗法对面部外观的影响。该项研究结果表明，非药物干预（如音乐、运动和化妆疗法）可能对阿尔兹海默病的治疗更有效。除了问卷和人工量化评估、人工智能软件分析，"化妆疗法"的疗效还可由仪器评估。Ikeuchi 等[27] 采用近红外光谱验证化妆对大脑额前叶的激活作用，发现具有抑郁倾向的受试者在看到自己化妆后的照片时，额前叶血流中血红蛋白含量增加，说明化妆能改善有抑郁倾向患者的大脑功能。

参考文献

[1] 国家食品药品监督管理局．化妆品分类规则和分类目录［Z］．2021-04-08.

[2] 国家食品药品监督管理局．化妆品功效宣称评价规范［Z］．2021-04-08.

[3] 张玉银，丛琳，李雪竹．浅析无机防晒剂及其防晒机理与安全问题［J］．当代化工研究，2020（8）：35-36.

[4] 毛爱迪，尹锐．毛孔粗大的治疗研究进展［J］．中国美容医学，2021，30（5）：173-177.

[5] 褚佳玥，马跃龙，张益萍．定妆补妆产品那点事［J］．质量与标准化，2021（8）：25-27.

[6] 黄红斌，曾兰兰．BB霜和CC霜的开发浅析［J］．日用化学品科学，2019，42（7）：54-60.

[7] 张翠格，周欣．妆前乳那点事［J］．质量与标准化，2021（6）：27-28.

[8] Russell R，Batres C，Courrèges S，et al. Differential effects of makeup on perceived age［J］. British Journal of Psychology，2019，110（1）：87-100.

[9] Mafra A L，Varella A C V，Defelipe R P，et al. Makeup usage in women as a tactic to attract mates and compete with rivals［J］. Personality and Individual Differences，2020，163：110042.

[10] Póvoa A C S，Pech W，Viacava J J C，et al. Is the beauty premium accessible to all? An experimental analysis［J］. Journal of Economic Psychology，2020，78：102252.

[11] Yarosh D. Perception and deception：Human beauty and the brain［J］. Behavioral Science，2019，9（4）：34.

[12] 吴璇．色漆的遮盖力及其测试方法述评［J］．涂料工业，2002，32（1）：38-41.

[13] 陆志航,底烨,沈珮琳,等. 底妆产品体外定量测试研究 [J]. 日用化学品科学, 2019, 42 (7): 36-39.
[14] 钱舒敏,蒋丽刚,毕永贤,等. 一种底妆类产品抗汗持妆效果的体外测试方法 [J]. 香料香精化妆品, 2019 (2): 53-55.
[15] 张晨颖,程述,许明力. 有机硅在唇部彩妆品中的创新应用 [J]. 日用化学品科学, 2019, 42 (7): 10-14, 31.
[16] 邓慧,刘翠翠,关元媛. 对照组在美白类化妆品功效评价中的影响 [J]. 广东化工, 2019, 46 (8): 61-63.
[17] 王晓,毕永贤,钱舒敏, 等. VISIA-CR 在底妆类产品妆效评价中的应用研究 [J]. 日用化学品科学, 2019, 42 (7): 15-19.
[18] 岑晓娟,王颖,周荷益,等. 口红持久度评价体系的建立 [J]. 日用化学工业, 2021, 51 (8): 748-753.
[19] Prestat-Marquis E. Non-invasive in vivo methods to measure lipidic formulae efficacy at the skin surface: Advantages and limits [J]. Ocl-Oilseeds and Fats Crops and Lipids, 2018, 25 (5): D509.
[20] 吴梦洁,殷园园,林文强,等. 底妆产品感官评价方法的建立及实践 [J]. 日用化学品科学, 2020, 43 (1): 44-48, 57.
[21] 王鹏,郭若曦,张晗, 等. 综合加权评分法在粉底液感官评价中的应用 [J]. 香料香精化妆品, 2021 (6): 77-80.
[22] 马萍,林文强,霍刚. 感官评估在遮瑕产品市场研究中的应用 [J]. 日用化学品科学, 2015, 38 (8): 13-16, 21.
[23] 叶迎,毕永贤,钱舒敏, 等. 不同年龄段女性对粉底液的感官偏好性分析 [J]. 日用化学品科学, 2019, 42 (6): 31-34, 47.
[24] 郑希,储丽玲,齐荣, 等. 粉底产品的中国消费者喜好要素及特征研究 [J]. 香料香精化妆品, 2021 (3): 47-51, 55.
[25] 刘唯一,周琳,赵华. 化妆品功效评价 (XIII) ——消费者使用测试 [J]. 日用化学工业, 2021, 51 (6): 485-490.
[26] Tadokoro K, Yamashita T, Kawano S, et al. Immediate beneficial effect of makeup therapy on behavioral and psychological symptoms of dementia and facial appearance analyzed by artificial intelligence software [J]. Journal Alzheimers Disease, 2021, 83 (1): 57-63.
[27] Ikeuchi M, Saruwatari K, Takada Y, et al. Evaluating "Cosmetic Therapy" by Using Near-Infrared Spectroscopy [J]. World Journal of Neuroscience, 2014, 4: 194-201.